智能电网技术与装备丛书

高比例可再生能源电力系统专题

高比例可再生能源电力系统形态及演化

Morphology and Evolution of Power Systems with High Share Renewable Energy Generations

鲁宗相 黎静华 伍声宇 著

科学出版社

北京

内 容 简 介

本书聚焦于未来高比例可再生能源场景下电力系统结构形态及演化过程。全书内容包括面向中远期低碳化发展的能源电力格局及演化机理、广义负荷特性及其互动耦合机理、高比例可再生能源接入的输配电网结构形态及演化模式三部分内容，分别从源、荷、网环节介绍电力系统的形态特征及演化机理。

本书可作为从事电力系统规划、运行和新能源并网研究与管理的研究人员和工程技术人员的参考书。

图书在版编目(CIP)数据

高比例可再生能源电力系统形态及演化＝Morphology and Evolution of Power Systems with High Share Renewable Energy Generations / 鲁宗相，黎静华，伍声宇著. —北京：科学出版社，2022.3

(智能电网技术与装备丛书)

ISBN 978-7-03-068631-2

Ⅰ. ①高…　Ⅱ. ①鲁…　②黎…　③伍…　Ⅲ. ①再生能源-发电-研究　Ⅳ. ①TM619

中国版本图书馆CIP数据核字(2021)第071311号

责任编辑：范运年 / 责任校对：王萌萌
责任印制：吴兆东 / 封面设计：蓝正设计

科 学 出 版 社 出版
北京东黄城根北街 16 号
邮政编码: 100717
http://www.sciencep.com
北京中科印刷有限公司 印刷
科学出版社发行　各地新华书店经销
*
2022 年 3 月第　一　版　开本：720 × 1000　1/16
2023 年 2 月第二次印刷　印张：23
字数：460 000

定价：168.00 元

(如有印装质量问题，我社负责调换)

“智能电网技术与装备丛书”编委会

“智能电网技术与装备丛书”序

国家重点研发计划由原来的“国家重点基础研究发展计划”(973计划)、“国家高技术研究发展计划”(863 计划)、国家科技支撑计划、国际科技合作与交流专项、产业技术研究与开发基金和公益性行业科研专项等整合而成，是针对事关国计民生的重大社会公益性研究的计划。国家重点研发计划事关产业核心竞争力、整体自主创新能力和国家安全的战略性、基础性、前瞻性重大科学问题、重大共性关键技术和产品，为我国国民经济和社会发展主要领域提供持续性的支撑和引领。

“智能电网技术与装备”重点专项是国家重点研发计划第一批启动的重点专项，是国家创新驱动发展战略的重要组成部分。该专项通过各项目的实施和研究，持续推动智能电网领域技术创新，支撑能源结构清洁化转型和能源消费革命。该专项从基础研究、重大共性关键技术研究到典型应用示范，全链条创新设计、一体化组织实施，实现智能电网关键装备国产化。

“十三五”期间，智能电网专项重点研究大规模可再生能源并网消纳、大电网柔性互联、大规模用户供需互动用电、多能源互补的分布式供能与微网等关键技术，并对智能电网涉及的大规模长寿命低成本储能、高压大功率电力电子器件、先进电工材料以及能源互联网理论等基础理论与材料等开展基础研究，专项还部署了部分重大示范工程。“十三五”期间专项任务部署中基础理论研究项目占24%；共性关键技术项目占54%；应用示范任务项目占22%。

“智能电网技术与装备”重点专项实施总体进展顺利，突破了一批事关产业核心竞争力的重大共性关键技术，研发了一批具有整体自主创新能力的装备，形成了一批应用示范带动和世界领先的技术成果。预期通过专项实施，可显著提升我国智能电网技术和装备的水平。

基于加强推广专项成果的良好愿景，工业和信息化部产业发展促进中心与科学出版社联合策划以智能电网专项优秀科技成果为基础，组织出版“智能电网技术与装备丛书”，丛书为承担重点专项的各位专家和工作人员提供一个展示的平台。出版著作是一个非常艰苦的过程，耗人、耗时，通常是几年磨一剑，在此感谢承担“智能电网技术与装备”重点专项的所有参与人员和为丛书出版做出贡献的作者和工作人员。我们期望将这套丛书做成智能电网领域权威的出版物！

我相信这套丛书的出版，将是我国智能电网领域技术发展的重要标志，不仅能使更多的电力行业从业人员学习和借鉴，也能促使更多的读者了解我国智能电网技术的发展和成就，共同推动我国智能电网领域的进步和发展。

刘建明

2019-8-30

序　一

在国际社会推动能源转型发展、应对全球气候变化背景下，大力发展可再生能源，实现能源生产的清洁化转型，是能源可持续发展的重要途径。近十多年来，我国可再生能源发展迅猛，已经成为世界上风电和光伏发电装机容量最大的国家。“高比例可再生能源并网”和“高比例电力电子装备接入”将成为未来电力系统的重要特征。

由中国电力科学研究院有限公司牵头、清华大学康重庆教授担任项目负责人的国家重点研发计划项目“高比例可再生能源并网的电力系统规划与运行基础理论”(2016YFB0900100)是“智能电网技术与装备”重点专项“十三五”首批首个项目。在该项目申报阶段的研讨过程中，根据大家的研判，确定了两大科学问题：一是高比例可再生能源并网对电力系统形态演化的影响机理和源-荷强不确定性约束下输配电网规划问题，二是源-网-荷高度电力电子化条件下电力系统多时间尺度耦合的稳定机理与协同运行问题。项目从未来电力系统结构形态演化模型及电力预测方法、考虑高比例可再生能源时空分布特性的交直流输电网多目标协同规划方法、高渗透率可再生能源接入下考虑柔性负荷的配电网规划方法、源-网-荷高度电力电子化的电力系统稳定性分析理论、含高比例可再生能源的交直流混联系统协同优化运行理论五个方面进行深入研究。2018 年 11 月，我在南京参加了该项目与《电力系统自动化》杂志社共同主办的“紫金论电——高比例可再生能源电力系统学术研讨会”，并做了这方面的主旨报告，对该项目研究的推进情况也有了进一步的了解。

经过四年多的研究，在 15 家高校和 3 家科研单位共同努力下，项目进展顺利，在高比例可再生能源并网的规划和运行研究方面取得了新的突破。项目提出了高比例可再生能源电力系统的灵活性理论，并应用于未来电网形态演化；建立了高比例可再生能源多点随机注入的交直流混联复杂系统高效全景运行模拟方法，揭示了高比例可再生能源对系统运行方式的影响机理；创立了高渗透率可再生能源配电系统安全边界基础理论，提出了配电系统规划新方法；发现了电力电子化电力系统多尺度动力学相互作用机理及功角-电压联合动态稳定新原理，揭示了装备与网络的多尺度相互作用对系统稳定性的影响规律；提出了高比例可再生能源跨区协同调度方法及输配协同调度方法。整体上看，项目初步建立了高比例可再生能源接入下电力系统形态构建、协同规划和优化运行的理论与方法。

项目团队借助“十三五”的春风，同心协力，众志成城，取得了一系列显著成果，同时，他们及时总结，形成了系列著作共 5 部。该系列专著的第一作者鲁宗相、程浩忠、肖峻、胡家兵、姚良忠分别为该项目五个课题的负责人，其他作者也是课题的主要完成人，他们都是活跃于高比例可再生能源电力系统领域的研究人员。该系列专著的内容系项目团队成果的集成，5 部专著体系结构清晰、富于理论创新，学术价值高，同时具有指导工程实践的潜在价值。相信该系列专著的出版，将推动我国高比例可再生能源电力系统分析理论与方法的发展，为我国电力能源事业实现高效可持续发展的未来愿景提供切实可行的技术路线，为政府相关部门制定能源政策、发展战略和管理举措提供强有力的决策支持，同时也为广大同行提供有益的参考。

祝贺项目团队和系列专著作者取得的丰硕学术成果，并预祝他们未来取得更大成绩！

周孝信

2021 年 6 月 28 日

序　二

发展风电和光伏发电等可再生能源是国家能源革命战略的必然选择，也是缓解能源危机和气候变暖的重要途径。我国已经连续多年成为世界上风电和光伏发电并网装机容量最大的国家。据预测，到 2030 年至 2050 年，我国可再生能源的发电量占比将达 30%以上，而局部地区非水可再生能源发电量占比也将超过 30%。纵观全球，许多国家都在大力发展可再生能源，实现能源生产的清洁化转型，丹麦、葡萄牙、德国等国家的可再生能源发电已占重要甚至主体地位。风、光资源存在波动性和不确定性等特征，高比例可再生能源并网对电力系统的安全可靠运行提出了严峻挑战，将引起电力系统规划和运行方法的巨大变革。我们需要前瞻性地研究高比例可再生能源电力系统面临的问题，并未雨绸缪地制定相应的解决方案。

“十三五”开局之年，科技部启动了国家重点研发计划“智能电网技术与装备”重点专项，2016 年首批在 5 个技术方向启动 17 个项目，在第一个技术方向“大规模可再生能源并网消纳”中设置的第一个项目就是基础研究类项目“高比例可再生能源并网的电力系统规划与运行基础理论”（2016YFB0900100）。该项目牵头单位为中国电力科学研究院有限公司，承担单位包括清华大学、上海交通大学、华中科技大学、天津大学、华北电力大学、浙江大学等 15 家高校和中国电力科学研究院有限公司、国网能源研究院有限公司、国网经济技术研究院有限公司 3 家科研院所。项目团队以长期奋战在一线的中青年学者为主力，包括众多在智能电网与可再生能源领域具有一定国内外影响力的学术领军人物和骨干研究人才。项目面向国家能源结构向清洁化转型的实际迫切需求，以未来高比例可再生能源并网的电力系统为研究对象，针对高比例可再生能源并网带来的多时空强不确定性和电力系统电力电子化趋势，研究未来电力系统的协调规划和优化运行基础理论。

经过四年多的研究，项目取得了丰富的理论研究成果。作为基础研究类项目，在国内外期刊发表了一系列有影响力的论文，多篇论文在国内外获得报道和好评；建立了软件平台 4 套，动模试验平台 1 套；构建了整个项目层面的共同算例数据平台，并在国际上发表；部分理论与方法成果已在我国西北电网以及天津、浙江、江苏等典型区域开展应用。项目组在 *IEEE Transactions on Power Systems*、*IEEE Transactions on Energy Conversion*、《中国电机工程学报》、《电工技术学报》、《电力系统自动化》、《电网技术》等国内外权威期刊上主办了 20 余次与“高比例可再生能源电力系统”相关的专刊和专栏，产生了较大的国内外影响。项目组主办和参与主办了多次国内外重要学术会议，积极参与IEEE、国际大电网组织(CIGRE)、国际电工委员会(IEC)等国际组织的学术活动，牵头成立了相关工作组，发布了多本技术报告，受到国际广泛关注。

基于所取得的研究成果，5 个课题分别从自身研究重点出发，进行了系统的总结和凝练，梳理了课题研究所形成的核心理论、方法与技术，形成了系列专著共5部。

第一部著作对应课题1“未来电力系统结构形态演化模型及电力预测方法”，系统地论述了面向高比例可再生能源的资源、电源、负荷和电网的未来形态以及场景预测结果。在资源与电源侧，研判了中远期我国能源格局变化趋势及特征，对未来电力系统时空动态演变机理以及我国中长期能源电力典型发展格局进行预测；在负荷侧，对广义负荷结构以及动态关联特性进行辨识和解析，并对负荷曲线形态演变做出研判；在电网侧，对高比例可再生能源集群送出的输电网结构形态以及高渗透率可再生能源和储能灵活接入的配电网形态演变做出判断。该著作可为未来高比例可再生能源电力系统中“源-网-荷-储”各环节互动耦合的形态发展与优化规划提供理论指导。

第二部著作对应课题 2“考虑高比例可再生能源时空分布特性的交直流输电网多目标协同规划方法”。以输电系统为研究对象，针对高比例可再生能源并网带来的多时空强不确定性问题，建立了考虑高比例可再生能源时空分布特性的交直流输电网网源协同规划理论；提出了考虑高比例可再生能源的输电网随机规划方法和鲁棒规划方法，实现了面向新型输电网形态的电网柔性规划；介绍了与配电网相协同的交直流输电网多目标规划方法，构建了输配电网的价值、风险、协调性指标；给出了基于安全校核与生产模拟融合技术的规划方案综合评价与决策方法。该专著的内容形成了一套以多场景技术、鲁棒规划理论、随机规划理论、协同规划理论为核心的输电网规划理论体系。

第三部著作对应课题 3“高渗透率可再生能源接入下考虑柔性负荷的配电网规划方法”。针对未来配电系统接入高比例分布式可再生能源引起的消纳与安全问题，详细论述了考虑高渗透率可再生能源接入的配电网安全域理论体系。该著作给出了配电网安全域的基本概念与定义模型，介绍了配电网安全域的观测方法以及性质机理，提出了基于安全边界的配电网规划新方法以及高比例可再生能源接入下配电网规划的新原则。配电安全域与输电安全域不同，在域体积、形状等方面特点突出，安全域能够反映配电网的结构特征，有助于在研究中更好地认识配电网。配电安全域是未来提高配电网效率和消纳可再生能源的一个有力工具，具有巨大应用潜力。

第四部著作对应课题4“源-网-荷高度电力子化的电力系统稳定性分析理论”。

针对高比例可再生能源并网引起的电力系统稳定机理的变革，以风/光发电等可再生能源设备为对象、以含高比例可再生能源的电力电子化电力系统动态问题为目标，系统地阐述了系统动态稳定建模理论与分析方法。从风/光发电等设备多时间尺度控制与序贯切换的基本架构出发，总结了惯性/一次调频、负序控制及对称/不对称故障穿越等典型控制，讨论了设备动态特性及其建模方法以及含高比例可再生能源的电力系统稳定形态及其分析方法，实现了不同时间尺度下多样化设备特性的统一刻画及多设备间交互作用的量化解析，可为电力电子化电力系统的稳定机理分析与控制综合提供理论基础。

第五部著作对应课题 5“含高比例可再生能源的交直流混联系统协同优化运行理论”。针对含高比例可再生能源的交直流混联电力系统安全经济运行问题，该著作分别从电网运行态势、高比例可再生能源集群并网及多源互补优化运行、“源-网-荷”交互的灵活重构与协同运行、多时间尺度运行优化与决策、高比例可再生能源输电系统与配电系统安全高效协同运行分析等多个方面进行了系统论述，并介绍了含高比例可再生能源交直流混联系统多类型“源-荷”互补运行策略以及实现高渗透率可再生能源配电系统“源-网-荷”交互的灵活重构与自治运行方法等最新研究成果。这些研究成果可为电网调度部门更好地运营未来高比例可再生能源电力系统提供有益参考。

作为“智能电网技术与装备丛书”的一个构成部分，该系列著作是对高比例可再生能源电力系统研究工作的系统化总结，其中的部分成果为高比例可再生能源电力系统的规划与运行提供了理论分析工具。出版过程中，系列专著的作者与科学出版社范运年编辑通力合作，对书稿内容进行了认真讨论和反复斟酌，以确保整体质量。作为项目负责人，我也借此机会向系列专著的出版表示祝贺，向作者和出版社表示感谢！希望这 5 部专著可以为从事可再生能源和电力系统教学、科研、管理及工程技术的相关人员提供理论指导和实际案例，为政府部门制定相关政策法规提供有益参考。

康重庆

2021 年 5 月 6 日

前　言

为了应对气候变化和环境污染问题，世界主要国家电力系统正向清洁化、低碳化和智能化转型。构建以电为中心的全新能源供应格局，电网向集能源开发、输送、配置、使用于一体的能源互联网演化，正逐渐成为全球共识和目标方向。未来，电力系统在电源、电网、负荷、储能等环节，以及信息通信等方面技术不断进步、模式持续创新，系统形态结构特征将呈现急剧变化。

近年来，能源电力的技术创新与应用进入了高度活跃期，各国相继出台能源领域技术规划，如美国的《全面能源战略》、欧洲的《能源路线图 2050》、日本的《能源环境技术创新战略 2050》、韩国的《能源新产业与核心技术研发战略(2015～2017)》，以及中国的《能源技术革命创新行动计划(2016—2030 年)》、《能源技术革命重点创新行动路线图》和《“十三五”国家科技创新规划》等。能源清洁、低碳利用技术创新是各国关注的焦点，都突出可再生能源在能源供应中的主体地位。

未来电力系统结构形态预测也是研究热点，其关注重点是进一步加强电网互联，提高清洁能源消纳比例和电气化水平。2015 年，日本政府成立广域系统运行协调机构(Organization for Cross-regional Coordination of Transmission Operators，OCCTO)；2016 年，美国能源部公布电网现代化新蓝图，欧洲输电联盟发布其第四版十年电网规划，英国能源与气候变化部委托 IET 研究其未来电力系统结构，中国国家发展和改革委员会、国家能源局发布《电力发展“十三五”规划(2016—2020 年)》。在清洁发展目标驱动下，电力系统的发展格局呈现了多样性特征，源-网-荷-储各个环节急剧变化，信息通信技术与物理系统的深度融合成为关键趋势。

本书对未来高比例可再生能源电力系统的结构形态演化和电力预测方法的理论研究成果进行阐述，围绕面向中远期低碳化发展的能源电力格局及演化机理、广义负荷特性及其互动耦合机理、高比例可再生能源接入的输配电网结构形态及演化模式三个主题，系统地论述面向高比例可再生能源的资源、电源、负荷和电网形态和场景预测。

全书共分为三篇 11 章。

第一篇分为 4 章，主要论述面向中远期低碳化发展的能源电力格局及演化机理。第 1 章论述能源电力发展的国际形势、分析我国能源发展的驱动力与格局变化趋势；第 2 章建立考虑环境与资源约束以及技术经济差异化的电源优化规划模型，并针对高比例新能源接入背景的灵活性资源进行优化规划；第 3 章分析电源系统的形态演化和结构演化，并建立基于探索性建模的电源时空演化模拟方法；第 4 章基于三个典型情形对我国中长期电力发展格局进行预测。

第二篇分为 3 章，主要论述广义负荷特性及其互动耦合机理。第 5 章对广义负荷的结构进行辨识和解析，建立考虑电价、可再生能源及电动汽车负荷的广义负荷模型；第 6 章基于模态组合方法对广义负荷影响因素进行解析，基于消费心理学分析实时电价对广义负荷的影响；第 7 章研判我国各行业负荷曲线形态的演变规律，建立长期负荷、饱和负荷、短期负荷的预测、演变模型。

第三篇分为 4 章，论述高比例可再生能源接入的输配电网结构形态及演化模式。第 8 章回顾输配电网的发展历程并展望影响未来输配电网形态发展的关键因素；第 9 章对未来适应可再生能源发展的输电网机构形态进行分析，基于西北电网建立输电网发展研究的标准算例系统，并基于该算例系统进行典型场景的研判；第 10 章分析考虑高比例可再生能源并网的未来配电网形态演变趋势，并针对交直流配电网、直流微网、灵活性资源协调运行三类典型案例进行研究。第 11 章建立高比例可再生能源在输配电网协同接入及优化配比模型，设计基于 Benders 分解的算法进行求解，并结合青海等地的具体规划算例进行研究分析。

各篇的撰写工作分别由伍声宇、黎静华和鲁宗相牵头，清华大学、国网能源研究院有限公司、广西大学、上海交通大学、中国农业大学、华北电力大学等单位的多位教师、研究生和工程师参与了相关章节的撰写工作。

本书得到了国家重点研发计划项目“高比例可再生能源并网的电力系统规划与运行基础理论”(2016YFB0900100)的资助。课题团队的全体参研人员都对本书的撰写提供了理论成果，在此一并致谢。

鲁宗相

2021 年 5 月 10 日于清华园

目　录

第二篇 广义负荷特性及其互动耦合机理

第三篇　高比例可再生能源接入的输配电网结构形态及演化模式

第一篇　面向中远期低碳化发展的能源电力格局及演化机理

第 1 章　中远期我国能源格局变化趋势及特征

当前，全世界正在经历一场能源体系的革命性转型，其核心是以可再生能源为主体的新型能源体系逐渐取代当前以化石能源为支柱的传统能源体系，以应对地球矿产资源日益枯竭的危机以及以气候变化为代表的全球生态危机，实现经济社会与资源环境的协调和可持续发展。

1.1　能源电力发展国际形势

21 世纪以来，国际能源格局发生重大调整，以美国页岩气革命为代表的非常规油气加速发展，重塑了传统能源供应版图，可再生能源技术的日益成熟悄然拉开能源转型的大幕，预示着能源体系将迎来整体性变革。另外，以大数据、人工智能、物联网等为主要驱动力的新一轮工业革命将带动能源行业与互联网深度融合。整体来看，能源电力的发展正呈现低碳化、电气化、去中心化、数字化的趋势。

1.1.1　低碳化

第二次工业革命后，随着人类生产生活水平的提高和对能源开发利用量的增加，大量被固存地底的碳元素被人类再次排放至大气中。温室气体排放已经使全球平均温度比工业革命之前升高了 0.85℃，温度升高将导致冰川融化、水平面上升、物种灭绝。为防止气候进一步恶化，《巴黎协定》提出："把全球平均气温升幅控制在工业化前水平以上 2℃以内，并努力将气温升幅控制在工业化前水平以上 1.5℃以内。"为了人类社会的可持续发展，低碳化已经成为全球能源发展的重要趋势。未来，低碳经济、低碳技术、低碳能源等的发展将持续受到世界各国的重视和支持。

为共同应对气候变化问题，1997 年，世界主要国家共同签署了《联合国气候变化框架公约的京都议定书》[1]，八年后，议定书正式生效，确定发达国家减排量在 1990 年平均基础上减少 5.2%；2011 年，第七次框架公约缔约方会议通过《马拉喀什协定》[2]，明确了碳交易机制及三种履约机制的运行规则，涉及碳的核证、测算、统计、监测和认证。2016 年世界各国签署的《巴黎协定》对 21 世纪温度和碳排放控制进行了规划；2016 年，联合国各成员国通过 17 个可持续发展目标，其中第 13 点气候行动明确对温室气体排放进行了阐述。

随着政策引导与技术进步，世界可再生能源产业持续高速发展，其发展规模及在能源消费结构中的占比不断提高，在电力、交通燃料等方面大量替代化石燃料。自 2014 年开始，全球可再生能源新增发电装机容量超过煤炭和天然气发电新增容量之和，尤其是风能、太阳能开发利用成本迅速下降，成为可再生能源供给中的主力。2018 年，世界可再生能源总装机容量达到 2378GW，其中，水电 1132GW、风电 591GW、光伏发电 505GW、生物质能 130GW、地热能 13.3GW、光热发电 5.5GW、海洋能 0.5GW，可再生能源装机容量已经达到全球总装机容量的 33%以上[3]。

此外，各国还在加紧研究二氧化碳捕捉和封存技术。碳捕捉技术主要包含燃烧前捕捉技术、富氧燃烧捕捉技术及燃烧后捕捉技术，而碳封存技术有地质封存、海洋封存、化学封存三种主要的封存方式[4]。通过对后期二氧化碳的再次封存，避免其直接排放对环境气候的伤害。

1.1.2 电气化

能源电气化是间接意义上的“能源清洁化”。首先，风、光等可再生能源不便直接用于终端消费，大多通过转化为电能来供给能源消费，可再生能源已经成为全球新增电能的最主要来源。其次，包括二氧化碳捕捉和封存在内的很多低碳技术及大型化石能源脱碳脱硫设备等，都可方便并广泛地应用于电力生产工业，使电力生产更加清洁。

能源电气化是社会技术发展的关键趋势。目前，随着社会发展和城镇化进程加快，越来越多的生活用能开始转向使用电能，越来越多的高科技设备依赖于电能。并且，随着互联网技术的普及，电能将成为辅助互联网技术的重要支柱能源，能源的电气化趋势在一定程度上彰显社会的进步。

全球电气化水平持续依旧稳步增加，但各地区电气化程度差距明显[5]。目前北美地区电气化水平明显高于世界平均水平，但非洲、中东等地区明显低于世界水平。电气化种类方面，商用、居民、工业电气化均增长较快，其中商用电能在终端电能中占比超过 50%。日、韩、美、英、德等国家电气化水平均高于世界平均水平，日本的总体电气化水平是最高的。主要国家中，中国、印度、巴西、俄罗斯均存在部分能源需求侧电气化程度不足的情况。其中，中国占能源消费侧的比重在主要国家中为最低，但整体电气化增长速度较快，高于全球平均增速。

从当前电气化发展情况来看，以煤炭为最主要终端用能的国家，未来一段时间内将成为电气化发展的中流砥柱。这些国家将在原有电力设施转型和新电力设施建设上双重发力，将可再生能源的利用与电气化发展相结合，致力于通过电气化替代能源结构中的煤炭使用。可以肯定的是，在全球电气化趋势不可逆的前提下，世界各国均将从这个趋势中获利。

根据国际可再生能源署(International Renwable Energy Agency，IRENA)预测，电力在全球最终能源中的比例可能会从 2018 年的 20%增加到 2050 年的近 45%。同时，可再生电源在全球发电总量将从 2018 年的 26%攀升至 2050 年的 85%，其中高达 60%来自太阳能和风能等波动性电源[6]。虽然电力消费在增加，但由于能效的提高，例如电气化的供热和运输系统的效率高于化石燃料，总能量需求反而减少。全球范围内建筑物用能电气化的潜力最高(2050 年可达 50%～80%)，其次是工业部门(34%～52%)，然后是运输部门(10%～52%)。IRENA 预测，2050 年全球可以使用十亿辆电动汽车，使用热泵的供暖的建筑物可能会增加十倍，数量可能超过 2.5 亿台。

1.1.3　去中心化

传统的集中式供能系统采用大容量设备，集中生产，然后通过专门的输送设施(大电网、大热网等)将各种能量输送给较大范围内的众多用户。由于能源集中式接入对能源供给端的要求较高，能源消费终端的消费体验也因此受限。随着能源技术发展和终端消费量不断提高，能源供应被要求从“单级别”向“多样化”转变，城市产业结构也从“单中心”向“多中心”转变，所以无论是从能源结构上，还是城市结构上，“去中心化”将是大势所趋[7]。

由于分布式能源系统直接面向用户，按用户需求就地生产并供应能量，具有灵活性和高效性，可满足中、小型能量转换利用系统。能量终端的单位用户利用自己生产能源的方式自给自足，进行不同层级的小规模联网，采取互相独立又联通的网络输送体制，可使能源传输和使用透明公开，保障公平竞争与合作。

去中心化强调“能源的广泛互联互通”，具有规模小、消纳好、灵活性强、稳定性高、适应度好、清洁低碳等特点。去中心化也可以理解为能源互联网模式，即能源可以实现无障碍流通、全透明流通，并得到与互联网中信息流通一样的安全保障和内容维护。通过增加近距离小范围的自我消纳，去中心化可广泛解决用户能源梯级需求差距大、淡旺季能源调峰困难以及冷热远距离传输难等问题。

目前，全球能源去中心化发展迅速。据美国市场研究机构 Navigant Research 统计，2019 年全球分布式能源容量已经达到 158.3GW，预计 2028 年将达到近 345GW[8]。其中发达国家能源去中心化比较明显，政策力度也比较大，多数发展中国家在去中心化上跟发达国家相比存在较大差距。欧盟分布式能源发电量位居全球前列，其中丹麦 80%以上的区域供热能源采用热电联产方式产生，分布式发电量超过全部发电量的 50%，是分布式能源发展程度最高的国家。美国根据其地理因素和资源储备，积极推进以天然气为主要能源的分布式能源系统，分布式能源发电比例为14%左右。日本的分布式发电以热电联产和太阳能光伏发电为主，已经广泛应用于公园、学校、医院、展览馆等公用设施，并计划2030年前实现分布式能源系统发电量占总电力供应的20%。我国分布式能源发展刚刚起步，目前以天然气分布式发电和光伏分布式发电为主，均处在发展初级阶段。

发达国家已经在分布式能源的基础上开展了多能互补和效率优化。美国、欧洲和日本在先进分布式发电基础上推动智能电网建设，为各种分布式能源提供自由接入的动态平台。同时，因地制宜地利用小水电资源、生物质资源、可再生能源及天然气冷热电联供梯级利用以推进能源的进一步高效利用，在此基础上建立节能和需求侧管理的智能化控制管理平台[9]。正是这些依附于用户终端市场的能源梯级利用系统、可再生能源系统和资源综合利用系统，使能源利用效率不断提高，排放不断减少，能源结构不断优化。

1.1.4 数字化

数字化转型正加速创建一个以信息为基础的、智能的、高生产率和高度联网的世界。随着数字化技术席卷全球，以移动互联网、大数据、物联网等信息技术为特征的数字经济也成为了传统能源行业转型的新目标。能源数字化指的是利用数字技术，引导能量有序流动，构筑更高效、更清洁、更经济的现代能源体系，提高能源系统的安全性、生产率、可及性和可持续性。数据采集、传输、分析和数据互联在能源领域的运用无处不在，在很大程度上可以提高运营效率，将减少约10%的能源使用量。

能源系统数字化能够准确判断能源需求，并明确如何能够在合适的时间、合适的地点以最低的成本提供能源。能源全产业链，将从能源勘探、生产、运输、销售和服务等各环节与互联网深度融合，需要引入大数据、高效计算、即时通信等技术，促进能源降本增效绿色发展，实现能源行业的加速转型。根据国际能源署(International Energy Agency，IEA)《数字化和能源》预测，数字技术的大规模应用将使油气生产成本减少10%～20%，使全球油气技术可采储量提高5%，页岩气有望获得最大收益。仅在欧盟，增加存储和数字化需求响应就可以在2040年将光伏发电和风力发电的弃电率从7%降至1.6%，从而到2040年避免3000万t二氧化碳排放[10]。

世界主要能源公司都在加紧数字化战略研究与布局。英国石油公司(British Petroleum，BP)将数字化战略列为公司五大战略之一，与新交通、生物燃料、储能和碳管理等能源前沿技术并驾齐驱。法国天气热苏伊士集团(ENGIE SA)的战略转型三大方向中，数字化被认为是值得关注的重点战略方向(另外两个是低碳化和分布化)。数字化作为一个新兴领域，目前更多是在现有互联网技术的基础上进行能源信息化的建设。随着能源互联网技术和分布式能源技术的发展，未来能源数字化将更为广泛，贯穿能源金融、管理、市场营销、运输、高效率使用、低成本维护等多个分支领域，成为无障碍流通于整个能源系统中的重要工具。

能源数字化的发展大致分为能源信息化、能源智能化和能源智慧化三个阶段。第一阶段着重发展数据采集传输和能源系统状态监测，第二阶段着重发展数据分析处理和能源系统优化控制，最后一个阶段实现数据集成融合和能源系统的虚拟重构[11]。目前能源系统的数字化技术多建立在比较成熟的能源系统上，所以根据一个国家的能源系统发展程度和数字化技术发展程度，世界可以分为数字化的潜在市场、新兴市场、发展中市场和成熟市场。北美地区是数字化的发展中市场，其分布式能源正处于发展过程中，催生了针对分布式能源的数字化技术，并迅速发展起来。欧盟地区存在成熟的数字化市场，拥有数字化程度较高的能源系统，部分国家能源数字化水平全球领先。亚太地区及东南亚国家有着较多的数字化新兴市场，其中印度尼西亚数字化发展速度全球领先。非洲、中东等地区因为产能分布不均的问题，所以潜在、新兴和成熟市场并存。政策、投资、能源系统成熟度等都影响各国数字化进程。

1.2 我国能源电力的发展驱动力

在能源革命和第四次工业革命形成历史性交汇的时期，我国秉持绿色低碳清洁高效的可持续能源发展观，积极实施和调整中长期能源科技战略，并将其作为顶层指导，不断优化改革能源科技创新体系，以满足生态环境和国家能源安全需要。因此，能源安全、经济发展、技术进步、环境兼容成为我国能源发展的主要驱动力，也是促进可再生能源长足发展的外部驱动力。

1.2.1 核心驱动力及制约因素

1. 能源供应安全

近年来，我国传统能源对外依存度持续增高，2018年，原油对外依存度逼近70%，天然气对外依存度超过45%。目前，我国已基本形成了“三陆一海”的能源进口格局。海上运输通道是最主要的油气进口通道，约占油气进口总量的80%。其中，海运量的80%途经马六甲海峡，38%途经霍尔木兹海峡。对海上咽喉要道的依赖构成我国能源安全的薄弱环节，如果这一地区受到控制，将对我国的能源稳定供应造成巨大威胁[12]。所以保障能源安全是我国能源战略的重要目标，是我国能源发展重要驱动力。

另外，我国能源系统的灵活性、稳定性有待提高。目前我国能源系统面临着体制机制尚不完善、市场配置作用未充分发挥、能源供需尚未平衡、基础设施尚未完善、电力系统弹性不足等问题，导致能源治理遇到一些困难。例如系统抗压性不足，应对气象灾害和突发紧急事件的弹性不足，无论是自然和人为因素都可能导致能源供销链出现问题，因此有必要提升能源系统的整体安全性来保障能源供应安全。

发展可再生能源、提高能源自给率是缓解能源安全问题的重要手段。发展可再生能源能够有效减少我国对原油和天然气的依赖情况，缓解能源短缺的问题。当前阶段我国自然资源十分丰富，具备风电、光伏等可再生能源大量接入的条件，但需要注意的是可再生能源接入后所产生的灵活性不足问题，后续仍需要配备灵活性资源加以应对。

2. 经济社会发展

随着社会经济的发展，电能的需求越来越多，2018 年，我国全社会用电量为 6.84 万亿 kW·h，同比增长 8.5%，相比于 2017 年 6.6%的增速，提高 1.9%个百分点，创 2012 年以来增速新高。电量需求的增加对能源系统提出了更高要求，间接刺激相应的运输、存储、开采、生产等技术的创新和应用。

当前，我国经济正处于从高速发展迈向高质量发展的关键阶段，国家已经提出一系列提升经济性政策以推动产业结构顺利升级。为适应经济转型发展的新特点，能源系统将面临更多的自我革新，包括从单纯的以“量”衡量能源生产，发展到以“清洁”、“低碳”、“效率”、“流通”和“稳定”等多方面因素衡量能源的生产过程。经济社会的高质量发展为能源系统的建设提供了资金、人力、技术、金融财税政策等支持，提高了能源系统的建设速度，增加了能源和其他各领域的黏合度，营造了良好的企业经营环境，进一步满足短期经济发展预期。可以说，社会的发展直接驱动了能源系统的进步，使能源发展不断趋于文明公平，为人民带来可持续的能源使用以满足人民期许，提高系统经济性。

随着国际社会越来越注重使用金融工具进行各领域的控制和调节，能源和经济的关系越来越密切，目前已经有越来越多的国家开始使用能源金融工具，比如欧盟在碳期权和氢投资这些能源新生领域制定金融规则和开辟新交易模式，力争在国际社会上赢取话语权和领导地位。欧盟的行为已经初现成效，在低碳减排的同时，提高了内部各国的竞争力和供需稳定性。可见，随着经济的发展，越来越多的金融工具开始发展成熟，这些金融工具在未来将不断被应用到能源贸易中，成为支撑能源贸易的中流砥柱。

3. 能源技术进步

技术是能源发展的第一驱动力，能源领域的每一项重大技术进步都能推动能源系统不断向前发展，尤其是包括新能源技术、储能技术、材料技术等在内的颠覆性技术的进步和突破更是直接推动能源领域的变革。在信息产业发展及广泛应用的基础上，国际资源整体流通性增强，新技术的投入可充分借鉴世界先进经验，客观考虑市场成熟度、综合资源条件和技术惯性，充分利用已有的基础设施，提高新投资的适应度和系统效率。目前，能源电力领域已经涌现出越来越多的新技术，带动相关行业蓬勃发展，推动能源结构低碳高效转型。

首先，技术的不断进步大大推动了可再生能源产业的发展，可再生能源在能源结构中的占比不断提高。在太阳能光伏发电产业，铸锭单晶大尺寸硅片的不断发展直接降低光伏的装机成本；而钝化发射极和背面电池技术(passivated emitter and rear cell，PERC)已使电池效率高达22.5%，提高了光伏的整体竞争力[13]；光伏组件封装技术和特殊场景组件技术均发展迅速，为光伏提供了更多的应用场景。在风能产业，风机转子捕能技术发展迅速，从材料、环境勘探和组装等角度提高风机整体效率和工作寿命，而风能供应链技术发展也非常迅速，为风电参与调峰、并网和多端供能提供了更多的可能性。在氢能产业，常温常压液体有机氢储运技术发展迅速，为氢燃料的存储和移动使用带来了可能[14]。从我国情况来看，可再生能源技术的持续发展直接改变了能源结构。可再生能源技术直接催化了可再生能源的使用，使可再生能源在火电、核电、生物质热电等为主的电力结构中占据了一席之地，并不断增加其在能源结构中的比例。随着可再生能源单位发电成本逐步降低，以及其他促进新可再生能源应用技术的不断涌现，我国能源结构未来将会以这些可再生能源为主，整个能源结构也会因为可再生能源特性由中心化向分布式发展。

其次，设备技术的发展促进我国能源基础设施结构的变化。随着坚强电网技术、大规模储能技术、调峰技术、抽水蓄能技术及各种系统安全性技术等不断完善，我国基础设施格局也将随之发生变化。在电源侧，随着高比例可再生能源发展以及集中式与分布式并举的能源发展方式催生了多种电源处理技术，包括电源送端基地化、电源终端粒化等。可再生能源发电利用使电能生产端成为综合能源协调端口，电源能源化特征显著。为促进可再生能源消纳，电源自主经济生产和电源灵活性等调控性能有待提高。此外，电源电力电子化、电源虚化等技术涌现，大大提高了送端的可控性。在电网侧，多端直流输电和超/特高压交直流输电等新型输电技术在优化东中部能源电力结构和保障电力供应、促进经济社会协调发展、改善东中部空气质量等方面发挥了重要作用；配电网规模化、市场化和自动化的发展趋势加速了配电网层级简化和结构优化，同时为适应分布式能源的发展，配电网将与气网、热网、信息网融合发展，甚至在分布式发电较多的区域逐步发展直流配电网。在负荷侧，随着广义负荷增加，负荷的精确预测变得更加困难，需要充分研究负荷的时间弹性和空间弹性，合理安排分布式发电出力，为用户提供最安全经济的能源供应。

再次，能效环保技术的发展，包括脱硫脱碳技术、碳捕捉技术、大气过滤技术及清洁能源技术直接促进了能源的清洁使用。为了鼓励这些环境友好技术的应用，我国的能源战略和政策方向制定了相应新条款，包括鼓励清洁设备生产、提供审批快捷通道和补贴、采取污染惩罚措施及制定结构指标等。

最后，互联网技术和信息数字化技术的发展，将改变能源系统的管理模式。随着互联网技术的不断完善，能源的金融化和数字化将成为未来发展的新趋势。推进能源技术与信息技术的深度融合，将加强整个能源系统的优化集成。这些新兴技术将直接影响能源发展方向，所以很多潜在的能源技术，将成为我国能源发展最重要的驱动力。

4. 环境友好兼容

为保护生态环境、缓解气候变暖、改善空气质量，我国制定了越来越严格的环境质量标准，提出了多项促进能源清洁低碳化和提升能效的政策。“十八大”报告中将生态文明建设作为国家战略，纳入中国特色社会主义“五位一体”的总体布局，环境保护得到了前所未有的关注和重视[15]。“十八大”以来，在中央全面深化改革领导小组召开的 38 次会议中，涉及生态文明体制改革的有 20 次，研究了 48 项重大改革。

“十三五”规划将污染物总量控制范围进一步加大，约束指标从基本的二氧化硫、二氧化氮等扩大到重点行业挥发性有机物和细颗粒物(如 PM2.5)，同时通过加强工业、建筑和交通等重点领域节能以建设资源节约型、环境友好型社会，提升系统经济性。各省也对环境问题给出了足够重视，分别出台了相应省份的“生态环境保护‘十三五’规划的通知”以及“能源发展‘十三五’规划”等，针对环境要求特别制订了符合省情的相关政策，对工业设施、产能设施、电力设施等都提出了详细的污染控制要求，并对低污染能源产业予以政府补贴。

中国已经提出了碳减排的阶段目标：二氧化碳排放将在 2030 年左右达到峰值并争取尽早达峰；单位国内生产总值二氧化碳排放比 2005 年下降 60%至 65%。进一步，2020 年提出了 2030 年碳达峰、2060 年碳中和的宏伟目标。可见环境因素已成为能源结构改革的重要驱动力。为了实现相应目标，我国将会进一步加大可再生能源的建设力度，刺激清洁能源建设的技术研发和设备使用，并加大逐户普及清洁能源力度，发布政策降低清洁能源成本。环境保护的目标将大幅度加快能源系统整体改革的脚步。

以上政策直接推动了煤电行业的优化和去产能，推动能源供应结构的优化调整。我国煤炭消费比重逐年降低，越来越多的投资转向可再生及清洁能源。环境问题得到明显改善，京津冀地区 PM2.5 高度污染天数逐年降低。目前我国非化石能源占比已达到 10%以上，2020 年提高到 15%的目标已经完成。随着我国引入碳权期货等能源金融工具，环境保护驱动下的能源系统将迈上一个崭新的平台。

1.2.2　影响我国电力系统结构形态的驱动及制约因素分析

1. 模糊认知图的数学模型

Kosko 开创了模糊认知图（fuzzy cognitive mapping，FCM）里程碑式的研究工作，采用模糊数值的有向弧来表示概念结点之间的因果联系，概念结点的状态用数值表征。模糊认知图拓扑的数学表达是一个有向三元组：$U=(C,E,W)$，其中，$C=\{C_1,C_2,\cdots,C_N\}$ 表示 N 个概念的集合，$E=\{\langle C_i,C_j\rangle | C_i,C_j\in C\}$ 表示所有概念之间有向弧的集合，有向弧 $\langle C_i,C_j\rangle$ 表示概念结点 C_i 对概念结点 C_j 有因果作用，$W=\{w_{ij} | w_{ij}\langle C_i,C_j\rangle, w_{ij}\in[-1,1]\}$，$w_{ij}$ 表示概念结点 C_i 对概念结点 C_j 的因果作用程度。模糊认知图因果作用过程的数学表达如下：

$$A_i(t+1)=f(A_i(t)+\sum_{(j=1)}^{N}A_j(t)\cdot w_{ji})\tag{1-1}$$

式中，$A_j(t)$ 为概念结点 C_i 在 t 时刻的状态，$A_j(t)\in[0,1]$；$f(\cdot)$ 为激活函数。

基于此基本模型，模糊认知图衍生了很多新模型，例如基于规则的模糊认知图、动态模糊认知图、经验模糊认知图、动态随机模糊认知图、演化模糊认知图、模糊时间认知图等。本书采用基本模型，以 S 型函数（Sigmoid 函数，也叫 Logistic 函数）为激活函数，用赫布学习（Hebb learning）改善有向弧权重固定为初始值带来的问题，使在迭代过程中，有向弧的权重与概念的状态变化更好地动态适应。

S 型函数是最广泛采用的激活函数，与简单的二进制函数（值是 1（打开）或 0（关闭））不同，揭示了介于 1 和 0 之间的任何其他概念状态，例如“轻微打开”和“轻微关闭”。

$$f(x)=\frac{1}{1+\mathrm{e}^{-\lambda}}\tag{1-2}$$

赫布规则描述如下：当细胞 A 的轴突足够靠近以激发细胞 B 并反复或持续参与激发它时，一个或两个细胞中都会发生某些生长过程或代谢变化，从而使 A 的

激发效率提升。赫布规则可以表示为

$$w_{ij}(t+1) = w_{ij}(t) + \alpha A_j(t) A_i(t) \tag{1-3}$$

式中，α 为学习率的常数，α 取值为 0.05。如果在 $A_i(t)$ 和 $A_j(t)$ 在时间被激活或禁止，则 w_{ij} 将在 t+1 时间增加。如果在 t 时间一个被激活，而另一个在被禁止，则 w_{ij} 将在 t+1 时减少。

通常有两种方法将观察结果转化为因果知识，一种是手动使用基于专家的知识，另一种是开发搜索算法来处理数据之间的关系。考虑到过去的数据分析可能无法揭示未来能源转型的范式转变，本书采用基于专家的方法。

2. 未来电力系统结构形态驱动及制约因素的模糊认知图

采用模糊认知图理论，构建未来电力系统结构形态驱动及制约因素的模糊认知图，主要步骤如下。

1) 步骤 1：选定目标概念

将源网荷的形态列为目标概念。与 FCM 中通常只有一个目标概念不同，本例中将呈现一个目标概念集合。

2) 步骤 2：文献综述驱动与制约因素

文献综述的步骤旨在尽可能全面地识别影响目标概念的驱动因素和制约因素。这样可以避免遗漏任何有影响力的概念，并减少后续步骤中专家小组的工作量。驱动与制约因素分为能源政策、经济社会、技术发展和资源环境 4 类。

3) 步骤 3：组织专家研讨确定最终概念

专家研讨的主要目的包括：确认概念反映未来的范式转换、概念遵循互斥且集合完整的规则、每个概念粒度合适，以及确定因果联系及其方向。专家小组由发电企业、电网企业的中层管理人员、电力行业协会的研究人员、咨询公司的顾问，以及大学的副教授/教授组成。

4) 步骤 4：组织专家研讨评估因果权重形成 FCM

根据给定的概念节点及其因果联系方向，组织第二次专家研讨开展因果权重评估，最终因果的权重由所参与研讨专家的平均值得到。至此，得到完整的模糊认知图拓扑。

5) 步骤 5：核心结构形态计算

在 FCM 分析中，重要的是概念状态的顺序，而不是每个概念状态的取值。考察模糊认知图迭代进入稳态后，目标概念的状态排序，排序靠前的被认为是未来电力系统的核心结构形态。

基于以上步骤，得到未来电力系统结构形态驱动及制约因素的模糊认知图如图 1-1 所示，相关概念结点如表 1-1 所示。目标概念结点是电源、电网、负荷的结构形态，分别是高比例可再生能源、电源终端粒化、电源虚化、电源送端基地化、电源电力电子化、电源能源化(综合能源)、电源自主经济生产、电源灵活性、负荷弹性、广义负荷、送端多端直流输电、超/特高压交直流输电、配电网直流化、配电网规模化、配电网结构优化、配电网市场化、配电网层级简化、配电网自动化、电网与气网、热网融合发展和电网与信息网融合发展。

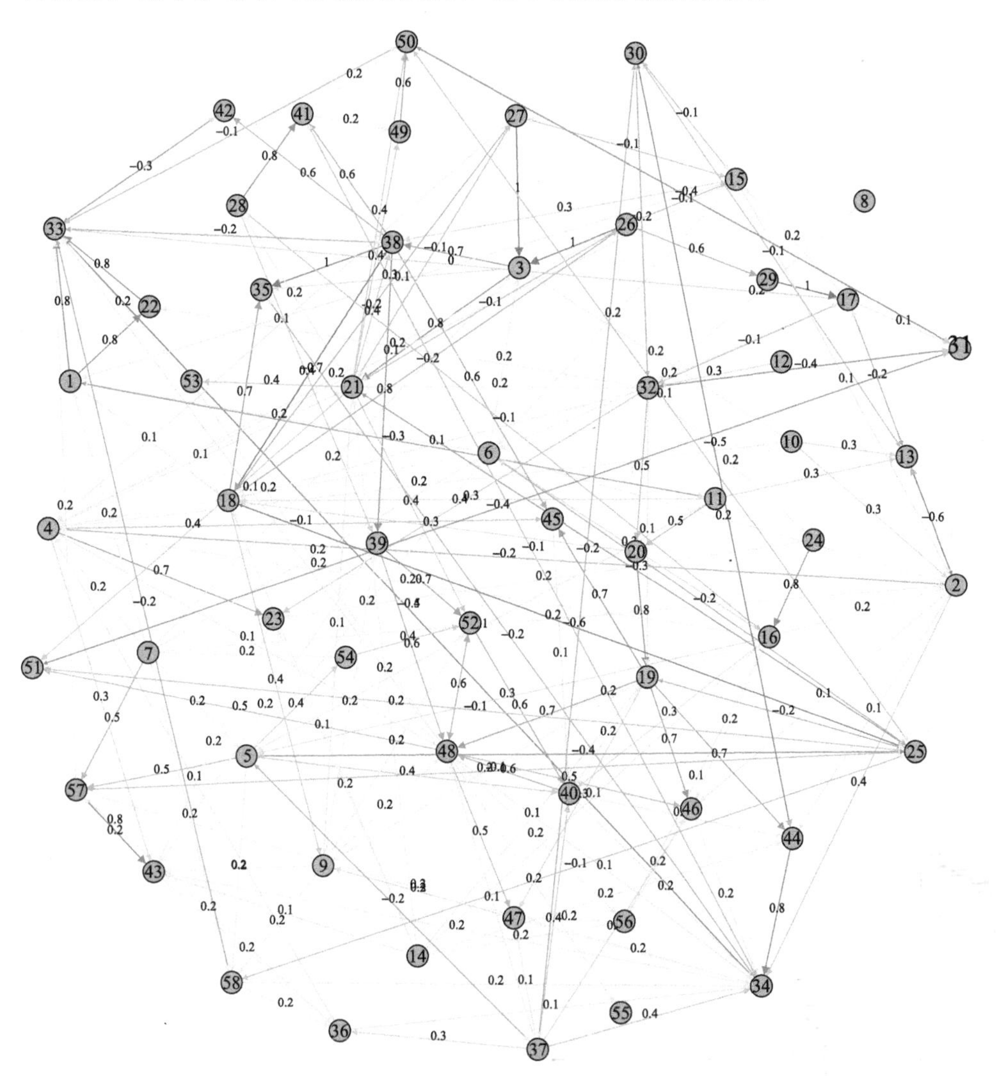

图 1-1　未来电力系统结构形态驱动及制约因素的模糊认知图

表 1-1　概念结点

编号	类别	子类	概念结点	相邻结果概念结点
1	有关驱动及制约因素的概念	能源政策	保障能源安全政策	颠覆性发电技术，提升经济性政策
2			提升经济性政策	提升能效政策，电源自主经济生产，负荷弹性，保障能源安全政策
3			促进能源清洁低碳政策	高比例可再生能源，提升经济性政策，颠覆性发电技术，储能技术，电源、能效技术进步
4			提升能效政策	提升经济性政策，电源、能效技术进步，电源能源化（综合能源），广义负荷，电源灵活性等调控性能，提升经济性政策
5			发挥市场作用政策	技术惯性，配电网市场化，电网与气网、热网融合发展，电网与信息网融合发展，电源虚化，负荷弹性，广义负荷
6		经济社会	高质量发展经济特点	电源粒化，电源能源化（综合能源），电网与信息网融合发展，配电网规模化，负荷弹性，广义负荷
7			城市群等发展特点	电源送端基地化
8			金融财税环境	企业经营状况，提升经济性政策，促进能源清洁低碳政策，提升能效政策，颠覆性发电技术，储能技术，电源、能效技术进步
9			国际流通性	企业经营状况，发挥市场作用政策，保障能源安全政策，颠覆性发电技术
10			企业经营状况	提升经济性政策
11			生态文明及人的期许	高比例可再生能源，电源自主经济生产，电源能源化（综合能源），配电网自动化，信息数字化技术及应用
12			已有的基础设施	超/特高压交直流输电，配电网直流化
13			能源价格	企业经营状况，信息数字化技术及应用
14			体制机制	电网与气网、热网融合发展，电网与信息网融合发展，配电网市场化
15			突发紧急事件	企业经营状况，生态文明及人的期许，技术惯性
16		发展技术	颠覆性发电技术	气候变暖，空气质量问题，电源送端基地化
17			储能技术	电源虚化，电源自主经济生产，电源灵活性等调控性能，广义负荷，负荷弹性
18			输电技术进步	送端多端直流输电，超/特高压交直流输电
19			配网技术进步	配电网直流化，配电网规模化，配电网结构优化
20			电源、能效技术进步	高比例可再生能源，电源粒化，电源虚化，电源电力电子化，电源能源化（综合能源）
21			信息数字化技术及应用	发挥市场作用政策，提升经济性政策，提升能效政策，广义负荷，配电网自动化，负荷弹性，电源虚化

续表

编号	类别	子类	概念结点	相邻结果概念结点
22	有关驱动及制约因素的概念	发展技术	技术惯性	颠覆性发电技术，储能技术，超/特高压交直流输电，配电网直流化，电网与气网、热网融合发展，电网与信息网融合发展，颠覆性发电技术，输电技术进步，配网技术进步，电源、能效技术进步
23		资源环境	气候变暖	气象灾害，促进能源清洁低碳政策，提升能效政策
24			空气质量问题	促进能源清洁低碳政策，提升能效政策，生态文明及人的期许
25			国土空间	电源送端基地化
26			综合资源条件	电源粒化
27			气象灾害	突发紧急事件
28	目标概念	电源	高比例可再生能源	电源粒化，电源送端基地化，电源电力电子化，电源灵活性等调控性能，气候变暖，空气质量问题
29			电源终端粒化	电源能源化(综合能源)，广义负荷，配电网规模化
30			电源虚化	电源自主经济生产，广义负荷
31			电源送端基地化	送端多端直流输电，超/特高压交直流输电
32			电源电力电子化	配电网直流化
33			电源能源化(综合能源)	电网与气网、热网融合发展
34			电源自主经济生产	能源价格
35			电源灵活性等调控性能	电源虚化
36		负荷	负荷弹性	电源自主经济生产
37			广义负荷	负荷弹性，配电网直流化，配电网规模化，配电网结构优化，配电网市场化，配电网层级简化，配电网自动化
38		电网	送端多端直流输电	超/特高压交直流输电，电源送端基地化
39			超/特高压交直流输电	电源送端基地化
40			配电网直流化	
41			配电网规模化	广义负荷，电源粒化
42			配电网结构优化	
43			配电网市场化	配电网规模化
44			配电网层级简化	
45			配电网自动化	负荷弹性，广义负荷
46			电网与气网、热网融合发展	电源能源化(综合能源)，电网与信息网融合发展
47			电网与信息网融合发展	电网与气网、热网融合发展

3. 未来电力系统的核心结构形态

从目标概念迭代终值的排序来看，排在前 10 位的分别是配电网规模化、广义负荷、负荷弹性、电源送端基地化、电源能源化(综合能源)、电源自主经济生产、电源虚化、电源粒化、高比例可再生能源和配电网直流化。换言之，综合考虑能源政策、经济社会、技术发展和资源环境等驱动及制约因素，以及源-网-荷结构形态的相互影响关系，未来配网和负荷的结构形态变化将更为显著，如图 1-2 和图 1-3 所示。

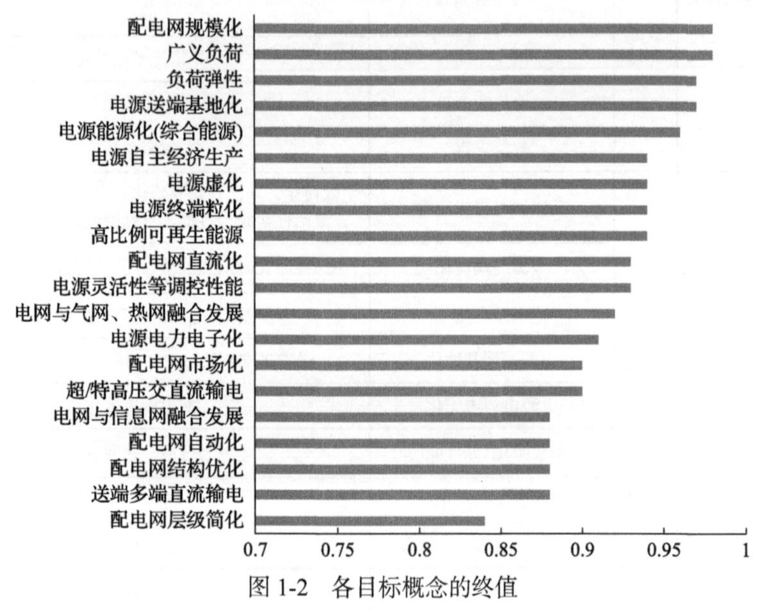

图 1-2　各目标概念的终值

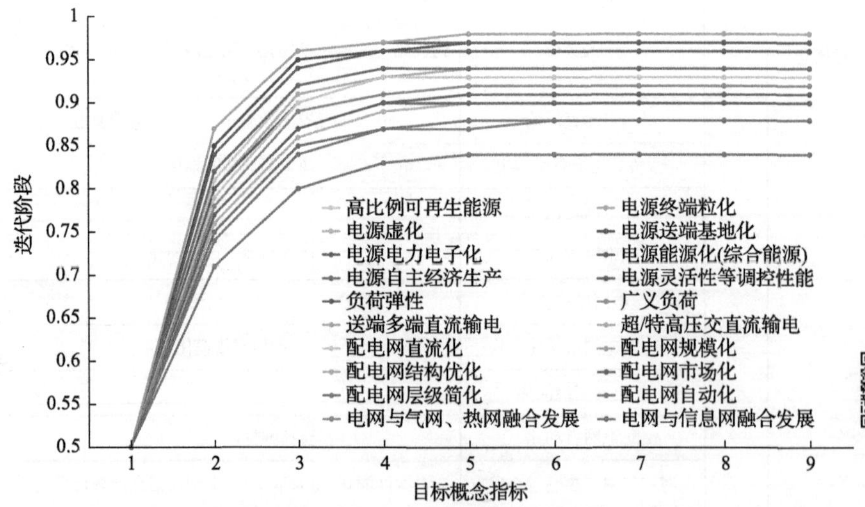

图 1-3　目标概念的迭代过程(彩图扫二维码)

1.3　能源格局变化趋势及特征研判

综合考虑我国发电能源资源禀赋、水资源条件、生态环境承载力及能源消费总量和强度“双控”等因素，尤其在经济增速换挡、资源环境约束趋紧的新常态下，非化石能源将逐步成为能源需求增量的供应主体。由于非化石能源 90%以上都要转化为电力使用，电力发展对我国能源转型意义重大。未来较长时期，我国能源基本格局是“以煤炭为主体、电力为中心、油气和新能源全面发展”，并逐渐过渡到以非化石能源为主体的格局。

1.3.1　能源发展趋势

从能源消费侧看，经济社会发展方式向更加注重效率、环境友好和可持续发展的方向转变，能源消费的需求总量、结构及利用方式也要相应转变，表现为以下几个方面。

(1) 通过降低能源强度、提高能源使用效率，提高能源投入的生产率，推动经济转型升级。

(2) 随着各类能源使用技术的不断成熟和成本下降，用户将可以从更加经济合理的角度选择适宜的方式满足用能需求，同时，随着用户选择性的提高，分布式能源的发展也将在很多场景发挥重要作用。

(3) 满足用户多元和智能用能需求。通过技术创新和市场机制完善，促进终端用能行为向更加经济、绿色、低碳转变。电能作为一种优质、高效、清洁的二次能源，可以在终端能源消费中广泛和适宜地替代化石能源，同时电气化水平的提高为用户提供更加丰富和便捷的用能服务，促进电能占终端能源消费的比重不断提升。

在能源消费方面，通过实施“电能替代”战略，以电能替代煤炭、石油、天然气等化石能源的直接消费，推广电锅炉、电采暖、电制冷、电炊具和电动交通工具等的应用，提高电能在终端能源消费中的比重。随着电气化进程加快，电能将在终端能源消费中扮演日益重要的角色，并最终成为最主要的终端能源品种。在能源开发方面，通过实施“清洁替代”战略，以太阳能、风能、水能等清洁能源替代化石能源，走向低碳绿色发展道路，逐步实现从“化石能源为主、清洁能源为辅”，向“清洁能源为主、化石能源为辅”的转变。清洁替代将对解决人类能源供应面临的资源约束和环境约束提供根本性解决途径。在实现中将注重“传统能源的清洁高效利用”和“清洁能源开发利用”双轮驱动、协同推进。

从能源供给侧看，能源供给受消费侧及配置环节的发展程度所制约，同时也对用户用能行为产生观念和经济性的影响，促进能源消费侧发生变化。这些变革与能源科技创新以及能源相关体制机制的建设密切相关。环境污染、气候变化的制约愈发突出，政策和市场导向等外部因素的综合影响，有利于能源生产和供给方式向清洁化、高效化、低碳化方向转变。

值得关注的是，随着技术经济性的提高，风能、太阳能、核能等可再生能源的开发利用将加速，同时常规化石能源也将更加注重清洁化利用，逐步提高清洁能源在一次能源中的比重，使能源结构更加优化。

通过实施“清洁替代”战略，在能源开发上，以太阳能、风能、水能等清洁能源替代化石能源，走向低碳绿色发展道路，逐步实现从化石能源为主、清洁能源为辅向清洁能源为主、化石能源为辅转变。清洁能源替代将为解决人类能源供应面临的资源约束和环境约束提供根本性解决途径。在实现中将注重“传统能源的清洁高效利用”和“清洁能源开发利用”双轮驱动、协同推进。

从能源配置环节看，配置环节连接消费与生产，对供应方式产生重要影响。随着清洁能源比例提升，清洁能源需要转化为电进行传输和利用，能源配置的地理区域、范围和形式将发生重大改变。在配置方式上要注重输电在配置清洁能源的主导作用，在配置模式上兼顾集中与分散，在配置网络建设上兼顾安全与经济。

从能源科技及产业发展看，科技创新是推动新一轮能源革命的内生动力。能源系统的转型需要以关键技术和装备成熟可靠、经济可行为前提。当前，为实现能源系统的清洁化转型，要高度关注和积极推动新能源、智能电网、智能设备、新能源汽车、节能技术和装备等关键领域的技术突破和应用，同时，也要重视传统能源系统的转型升级，包括，煤炭、石油的清洁化利用、减排等相关技术。相关技术的创新发展也会对能源产业的发展格局带来影响。

从能源体制机制发展看，运用市场手段促进能源资源的优化配置将是进一步提升经济发展质量的重要途径之一。未来，能源市场环境的日趋完善、围绕能源的各类经济活动和企业行为的法治化、能源企业国际化等方面都将成为释放能源改革活力的重要因素。

1.3.2　能源格局主要特征研判

1. 能源资源禀赋决定了能源清洁化供应要以风、光等新能源为主导

我国化石能源开发规模上限相对有限，为减轻生态环境压力、增强能源安全保障能力，需要实现非化石能源规模化开发利用。我国煤炭资源相对丰富，但综合考虑开采条件、生态环境、水资源、运输经济、安全生产等多方面因素的制约，

预计到 2050 年煤炭开发规模上限约 40 亿 t/年[15](图 1-4)。我国常规油气资源不足，为保障油气产量的长期稳定，需控制石油高峰年产量 2.2 亿 t[16]，天然气年产量 3500 亿 m^3[17]。有限的化石能源可开发规模难以满足交通、化工、民用等关键生产生活领域的刚性需求，在能源需求持续增长趋势下，为尽可能减少对外油气依赖，必须实现非化石能源规模化开发利用。

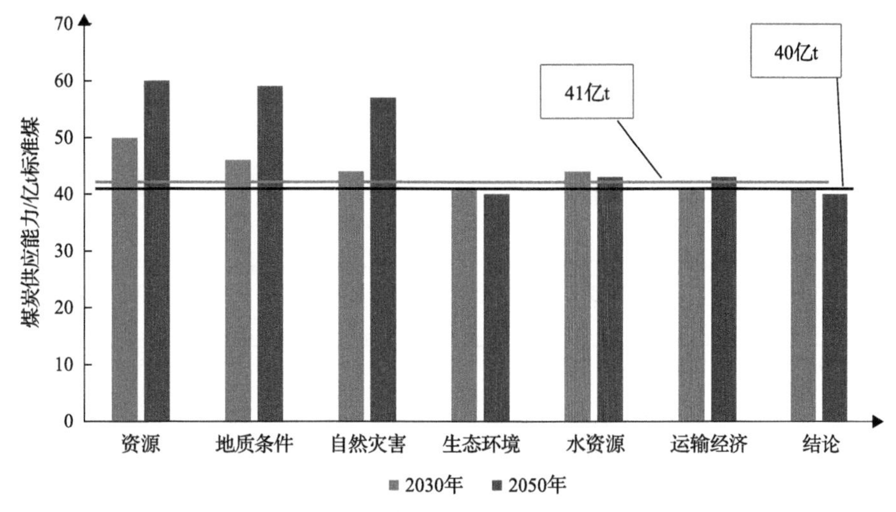

图 1-4　6 种约束条件下我国煤炭供应能力

非化石能源中风、光资源可开发量巨大，具备持续开发条件。从资源潜力看，我国水力资源技术可开发量约 6.9 亿 kW[18]，核电开发潜力可达 4～5 亿 kW[19]，陆地 80m 风能资源理论技术可开发量 35 亿 kW，光伏发电可开发潜力超过 50 亿 kW。从持续开发难度看，水电待开发区域主要集中在西部地区，独特的地理地形、复杂的地质条件使工程建设难度较大，叠加生态环保、移民安置等因素影响，未来开发政策性成本将不断提高；受民众对技术安全性担忧的影响，核电发展前景仍存在不确定性；风、光等可再生能源近年来成本快速下降，在“三北”地区及东部沿海地区资源富集，可实现集中式与分布式并举开发。

2. 发电、输电、储能技术经济性将持续提升，为风、光新能源的经济开发提供支撑

发电技术方面，可再生能源技术不断进步，效率持续提升，成本逐年下降，利用方式多样化，具备进一步大规模发展的条件。目前，可再生能源是全球三分之二地区最便宜的新建电源，到 2030 年，它们的成本将在全球大部分地区低于已建火电。预计 2020～2050 年间我国陆上风电、太阳能发电成本将分别下降 50%、58%(图 1-5 和图 1-6)。近年来，我国新能源装备自主研发和制造整体实力持续攀

升，低速风电技术领先全球，多晶硅工艺技术瓶颈获得突破，电池片与光伏组件、海上风电技术、智慧运维技术等快速发展。随着光伏应用市场多元化程度持续加深，光伏建筑一体化、“光伏+”农业旅游业、工商业屋顶分布式光伏等模式将呈快速扩展趋势。

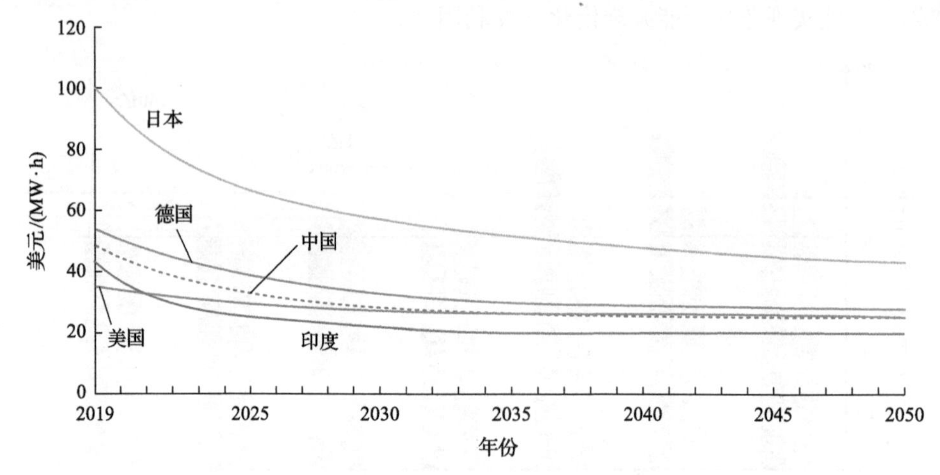

图 1-5　2020～2050 年陆上风电平准化度电成本变化趋势

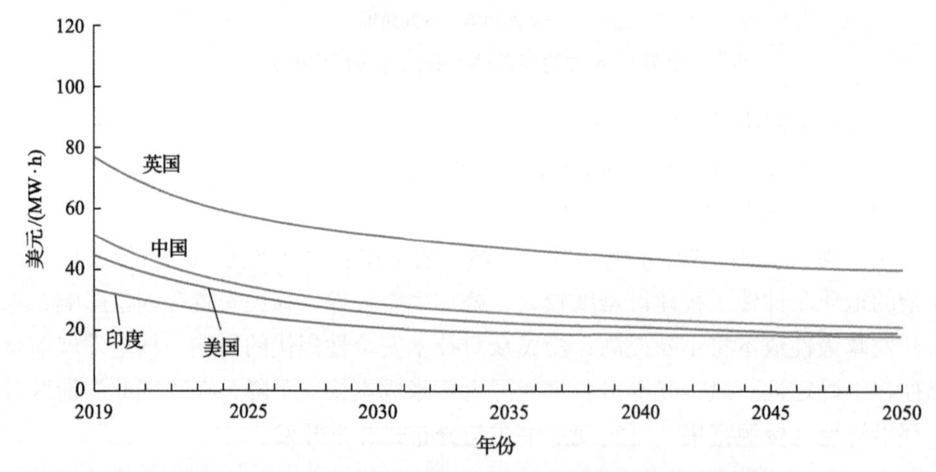

图 1-6　2020～2050 年太阳能发电平准化度电成本变化趋势

输电技术方面，高端电工新材料和大功率电力电子器件技术得到突破，柔性输电容量、效率、可靠性全面提升，柔性直流输配电技术、微电网技术将提升新能源消纳能力。

储能技术方面，随着技术进步和规模效应扩大，预计 2019～2035 年间电化学储能成本将进一步下降 60%以上，到 2035 年与抽水蓄能成本基本持平（图 1-7）。

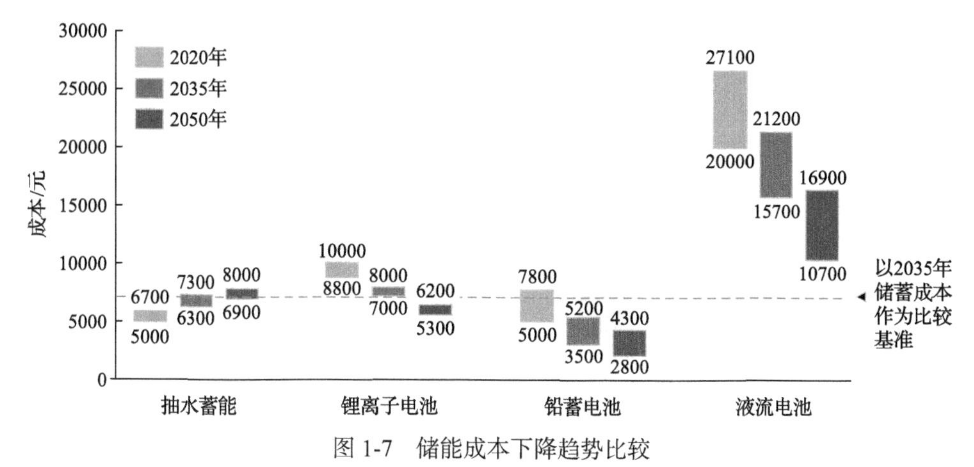

图 1-7　储能成本下降趋势比较

注：按照可连续充/放 6h 折算电化学储能电站单位千瓦投资成本

3. *以清洁低碳发展为主要导向的能源政策将进一步推动可再生能源大规模发展*

气候变化和生态环境约束将推动能源结构优化。为有效应对气候变化挑战、推进生态文明建设，相关能源政策一方面会加大对能源消费、碳排放水平控制，另一方面会进一步推动非化石能源发展、优化能源结构。我国提出 2030 年能源消费总量分别控制在 60 亿 t 标准煤以内，2030 年单位国内生产总值二氧化碳排放比 2005 年下降 60%～65%，2050 年非化石能源消费占比力争超过一半的目标。

市场化交易、平价上网等政策将促进新能源行业健康可持续发展。国家 2018 年以来陆续出台了系列政策文件以降低补贴强度、加快补贴退坡，鼓励建设不需要国家补贴的新能源发电项目，推动风电、光伏平价上网，可再生能源发展将逐步进入“后补贴时期”。截至 2019 年底，“三北”地区风电度电成本已达 0.2 元/kW·h，东中部地区光伏发电度电成本在 0.3～0.35 元/kW·h，而此时全国光伏平均利用小时数为 116ph，平均度电成本为可基本实现平价上网。2030 年光伏发电度电成本将低于风电，竞争力更强。

基于对上述发展趋势的研判，预计我国一次能源消费与终端能源消费变化趋势相同，在 2035 年达峰之后缓慢下降。一次能源消费革命将延续“减煤稳油增气”趋势，未来将快速渡过油气时代，最终进入非化石能源时代。预计 2035 年，我国一次能源消费总量约 58.8 亿 t 标准煤，是 2018 年的 1.3 倍；2050 年降为 55.1 亿 t 标准煤(图 1-8～图 1-10)。

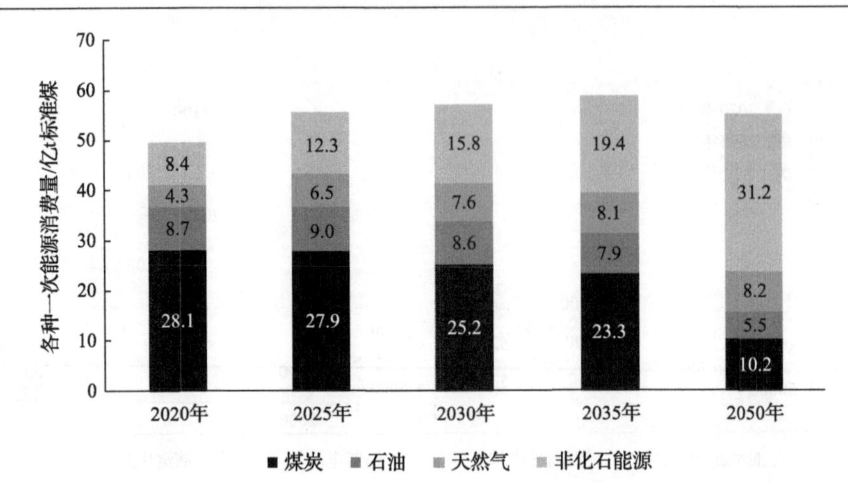

图 1-8　2020～2050 年我国一次能源消费变化情况

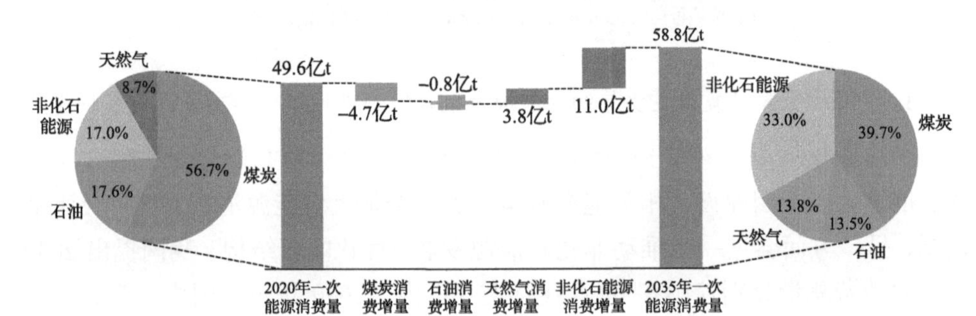

图 1-9　2020～2035 年一次能源需求变化情况

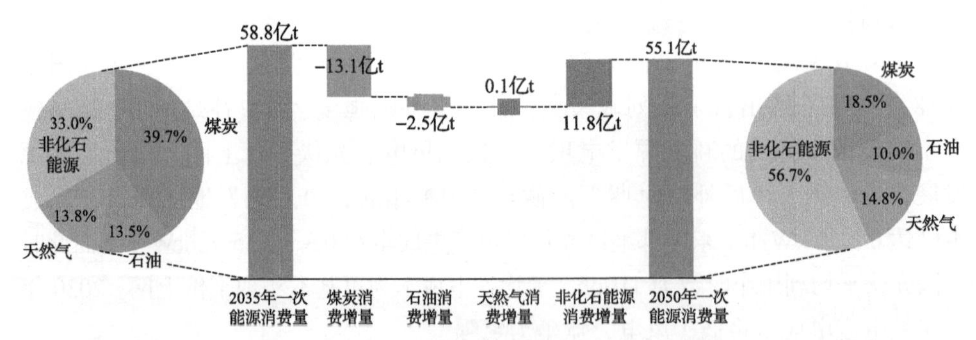

图 1-10　2035～2050 年一次能源需求变化情况

化石能源消费方面，预计我国化石能源消费总量将有 15 年左右的峰值平台期（41 亿 t 标准煤上下），2035 年之后快速下降。煤炭方面，消费量 2013 年开始达峰，以电能大幅替代散烧煤、削减钢铁和建材领域用煤，煤炭消费总量将从 2018 年 27.4 亿 t 标准煤下降至 2050 年的 10.2 亿 t 标准煤。石油方面，受交通领域对燃油依赖性逐渐降低的影响，石油消费量已进入平台期，之后快速下降，预计将从

2018 年的 8.8 亿 t 标准煤下降至 2050 年的 5.5 亿 t 标准煤。天然气方面，工业用气、城市燃气快速增长拉动天然气消费增长，远期天然气消费量增长后趋稳，由 2018 年的 3.6 亿 t 标准煤上升至 2050 年的 8.2 亿 t 标准煤。预计到 2050 年，煤炭、石油、天然气消费占比分别从 2018 年的 59%、19%、8%变为 19%、10%、15%。

非化石能源消费方面，预计将进一步增长并呈现"增量全部替代、存量逐步替代"趋势，非化石能源由增量主体逐步变为主导能源。2035 年前，非化石能源主要满足新增能源需求，到 2050 年逐步实现存量替代，成为主导能源。2050 年，非化石能源消费约 31.2 亿 t 标准煤，是体量最大的能源消费类型。

总体来看，预计未来 30 年，非化石能源占一次能源消费比重将加速提升，在 2045 年左右超过 50%，2050 年达到 56.7%(图 1-11)。2018 年，非化石能源占一次能源消费比重为 14%，预计 2035、2050 年，将分别达到 33%、56.7%。2035～2050 年间年均增加约 1.6 个百分点，相比 2020～2035 年均 1.1 个百分点增速显著加快，也高于"十二五"年均 0.6 个百分点的增速水平。

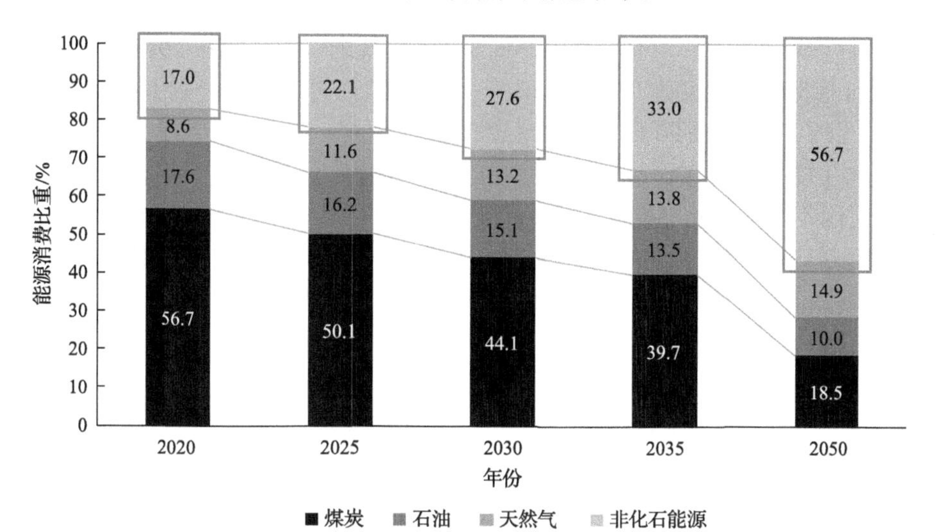

图 1-11　2020～2050 年我国非化石能源消费变化情况

在此期间，发电用能占一次能源消费比重将逐步提高，新增发电用能主要来自非化石能源，尤其是以风、光为代表的新能源，2050 年新能源发电将成为第一大电源(图 1-12)。预计 2025 年前，发电用能占一次能源消费比重将突破 50%，2035 年进一步扩大至 60%左右。预计 2035 年非化石能源发电量达到 6.3 万亿 kW·h，非化石能源发电量占总发电量比重(电力清洁化率)将提高至 50%左右，2050 年进一步提高至 74%。其中，2050 年新能源、核电、水电发电量分别约 5.0 万亿 kW·h、2.3 万亿 kW·h、2.1 万亿 kW·h，分别占总发电量的 36%、16%、15%。

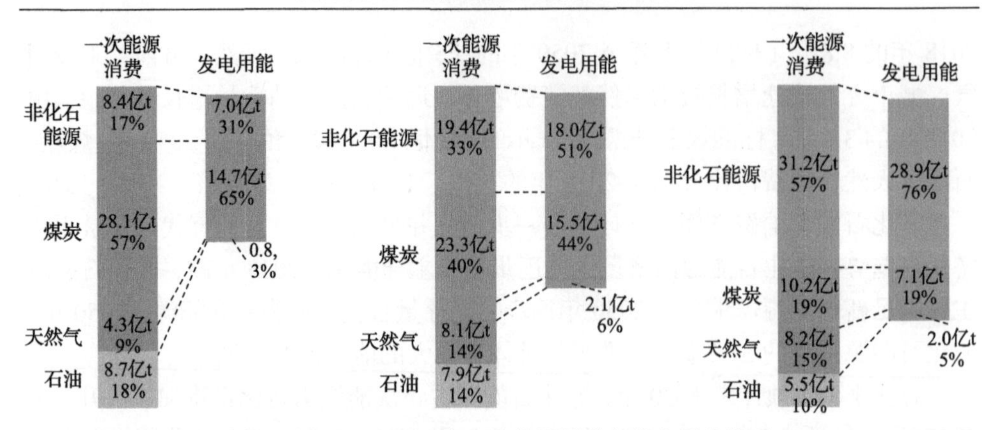

图 1-12　2020～2050 年一次能源消费与发电用能关系

通过扩大可再生能源发电规模，可有效加快非化石能源开发利用，我国能源进口规模和对外依存度有望显著下降。预计到 2050 年，我国能源自给水平将由 2018 年的 79%提升至 85%以上，化石能源进口量约 8.0 亿 t 标准煤，较 2018 年的 9.7 亿 t 标准煤减少约 17.5%。其中，石油、天然气进口量分别从 2018 年的 6.4 亿 t、1.6 亿 t 标准煤分别变为 2.3 亿 t、3.5 亿 t 标准煤，对外依存度分别下降至 42.6%、43.1%，较 2018 年分别降低约 27 个、2 个百分点。

可再生能源消费占比与电能占终端能源消费比重虽然均呈上升趋势，但超过 50%的时间不同。非化石能源占一次能源消费比重预计于 2045 年左右，提前约 5 年时间超过 50%。这主要由于地热能、生物质能等非发电形式的利用会取得长足发展，推动非化石能源占一次能源消费比重相对较快达到 50%。

参 考 文 献

[1] 李威. 从《京都议定书》到《巴黎协定》：气候国际法的改革与发展[J]. 上海对外经贸大学学报, 2016, 23(5): 62-73.

[2] 韩一元. 《巴黎协定》以来的全球气候治理进程[J]. 国际研究参考, 2019, 11: 1-6.

[3] Busch H, Hansen T, Couture T, et al. Renewables in Cities 2019 Global Status Report - Preliminary Findings[R]. REN21, 2019.

[4] 于德龙, 吴明, 赵玲, 等. 碳捕捉与封存技术研究[J]. 当代化工, 2014, 43(4): 544-546.

[5] 国网能源研究院. 世界能源展望 2019[R]. 北京, 2019.

[6] Amin A Z. Global Energy Transformation——A Roadmap to 2050[R]. International Renewable Energy Agency (IRENA), 2018.

[7] 孙祥栋. 去中心化——未来城市能源发展展望[N]. 国家电网报, 2018-6-26(005).

[8] Global DER Overview: Market Drivers and Barriers, Technology Trends, Competitive Landscape and Global Market Forecasts[R]. Navigant research, 2020.

[9] 2018 年全球分布式能源行业现状分析 各国分布式能源稳步发展[R]. 前瞻产业研究院, 北京: 2018.

[10] 国际能源署(IEA). 数字化和能源[M]. 北京: 科学出版社, 2019.

[11] 薛美美, 代红才, 吴贞龙. 数字化推动能源行业高质量发展[N]. 国家电网报. 2019-12-17(008).
[12] 尹伟华. 我国能源安全面临的挑战及对策建议[J]. 中国物价, 2019, 08: 15-17.
[13] 王文静, 王斯成. 我国分布式光伏发电的现状与展望[J]. 中国科学院院刊, 2016, 31(2): 165-172.
[14] 刘坚, 钟财富. 我国氢能发展现状与前景展望[J]. 中国能源, 2019, 41(2): 32-36.
[15] 国家能源局. 科学发展的 2030 年国家能源战略研究报告[R]. 北京: 国家能源局, 2010.
[16] 黄其励, 等. 能源生产革命的若干问题研究[M]. 北京: 科学出版社, 2017.
[17] 中国石油经济技术研究院. 2050 年世界与中国能源展望(2018 版)[R]. 北京: 2018.
[18] 水电水利规划设计总院. 中国可再生能源发展报告 2018[R]. 北京, 2018.
[19] 中国核电发展中心, 等. 我国核电规划发展研究[R]. 北京: 2019.

第 2 章　考虑环境与资源约束的能源电源优化规划

2.1　模 型 结 构

2.1.1　考虑环境与资源约束的能源优化规划模型

未来我国能源发展中，化石能源及非化石能源转换为电能的比例越来越高，电力系统将处于能源发展的中心位置。以大能源观为指导，以全局的、历史的、开放的、普遍联系的视角去分析和研究能源与电力问题，统筹考虑煤、水、电、油、气、核等各种能源之间的关系，统筹考虑能源与电力开发、输送、消费等各个环节之间的关系，以建立能源与电力协调配置理论。

我国能源资源与消费中心逆向分布的国情，决定了能源的大规模、大范围配置不可避免，能源配置成为关系我国能源安全和可持续发展的重大课题。科学的能源配置强调通过加强统一规划协调，改变各自为政的能源发展方式，追求安全、经济、清洁、高效的能源发展格局。

能源与电力配置的研究范畴包括将国内、国外两个市场获得的煤炭、石油、天然气、非化石能源等能源资源，采用发电、直接利用等合适方式转换利用，经铁路、公路、水路、管道、电网、就地利用等方式运输至用户端使用的全过程。

从能源与电力配置的品种来看，主要包括煤炭、石油、天然气、风能、太阳能、水电、核电等能源资源。从能源配置的运输方式来看，煤炭的运输方式主要有铁路、公路、水路及不同运输方式的组合等；石油和天然气的运输方式主要有管道、铁路、公路、水路及不同运输方式的组合等；电力(煤电、水电、核电、风电、太阳能发电等)的传输通过电网进行。从能源的转换利用来看，主要包括化石能源发电、非化石能源发电、终端直接利用等。水能、核能、风能和规模化开发的太阳能都通过转换成为电力进行集中或分散利用。从供应来源看，主要包括国内、国外两部分。

1. 能源与电力投入产出平衡方程

基于多区域投入产出理论，考虑发电能源开发、输送和消纳三个层次，在多区域投入产出平衡方程之上，增加区域配置矩阵 C_n、支路配置矩阵 C_b 和输送配置矩阵 W，建立发电能源投入产出平衡方程。

$$AX + C_n W C_b Y = X \tag{2-1}$$

式中，A 为直接消耗系数矩阵；X 为投入向量；Y 为需求向量。

根据研究对象为物理能源量或价值量，可以将平衡方程分为实物型、价值型和混合型三类。

依据能源类型将供应部门分为一次和二次能源供应部门。其中，一次能源包括原煤、洗选煤、原油、天然气、风能、太阳能、核能等；二次能源包括炼焦、炼油、电力、供热等，即电力以二次能源体现。特别地，通常归为一次能源的“一次电力”，如核电、水电、风电及太阳能发电等，在本书中，考虑到这些能源电力转换在地域间配置的差异性，模型中将其分解为核能、水能、风能及太阳能等一次能源与电力二次能源处理。相应的，区域 i 中，直接消耗系数矩阵 A^i、最终需求 Y^i 和总产出 X^i 可分别表示为如表 2-1 所示。

表 2-1　“四块式”一次能源供应部门和二次能源供应部门划分

类型	一次能源（P）	二次能源（E）	最终需求（Y）	总产出（X）
一次能源（P）	A_{PP}^i	A_{PE}^i	Y_P^i	X_P^i
二次能源（E）	A_{EP}^i	A_{EE}^i	Y_E^i	X_E^i

具体来说，各矩阵和向量的含义如下。

$$A = \begin{bmatrix} A^1 & 0 & \cdots & 0 \\ 0 & A^2 & \cdots & 0 \\ \vdots & \vdots & & \vdots \\ 0 & 0 & \cdots & A^m \end{bmatrix}, \quad A^i = \begin{bmatrix} A_{PP}^i & A_{PE}^i \\ A_{EP}^i & A_{EE}^i \end{bmatrix} \tag{2-2}$$

$$W = \begin{bmatrix} W^1 & 0 & \cdots & 0 \\ 0 & W^2 & \cdots & 0 \\ \vdots & \vdots & & \vdots \\ 0 & 0 & \cdots & W^l \end{bmatrix}, \quad W^u = \begin{bmatrix} W_{PP}^u & W_{PE}^u \\ W_{EP}^u & W_{EE}^u \end{bmatrix} \tag{2-3}$$

$$C_n = \begin{bmatrix} C_n^{11} & C_n^{12} & \cdots & C_n^{1l} \\ C_n^{21} & C_n^{22} & \cdots & C_n^{2l} \\ \vdots & \vdots & & \vdots \\ C_n^{m1} & C_n^{m2} & \cdots & C_n^{ml} \end{bmatrix}, \quad C_n^{iu} = \begin{bmatrix} C_{nP}^{iu} & \\ & C_{nE}^{iu} \end{bmatrix} \tag{2-4}$$

$$C_b=\begin{bmatrix} C_b^{11} & C_b^{12} & \cdots & C_b^{1m} \\ C_b^{21} & C_b^{22} & \cdots & C_b^{2m} \\ \vdots & \vdots & & \vdots \\ C_b^{l1} & C_b^{l2} & \cdots & C_b^{lm} \end{bmatrix},\ C_b^{uj}=\begin{bmatrix} C_{bP}^{uj} & \\ & C_{bE}^{uj} \end{bmatrix} \tag{2-5}$$

$$X=\begin{bmatrix} X^1 \\ X^2 \\ \vdots \\ X^m \end{bmatrix},\ X^i=\begin{bmatrix} X_P^i \\ X_E^i \end{bmatrix},\ Y=\begin{bmatrix} Y^1 \\ Y^2 \\ \vdots \\ Y^m \end{bmatrix},\ Y^i=\begin{bmatrix} Y_P^i \\ Y_E^i \end{bmatrix} \tag{2-6}$$

$$P=\left\{w_p,s_p,c_p,g_p,h_p,n_p\right\} \tag{2-7}$$

$$E=\left\{w_e,s_e,c_e,g_e,h_e,n_e,f\right\} \tag{2-8}$$

$$i,j\in\left[1,\cdots,m\right],\ u\in\left[1,\cdots,l\right] \tag{2-9}$$

式中，P 为风能、太阳能、煤炭、天然气、水能、铀等一次发电能源的集合，对应集合元素的单位分别为其实物量单位；E 为风电、太阳能发电、煤电、气电、水电和核电发电量和热力的集合，对应电量的集合元素单位均为百万 kW·h，热力单位为 MJ；X^i 为区域 i 各类一次发电能源、装机/通道及电量的生产量或成本，其中，$X_P^i=\left[x_{w_p}^i,x_{s_p}^i,x_{c_p}^i,x_{g_p}^i,x_{h_p}^i,x_{n_p}^i\right]^{\mathrm{T}}$，$X_E^i=\left[x_{w_e}^i,x_{s_e}^i,x_{c_e}^i,x_{g_e}^i,x_{h_e}^i,x_{n_e}^i\right]^{\mathrm{T}}$ 分别为风能、太阳能、煤炭、天然气、水能、铀等一次发电能源生产量、装机或通道的成本量和发电电量；X 为发电能源相关生产向量；$X_{\max}$ 为 X 的上限。Y^i 为区域 i 各类一次发电能源(E)、装机(P)及电量(G)的需求量，其中，从用户需求角度看，使用的是电量，装机容量及一次能源并无使用价值，因此 $Y_{P,G}^i=0$，$Y_{P,G}^i$ 的维数与 $X_{P,G}^i$ 相同。$Y_E^i=\left[y_{w_e}^i,y_{s_e}^i,y_{c_e}^i,y_{g_e}^i,y_{h_e}^i,y_{n_e}^i,y_f^i\right]^{\mathrm{T}}$ 为风电、太阳能发电、煤电、气电、水电、核电的电量和电力需求。在可再生能源消纳配额制要求下，$y_{w_e}^i$、$y_{s_e}^i$ 和 $y_{h_e}^i$ 之和占区域 i 电力需求的比例满足一定要求。Y 为区域 i 各类一次发电能源、装机及电量组成的发电能源相关需求向量。

A^i 为区域 i 的各类一次能源、发电量(含热力)之间的直接消耗系数矩阵。

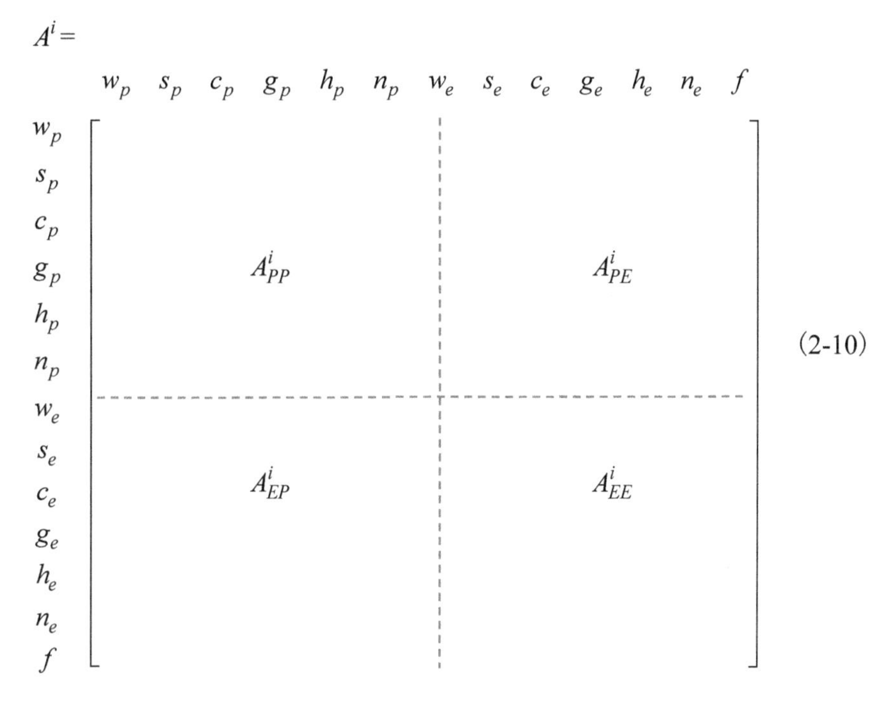

式中，A_{PP}^{i} 为各一次发电能源之间的直接消耗系数，例如，若考虑煤制气发电，则其元素 $a_{c_p g_p}^{i}$ 表示生产单位气的直接煤耗系数；A_{PE}^{i} 为生产单位电量对一次发电能源的消耗系数，例如，矩阵元素 $a_{c_p c_e}^{i}$ 表示单位煤电电量的煤耗；对可再生一次发电能源，不考虑其消耗，$a_{w_p w_e}^{i}, a_{s_p s_e}^{i}, a_{h_p h_e}^{i}=0$。$A_{EE}^{i}$ 为厂用电率。$A_{PG}^{i}, A_{GP}^{i}, A_{GG}^{i}, A_{EP}^{i}, A_{EG}^{i}=0$。

区域配置矩阵 C_n 为 $13m\times 13l$ 维的"节点-支路"关联矩阵，送端为 1，若存在双向，则送受端均为 1。其中，$C_{nP}^{iu}=\text{diag}(c_{nw_p}^{iu}, c_{ns_p}^{iu}, c_{nc_p}^{iu}, c_{ng_p}^{iu}, c_{nh_p}^{iu}, c_{nn_p}^{iu})$，$C_{nE}^{iu}=\text{diag}(c_{nw_e}^{iu}, c_{ns_e}^{iu}, c_{nc_e}^{iu}, c_{ng_e}^{iu}, c_{nh_e}^{iu}, c_{nn_e}^{iu}, c_{nf}^{iu})$。若 $\exists\omega_{\lambda_c,\lambda_g}^{ij}$，则 $c_{nc_p,\ g_p}^{iu}=1$；若 $\exists\omega_{\lambda_e}^{ij}$，则 $c(_{nw_e}^{iu}, c_{ns_e}^{iu}, c_{nc_e}^{iu}, c_{ng_e}^{iu}, c_{nh_e}^{iu}, c_{nn_e}^{iu})=1$。若 $\exists\omega_{\lambda_c,\lambda_g}^{ji}$，则 $c_{nc_p,\ g_p}^{ju}=1$；若 $\exists\omega_{\lambda_e}^{ji}$，则 $c(_{nw_e}^{ju}, c_{ns_e}^{ju}, c_{nc_e}^{ju}, c_{ng_e}^{ju}, c_{nh_e}^{ju}, c_{nn_e}^{ju})=1$。其中，$i=\{1,\cdots,m\}$，$u=\{1,\cdots,l\}$。$\{\boldsymbol{C}_n\}=\{0,1\}$，矩阵 C_n 中，其余未提到的元素为 0。

支路配置矩阵 C_b 为 $13l\times 13m$ 维的"支路-节点"关联矩阵。其中，$C_{bP}^{uj}=\text{diag}(c_{bw_p}^{uj}, c_{bs_p}^{uj}, c_{bc_p}^{uj}, c_{bg_p}^{uj}, c_{bh_p}^{uj}, c_{bn_p}^{uj})$，$C_{bE}^{uj}=\text{diag}(c_{bw_e}^{uj}, c_{bs_e}^{uj}, c_{bc_e}^{uj}, c_{bg_e}^{uj}, c_{bh_e}^{uj}, c_{bn_e}^{uj}, 0)$。因为热力不传输，因而 $c_{bf}^{uj}=0$。若 $\exists\omega_{\lambda_c,\lambda_g}^{ij}$，则 c_{bc_p,g_p}^{uj} 表示区域 j 使用的煤炭、天然

气从第 u 个通道受端受入占本区域使用总量的比例，$\sum_{u\in j} c_{bc_p}^{uj}=1$，$\sum_{u\in j} c_{bg_p}^{uj}=1$；若 $\exists\omega_{\lambda_e}^{ij}$，则 $c_{bw_e}^{uj}$、$c_{bs_e}^{uj}$、$c_{bc_e}^{uj}$、$c_{bg_e}^{uj}$、$c_{bh_e}^{uj}$、$c_{bn_e}^{uj}$ 表示区域 j 使用的风电、太阳能发电、煤电、气电、水电和核电从第 u 个通道受端受入分别占本区域使用总量的比例，$\sum_{u\in j} c_{bw_e}^{uj}=1$，$\sum_{u\in j} c_{bs_e}^{uj}=1$，$\sum_{u\in j} c_{bc_e}^{uj}=1$，$\sum_{u\in j} c_{bg_e}^{uj}=1$，$\sum_{u\in j} c_{bh_e}^{uj}=1$，$\sum_{u\in j} c_{bn_e}^{uj}=1$。其中 $i=\{1,\cdots,m\}$，$u=\{1,\cdots,l\}$，矩阵 C_b 中，其余未提到的元素为 0。

输送配置矩阵 W 为 $13l\times 13l$ 维，W^u 系数矩阵考虑第 u 个通道上传输的单位能源电力及相应的对应能源耗费量及成本。其中，W_{PP}^u、W_{EE}^u 考虑传输单位能源或电力的损耗。$W_{PP}^u=\mathrm{diag}(w_{c_p}^u,w_{s_p}^u,w_{c_p}^u,w_{g_p}^u,w_{h_p}^u,w_{n_p}^u)$，$W_{EE}^u=\mathrm{diag}(w_{c_e}^u,w_{s_e}^u,w_{c_e}^u,w_{g_e}^u,w_{h_e}^u,w_{n_e}^u,w_f^u)$，其中，$w_{c_p}^u=1+\eta_{\lambda_c u}^u$，$w_{g_p}^u=1+\eta_{\lambda_g u}^u$，$w_{c_e}^u,w_{s_e}^u,w_{c_e}^u,w_{g_e}^u,w_{h_e}^u,w_{n_e}^u=1+\eta_{\gamma u}^u$。其中，$u=\{1,\cdots,l\}$。$W_{EP}^u$ 考虑能源输送的电力消耗量。矩阵 W 中，其余未提到的元素为 0。

2. 规划优化目标

能源与电力配置的目标是在满足系统电能需求的情况下，寻求规划期内系统总费用最小。能源与电力配置模型考虑的系统费用(即目标函数)有：规划期内总投资(I)、规划期内新增固定资产的余值(S)、规划期内系统固定运行费用(F)、规划期内系统变动运行费用(主要为燃料费用)(V)、规划期系统外部费用(Φ)。以上费用均为贴现到规划期初的现值。目标函数为

$$\min Z = I - S + F + V + \Phi \tag{2-11}$$

在电力系统电源扩展长期规划中，由于规划期长，若以一年为一周期，描述规划问题的数学模型的变量数和约束数将过大，其运算将受到计算机资源的限制。为简化问题，能源与电力配置模型将规划期分成若干周期来处理，每个周期可以是 1 至若干年不等，即变周期。能源与电力配置模型以周期为单位计算费用，每周期的典型年一般取为该周期的最末一年。

1) 投资(I)

规划期内总投资费用为各周期投资费用的现值之和，主要考虑新增能源生产容量、新增能源转化容量和新增运输容量的投资(I)。

(1) 周期 t 内新增能源转化容量投资(I_{Gt})和新增运输容量投资(I_{Tt})。

由于每个周期都是在典型年(即该周期的最末一年)进行电力电量平衡，所以该周期的新增能源转化容量都发生在最末一年，而实际上在周期内其他各年也

同样有新增能源转化容量，这样就需要将该周期的新增能源转化容量根据周期内系统负荷的增长情况在该周期的各年中进行插值处理，以反映实际电源发展的情况。

设区域能源转换厂 i 在周期 t 的新增能源转化容量为 ΔD_{Git}，并假设周期内各年的新增能源转化容量（即投资）均发生在年初，而计算费用时均折算到该周期最末一年的年末，则周期 t 内新增能源转化容量投资可表示为

$$I_{Gt}=\sum_{i\in\Omega_G}K_{Git}\cdot\Delta D_{Git}\cdot\mathrm{FINVEST}_t \tag{2-12}$$

式中，K_{Git} 为区域能源转换厂 i 在周期 t 的单位容量投资；Ω_G 为新建能源转化厂集合；同理，设运输通道 j 在周期 t 的新增容量为 ΔD_{Tjt}；$\mathrm{FINVEST}_t$ 为投资插值求和系数。

周期 t 内新增运输容量投资可表示为

$$I_{Tt}=\sum_{j\in\Omega_L}K_{Tjt}\cdot\Delta D_{Tjt}\cdot\mathrm{FINVEST}_t \tag{2-13}$$

式中，K_{Tjt} 为区域电网中输电通道 j 在周期 t 的单位容量投资；Ω_L 为新建运输通道。

$$\mathrm{FINVEST}_t=\begin{cases}\dfrac{g(1+r)}{(1+g)^n-1}\cdot\dfrac{(1+g)^n-(1+r)^n}{g-r}, & r\neq g\\ n\cdot g\cdot\dfrac{(1+g)^n}{(1+g)^n-1}, & r=g\end{cases} \tag{2-14}$$

式中，r 为社会贴现率；g 为周期 t 内的平均年负荷增长率；n 为周期 t 的年数。

(2)周期 t 内新增能源生产容量消耗的投资（I_{Pt}）。

当待开发能源生产系统在周期 t 投入系统运行时，假设其应在该周期的第一年建成，以保证能源开发。在计算费用时同样将能源开发系统投资折算到该周期末年的年末。这样，周期 t 内新增能源生产容量消耗可表示为

$$I_{Pt}=\sum_{l\in\Omega_P}K_{Plt}B_{Plt}(F/P,r,n)=\sum_{l\in\Omega_P}K_{Plt}B_{Plt}(1+r)^n \tag{2-15}$$

式中，K_{Plt} 为周期 t 建设能源生产系统 l 的所需总投资；Ω_P 为新能源生产系统集；B_{Plt} 为能源生产系统 l 在周期 t 的 0-1 变量；$(F/P,r,n)=(1+r)^n$ 为一次支付终值系数。

(3) 规划期内的总投资现值 (I)。

系统在规划期内的总投资现值为

$$I = \sum_{t=1}^{T} \frac{1}{(1+r)^{\tau_t}} (I_{Gt} + I_{Tt} + I_{Pt}) \tag{2-16}$$

式中，T 为规划期的周期数；τ_t 为规划期初至周期 t 末的年数。

2) 余值 (S)

系统在规划期内的某些新增能源转化容量、能源生产系统与运输通道在规划期末时其经济寿命尚未结束，这样需要从系统总费中扣除这些新增固定资产在规划期以后的余值。

对于某些在规划期末以前就终止经济寿命的在规划期内新增的机组、能源生产系统或能源通道，为维持其运行至规划期末，需要每年投入一笔维护费用。假设这项年维护费用与建设此机组、能源生产系统或能源通道时的总投资的年金值相等，由于这项维护费用往往发生在规划期末期，这种假设对总目标函数的影响将很小。在此情况下，相当于这些固定资产的余值为负值。

与规划期内各周期系统投资相对应，规划期内周期 t 新增固定资产的余值包括两部分：

(1) 周期 t 内新增能源转化容量投资和新增运输通道容量投资的余值。

周期 t 内新增能源转化容量投资的余值 S_{Gt} 为

$$S_{Gt} = \sum_{i \in \Omega_G} K_{Git} \cdot \Delta D_{Git} \cdot \text{FSAVE}_t \tag{2-17}$$

同理，周期 t 内新增运输通道容量投资的余值 S_{Tt} 为

$$S_{Tt} = \sum_{j \in \Omega_L} K_{Tjt} \cdot \Delta D_{Tjt} \cdot \text{FSAVE}_t \tag{2-18}$$

式中，FSAVE_t 为新增能源转化容量的余值折算系数，其他符号同投资计算部分。

$$\text{FSAVE}_t = \begin{cases} \dfrac{1}{(1+r)^{T_e} - 1} \left[(1+r)^{T_e - (m-\tau)} - \dfrac{g(1+r)}{g-r} \cdot \dfrac{(1+g)^n - (1+r)^n}{(1+g)^n - 1} \right], & r \neq g \\ \dfrac{1}{(1+r)^{T_e} - 1} \left[(1+r)^{T_e - (m-\tau)} - \dfrac{n \cdot g \cdot (1+g)^n}{(1+g)^n - 1} \right], & r = g \end{cases} \tag{2-19}$$

式中，T_e 为装机或通道的经济寿命；m 为规划期的总年数；τ 为规划期初至周期 t 末的年数。

(2) 周期 t 内新增能源生产系统的余值。

周期 t 内新增能源转化容量投资的余值 S_{Pt} 为可表示为

$$S_{Pt} = \sum_{l \in \Omega_G} K_{Plt} B_{Plt} \text{FPSAVE}_t \tag{2-20}$$

式中，系数 FPSAVE_t 为新增能源生产系统的余值折算系数，其他符号同投资计算部分。

$$\text{FPSAVE}_t = \frac{(1+r)^{T_e-(m-\tau)} - (1+r)^n}{(1+r)^{T_e} - 1} \tag{2-21}$$

(3) 规划期内新增固定资产在规划期末余值的现值（S）。

规划期内新增固定资产在规划期末余值的现值为

$$S = \sum_{t=1}^{T} \frac{1}{(1+r)^{\tau_t}} (S_{Gt} + S_{Tt} + S_{Pt}) \tag{2-22}$$

式中，τ_t 为规划期初至周期 t 末的年数。

3) 固定运行费用 (F)

这项费用与区域能源转换厂和运输通道的容量成正比，或与能源生产系统的投资成正比，而与能源量和电量的大小无关。假设运行费用发生在年末。

(1) 新增固定资产的固定运行费（F_{Nt}）。

周期 t 内新增的区域能源转换厂、运输通道及能源生产系统在整个规划期内的总固定运行费用折算到该周期末可表示为

$$F_{Nt} = \sum_{i \in \Omega_G} F_{Git} \cdot \Delta D_{Git} \cdot \text{FFIX}_t + \sum_{j \in \Omega_T} F_{Tjt} \cdot \Delta D_{Tjt} \cdot \text{FFIX}_t + \sum_{l \in \Omega_P} F_{Plt} \cdot B_{Plt} \cdot \text{FPFIX}_t \tag{2-23}$$

式中，F_{Git}、F_{Tjt} 为区域能源转换厂 i、运输通道 j 与容量成正比的固定运行费用系数；F_{Plt} 为能源生产系统 l 的年固定运行费用；FFIX_t 为新增电厂和通道的固定运行费用折算系数；FPFIX_t 为新增能源系统的固定运行费用折算系数。

$$\text{FFIX}_t = \begin{cases} \dfrac{g(1+r)\left[(1+g)^n - (1+r)^n\right]}{r(g-r)\left[(1+g)^n - 1\right]} - \dfrac{1}{r} + \dfrac{(1+r)^{m-\tau} - 1}{r(1+r)^{m-\tau}}, & r \neq g \\ \dfrac{n(1+g)^n}{(1+g)^n - 1} - \dfrac{1}{r} + \dfrac{(1+r)^{m-\tau} - 1}{r(1+r)^{m-\tau}}, & r = g \end{cases} \tag{2-24}$$

$$\mathrm{FPFIX}_t = \frac{(1+r)^{n+(m-\tau)}-1}{r(1+r)^{m-\tau}} \tag{2-25}$$

(2)已有固定资产的固定运行费（F_{Ot}）。

对于系统中的已有区域能源转换厂、运输通道和能源生产系统，其在本周期的固定运行费用折到周期末为

$$\begin{aligned} F_{Ot} = &\sum_{i\in\Omega_{G1}} F_{Git}\Delta D_{Git}(F/A,r,n) + \sum_{j\in\Omega_{T1}} F_{Tjt}\Delta D_{Tjt}(F/A,r,n) \\ &+ \sum_{l\in\Omega_{P1}} F_{Plt}B_{Plt}(F/A,r,n) \end{aligned} \tag{2-26}$$

式中，系数$(F/A,r,n)$为等额系列终值系数；Ω_{G1}、Ω_{T1}、Ω_{P1}分别为已有能源转化系统集、已有运输通道集和已有能源生产系统集。

(3)规划期内的总固定运行费用现值(F)。

系统在规划期内的总固定运行费用现值为

$$F = \sum_{t=1}^{T}\frac{1}{(1+r)^{\tau_t}}(F_{Nt}+F_{Ot}) \tag{2-27}$$

4)变动运行费用(V)

系统在规划期内的变动运行费用现值可表示为

$$V = \sum_{t=1}^{T}\frac{1}{(1+r)^{\tau_t}} A\cdot\mathrm{DY}\cdot Q\cdot\mathrm{FVAR}_t \tag{2-28}$$

式中，A为如前所述的直接消耗系数矩阵；DY为Y向量的对角化矩阵，即$\mathrm{DY}=\mathrm{diag}\{Y\}$为变动运行费用向量；$\mathrm{FVAR}_t$为变动运行费折算系数。

$$\mathrm{FVAR}_t = \begin{cases} \dfrac{(1+g)[(1+r)/(1+g)^n-1]}{r-g}, & r\neq g \\ n, & r=g \end{cases} \tag{2-29}$$

5)系统外部费用(Φ)

系统在规划期内的外部费用现值可表示为

$$\Phi = \sum_{t=1}^{T}\frac{1}{(1+r)^{\tau_t}} A\cdot\mathrm{DY}\cdot R\cdot\mathrm{FVAR}_t \tag{2-30}$$

3. 约束条件

$$X=(I-A)^{-1}C_{\mathrm{n}}WC_{\mathrm{b}}Y \tag{2-31}$$

$$X \leqslant X_{\max} \tag{2-32}$$

$$\frac{\sum\limits_{e\in E} c_{be}^{uj} y_e^j}{1-\eta_{\gamma_u}^u} - n_{\lambda_e}^u P_{\gamma_u}^u H_{\gamma_u} \leqslant 0 \tag{2-33}$$

$$\frac{c_{bc}^{uj} y_c^j}{1-\eta_{\lambda_c}^u} - n_{\lambda_c}^u P_{\lambda_c}^u \leqslant 0 \tag{2-34}$$

$$\frac{c_{bg}^{uj} y_g^j}{1-\eta_{\lambda_g}^u} - n_{\lambda g}^u P_{\lambda_g}^u \leqslant 0 \tag{2-35}$$

$$S_\lambda^{\min} - k_\lambda^u s^u \leqslant 0 \tag{2-36}$$

$$k_\lambda^u s^u - S_\lambda^{\max} \leqslant 0 \tag{2-37}$$

$$\sum_{e\in E} y_e^i - D^i=0 \tag{2-38}$$

$$y_{w_e}^i + y_{s_e}^i + y_{h_e}^i - \alpha^i D^i=0 \tag{2-39}$$

$$\sum_{u\in j, t\in P\cup E} c_{bt}^{uj}=1 \tag{2-40}$$

$$i, j \in \{1,\cdots,m\};\ u \in \{1,\cdots,l\};\ n_\lambda^u=\{0,1,\cdots,n\},\ \lambda \in \Lambda \tag{2-41}$$

式(2-31)即发电能源投入产出平衡约束；式(2-32)表示生产量小于生产上限约束；式(2-33)～式(2-37)表示能源输送备选通道 u 的额定输送容量满足能源输送需求；式(2-36)和式(2-37)表示所选择的能源输送通道类型的经济距离可以覆盖区域 i 与区域 j；式(2-38)表示区域 i 的电量需求可由多种发电能源供应满足；式(2-39)表示区域 i 的可再生能源电量满足电量需求的配额要求；式(2-40)表示区域 j 使用的一次能源及电力，由本地和非 j 区域输送调入共同组成。

2.1.2　考虑技术经济差异化的电源优化规划模型

1. 建模思路

面向高比例可再生能源的中长期电力发展研究是以实现国民经济发展、保障生态气候环境、承载能源革命使命等为目标，以能源电力发展的政策环境、国家和地方发布的有关规划、政策等为基础，综合考虑我国能源资源条件、供需格局、开发进度、建设周期等各个方面。具体研究思路是：根据各区域发电资源的开发潜力、开发条件和用能需求，以规划期内全社会电力供应总成本最小为目标，以能源供应能力、电力电量平衡、系统运行、环境空间等为约束条件，构造优化问题，并求解得到发电能源包括非化石能源发电的开发规模时序、各种类型电源和储能的装机规模和布局、跨省区电力输送规模等，总体框架如图 2-1 所示。

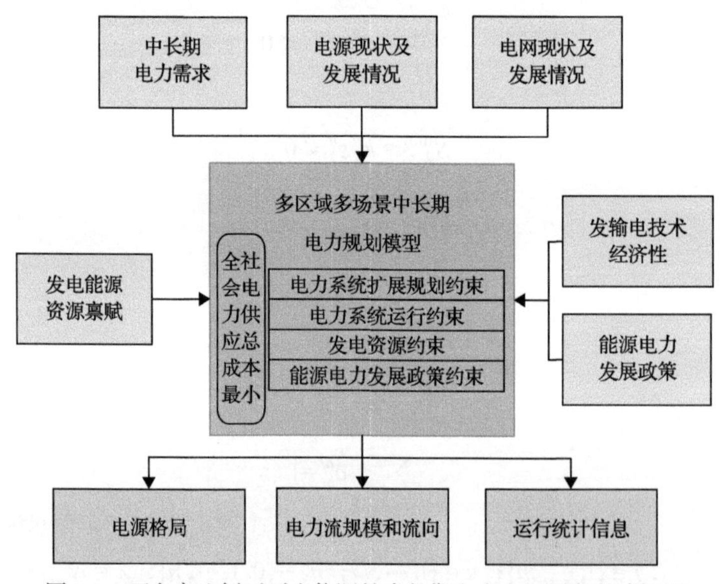

图 2-1　面向高比例可再生能源的中长期电力发展研究思路框图

基于此研究思路，本书提出多区域、多场景中长期电力规划模型。多区域即结合现有电网划分层次及送受端关系，并考虑未来电网的互联互通需求，将全国划分为若干区域，统筹考虑区域内与区域间的供需及联络需求。多场景即针对各区域的资源禀赋与负荷需求特点，选用若干典型场景来表征风光出力与负荷需求变化特性，并逐场景模拟高比例可再生能源电力系统的运行特性，典型场景可以采用聚类方法形成。为与一般规划方法区别，本书将规划周期称为展望期。

2. 电源优化规划模型

1)优化目标

以展望期内全社会电力供应总成本最小为优化目标，包括各区域不同水平年的投资$C_{z,t}^{\mathrm{I}}$、运维$C_{z,t}^{\mathrm{OM}}$、燃料$C_{z,t}^{\mathrm{F}}$、排放$C_{z,t}^{\mathrm{C}}$成本及设备残值$C_{z,t}^{\mathrm{S}}$，上标I、OM、F、C及S分别为区域z第t个水平年的投资、运维、燃料、排放成本及设备残值，即

$$\min \sum_{z\in Z}\sum_{t\in T}\left[\frac{C_{z,t}^{\mathrm{I}}}{(1+r_z)^{t-1}}+\frac{1}{(1+r_z)^t}\begin{pmatrix}C_{z,t}^{\mathrm{OM}}+C_{z,t}^{\mathrm{F}}\\ +C_{z,t}^{\mathrm{C}}-C_{z,t}^{\mathrm{S}}\end{pmatrix}\right] \tag{2-42}$$

式中，Z和T分别为划分区域集和展望期水平年集；下标z和t分别为相应区域和水平年；r_z为贴现率。各子项分别由下面的式子计算得到。

(1)区域z第t个水平年的投资：

$$C_{z,t}^{\mathrm{I}}=\sum_{m\in M_z}\sum_{i\in M_{z,m}}c_{z,t,m,i}^{\mathrm{NG}}\cdot X_{z,t,m,i}^{\mathrm{NG}}+\sum_{l\in L_z^{\mathrm{S}}}c_{l,t}^{\mathrm{NL}}\cdot D_{l,t}^{\mathrm{L}}\cdot X_{l,t}^{\mathrm{NL}} \tag{2-43}$$

(2)区域z第t个水平年的运维成本：

$$C_{z,t}^{\mathrm{OM}}=\sum_{m\in M_z}\sum_{i\in M_{z,m}}c_{z,t,m,i}^{\mathrm{GF}}\cdot X_{z,t,m,i}^{\mathrm{G}}+\sum_{m\in M_z}\sum_{i\in M_{z,m}}c_{z,t,m,i}^{\mathrm{GV}}\cdot E_{z,t,m,i}^{\mathrm{G}}+\sum_{l\in L_z^{\mathrm{S}}}c_{l,t}^{\mathrm{LF}}\cdot D_{l,t}^{\mathrm{L}}\cdot X_{l,t}^{\mathrm{L}} +\sum_{l\in L_z^{\mathrm{S}}}c_{l,t}^{\mathrm{LV}}\cdot D_{l,t}^{\mathrm{L}}\cdot E_{l,t}^{\mathrm{L}} \tag{2-44}$$

(3)区域z第t个水平年的燃料成本：

$$C_{z,t}^{\mathrm{F}}=\sum_{m\in M_z}\sum_{i\in M_{z,m}}c_{z,t,m,i}^{\mathrm{F}}\cdot E_{z,t,m,i}^{\mathrm{G}} \tag{2-45}$$

(4)区域z第t个水平年的排放成本：

$$C_{z,t}^{\mathrm{C}}=\sum_{m\in M_z}\sum_{i\in M_{z,m}}c_{z,t,m,i}^{\mathrm{C}}\cdot E_{z,t,m,i}^{\mathrm{G}} \tag{2-46}$$

(5)区域z第t个水平年的设备残值：

$$C_{z,t}^{\mathrm{S}}=\sum_{m\in M_z}\sum_{i\in M_{z,m}}c_{z,t,m,i}^{\mathrm{S}}\cdot X_{z,t,m,i}^{\mathrm{RG}} \tag{2-47}$$

式中，M_z为区域z的电源类型集；$M_{z,m}$表示区域z中第m类电源的机组集；

L_z^{S}为起点在区域 z 的跨区通道集；$X_{z,t,m,i}^{\mathrm{G}}$、$X_{z,t,m,i}^{\mathrm{NG}}$、$X_{z,t,m,i}^{\mathrm{RG}}$分别为区域 z 在水平年 t 的电源 m 机组 i 的总装机、新增与退役规模；$X_{z,l,t}^{\mathrm{L}}$、$X_{z,l,t}^{\mathrm{NL}}$分别为起点在区域 z 的跨区通道 l 在水平年 t 的总容量与新增容量；$E_{z,t,m,i}^{\mathrm{G}}$ 为区域 z 在水平年 t 的电源 m 机组 i 的年发电量；$E_{z,l,t}^{\mathrm{L}}$ 为起点在区域 z 的跨区通道 l 在水平年 t 的交换电量；c^{NG} 为新增电源单位容量造价；c^{NL} 为通道单位容量单位距离造价；$D_{z,l}^{\mathrm{L}}$ 为起点在区域 z 的跨区通道 l 的输电距离；c^{GF}、c^{GV} 分别为电源单位容量固定运维费用与度电可变运维费用；c^{LF}、c^{LV} 分别为跨区通道单位容量单位距离固定运维费用与度电可变运维费用；$c_{z,t,m,i}^{\mathrm{C}}$ 为区域 z 在水平年 t 的电源 m 机组 i 的度电排放成本；$c_{z,t,m,i}^{\mathrm{S}}$ 为区域 z 在水平年 t 的电源 m 机组 i 的单位容量残值系数。

2) 主要约束

所考虑约束包括电力系统扩展规划约束、电力系统运行约束、发电资源约束、能源电力发展政策约束等。

(1) 电力系统扩展规划约束。主要根据展望期内逐水平年新增及退役情况，动态修正电源装机及跨区通道输电容量，即

$$X_{z,t,m,i}^{\mathrm{G}} = X_{z,t-1,m,i}^{\mathrm{G}} + X_{z,t,m,i}^{\mathrm{NG}} - X_{z,t,m,i}^{\mathrm{RG}}, \quad \forall z \in Z, t \in T, m \in M_z, i \in M_{z,m} \tag{2-48}$$

$$X_{z,t,m,i}^{\mathrm{RG}} = X_{z,t-y_{m,i},m,i}^{\mathrm{NG}}, \quad \forall z \in Z, t \in T, m \in M_z, i \in M_{z,m} \tag{2-49}$$

$$X_{l,t}^{\mathrm{L}} = X_{l,t-1}^{\mathrm{L}} + X_{l,t}^{\mathrm{NL}}, \quad \forall l \in L_{z \in Z}, t \in T \tag{2-50}$$

式中，$y_{m,i}$ 为电源 m 机组 i 的运行寿命，若 $t-y_{m,i}$ 未落入展望期，则追溯到展望期前的对应年份。

(2) 电力系统运行约束。主要计及各区域逐水平年各场景中的电力平衡约束、系统充裕度约束、电源出力约束、跨区输电约束等。

各典型场景逐时需要确保电力供需平衡，即

$$\begin{aligned}&\sum_{m \in M_z^{\mathrm{ES}}} \sum_{i \in M_{z,m}} P_{z,t,m,i,s,n}^{\mathrm{G}} + \sum_{l \in L_z^{\mathrm{S}}} \left(P_{l,t,s,n}^{\mathrm{L2}} - P_{l,t,s,n}^{\mathrm{L1}}\right) + \sum_{l \in L_z^{\mathrm{E}}} \left(P_{l,t,s,n}^{\mathrm{L1}} - P_{l,t,s,n}^{\mathrm{L2}}\right) + \\ &\sum_{m \in M_z^{\mathrm{ES}}} \sum_{i \in M_{z,m}} \left(P_{z,t,m,i,s,n}^{\mathrm{ES1}} - P_{z,t,m,i,s,n}^{\mathrm{ES2}}\right) = P_{z,t,s,n}, \quad \forall z \in Z, t \in T, m \in M_z, i \in M_{z,m}, s \in S_z, n \in N\end{aligned} \tag{2-51}$$

式(2-43)～式(2-47)中，$P_{z,t,m,i,s,n}^{\mathrm{G}}$ 为在区域 z 水平年 t 场景 s 时段 n 时，除蓄能外其他电源 m 机组 i 累积出力；$P_{l,t,s,n}^{\mathrm{L2}} - P_{l,t,s,n}^{\mathrm{L1}}$、$P_{l,t,s,n}^{\mathrm{L1}} - P_{l,t,s,n}^{\mathrm{L2}}$ 为水平年 t 场景 s 时段 t 时起点在区域 z 的跨区通道 l 累积净受入电力和落点在区域 z 的跨区通道 l 累积

净受入电力；$P^{\text{ES1}}_{z,t,m,i,s,n}-P^{\text{ES2}}_{z,t,m,i,s,n}$为在区域 z 水平年 t 场景 s 时段 n 时，除其他电源外储能电源 m 机组 i 累积出力储能累积净出力；$P_{z,t,s,n}$为在区域 z 水平年 t 场景 s 时段 n 时，即时的全社会用电需求；P^{G}、P^{L1}、P^{L2}、P^{ES1}、P^{ES2}分别为当前的电源出力、跨区通道正向(起点至落点)电力流、跨区通道反向(落点至起点)电力流、储能的发电及蓄能功率；M^{ES}_z为区域 z 的储能类型集；S_z为区域 z 的场景集；N 为场景 s 的时段集。

根据电力平衡约束，可以测算各区域各类电源及通道的逐年累积发电 E^{G} 与交换 E^{L} 电量，即

$$E^{\text{G}}_{z,t,m,i}=\begin{cases} y_t\sum\limits_{s\in S}\rho_{z,t,s}\sum\limits_{n\in N}P^{\text{G}}_{z,t,m,i,s,n}, & \forall z\in Z,t\in T,m\in M_z-M^{\text{ES}}_z,i\in M_{z,m} \\ y_t\sum\limits_{s\in S}\rho_{z,t,s}\sum\limits_{n\in N}\left(P^{\text{ES1}}_{z,t,m,i,s,n}+P^{\text{ES2}}_{z,t,m,i,s,n}\right), & \forall z\in Z,t\in T,m\in M^{\text{ES}}_z,i\in M_{z,m} \end{cases} \tag{2-52}$$

$$E^{\text{L}}_{l,t}=y_t\sum_{s\in S}\rho_{z,t,s}\sum_{n\in N}\left(P^{\text{L1}}_{l,t,s,n}+P^{\text{L2}}_{l,t,s,n}\right),\qquad \forall l\in L^{\text{S}}_{z\in Z},t\in T \tag{2-53}$$

式中，y_t为对应水平年的公历天数；$\rho_{z,t,s}$为所考虑的风光负荷场景 s 出现的概率；L^{S}为输电通道集合；T 为总时长，一般为 1 年。

系统充裕度约束确保有足够装机满足峰值负荷需求，即

$$\sum_{m\in M_z}\sum_{i\in M_{z,m}}\gamma^{\text{G}}_{z,t,m,i}\cdot X^{\text{G}}_{z,t,m,i}+\sum_{l\in L^{\text{S}}_z}\gamma^{\text{L}}_{l,t}\cdot X^{\text{L}}_{l,t}+\sum_{l\in L^{\text{E}}_z}\gamma^{\text{L}}_{l,t}\cdot X^{\text{L}}_{l,t}\geqslant(1+\beta_{z,t})P^{\text{PK}}_{z,t},\qquad \forall z\in Z,t\in T \tag{2-54}$$

式中，γ^{G} 和 γ^{L} 为各电源和通道的容量置信系数；β 为系统备用系数；P^{PK} 为各区域逐年峰值负荷。

电源出力约束主要确保各类机组运行出力在合理范围内，即

$$\mu^{\text{G1}}_{z,t,m,i}X^{\text{G}}_{z,t,m,i}\leqslant P^{\text{G}}_{z,t,m,i,s,n}\leqslant\mu^{\text{G2}}_{z,t,m,i}X^{\text{G}}_{z,t,m,i},\forall z\in Z,t\in T,m\in M_z-M^{\text{ES}}_z-M^{\text{RE}}_z,i\in M_{z,m},s\in S_z,n\in N \tag{2-55}$$

$$P^{\text{G}}_{z,t,m,i,s,n}=\mu^{\text{RE}}_{z,t,m,i,s,n}X^{\text{G}}_{z,t,m,i}-P^{\text{CUR}}_{z,t,m,i,s,n},\forall z\in Z,t\in T,m\in M^{\text{RE}}_z,i\in M_{z,m},s\in S_z,n\in N \tag{2-56}$$

式中，μ^{G1} 和 μ^{G2} 分别为电源出力上下限系数；M^{RE} 为区域 z 的新能源发电集；μ^{RE} 为对应场景中逐时段的新能源发电预想出力系数；P^{CUR} 为对应时段的弃能。

储能运行需同时考虑出力与存储能力约束，即

$$
\begin{aligned}
&P_{z,t,m,i,s,n}^{\mathrm{ES1}} \leqslant U_{z,t,m,i,s,n}^{\mathrm{ES}} \cdot \mu_{z,t,m,i}^{\mathrm{ES}} X_{z,t,m,i}^{\mathrm{G}}, \\
&P_{z,t,m,i,s,n}^{\mathrm{ES2}} \leqslant \left(1-U_{z,t,m,i,s,n}^{\mathrm{ES}}\right) \cdot \mu_{z,t,m,i}^{\mathrm{ES}} X_{z,t,m,i}^{\mathrm{G}}, \forall z \in Z, t \in T, m \in M_z^{\mathrm{ES}}, i \in M_{z,m}, s \in S_z, n \in N
\end{aligned}
\tag{2-57}
$$

$$
\begin{aligned}
&\sum_{j \leqslant n}\begin{pmatrix}\eta_{z,m,i}^{\mathrm{ES2}} P_{z,t,m,i,s,j}^{\mathrm{ES2}} - \\ P_{z,t,m,i,s,j}^{\mathrm{ES1}} / \eta_{z,m,i}^{\mathrm{ES1}}\end{pmatrix} \leqslant \left(\alpha_{z,m,i}^{\mathrm{MAX}} - \alpha_{z,m,i}^{\mathrm{INI}}\right) X_{z,t,m,i}^{\mathrm{G}}, \sum_{j \leqslant n}\begin{pmatrix}\eta_{z,m,i}^{\mathrm{ES2}} P_{z,t,m,i,s,j}^{\mathrm{ES2}} - \\ P_{z,t,m,i,s,j}^{\mathrm{ES1}} / \eta_{z,m,i}^{\mathrm{ES1}}\end{pmatrix} \geqslant \left(\alpha_{z,m,i}^{\mathrm{MIN}} - \alpha_{z,m,i}^{\mathrm{INI}}\right) X_{z,t,m,i}^{\mathrm{G}}, \\
&\sum_{j \leqslant |N|}\left(\eta_{z,m,i}^{\mathrm{ES2}} P_{z,t,m,i,s,j}^{\mathrm{ES2}} - P_{z,t,m,i,s,j}^{\mathrm{ES1}} / \eta_{z,m,i}^{\mathrm{ES1}}\right) = 0, \quad \forall z \in Z, t \in T, m \in M_z^{\mathrm{ES}}, i \in M_{z,m}, s \in S_z, n \in N
\end{aligned}
\tag{2-58}
$$

式(2-57)给出了逐时段储能发电和蓄电功率约束，其中 U^{ES} 为二进制变量，取值为 1 表示储能处于发电状态，反之表示其处于蓄电状态；μ^{ES} 为储能出力上限系数。式(2-58)给出了储能存储能力约束，α^{MAX}、α^{MIN}、α^{INI} 分别为储能最大存储容量(库容)系数、最小存储容量(库容)系数及初始存储容量(库容)系数；$|N|$为集合 N 的元素个数；η^{ES1}、η^{ES2} 分别为储能发电效率和蓄能效率。对于抽水蓄能，需要按(2-57)分别建立其上下水库库容约束；对于带储能的光热发电，需要将式(2-57)与式(2-58)联合建模。

跨区输电约束确保通道交换功率在合理范围内，即

$$
P_{l,t,s,n}^{\mathrm{L1}} \leqslant U_{l,t,s,n}^{\mathrm{L}} \cdot \mu_{z,t}^{\mathrm{L}} X_{l,t}^{\mathrm{L}},\ P_{l,t,s,n}^{\mathrm{L2}} \leqslant \left(1-U_{l,t,s,n}^{\mathrm{L}}\right) \cdot \mu_{z,t}^{\mathrm{L}} X_{l,t}^{\mathrm{L}}, \quad \forall l \in L_{z \in Z}^{\mathrm{S}}, t \in T, s \in S_z, n \in N
\tag{2-59}
$$

式中，U^{L} 为二进制变量，取值为 1 表示通道允许正向潮流，反之表示允许反向潮流；μ^{L} 为通道交换功率上限系数。

(3)发电资源约束。主要考虑各类发电能源资源禀赋及平衡约束。

对于发电用煤/气，有

$$
\sum_{i \in M_{z,m}} \sigma_{z,t,m,i}^{\mathrm{G}} E_{z,t,m,i}^{\mathrm{G}} \leqslant F_{z,t,m}^{\mathrm{P}} + F_{z,t,m}^{\mathrm{I}} - F_{z,t,m}^{\mathrm{E}} - F_{z,t,m}^{\mathrm{O}}, \quad \forall z \in Z, t \in T, m \in M_z^{\mathrm{FE}}
\tag{2-60}
$$

$$
\sum_{z \in Z}\left(F_{z,t,m}^{\mathrm{I}} - F_{z,t,m}^{\mathrm{E}}\right) + F_{t,m}^{\mathrm{I1}} = 0, \quad \forall t \in T, m \in M_z^{\mathrm{FE}}
\tag{2-61}
$$

式中，σ^{G} 为单位发电煤耗；F^{P}、F^{I}、F^{E}、F^{O} 分别为区域 z 燃料 m 的本地生产量、调入量、调出量及其他行业使用量(含库存新增)；F^{I1} 为燃料 m 的净进口量；M^{FE} 为区域 z 的化石能源发电类型集。式(2-61)确保区间燃料总调剂量总体平衡。

考虑各类发电资源禀赋及机组利用小时数约束，有

$$\mu_{z,t,m,i}^{\mathrm{CRmin}} H_t X_{z,t,m,i}^{\mathrm{G}} \leqslant E_{z,t,m,i}^{\mathrm{G}} \leqslant \mu_{z,t,m,i}^{\mathrm{CRmax}} H_t X_{z,t,m,i}^{\mathrm{G}}, \quad \forall z \in Z, t \in T, m \in M_z, i \in M_{z,m} \tag{2-62}$$

式中，H_t 为水平年 t 的全年小时数；μ^{CRmax}、μ^{CRmin} 分别为区域 z 水平年 t 电源 m 中机组 i 的最大、最小容量因子。

(4)能源电力发展政策约束。主要考虑碳排放(式(2-63))、能源消费总量(式(2-64))、非化石能源占一次能源消费比重(式(2-65))、非化石能源发电占比(式(2-66))、弃能率约束(式(2-67))等，具体形式如下。

$$\sum_{z \in Z} \sum_{m \in M_z} \sum_{i \in M_{z,m}} \sigma_{z,t,m,i}^{\mathrm{CO_2}} E_{z,t,m,i}^{\mathrm{G}} \leqslant F_t^{\mathrm{CO_2}}, \quad \forall t \in T \tag{2-63}$$

$$\sum_{z \in Z} \sum_{m \in M_z} \sum_{i \in M_{z,m}} \sigma_{z,t,m,i}^{\mathrm{G}} E_{z,t,m,i}^{\mathrm{G}} + F_t^{\mathrm{NE}} \leqslant F_t^{\mathrm{E}}, \quad \forall t \in T \tag{2-64}$$

$$\sum_{z \in Z} \sum_{m \in M_z - M_z^{\mathrm{FE}}} \sum_{i \in M_{z,m}} \sigma_{z,t,m,i}^{\mathrm{G}} E_{z,t,m,i}^{\mathrm{G}} \geqslant F_t^{\mathrm{NFE}}, \quad \forall t \in T \tag{2-65}$$

$$\sum_{z \in Z} \sum_{m \in M_z - M_z^{\mathrm{FE}}} \sum_{i \in M_{z,m}} E_{z,t,m,i}^{\mathrm{G}} \geqslant \eta_t^{\mathrm{NFE}} \sum_{z \in Z} \sum_{m \in M_z} \sum_{i \in M_{z,m}} E_{z,t,m,i}^{\mathrm{G}}, \quad \forall t \in T \tag{2-66}$$

$$\sum_{z \in Z} \sum_{m \in M_z^{\mathrm{RE}}} \sum_{i \in M_{z,m}} \sum_{s \in S_z} \sum_{n \in N} P_{z,t,m,i,s,n}^{\mathrm{CUR}} \leqslant \eta_t^{\mathrm{CUR}} \sum_{z \in Z} \sum_{m \in M_z^{\mathrm{RE}}} \sum_{i \in M_{z,m}} \sum_{s \in S_z} \sum_{n \in N} \mu_{z,t,m,i,s,n}^{\mathrm{RE}} X_{z,t,m,i}^{\mathrm{G}}, \quad \forall t \in T \tag{2-67}$$

式(2-63)～式(2-67)中，$\sigma_{z,t,m,i}^{\mathrm{CO_2}}$ 为在区域 z 水平年 t 电源 m 机组 i 的单位度电 CO_2 排放系数；$E_{z,t,m,i}^{\mathrm{G}}$ 为在区域 z 水平年 t 电源 m 机组 i 的逐年累积发电；$F_t^{\mathrm{CO_2}}$ 为水平年 t 设定的 CO_2 排放上限；$\sigma_{z,t,m,i}^{\mathrm{G}}$ 为在区域 z 水平年 t 电源 m 机组 i 的单位发电煤耗；F_t^{E}、F_t^{NE} 分别为水平年 t 的能源消费总量和除电力行业外其他行业能源消费总量；F_t^{NFE} 为水平年 t 的非化石能源发电折标准煤下限，可根据非化石能源占一次能源消费比重及非化石能源非发电规模测算得到；η_t^{NFE}、η_t^{CUR} 分别为水平年 t 设定的非化石能源发电量占全部发电量的比重下限、弃能率上限；$P_{z,t,m,i,s,n}^{\mathrm{CUR}}$ 为在区域 z 水平年 t 场景 s 时段 n 电源 m 机组 i 对应时段的弃能；$\mu_{z,t,m,i,s,n}^{\mathrm{RE}}$ 分别为区域 z 水平年 t 场景 s 时段 n 电源 m 中机组 i 的容量系数。

此外，还有逐年新增机组容量下限约束，主要用于计及已规划但尚未开工、在建尚未投产等类型的确定性机组。

3. 模型求解

待优化目标与约束建立后，即可形成多区域、多场景电力规划模型；该模型是混合整数线性模型，约束及变量规模较大，可调用 Cplex 等成熟的商业化数学规划软件进行求解。

2.2　考虑高比例新能源接入下灵活性资源的电源模型

2.2.1　可再生能源发展愿景及面临的挑战

发展可再生能源是能源转型的重要途径，高比例可再生能源已成为国际社会应对气候变化、实现 2℃温升控制目标的必然道路和广泛共识。欧洲[1]、美国[2]和中国[3]分别提出 2050 年实现 100%、80%、60%可再生能源电力系统蓝图。截至 2016 年底，欧洲可再生能源装机达 4.54 亿 kW，占欧洲总发电装机的 43%。我国作为可再生能源发展最快的国家之一，2009～2018 年 10 年间风电装机增长 15 倍，光伏装机增长 1740 倍，风电和光伏的累计装机容量均居世界第一。

可再生能源渗透率逐渐升高过程中，传统电源从主角逐步退位为“调节余缺”的角色；而可再生能源由配角逐步成长为“主要电能供给者”的角色(图 2-2)。然而，可再生能源的快速发展给电力系统功率平衡带来了巨大的挑战[4]，如图 2-2 右图所示，昼夜净负荷“鸭子曲线”对系统灵活性提出了巨大需求。所谓电力系统灵活性，指的是在一定时间尺度下，电力系统通过优化调配各类可用资源，以一定成本适应发电、电网及负荷随机变化的能力[5]。灵活性供给大于需求是充分利用可再生能源的必要条件[6]。

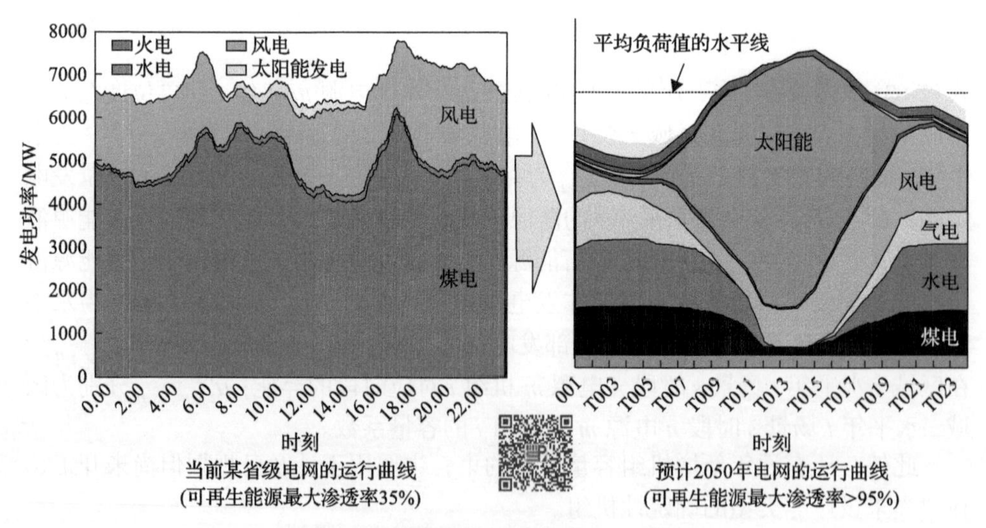

图 2-2　未来典型日场景(彩图扫二维码)

系统灵活性供给不足将造成大量弃风、弃光，2013～2018 年全国弃风率统计平均值为 12.6%，三北地区多数大型风电基地的弃风率甚至超过 20%[7-10]。

可见，灵活性资源已成为制约可再生能源消纳的关键因素之一。在未来可再生能源发展蓝图中，必须将系统灵活性纳入考虑[11]。

2.2.2　电源规划中灵活性的供需平衡约束

1. 电力系统的灵活性平衡

灵活性平衡是指系统在任何时刻、任一时间尺度下及任何方向上，各类资源的灵活性供给相对于灵活性需求的充裕程度。传统电力系统中，电源是空间分布的，发电机可根据装机容量的一定比例提供调节能力，由常规机组的出力变化匹配负荷需求的变化，并按照等备用率法、等风险法等方法设置备用容量。可再生能源接入后的电力系统中，除了需要满足电源与负荷的匹配之外，灵活性也成为一种类似“负荷”的特殊需求，需要通过灵活性资源的调节能力来满足，设想如果能够得到灵活性需求曲线，以及各类灵活性资源的调节能力曲线，即在原有的“电力电量平衡”的基础上，建立新的平衡考虑，即灵活性的平衡[12]。其原理如图 2-3 所示。

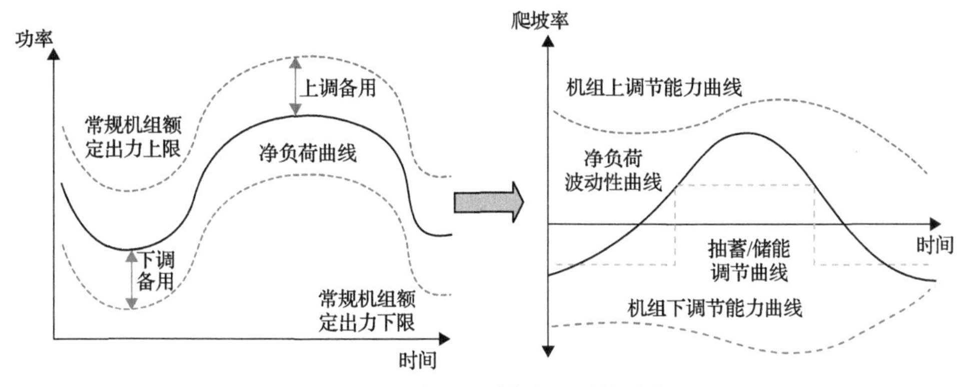

图 2-3　电力电量平衡与灵活性平衡

2. 不同灵活性资源的特性分析

电力系统灵活性是在一定时间尺度下描述的，且具有方向性，分为上调灵活性与下调灵活性，其中包含了调节范围、速率及能量等三个维度。不同灵活性资源对上述特性的体现也各有差异。

灵活性资源种类繁多，传统电力系统中以火电机组作为主要的灵活性资源供给者[13]。从需求角度来讲，由于高比例可再生能源通常仅能提供电量而无法提供与之匹配的调节能力，因此作为灵活性的需求者出现；在供给侧，可再生能源的接入压缩了传统火电电源的出力空间，相应灵活性资源减少，灵活性供给出现明显不足[14]。因此，可再生能源未来发展过程中，仅靠传统的灵活性资源将难以为继，需要将储能、电动汽车、需求响应等多种灵活性资源纳入到规划模型中进行考虑。

1)储能

储能技术是满足可再生能源大规模接入的重要手段。随着世界各国将储能技术列入战略规划[15-17]，储能市场投资规模不断加大，新兴技术研发瓶颈不断突破，储能产业的产业链及其商业模式逐渐成熟。储能技术提供的上调灵活性为 $F_{\text{up}}^{S}(t,\tau)$，下调灵活性为 $F_{\text{down}}^{S}(t,\tau)$。

$$F_{\text{up}}^{S}(t,\tau)=\min\left(P_d(t),\frac{S(t)-S_{\min}}{\tau}\right) \tag{2-68}$$

$$F_{\text{down}}^{S}(t,\tau)=\min\left(P_c(t),\frac{S_{\max}-S(t)}{\tau}\right) \tag{2-69}$$

式中，$P_d(t)$ 和 $P_c(t)$ 分别为储能装置的放电功率和充电功率；$S_{\max}$ 和 $S_{\min}$ 分别为储能电量上、下限；$S(t)$ 为储能装置当前所存储的电量。

(1)抽水蓄能。抽水蓄能是目前应用最为广泛的储能方式，其工作原理是用电低谷时用水泵把水从下游水库抽到上游水库，把水的势能储存起来；用电高峰时释放先前储存的势能带动水轮机发电。其优点是寿命长，技术成熟，储存容量较大。

(2)电化学储能。电化学蓄能是一种常规的储能技术，包括铅酸电池、镍电池、锂离子电池、钠硫电池等，通过化学反应使化学能转换成为电能，是目前最常用的直流电源，其优点是效率高、寿命长，不受地形因素限制。

(3)飞轮储能。飞轮储能是利用高速旋转的飞轮，将电能以动能的形式存储起来。其优点是寿命长，效率高，适用性较强，对环境要求低，在恶劣条件也能正常工作。飞轮储能对轴承的要求较高，过大的摩擦会使其寿命大大降低，在一定程度上制约着飞轮技术的发展。

2)火电机组

火电机组出力稳定，具有较高的可靠性，可控性强，可以通过调整开机方式为系统提供可观的灵活性，是灵活性资源的重要组成部分。但是启动成本高、启停时间长等问题使火电机组提供的灵活性调节能力在一定程度上受到限制。

火电机组所提供的灵活性资源与电力供应相耦合，即其在提供电力的同时也提供灵活性资源供给。火电机组提供上调灵活性 $F_{g\text{-up}}(t,\tau)$ 和下调灵活性 $F_{g\text{-down}}(t,\tau)$。

$$F_{g\text{-up}}(t,\tau)=\min(R_{g,\mathrm{up}}\tau,\ P_g^{\max}-P_g(t)) \tag{2-70}$$

$$F_{g\text{-down}}(t,\tau)=\min(R_{g,\mathrm{down}}\tau,\ P_g(t)-P_g^{\min}) \tag{2-71}$$

式中，τ为时间尺度；$R_{g,\mathrm{up}}$为常规机组向上爬坡速率；$R_{g,\mathrm{down}}$为常规机组向下爬坡速率；$P_g^{\max}$和$P_g^{\min}$分别为常规机组最大、最小技术出力；$P_g(t)$为t时刻常规机组输出功率。

3) 需求侧响应

在一定的时间尺度内，通过价格信号和激励机制，使需求侧主动改变原有的用电计划及模式，以有效整合及规划供应侧和需求侧的资源，响应电力系统供应的短期行为，以补充系统灵活性[18-19]。

即使同一种灵活性资源,在不同时间尺度下也会具有不同的出力调节特性[20]，且同一时间尺度下不同灵活性资源出力调节特性也存在差异，部分灵活性资源的可用调节时间尺度如图 2-4 所示。

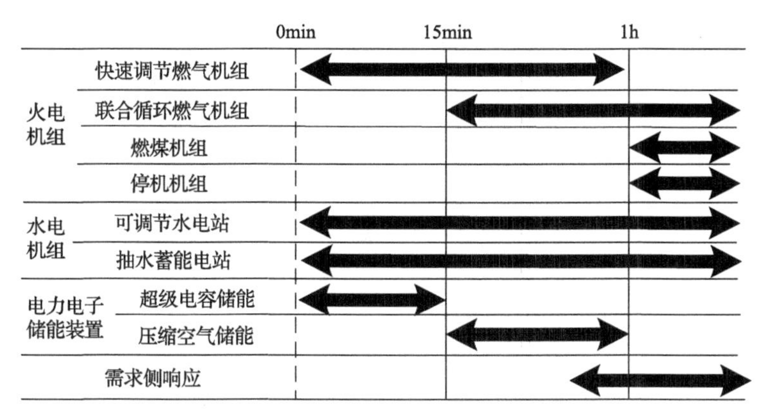

图 2-4　部分灵活性资源的可用调节时间尺度

根据前述对不同机组的包括出力时间尺度在内的特性分析，以某天净负荷为例(图 2-5)，将净负荷分解划分为高、中、低频三类(图 2-6)，可以对各类时间尺度下的曲线进行分析，从而得到不同时间尺度下的灵活性需求[21]。

由图 2-6 可知,高频分量要求灵活性资源能够在较短时间内提供充足的上调或下调灵活性，需要配以短时间尺度调节的灵活性资源；中频分量在时间尺度上相对高频有所延缓，需要配以中等时间尺度调节的灵活性资源；对低频分量来说，则需配以能够在长时间尺度调节的灵活性资源。

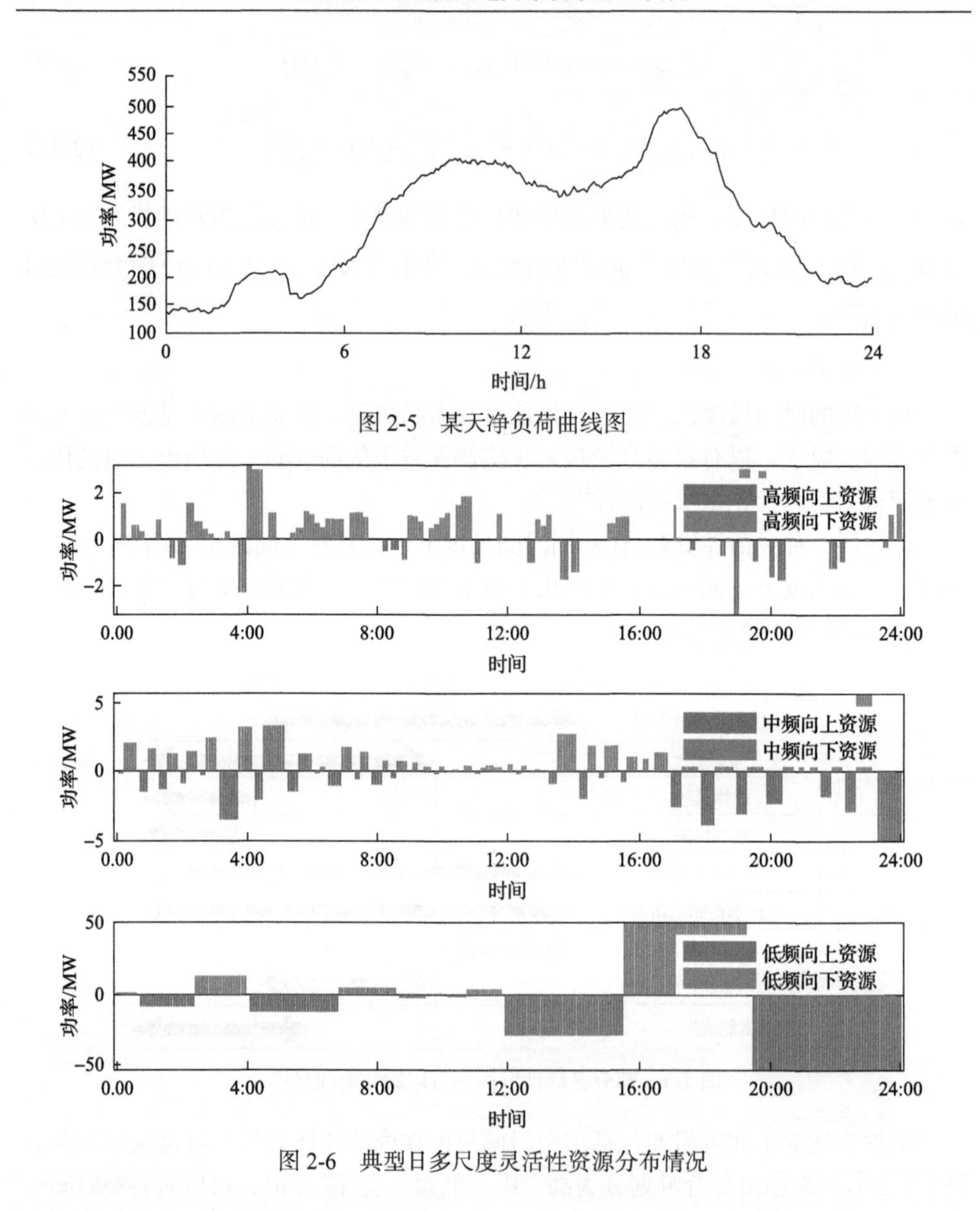

图 2-5 某天净负荷曲线图

图 2-6 典型日多尺度灵活性资源分布情况

3. 灵活性资源的评价指标

目前我国电源仍以火力发电为主。火力发电受到其本身所需要承担的基础负荷和爬坡能力的限制，在高比例可再生能源接入的场景下不足以提供充足的灵活性。而上、下调灵活性充裕度可以用来衡量系统对灵活性的需求状况[22、24]。其中，系统上调灵活性充裕度 $F_{上}$ 计算方法为

$$F_{上}=\begin{cases}P_{\text{th,max}}-P_{\text{Load}}, & P_{\text{th,max}}>P_{\text{Load}}\\ P_{\text{Load}}-P_{\text{th,max}}, & P_{\text{th,max}}<P_{\text{Load}}\end{cases} \tag{2-72}$$

式中，$P_{\text{th,max}}$ 和 $P_{\text{th,min}}$ 分别为火电最大出力、最小出力；P_{Load} 为负荷。

系统下调灵活性充裕度 $F_{下}$ 计算方法为

$$F_{下}=\begin{cases}P_{\text{th,min}}-P_{\text{Load}}, & P_{\text{th,min}}>P_{\text{Load}}\\ P_{\text{Load}}-P_{\text{th,min}}, & P_{\text{th,min}}<P_{\text{Load}}\end{cases} \tag{2-73}$$

总体灵活性充裕度 $F_{总}$ 计算方法为

$$F_{总}=\min(F_{上},\ F_{下}) \tag{2-74}$$

以风电接入为例，分析不同日渗透率内的灵活性需求。风电年渗透率为 20%，日最大渗透率 66.2%，最小为 0.82%，图 2-7 给出了一年内净负荷曲线的日渗透率分布情况。

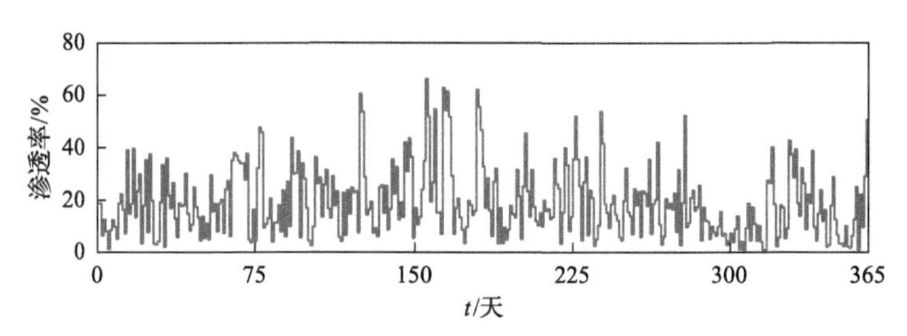

图 2-7　年平均渗透率 20%下的日渗透率变化曲线

选取日渗透率 5%、15%、40%、60%四个典型日场景，分析常规机组开机容量与灵活性需求的关系，如图 2-8 所示。

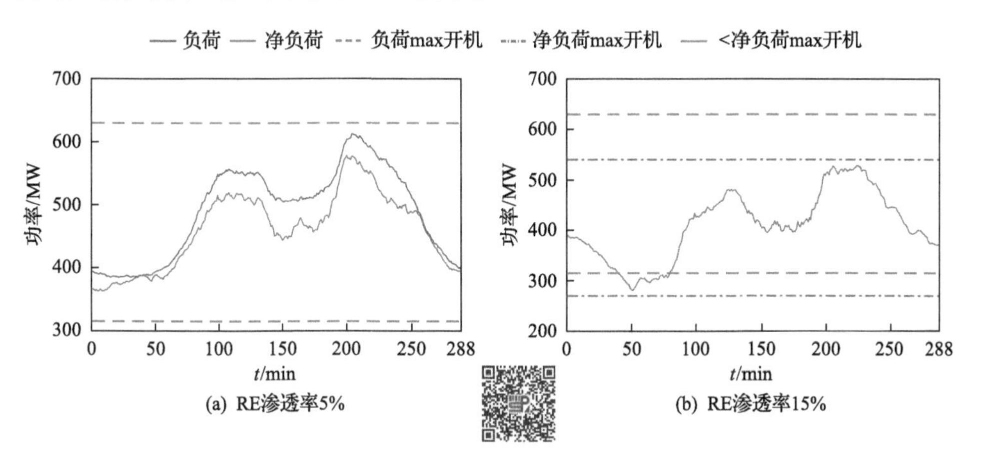

(a) RE渗透率5%　　(b) RE渗透率15%

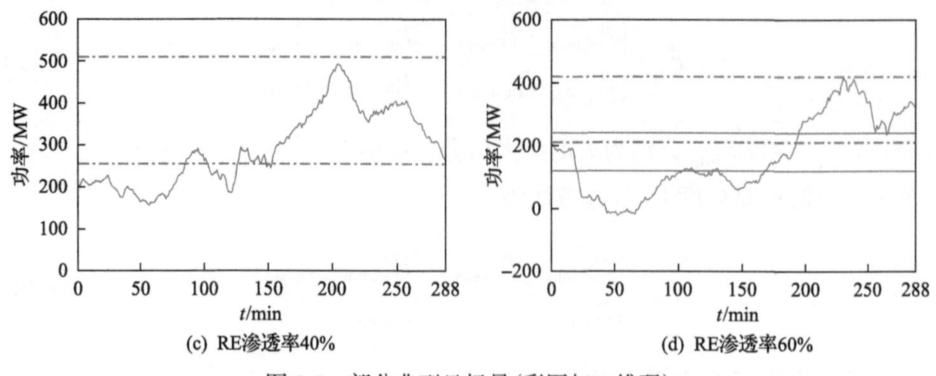

图 2-8　部分典型日场景(彩图扫二维码)

由图 2-8 可见，在日渗透率较低时，系统原有的调节资源尚可以满足灵活性的需求；随着可再生能源继续接入，现有系统中的灵活性资源已无法提供充足的灵活性，需要通过改变机组开机方式解决；随着渗透率进一步增加，仅改变火电机组运行方式已经无法满足要求，需要加入额外的灵活性资源。针对该渗透率下灵活性的需求可以得出如下结论：首先，可再生能源的日渗透率范围跨度广，但高日渗透率发生概率小。其次，日灵活性需求变化复杂。

2.2.3　考虑灵活性的电源规划模型

1. 基于灵活性定量评估的电源优化规划框架

在此构建的电源优化规划总体框架主要由投资决策、生产模拟和灵活性定量评估三个模块组成。通过将生产模拟与灵活性定量评估模块相结合的方式，解决当前电源规划模型中无法量化系统灵活性供需能力的问题，对典型场景后校验式评估系统灵活性调节能力的方法进行改进[23, 24]；另外，利用灵活性定量评估指标量化源-荷-储多类型灵活性资源调节潜力，并作为优化决策变量纳入到规划模型中，以单位投资改善灵活性指标的大小为依据调整投资决策方案，将多类型灵活性资源与电源进行协调规划，改变当前仅考虑单一类型灵活性资源的规划模型。

图 2-9 给出了基于灵活性定量评估的电源优化规划框架。首先根据电源装机现状、未来电力电量的需求预测、电源规划约束和能源与电力可持续发展政策等约束条件，利用经验法对各水平年电源利用小时数进行预判，从而得到初始常规电源装机方案。对初始方案进行时序生产模拟，分别给电源投资决策模块和灵活性定量评估模块反馈各类电源利用小时数和提供电力系统运行点。当电源投资决策模块中的各类电源利用小时数与生产模拟中统计的利用小时数满足一定误差后，判断该方案是否满足灵活性指标等约束；不满足则根据逐步增加各类灵活性

资源后的单位投资成本，改善灵活性指标 F 的大小为依据调整投资决策方案，不断反复迭代，直至满足灵活性指标和其他相关约束条件，并继续下一次迭代，判断投资成本变化情况，若投资成本变小则选取下一次迭代方案，否则选取本次迭代方案，形成考虑灵活性资源的新决策方案，包含常规电源和灵活性资源，从而得到有效控制弃风/光比例的最终规划方案[25]。

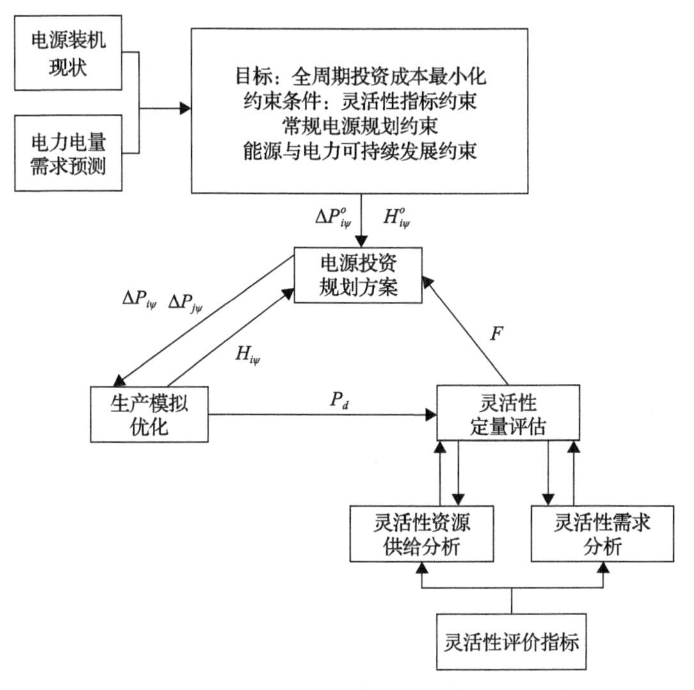

图 2-9　基于灵活性定量评估的电源优化规划框架图

2. 多类型灵活性资源协调的中长期电源规划模型

电源规划模型的目标函数为系统总成本最小，包括投资建设成本 f_{Inv} 和综合生产模拟运行成本 f_{oper} 两部分：建设成本 f_{Inv} 包含电源投资建设成本和灵活性资源投资建设成本；综合生产模拟运行成本 f_{oper} 主要包括各电源运行成本、维护成本、弃风、切负荷惩罚成本、碳排放成本、需求响应(demand response,DR)能量响应成本和储能运行成本。

1) 投资决策优化模型

(1) 投资决策函数。

以系统投资建设成本 f_{inv} 最小为目标函数。

$$f_{\mathrm{inv}} = \min \sum_{\psi=1}^{N_\psi} \left(\sum_{i=1}^{m} \sum_{\xi=1}^{\psi} P_{i\xi} c_{i\xi}^{I} d_{i\xi} + \sum_{j=1}^{n} \sum_{\xi=1}^{\psi} P_{j\xi} c_{j\xi}^{I} d_{j\xi} \right) \mathrm{CRF} \tag{2-75}$$

$$d_{i\xi} = \begin{cases} 1, & \psi - \xi \leqslant N_i \\ 0, & \psi - \xi > N_i \end{cases} \tag{2-76}$$

式中，$d_{i\xi}$ 和 CRF 分别为在第 ξ 年需要偿还之前投资新建机组产生的债务和等年值成本；$d_{j\xi}$ 为第 ξ 年需要偿还之前投资新建灵活性资源产生的债务；N_ψ 为规划期；m 表示风、光、水、火和生物质 5 类电源；n 为火电灵活性改造、储能和 DR 这 3 类灵活性资源；$P_{i\xi}$ 和 $c_{i\xi}^{I}$ 分别为第 ξ 年电源新增容量和单位建设成本；$P_{j\xi}$ 和 $c_{j\xi}^{I}$ 分别为第 ξ 年灵活性资源新增容量和单位建设成本；ψ 为规划年。

(2)投资决策约束。

①电力约束，即系统在第 ψ 规划水平年的装机容量和灵活性资源在考虑一定置信度的条件下大于系统第 ψ 规划水平年的最大负荷，并保留一定的裕度，即

$$\sum_{i=1}^{m} Y_{i\psi} \Delta P_{i\psi} + \sum_{j=1}^{1} Y_{j\psi} \Delta P_{j\psi} + \sum_{j=1}^{2} Y_{j\psi} P_{j\psi} \geqslant D_\psi (1 + R_{D\psi}) \tag{2-77}$$

$$\begin{cases} \Delta P_{i\psi} = p_{i\psi}^{\mathrm{o}} + P_{i\psi} - P_{i\psi}^{\mathrm{r}} \\ \Delta P_{j\psi} = p_{j\psi}^{\mathrm{o}} + P_{j\psi} - P_{j\psi}^{\mathrm{r}} \end{cases} \tag{2-78}$$

式中，$p_{i\psi}^{\mathrm{o}}$、$P_{i\psi}$、$P_{i\psi}^{\mathrm{r}}$ 分别为第 ψ 年已有装机容量、新增装机容量和退役容量；$p_{j\psi}^{\mathrm{o}}$、$P_{j\psi}$、$P_{j\psi}^{\mathrm{r}}$ 为第 ψ 年灵活性资源已有装机容量、新增装机容量和退役容量；j=1 时，$P_{j\psi}$ 为储能容量；DR 容量在各水平年之间是独立的，不存在累计效应，因此 j=2 时，$P_{j\psi}$ 为 DR 容量；$Y_{i\psi}$ 为各类电源的置信度，利用等效容量系数法衡量；$Y_{j\psi}$ 为储能和 DR 的置信度；D_ψ 为第 ψ 年系统的最大负荷；$R_{D\psi}$ 为容量备用系数。

②电量约束，即系统在第 ψ 规划水平年所有发电机组的发电量要大于系统第 ψ 规划水平年的电量需求和储能的能量损耗，即

$$\sum_{i=1}^{m} H_{i\psi} \Delta P_{i\psi} \geqslant E_\psi (1 + R_{e\psi}) \tag{2-79}$$

式中，$H_{i\psi}$、E_{ψ}、$R_{e\psi}$ 分别为第 ψ 规划年各类电源的利用小时数、电量需求和备用率。其中 $H_{i\psi}$ 数值根据生产模拟中统计的利用小时数进行实时跟新；考虑储能运行时会产生损耗，因此备用率的取值是将生产模拟中储能运行的损耗代入，根据每次模拟情况，对备用率实时更新，该处两个参数取值均与生产模拟情况相关。

③设备最大、最小利用小时数约束，即

$$H_{i\psi}^{\min} \leqslant H_{i\psi} \leqslant H_{i\psi}^{\max} \tag{2-80}$$

式中，$H_{i\psi}^{\min}$、$H_{i\psi}^{\max}$ 为考虑资源、政策等相关因素后设备的最小和最大利用小时数。

④资源禀赋约束，即系统新建的各类机组和灵活性资源受到各地区的资源禀赋约束，即

$$\begin{cases} \sum_{\psi=1}^{N_{\psi}} \Delta P_{i\psi} \leqslant P_{i}^{\max} \\ \sum_{\psi=1}^{N_{\psi}} \Delta P_{j\psi} \leqslant P_{j}^{\max}, \quad j=1 \\ \Delta P_{j\psi} \leqslant P_{j}^{\max}, \quad j=2 \end{cases} \tag{2-81}$$

式中，$P_{i}^{\max}$、$P_{j}^{\max}$ 为各类电源、灵活性资源的最大开发上限，由自然资源确定。

⑤能源政策约束，即各地区根据能源发展规划的不同，制定不同的能源发展路线，即

$$\frac{\sum_{i=1}^{n} H_{i\psi} \Delta P_{i\psi}}{\sum_{i=1}^{m} H_{i\psi} \Delta P_{i\psi}} \leqslant \alpha_{\psi} \tag{2-82}$$

式中，$\sum_{i=1}^{n} H_{i\psi} \Delta P_{i\psi}$、$\sum_{i=1}^{m} H_{i\psi} \Delta P_{i\psi}$ 为第 ψ 年非化石能源发电量和总发电量；α_{ψ} 表示第 ψ 年非化石能源发电量最小占比。

⑥环境保护政策约束，为实现电力行业清洁低碳的发展，政府为各电力制定了碳排放限额，即

$$\sum_{i=1}^{m} H_{i\psi} \Delta P_{i\psi} \gamma_{i\psi}^{CO_2} \leqslant E_{\psi}^{\max,CO_2} \tag{2-83}$$

式中，$\gamma_{i\psi}^{CO_2}$ 、$E_{\psi}^{\max,CO_2}$ 为发电技术 i 在第 ψ 年碳排放系数和碳排放上限。

⑦可再生能源持续发展政策约束，为保证可再生能源的健康稳定发展，各地区制定了不同的弃风/光率上限，即

$$\frac{E_{i\psi}^{\max} - E_{i\psi}}{E_{i\psi}^{\max}} \leqslant \beta_{i\psi} \tag{2-84}$$

式中，$E_{i\psi}$ 、$E_{i\psi}^{\max}$ 、$\beta_{i\psi}$ 为在第 ψ 年各类可再生能源的实际发电量、最大发电量和最大弃风/光率。

⑧电量不足期望(expected energy not supplied，EENS)约束，在对规划方案进行运行模拟时，损失的电量不能大于一定的比例，即

$$\text{EENS}_{\psi} \leqslant \text{EENS}_{\psi}^{\max} \tag{2-85}$$

式中，每年电力系统的电量不足 EENS_{ψ} 应满足不大于 $\text{EENS}_{\psi}^{\max}$ 。

⑨其他约束

$$\begin{cases} P_{i\psi} \geqslant 0 \\ P_{j\psi} \geqslant 0 \\ P_{i\psi}^{r,\min} \leqslant P_{i\psi}^{r} \leqslant P_{i\psi}^{r,\max} \\ P_{j\psi}^{r,\min} \leqslant P_{j\psi}^{r} \leqslant P_{j\psi}^{r,\max} \end{cases} \tag{2-86}$$

式中，$P_{i\psi}^{r,\min}$ 、$P_{i\psi}^{r,\max}$ 、$P_{j\psi}^{r,\min}$ 、$P_{j\psi}^{r,\max}$ 分别为各类电源在第 ψ 年的退役容量上下限，由地区电源现状、机组寿命和发展政策决定。

2)生产模拟优化模型

(1)综合生产模拟运行成本函数。

$$f_{\text{oper}} = \min \sum_{\psi=1}^{N_{\psi}} \left(\sum_{i=1}^{m} (\Delta P_{i\psi} c_{i\psi}^{M} + E_{i\psi} c_{i\psi}^{E} + E_{i\psi} c_{i\psi}^{P}) + \sum_{j=1}^{n-1} \Delta P_{j\psi} c_{j\psi}^{M} + E_{j\psi} c_{j\psi}^{E} \right)(1+\sigma)^{-1} \tag{2-87}$$

$$\begin{cases} E_{i\psi} = \Delta P_{i\psi} H_{i\psi} \\ E_{j\psi} = \sum_{t=1}^{N_T} P_{j\psi,t} \Delta t / 2 \end{cases} \tag{2-88}$$

式中，$c_{i\psi}^{M}$、$c_{i\psi}^{E}$、$c_{i\psi}^{P}$ 分别为各类发电机组单位维护成本、运行成本、碳排放成本；$c_{j\psi}^{M}$、$c_{j\psi}^{E}$ 分别为储能维护成本和 DR 单位能量转移成本；$E_{i\psi}$ 为各类机组发电量；$E_{j\psi}$ 和 $P_{j\psi,t}$ 为运行模拟时间内 DR 转移的能量和各时刻的响应功率；$(1+\sigma)^{-1}$ 为综合运行成本，均发生在年末，折算至年初，与投资决策成本一致。

(2)生产模拟约束。

机组出力上下限约束：机组的出力变化范围在最小和最大出力范围内，即

$$\delta_i^{\min} \Delta P_{i\psi} \leqslant P_{i\psi,t} \leqslant \delta_i^{\max} \Delta P_{i\psi} \tag{2-89}$$

式中，$\delta_i^{\min}$、$\delta_i^{\max}$ 和 $P_{i\psi,t}$ 为常规机组最小、最大出力系数和机组运行模拟中各时刻的实际出力，此处主要针对火电、生物质和水电三类机组。

机组爬坡约束：机组前后两个时段出力的变化范围要小于机组的最大爬坡速率，即

$$\begin{cases} P_{i\psi,t} - P_{i\psi,t-1} \leqslant R_i^{\text{up}} \\ P_{i\psi,t-1} - P_{i\psi,t} \leqslant R_i^{\text{down}} \end{cases} \tag{2-90}$$

式中，R_i^{up} 和 R_i^{down} 为机组上下爬坡速率。

可再生能源出力约束：

$$\begin{cases} P_{i\psi,t}^{\text{W}} + P_{i\psi,t}^{\text{W,cur}} = P_{i\psi,t}^{\text{W,fore}} \\ P_{i\psi,t}^{\text{PV}} + P_{i\psi,t}^{\text{PV,cur}} = P_{i\psi,t}^{\text{PV,fore}} \end{cases} \tag{2-91}$$

式中，为了与上文的机组出力约束的变量区分，分别用 $P_{i\psi,t}^{\text{W}}$ 和 $P_{i\psi,t}^{\text{PV}}$ 表示风电、光伏在运行模拟中各时刻的实际出力；$P_{i\psi,t}^{\text{W,cur}}$ 和 $P_{i\psi,t}^{\text{W,fore}}$ 为弃风值和预测最大出力值；$P_{i\psi,t}^{\text{PV,cur}}$ 和 $P_{i\psi,t}^{\text{PV,fore}}$ 为弃光值和预测最大出力值。

储能运行约束：储能在运行过程中受到功率和能量的限制，即

$$\begin{cases} 0 \leqslant \Delta P_{\text{st},j\psi,t}^{\text{cha}} \leqslant x_{\text{st},j\psi,t}^{\text{cha}} \Delta P_{\text{st},j\psi,t} \\ 0 \leqslant \Delta P_{\text{st},j\psi,t}^{\text{dis}} \leqslant x_{\text{st},j\psi,t}^{\text{dis}} \Delta P_{\text{st},j\psi,t} \end{cases} \tag{2-92}$$

$$\begin{cases} E_{j\psi,t} - E_{j\psi,t-1} = \eta_{\text{st},j} \Delta P_{\text{st},j\psi,t}^{\text{cha}} - \Delta P_{\text{st},j\psi,t}^{\text{dis}} / \eta_{st,j} \\ 0 \leqslant E_{j\psi,t} \leqslant H_{\text{st},j} \Delta P_{\text{st},j\psi} \\ E_{j\psi,t=0} = E_{jt,t=N_T} \end{cases} \tag{2-93}$$

式(2-92)和式(2-93)分别表示各时刻储能的充放电功率约束和存储能力约束。式中，$x_{\text{st},j\psi,t}^{\text{cha}}$ 和 $x_{\text{st},j\psi,t}^{\text{dis}}$ 为储能充放电的 0-1 状态变量；$\Delta P_{\text{st},j\psi,t}$ 为储能最大充放电功率；$\Delta P_{\text{st},j\psi,t}^{\text{cha}}$ 和 $\Delta P_{\text{st},j\psi,t}^{\text{dis}}$ 为储能充放电功率；$E_{j\psi,t}$ 和 $E_{j\psi,t-1}$ 为储能前后两个时刻的能量；$E_{j\psi,t=0}$ 和 $E_{jt,t=N_T}$ 相等表示运行周期始末储能能量一致；$\eta_{\text{st},j}$ 为充放电效率。

DR 运行约束：DR 在运行模拟过程中响应的功率不能超过最大值，同时在一个运行模拟周期内转移的能量守恒，即

$$\begin{cases} \sum_{j=2}^{2} \left| P_{j\psi,t} \right| \leqslant P_{j\psi} \\ \sum_{j=2}^{2} \sum_{t=1}^{N_T} P_{j\psi,t} = 0 \end{cases} \tag{2-94}$$

功率平衡约束：机组、储能出力、可再生能源出力和 DR 响应功率之和与负荷平衡，即

$$\sum_{i=1}^{m} \Delta P_{i\psi,t} + \sum_{j=1}^{1} \left(\Delta P_{\text{st},j\psi,t}^{\text{dis}} - \Delta P_{\text{st},j\psi,t}^{\text{cha}} \right) + \sum_{j=2}^{2} P_{j\psi,t} = P_{\psi,t} - \Delta P_{\psi,t} \tag{2-95}$$

式中，$P_{\psi,t}$ 和 $\Delta P_{\psi,t}$ 为运行模拟中各时刻的负荷需求和切负荷值。

3) 灵活性指标调整决策优化模型

灵活性指标调整决策优化模型是根据图 2-9 所示的三个模块之间在反复迭代过程中，利用投资成本和灵活性指标之间的动态变化，采取不同原则选取最优的方案，如下所示。

(1) 相对于第 $k-1$ 次迭代，在第 k 次迭代过程中，当有成本减少时，选择成本最少的方案。

(2) 相对于第 $k-1$ 次迭代，在第 k 次迭代过程中，当成本均增加时，选择单位新增投资。

对下调灵活性指标改善最优的方案，也可选择对上调灵活性指标改善最优或者通过赋予不同的重要系数来选择对综合灵活性指标改善最优的方案。此处主要考虑未来下调灵活性不足导致大量的弃风/光问题，因此选择对下调灵活性指标改

善最好选择方案，计算方法如式(2-96)。相对于第 k–1 次迭代，在第 k 次迭代过程中，当有成本减少时，选择该次迭代中成本最少的方案。

$$\begin{cases}\min \Delta f_{t,k,n}, & \Delta f_{t,k,n} < 0 \\ \min \Delta f_{t,k,n} / \Delta \mathrm{LODFE}_{t,k,n}, & \Delta f_{t,k,n} > 0\end{cases} \tag{2-96}$$

$$\begin{cases}f_{t,k,n} = f_{\mathrm{inv},t,k,n} + f_{\mathrm{oper},t,k,n} \\ \Delta f_{t,k,n} = f_{t,k,n} - f_{t,k-1,n} \\ \Delta \mathrm{LODFE} = \mathrm{LODFE}_{t,k-1,n} - \mathrm{LODFE}_{t,k,n}\end{cases} \tag{2-97}$$

式中，$f_{\mathrm{inv},t,k,n}$、$f_{\mathrm{oper},t,k,n}$、$f_{t,k,n}$ 为在第 t 年第 k 次迭代第 n 种方案的投资决策成本、综合运行成本和供应总成本；$\mathrm{LODFE}_{t,k,n}$ 为在第 t 年第 k 次迭代第 n 种方案的下调灵活性不足期望值。

式(2-97)表示相对于第 k–1 次迭代结果，第 k 次迭代的成本变化和灵活性指标改善量。

3. 算例分析

1) 基础数据

本节在多类型灵活性资源协调的中长期电源规划模型的基础上，以东北某省级电网作为算例，进行 2050 年远期规划。以未来各电源技术经济发展的趋势[26]和 DR 功率、容量成本[27]为基础，响应潜力假设为各水平年最大负荷的 10%；火电灵活性改造成本 1200 元/kW，最大改造潜力 2600MW。展望期内关键水平年的负荷预测值见表 2-2，现有电源情况(2015 年)和相关资源潜力见表 2-3。

表 2-2　展望期系统负荷预测水平

参数	2020	2030	2050
最大负荷/MW	13100	17900	22554
年电量/G·Wh	80730	106589	139375

表 2-3　现有电源装机容量和潜力

参数	风电	光伏	水电	火电	生物质	储能
规模/MW	4444	67	3472	17365	466	300
潜力/MW	54000	31000	57470	—	1628	—

2）多类型灵活性资源规划优化结果

利用 Cplex 优化软件对本节建立的优化模型进行求解，得到如表 2-4 所示的规划结果。

表 2-4　多类型灵活性资源规划结果

参数	2020	2030	2050
RE（风光）/MW	7950	20387	36695
水电/MW	4752	5747	5747
火电/MW	19165	17687	18781
生物质/MW	1310	1310	1310
储能/MW	1700	1700	4700
火电改造/MW	0	1800	2600
DR/MW	0	0	1000
成本/亿元	249.01	441.21	1537.65
RE 电量占比/%	18.15	35.31	48.87
非化石能源电量占比/%	37.49	50.58	60.84
弃风/光率/%	0.2	4.8	6.9
弃风/光值/GW · h	27.63	1784.65	4920.37
切负荷率/%	0	0.17	0.01
切负荷/GW · h	4.18	685.587	66.647
LOUFP	0.000	0.009	0.003
LODFP	0.002	0.203	0.329
LOUFE	0.119	19.636	1.927
LODFE	3.587	204.800	3564.931

对上述表格分析可知，在 2050 年断面，上调灵活性不足概率较小（为 0.003），但下调灵活性不足概率较大（为 0.329），意味着弃风/光时刻较多，但弃风/光电量的比例不高（为 6.9%），从侧面表明在未来高比例场景中（本算例风光电量占比 48.87%），在尖峰时刻弃风/光是可接受方案，并不会产生大量的弃风/光电量。同时，从前文分析可知，在高比例可再生能源系统中系统灵活性充裕指标较好，因此本章在进行中长期规划时并未对灵活性充裕性指标进行计算。

2020 年采用政策规划场景，不做优化。由图 2-10 可知，2020 年、2030 年和 2050 年的电源装机容量分别为 34877MW、46831MW 和 67233MW。其中火电装机容量占比由 2015 的 66%降为 2050 年的 28%；风/光电装机容量由 17%增长到

55%，成为装机增长最快的主体。由于以东北某省为算例，其光伏相对于风电不具有竞争力，因此风光电新增装机又以风电为主体。同时2050年风/光发电量占比由2020年的18.15%增长到48.87%，风光电由辅助供能者变成主要供能者；火电发电量占比从2020年的62.51%降至2050年的39.16%，实现了火电从主体供能变成辅助供能的功能角色转变。

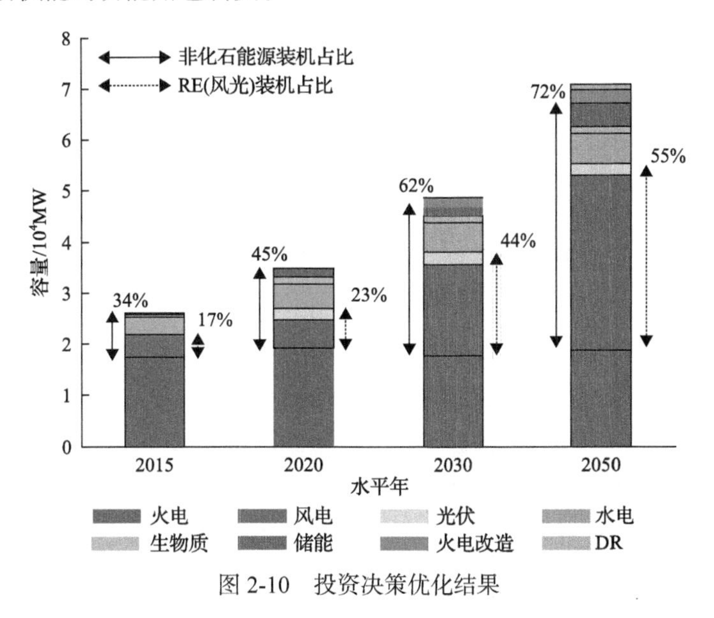

图2-10　投资决策优化结果

为评估各机组在未来场景中出力的情况，选取时序生产模拟中的某一天场景进行分析，如图2-11所示，分析可知：

(1)火电大部分时间以最小技术出力运行，为风/光电提供更多消纳空间。

(2)风/光电提供主要电量，水电和生物质作为辅助能源提供电量；火电提供旋转备用参与电量平衡。

(3)经DR和储能修正负荷曲线后，减小负荷波动性和峰谷差，同时负荷与风/光电时序特性更加一致。

3)单一类型灵活性资源规划优化结果

构建一个考虑单一类型灵活性资源-储能的规划模型与考虑源荷储多类型灵活性资源协调的规划模型进行对比，重点讨论电源投资规划结果和储能运行状态两方面的差异。

在相同的规划约束下，对考虑单一类型灵活性资源规划模型进行求解，得到结果如表2-5所示。相对于单一类型灵活性资源规划模型，多类型灵活性资源规划模型具有明显的经济效应，在2030年、2050年时间节点中，分别减少投资35.43亿、

165.54 亿元，相对减少 7.43%、9.72%的成本，同时有效减少火电、储能的新增装机容量。

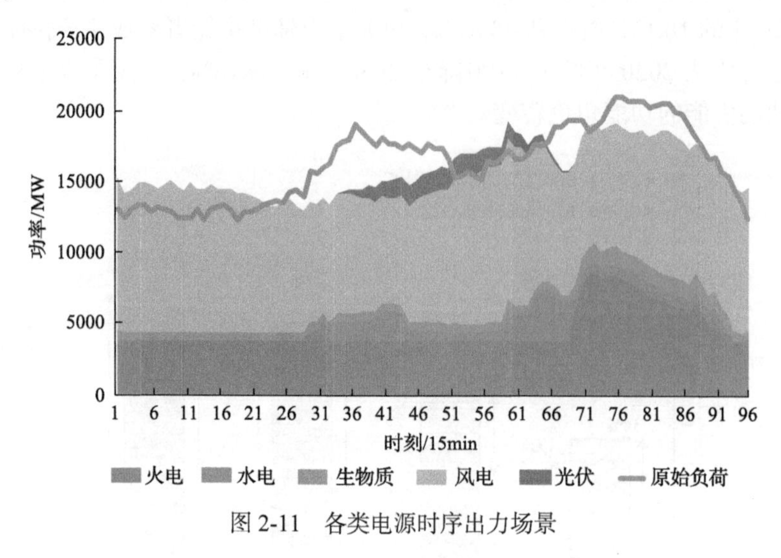

图 2-11　各类电源时序出力场景

表 2-5　单一类型灵活性资源规划结果

年度	2020	2030	2050
RE(风/光)/MW	7950	20387	36695
水电/MW	4752	5747	5747
火电/MW	19165	18193	19183
生物质/ MW	1310	1310	1518
储能/MW	1700	5900	10100
成本/亿元	249.01	476.64	1703.19

同时对储能的运行状态进行分析，得到如表 2-6 和图 2-12 的储能功率分布。相对单一类型灵活性资源规划模型，多类型灵活性资源规划模型在 2030 年、2050 年分别减少电能损耗 431.94GW·h、415.78GW·h。在多类型灵活性资源规划模型中，储能在 4700MW 功率附近进行充放电频率较多，储能接近满充满放；而单一类型灵活性资源规划模型中，储能装机容量 10100MW，而充放电功率大于 6000MW 的频率较低，继续提高的储能规模主要承担起消纳风/光极端出力和满足尖峰负荷的小概率事件，主要发挥容量价值的功能。单一类型灵活性资源规划模型中的储能装机容量是多类型灵活性资源规划模型的 2.19 倍，是转移能量的 1.62 倍，验证了系统中储能装机规模达到一定上限后，再新增储能的边际效益下降。

表 2-6　储能损耗电量

年度	2020	2030	2050
单一类型/(GW·h)	134.14	743.88	1087.37
多类型/(GW·h)	134.14	311.94	671.59

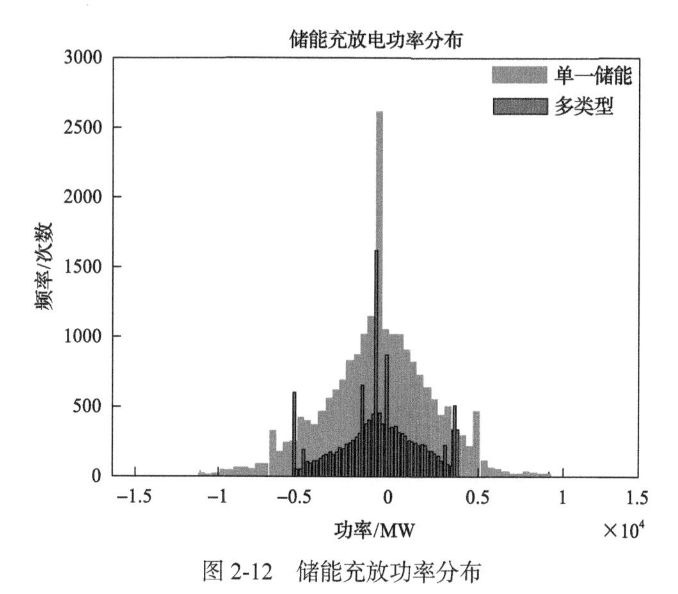

图 2-12　储能充放功率分布

4) 不同弃风/光率灵敏度分析

规划模型中，弃风/光率的上限设定将很大程度上影响灵活性资源的投建规模和系统投资成本，因此进一步分析不同弃风/光率对规划结果的影响，如图 2-13，对 2050 年的弃风/光率分别设置为 6%～10%，分析可得：

(1) 投资成本随着弃风/光率的变化呈现 U 字形的变化趋势，经济性和弃风/光率之间存在一个平衡点。

(2) 在不同的弃风/光率下，火电灵活性改造始终达到改造上限，而储能和 DR 将发生不同的变化。因此在本算例的场景参数下可知，相对储能和 DR，火电灵活性改造具有较好的经济性，同时考虑火电机组未来发展前景存在较大争议，可采用增加少量成本，减少火电新增装机的方法。选择偏保守的规划方案，如弃风/光率为 8%时，投资成本为 1536.0 亿元，火电为 19153MW；弃风/光率为 7% 时，投资成本为 1536.4 亿元，火电为 18781MW；相对 8%而言，投资新增 0.4 亿元，火电装机可减少 372MW。

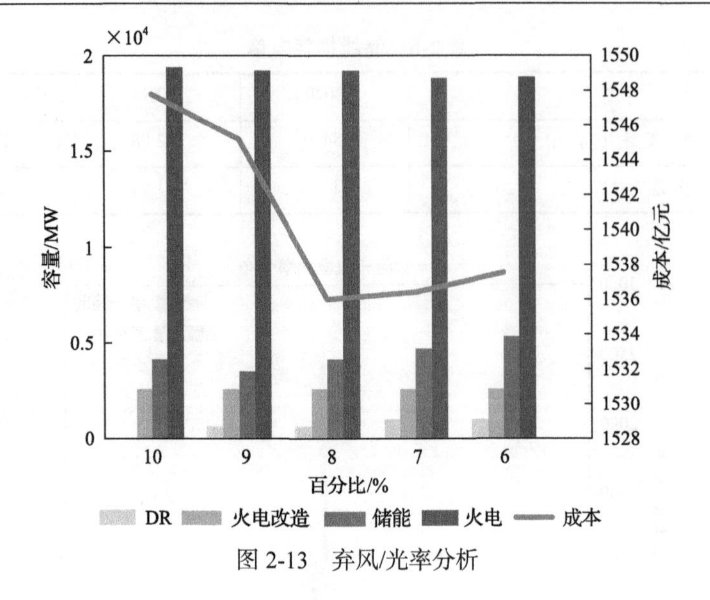

图 2-13　弃风/光率分析

参 考 文 献

[1] Price waterhouse Coopers, Potsdam Institute for Climate Impact Research (PIK), International Institute for Applied Systems Analysis (IIASA). 100% Renewable electricity: a roadmap to 2050 for Europe and North Africa[R]. London: PricewaterhouseCoopers LLP, 2014.

[2] Hand M M, Baldwin S, de Meo E, et al. Renewable Electricity Futures Study[R]. Golden: U.S. Department of Energy Office of Scientific and Technical Information, 2014.

[3] 国家发展和改革委员会能源研究所. 2050 高比例可再生能源发展情景暨路径研究[R]. 北京, 2015.

[4] 施涛, 朱凌志, 于若英. 电力系统灵活性评价研究综述[J]. 电力系统保护与控制, 2016, 44 (5): 146-154.

[5] 鲁宗相, 李海波, 乔颖. 高比例可再生能源并网的电力系统灵活性评价与平衡机理[J]. 中国电机工程学报, 2017, 37 (1): 9-19.

[6] 王圆圆. 考虑风电接入的灵活性电源规划[D]. 北京: 华北电力大学, 2017.

[7] 李俊峰. 2012 中国风电发展报告[M]. 北京: 中国环境科学出版社, 2012.

[8] 李俊峰. 2014 中国风电发展报告[M]. 北京: 中国环境科学出版社, 2014.

[9] 国家能源局. 2015 年上半年全国风电并网运行情况[EB/OL]. (2015-07-27) [2017-04-05]. http://www.nea.gov.cn/2015-07/27/c_134451678.htm.

[10] 国家能源局. 2017 年全国风电并网运行情况[EB/OL]. (2018-02-01) [2018-02-01]. http://www.Nea.gov.cn/2018-02/01/c_136942234.htm.

[11] 白建华, 辛松旭, 刘俊, 等. 中国实现高比例可再生能源发展路径研究[J]. 中国电机工程学报, 2015, 35 (4): 3699-3705.

[12] 鲁宗相, 李海波, 乔颖. 含高比例可再生能源电力系统灵活性规划及挑战[J]. 电力系统自动化, 2016, 40 (13): 147-158.

[13] 高赐威, 吴天婴, 何叶, 等. 考虑风电接入的电源电网协调规划[J]. 电力系统自动化, 2012, (22): 0-35.

[14] Lannoye E, Flynn D, O'Malley M. The role of Power System Flexibility in Generation Planning[C]//Power and Energy Society General Meeting, Detroit, 2011.

[15] 程时杰. 大规模储能技术在电力系统中的应用前景分析[J]. 电力系统自动化, 2013, 37(1): 3-8.

[16] 王再闯, 袁铁江, 李永东, 等. 基于储能电站提高风电消纳能力的电源规划研究[J]. 可再生能源, 2014, 32(7): 954-960.

[17] Yang P, Nehorai A. Joint optimization of hybrid energy storage and generation capacity with renewable energy[J]. IEEE Transactions on Smart Grid, 2014, 5(4): 1566-1574.

[18] 李文佩, 方华亮, 马溪源, 等. 短时需求响应对含风电电源规划的影响研究[J]. 中国电力, 2015, 48(2): 122-127.

[19] 朱兰, 严正, 杨秀, 等. 计及需求侧响应的微网综合资源规划方法[J]. 中国电机工程学报, 2014, 34(16): 2621-2628.

[20] 李海波, 鲁宗相, 乔颖, 等. 大规模风电并网的电力系统运行灵活性评估[J]. 电网技术 2015, 39(6): 1672-1678.

[21] 詹勋淞, 管霖, 卓映君, 等. 基于形态学分解的大规模风光并网电力系统多时间尺度灵活性评估[J]. 电网技术, 2019, 43(11): 3890-3901.

[22] 周光东. 电力系统运行灵活性评价及优化调度研究[D]. 北京: 华北电力大学, 2019.

[23] 吴耀武, 侯云鹤, 熊信银, 等. 基于遗传算法的电力系统电源规划模型[J]. 电网技术, 1999, 23(13): 10-14.

[24] Park J B, Pack Y M, Won J R. An improved genetic alorithm for generation expansion planning[J]. IEEE Transactions on Power Systems, 2000, 15(3): 916-922.

[25] Kim M, Ramakrishna R S. New indices for cluster validity assessment[J]. Pattern Recognition Letters, 2005, 26(15): 2353-2363.

[26] 王耀华, 焦冰琦, 张富强, 等. 计及高比例可再生能源运行特性的中长期电力发展分析[J]. 电力系统自动化, 2017, 41(21): 9-15.

[27] 张宁, 代红才, 胡兆光, 等. 考虑系统灵活性约束与需求响应的源网荷协调规划模型[J]. 中国电力, 2019, 51(1): 1-10.

第3章　未来电源系统时空动态演变机理

3.1　电源系统形态演化

结合不同电源的物理属性及功能定位，在总量、结构、布局的传统描述基础上，从粒度、虚实、接口、聚荷、调控、功能6个维度提出了电源系统的形态描述。其中，粒度用于刻画电站或单机的装机容量，传统是高参数、大容量机组，而未来极有可能是海量微小电源；虚实用于反映电源与信息网络的融合，海量微小电源可以依托信息网集聚成规模可观的虚拟电源、“云端电源”；接口用于描述并网机组的接口类型，是常规的旋转部件还是电力电子装置；聚荷用于刻画在配用电侧不断出现的“发用合一”的新型供用能模式；调控主要描述灵活性、集中式控制、分布式控制等要素；功能用于描述电源在提供容量、电量、辅助服务方面的角色定位。

基于第2章介绍的考虑环境与资源约束的能源电源优化规划模型，针对高比例可再生能源发展情景，将分布式电源按一定比例转换为虚拟电源、“云端电源”，且该比例随时间上升，将风电、光伏发电等统一为电力电子发电装置，开展电源系统形态演化研究。为了数据展示的对比性与直观性，结合历史数据及必要的插值进行电源系统形态演化的作图。

1. 粒度

图3-1给出了发电站平均装机规模的变化，呈现出四个阶段。首先是20世纪70、80年代，小水电的大规模建设引起电站平均装机规模小幅回落；下一阶段，随着高参数、大容量机组建设的推进，发电站平均规模逐步攀升；而从2013年开始的分布式光伏建设，则使得电站平均规模急剧降低；最后，在中远期，大量分布式发电广泛接入将使得电站平均规模继续降低并趋于饱和。

2. 虚实

图3-2给出了电源系统虚实形态的变化。大量分布式发电、需求侧响应资源、分布式储能借助信息通信和互联网技术，虚拟聚合成为规模化的“云端电源”，直接参与市场交易。初步研究表明，远期虚拟电源有可能占到电源总装机的1/5左右。

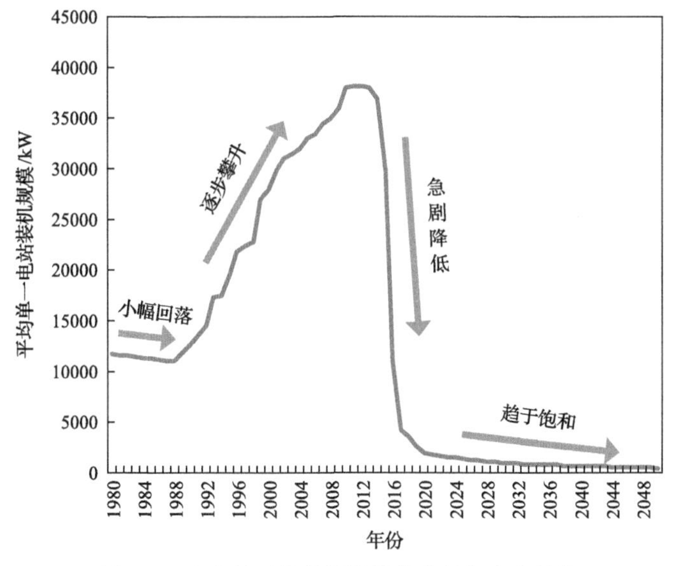

图 3-1　发电站平均装机规模的中长期变化趋势

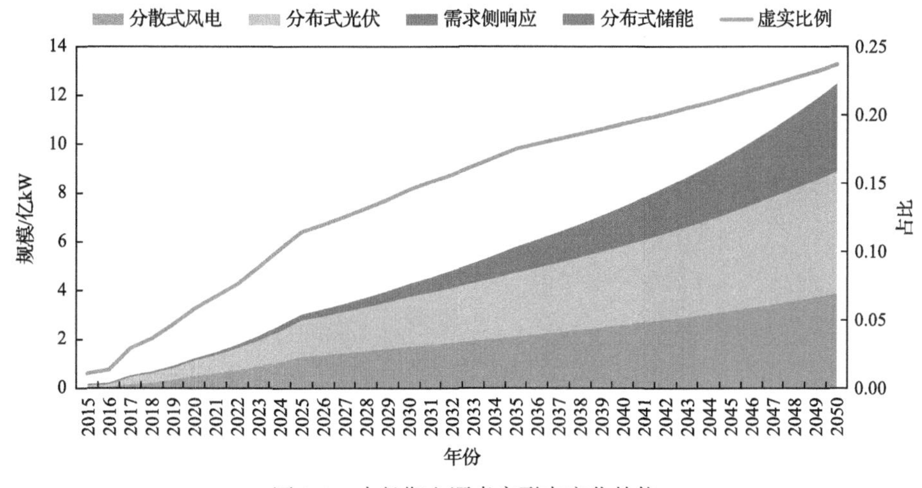

图 3-2　中长期电源虚实形态变化趋势

3. 接口

接口形态方面，电力电子接口电源的发展主要取决于风/光电源的发展。通过图 3-3 可以看出，电力电子接口电源将呈现四个阶段的发展特征，首先是 2010 年左右开始的集中式发展；随后是十三五以来的集中式与分布式并举；次之则是 2020～2030 年之间的分布式优先、集中式有效补充的模式；2030 年以后，由于分布式资源开发潜力受限，有可能重新回到集中式发展的模式。大量新能源采用电力电子装置并网，远期电力电子接口电源比重预计将达到 50%。

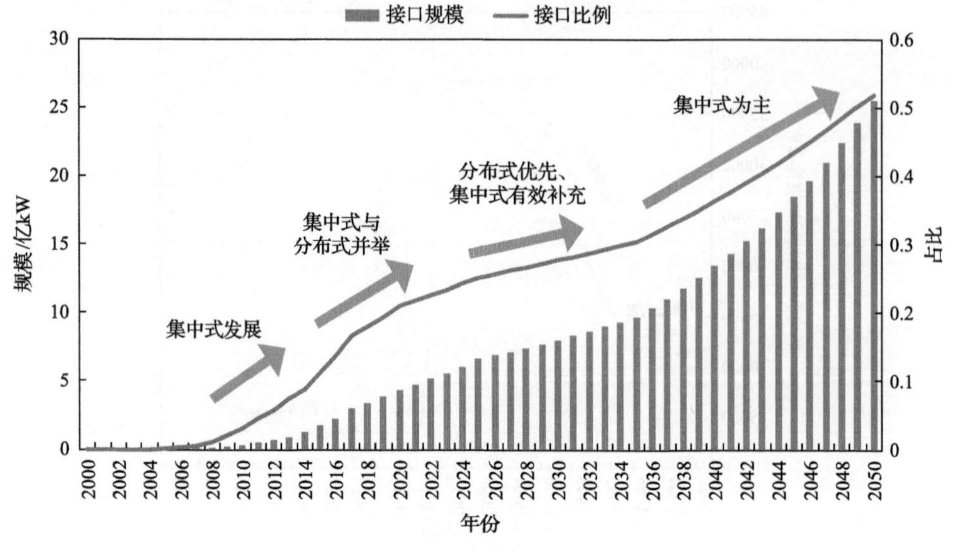

图 3-3　中长期电源系统接口形态变化趋势

4. 聚荷

聚荷形态方面，用聚荷指数来表征电源聚荷形态的发展。由于聚荷类电源以“分布式储能+X”的形式有更好的发展前景，所以聚荷类电源的发展趋势与分布式储能等的商业化应用趋势相对一致，呈现“S”型发展趋势，如图 3-4 所示。

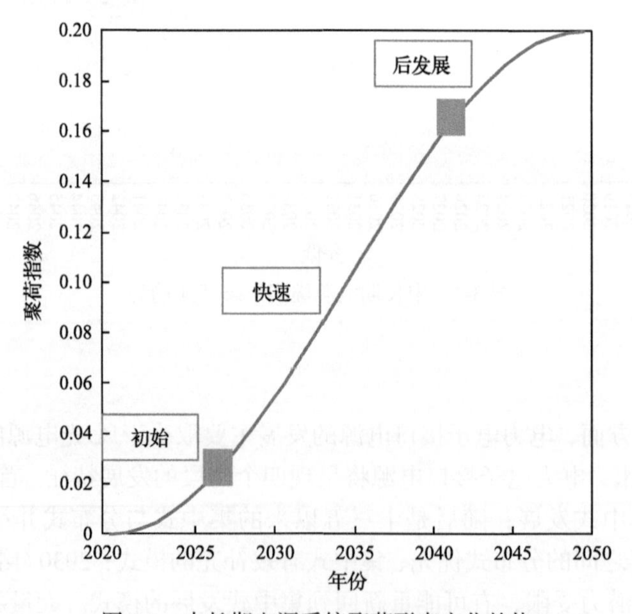

图 3-4　中长期电源系统聚荷形态变化趋势

5. 调控

调控形态方面，以调峰为例，基本呈现四个阶段的发展趋势(图 3-5)。首先是火电灵活性改造增加灵活性资源，使灵活性供需比上升；随后是改造结束后的过渡期；次之是新能源继续快速发展增大灵活性需求带来的灵活性调峰比进一步降低；最后随着电储能等的规模化应用，灵活性供需比下降将趋缓。

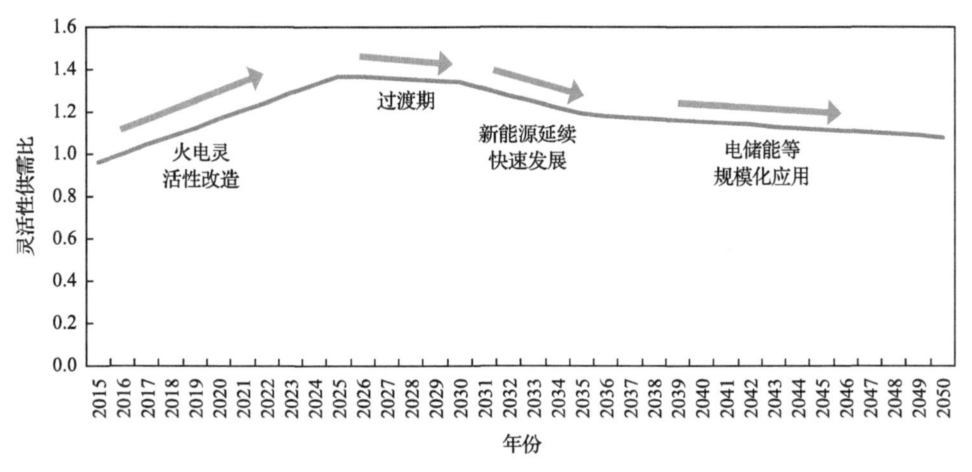

图 3-5　中长期电源系统调控形态变化趋势

6. 功能

功能形态方面，图 3-6 给出了中远期各类电源容量价值分布的变化趋势和发

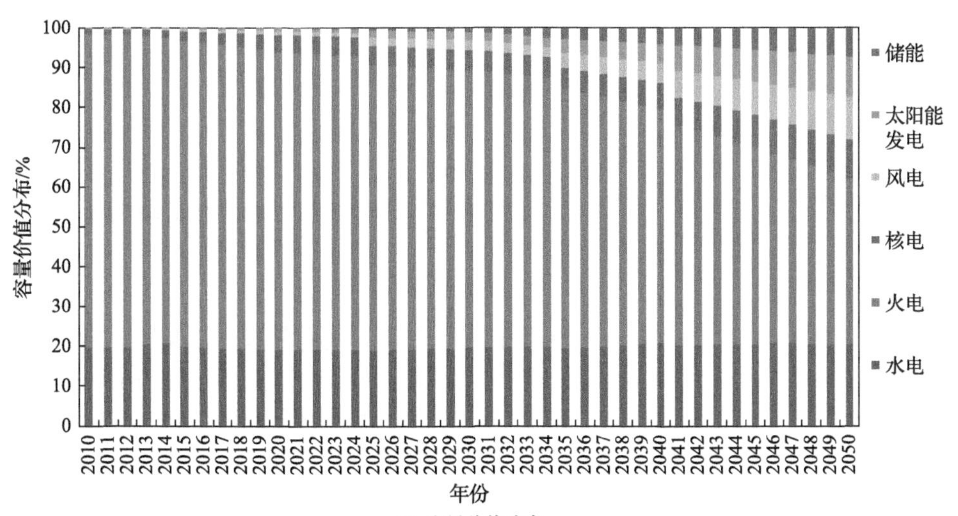

(a) 容量价值分布

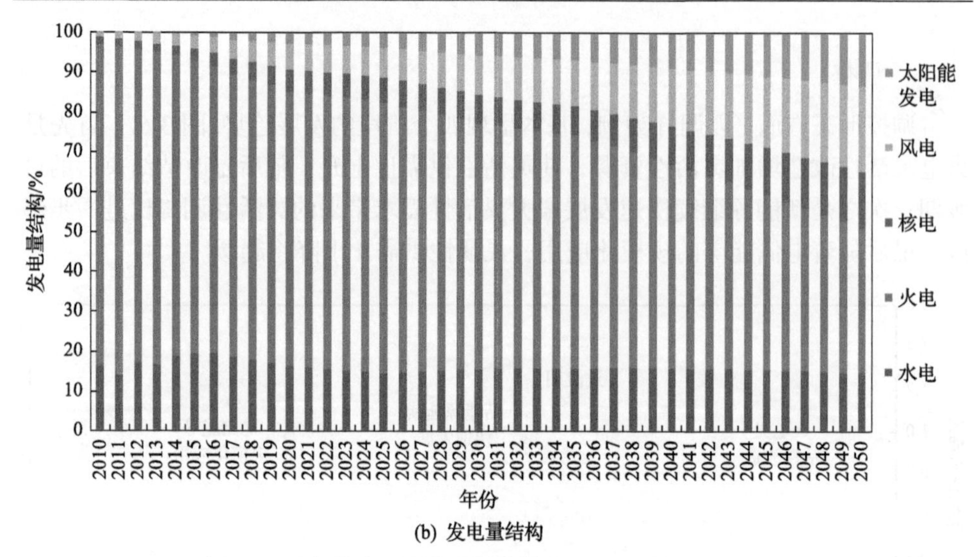

(b) 发电量结构

图 3-6　中长期电源系统容量价值和发电量结构变化趋势

电量结构的变化。对比可以看出，电源功能形态呈现出反差化的特征；远期看，火电容量价值比重明显高于发电量比重，风/光容量价值比重则明显低于发电量比重。在这种趋势下，火电将由电量与容量主体向提供容量价值为主转变，新能源则由补充电源向电量主体转变。

3.2　电源系统结构演化

3.2.1　火电

《能源发展战略行动计划(2014—2020 年)》提出，清洁高效发展煤电，推进煤电大基地大通道建设。重点建设锡林郭勒、鄂尔多斯、晋北、晋中、晋东、陕北、哈密、准东、宁东等 9 个千万 kW 级大型煤电基地。发展远距离大容量输电技术，扩大西电东送规模，实施北电南送工程。《大气污染防治行动计划》要求在京津冀、长三角、珠三角等重点区域，除核准在建煤电机组外，严禁新增常规煤电。

1. 煤电峰值

从全国看，煤电装机预计在 2030 年前后达峰，峰值约 12.5 亿 kW，届时煤电发电量占总发电量约 55%。从各区域看，受端的华北、华东、华中、南网区域达峰时间较早，在 2030 年或之前达峰，送端东北、西北、蒙西区域在 2035 年前后达峰。电力需求增长情况、水电核电等能量密度大且建设周期长的电源开发进度，是影响煤电峰值的关键因素。敏感性分析表明，若 2030 年水电核电规模合计滞后 4000 万 kW，煤电峰值将达到 14 亿 kW，达峰时间会略有延后。

2. 煤电与其他电源的关系

考虑水电核电潜力有限、气电发展制约较多以及新能源出力不确定等因素，保障电力供应仍需发挥煤电的电力平衡作用。水能开发还有一定潜力，但受地理条件和生态环保因素制约，后续开发不确定性较大。核电中长期大规模开发的政策不确定性较大。风/光等新能源资源开发潜力很大，但受自身资源特性制约，有效出力保证率低。天然气发电成本高、气源保障度低、对外依存度高，且未完全掌握气电核心技术，“以气定电”制约了气电发展规模。因此，在国家“四个革命、一个合作”能源安全新战略引领下，要继续夯实煤电作为保障电力安全供应的基石地位，确保电力安全、可靠和持续供应。煤电转动惯量大且调节能力强，较大的煤电规模对电网安全稳定运行起到支撑作用。

能源清洁低碳转型还需要充分发挥煤电的调节补偿作用。由于核电基本不参与调峰，风电、光伏出力波动性大且可控性差，需要在系统中大规模配置灵活性资源。煤电技术成熟、成本低廉、电压频率支撑能力强，是调节补偿资源的优先选项。中长期看，保障电力安全可靠供应和支撑能源转型发展，都需要维持一定规模的煤电装机，煤电规模在2030年之后应逐步减量。

3. 发电用煤与煤炭消费总量的关系

发电用煤的增长并不必然导致煤炭消费总量的增长。“十三五”前三年，我国发电用煤消费占比由“十二五”末的46.3%提高至2018年的54.4%，电煤累计增长15.2%，达到21.2亿t。但煤炭消费总量累计降低1.8%，基本维持在39～40亿t。未来应持续提升发电用煤占比，同时控制其他行业煤炭消费，实现控制煤炭消费总量和清洁高效利用。我国能源消费仍将保持一定规模的刚性增长，构建清洁低碳、安全高效的能源体系面临挑战。一方面，要继续执行煤炭消费总量控制政策，引导各地进一步推进煤炭消费结构优化调整和升级，加快促进清洁能源开发利用。另一方面，与国外相比，我国发电用煤比重相对较低，应持续提升发电用煤的比重，实现煤炭集中使用、清洁利用。预计到2025年，发电用煤比重将逐步提升至60%以上，发电用煤需求将增至峰值24亿～27亿t原煤。总体看，电煤消费量虽在增加，但2025年前煤炭消费总量仍将维持在37亿～40亿t原煤的区间。

4. 煤电发展与碳排放的关系

煤电继续适度增长与我国的碳排放国际承诺不冲突。经测算，通过控制能源消费总量和煤炭消费总量，同步优化煤炭消费结构，为发电用煤预留一定增长空间，煤炭行业碳排放能维持在72亿～75亿t，并在2025年后逐渐降低，为实现我国承诺的碳排放目标奠定基础。应加快发展包括水电、核电在内的各类非化石能源，实现我国碳排放及早达峰。经测算，若水电、核电规模滞后 4000 万 kW，相应需要再增加碳排放 2 亿 t 左右。因此，从政策和发展规划上应确保水电、核电等非化石能源优先发展，以推动煤电装机与碳排放及早达峰。

5. 气电

《能源发展战略行动计划 2014—2020 年》提出，在京津冀鲁、长三角、珠三角等大气污染重点防控区，有序发展天然气调峰电站。《能源生产和消费革命战略(2016—2030)》提出，合理布局能源生产供应，东部地区充分利用国内外天然气。

未来天然气新增装机主要布局在电价承受能力较高的东中部地区，以承担调峰电源为主。我国天然气长期稳定供应存在较大不确定性，“以气定电”制约了气电发展规模。我国天然气资源有限，国内供应能力不足，对外依存度高。未来随着民用、交通、工业用气的快速增长，可供发电用气量非常有限。国家也出台了相关天然气使用政策，对发电用气给出了明确限定。此外，受有效供给紧张的影响，天然气价格不断上涨，使得天然气发电经济性较差。我国天然气价格相对较高，且未完全掌握燃气发电核心技术，发电成本并不具有竞争优势。

3.2.2　水电

1. 常规水电

我国水电资源丰富，发电技术成熟，所以优先开发利用绿色、可再生的水电资源，是实现我国能源可持续发展的重要支撑。《能源发展战略行动计划(2014—2020 年)》提出，积极开发水电，在做好生态环境保护和移民安置的前提下，以西南地区金沙江、雅砻江、大渡河、澜沧江等河流为重点，积极有序推进大型水电基地建设，因地制宜发展中小型电站，开展抽水蓄能电站规划和建设，加强水资源综合利用。

我国水电开发还有较大潜力，西南地区是未来水电开发的重点。我国水电技术可开发量 5.72 亿 kW，截至 2017 年底，常规水电装机达到 3.1 亿 kW，发电量达到 1.2 万亿 kW·h，开发程度约 48%，与发达国家相比仍有较大差距。西南地区水电资源约占全国一半以上，尚未开发量占全国 70%以上，是未来我国水电开发的重点。其中四川水电理论蕴藏量 1.63 亿 kW，技术可开发量 1.2 亿 kW，已开发 7714 万 kW，开发率超 60%。西藏水电理论蕴藏量超过 2 亿 kW，技术可开发量超过 1.4 亿 kW，目前仅开发 147 万 kW。西藏主要河流沿岸人口和耕地稀少，每千瓦水电开发的移民搬迁、耕地占用仅为三峡的 0.6%和 3.6%。合理开发可最大限度保持流域原貌和生态环境。

加大西部地区重点流域的水电开发力度，2035年前金沙江、雅砻江、大渡河、澜沧江等主要河流干流水电开发基本完毕，怒江水电基地大规模开工，加快雅鲁藏布江干流水电开发规划的前期工作；2035～2050年，积极推进西藏水电开发，怒江水电基地基本开发完毕，雅鲁藏布江下游水电裁弯取直各梯级基本开发完毕。此外，挖掘东中部地区水电开发潜力，实施扩机增容和改造升级，深度开发当地剩余水力资源。

2. 抽水蓄能

我国抽水蓄能站址资源有限，主要分布在东中部和北部地区。根据国家能源局2014年批复的抽水蓄能电站选点规划基本情况，国网经营区内推荐和备选抽水蓄能站点共47个，容量合计5615万kW。

统筹优化能源、电力布局和电力系统保障、节能、经济运行水平，以电力系统需求为导向，优化抽水蓄能电站区域布局，加快开发建设。华北地区抽水蓄能电站重点布局在河北、山东，河北抽水蓄能电站建设兼顾京津冀一体化的电力系统需要。华东地区抽水蓄能电站重点布局在浙江、福建和安徽。华中地区抽水蓄能电站重点布局在城市群和负荷中心附近。东北地区根据服务新能源和核电大规模发展需要，统筹东北电网抽水蓄能站点布局，加快抽水蓄能电站建设。西北地区重点围绕风电、太阳能等新能源基地及负荷中心合理布局，加快启动抽水蓄能电站建设。南方地区服务核电大规模发展和接受区外电力需要，抽水蓄能电站重点布局在广东。

3.2.3　核电

坚持安全高效发展核电，有序推进核电项目建设。《电力发展“十三五”规划》提出，坚持安全发展核电的原则，加大自主核电示范工程建设力度，着力打造核心竞争力，加快推进沿海核电项目建设。经过多年的勘测和保护，我国现有核电厂址资源可支撑1.8亿kW的核电装机；考虑远期内陆核电开发，可支撑超过3.0亿kW的核电装机需求。

《能源发展战略行动计划(2014—2020年)》提出，安全发展核电，在采用国际最高安全标准、确保安全的前提下，适时在东部沿海地区启动新的核电项目建设，研究论证内陆核电建设。根据我国核电建设形势，新增核电装机主要分布在用电负荷增长快且能源资源缺乏的东部沿海地区。

3.2.4　风电

风电坚持坚持集中与分散开发并举。西部北部地区建设大型风电基地、沿海发展海上风电、东中部推进分散式风电建设。《能源发展战略行动计划(2014—

2020 年）》提出“重点规划建设酒泉、内蒙古西部、内蒙古东部、冀北、吉林、黑龙江、山东、哈密、江苏等 9 个大型现代风电基地以及配套送出工程。以南方和东中部地区为重点，大力发展分散式风电，稳步发展海上风电”。

我国陆上风电集中分布在“三北”地区，但该地区负荷水平低，电力系统规模小，消纳风电的能力不足，需要大规模送出。按照“先省内、后区域、再全国”的风电消纳思路，我国“三北”主要风电基地的消纳市场如下。在东北地区，辽宁、吉林、黑龙江、蒙东都是我国风电开发的重点省区，辽宁在消纳本省风电后，可接纳省外风电的剩余空间十分有限，黑龙江、吉林、蒙东风电在区域电网内扩大风电消纳市场的空间不大，风电的大规模开发需要依靠跨区外送。在西北地区，甘肃风电除了在省内消纳外，可借助青海黄河上游水电调节能力，在区域电网内消纳部分风电，剩余部分需要跨区外送；由于西北电网消纳酒泉风电的能力已经不足，宁夏、新疆风电在省内消纳后，剩余部分需要通过特高压直流输电直接跨区外送。在华北地区，蒙西风电除了在区内电网及京津唐电网消纳外，还需要外送到东中部负荷中心消纳；河北风电除了在京津冀电网内消纳外，也需要在东中部负荷中心内统筹消纳。

东中部地区电力需求高、系统规模大，且风电和太阳能发电开发规模小，同时抽水蓄能、燃气发电等灵活调节电源比例较高，具有消纳西部和北部清洁能源的巨大空间。我国京广线以东是能源电力消费的主要地区，未来东中部地区用电需求仍占全国的 50%以上，负荷中心依然在东中部地区。

3.2.5 太阳能发电

太阳能发电坚持集中式与分布式开发并举。西部北部地区建设大型太阳能发电基地，东中部推进分布式光伏建设。《能源发展战略行动计划（2014—2020 年）》提出，加快发展太阳能发电；有序推进光伏基地建设，同步做好就地消纳利用和集中送出通道建设；加快建设分布式光伏发电应用示范区，稳步实施太阳能热发电示范工程；加强太阳能发电并网服务；鼓励大型公共建筑及公用设施、工业园区等建设屋顶分布式光伏发电。

我国大型太阳能光伏发电站集中分布在西部和蒙西地区，但该地区负荷水平低，电力系统规模小，消纳大型光伏电站的能力不足。其中，甘肃光伏除了在省内消纳外，可借助青海黄河上游水电调节能力，在区域电网内消纳部分光伏，剩余部分需要跨区外送；由于西北电网消纳光伏的能力不足，宁夏、青海、新疆光伏发电在省内消纳后，剩余部分需要通过特高压直流输电直接跨区外送，其中青海可考虑与水电联合外送；蒙西光伏除了在区内电网消纳外，还需要外送到东中部负荷中心消纳。

3.3　基于探索性建模的电源系统时空演化

3.3.1　探索性建模方法

探索性建模是采用海量计算机仿真实验的方式，研究各种参数性、结构性和方法性的不确定性[1-5]。基于探索性建模后生成的海量场景，采用情景发现技术，可以探究在深度不确定性下能源电力系统不同的演化路径，并由此确定满足未来目标的有利条件，以辅助政策决策。这种探索性建模合并情景发现技术的方法，在决策领域又称为鲁棒决策分析，用于详尽地权衡待选方案的脆弱性和敏感性。

本书以电源优化规划模型为内核反映电力系统运行特性，同时考虑我国能源战略导向对电力系统规划模型的差异化要求，在文献[4]的基础上，提出5步建模框架。

第1步：回顾电力系统发展历程，结合现代能源体系建设目标，厘清未来电力系统可能的结构形态。

第2步：据所研判的未来电力系统结构形态，提出适应相应结构形态的电力系统规划模型。

第3步：选定待观测的深度不确定性源，估计不确定性范围。

第4步：基于适应不同电力系统结构形态的演化模型，采用计算机实验的方法，针对选定的待观测深度不确定性源及不确定性范围，生成海量场景。

第5步：采用基于数据挖掘的情景发现技术分析生成的海量场景，以识别演化关键要素、演化时序和演化类型。

其中，第5步中数据挖掘技术主要涉及属性关联性、概念漂移和聚类分析。

1. 属性关联性

选定待观测的深度不确定性源与不确定性范围，并通过探索性建模构建出这些不确定性组合产生的海量情景后，判断哪些不确定性在电力系统演化走向中发挥关键作用，需要采用数据挖掘中的属性关联性分析技术。本书从关联频度和关联强度两个方面，综合考察待观测的深度不确定性与演化结果的属性关联性。在生成的所有情景中，任取两个情景，若观测的深度不确定性参数在这两个情景中变化了，且观测的演化结果变量也不一致，则认为该观测的深度不确定性参数与演化结果变量之间存在关联性，关联频度计数，归一化变化量之比计为关联强度。遍历任取两个情景统计计算后，关联频度探索各项属性之间相互影响的频繁程度，关联强度分析各项属性之间相关关系的强弱程度。

2. 概念漂移

本章所采用的大数据属于动态数据流，某些属性值随时间的推移发生改变，数据具有不独立同分布的特点，因此本书采用 Meanshift 均值漂移算法[6、7]预测目标变量，完成对电力系统演化模型的动态数学建模。

Meanshift 考虑了历史均值，当前的均值依赖于历史均值和当前样本的影响，使得均值估计对异常样本更加鲁棒，得到更加准确的估计。

3. 聚类分析

聚类分析又称群分析，它是研究(样品或指标)分类问题的一种统计分析方法，同时也是数据挖掘的一个重要算法。聚类的目标是对数据进行无监督的归类，使同一类对象的相似度尽可能地大。不同类对象之间的相似度尽可能地小。

具有噪声的密度聚类方法(density-based spatial clustering of applications with noise，DBSCAN)是一个比较有代表性的基于密度的聚类算法[6、7]。与划分和层次聚类方法不同，它将簇定义为密度相连的点的最大集合，能够把具有足够高密度的区域划分为簇，并可在噪声的空间数据库中发现任意形状的聚类。

DBSCAN 需要扫描半径(eps)和最小包含点数(minPts)两个参数。任选一个未被访问(unvisited)的点开始，找出与其距离在 eps 之内(包括 eps)的所有附近点。如果附近点的数量≥minPts，则当前点与其附近点形成一个簇，并且出发点被标记为已访问(visited)。然后递归，以相同的方法处理该簇内所有未被标记为已访问(visited)的点，从而对簇进行扩展。

如果附近点的数量＜minPts，则该点暂时被标记作为噪声点。如果簇充分地被扩展，即簇内的所有点被标记为已访问，然后用同样的算法去处理未被访问的点。

3.3.2 演化机理分析

我国有关现代能源体系的表述，从 2011 年《国民经济和社会发展第十二个五年规划纲要》中的"安全、稳定、经济、清洁的能源产业体系"，到 2017 年党的"十九大"工作报告中的"清洁低碳、安全高效的能源体系"，包括中间 2014 年年中央财经领导小组会议提到的"大力推进煤炭清洁高效利用，着力发展非煤能源，形成煤、油、气、核、新能源、可再生能源多轮驱动的能源供应体系"，折射出能源系统长期演化方向在战略导向上具有动态性。当战略导向在"安全"与"低碳"之间做不同权重的倾斜时，电力系统演化方向将分为截然不同的两个分支：一是综合考虑我国煤炭的主体能源地位、煤电近零排放技术以及煤电机组在电力系统中转动惯量的托举作用，煤电在电力系统中保持长期主体地位；二是新能源发电成为绝对主力电源。据此，结合影响我国电力系统结构形态的驱动及制约因素分析结果，涉及电力系统演化的深度不确定性源如表 3-1 所示。

表 3-1　电源优化规划模型的深度不确定性输入源

输入源类型	输入源指标
演化方向	非化石能源发电占比
	带转动惯量的旋转备用/冷备用
电力需求	全社会负荷
	全社会用电量
资源上限	东中部分布式资源可开发潜力
	东中部不新增煤电机组
煤电改造	煤电退役时间
	煤电灵活性改造程度
成本造价	电池储能
	集中式风电造价
	分散式风电造价
	集中式光伏造价
	分布式光伏造价
	输电工程造价

不确定范围的取值为表 3-1 中 14 个深度不确定性输入源在基准情景下的 50%、100%和 150%，经过筛选，剔除不可能出现的组合，共计 2048 个算例。输出观测指标主要包括新增集中式风电、新增集中式光伏、新增储能、新增煤电、新增分散式风电、新增分布式光伏和新增线路规模。

1. 演化关键要素

根据属性关联频度和关联强度分析，煤电灵活性、储能成本下降、煤电退役规模、新能源集中式开发成本、新能源分布式开发成本、输电成本是影响最大的 6 个因素。

2. 演化时序

从图 3-7 中均值漂移可以看出，煤电装机 2030 年达到峰值，是系统自然演化的结果，与减煤控煤的政策关系不大；综合考虑储能技术经济性进步与电力系统发展适应性，2040 年左右是储能快速增长的临界点；在高需求情景下，新增输电

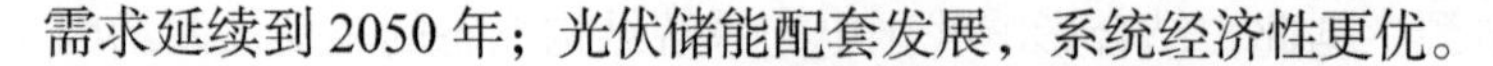
需求延续到 2050 年；光伏储能配套发展，系统经济性更优。

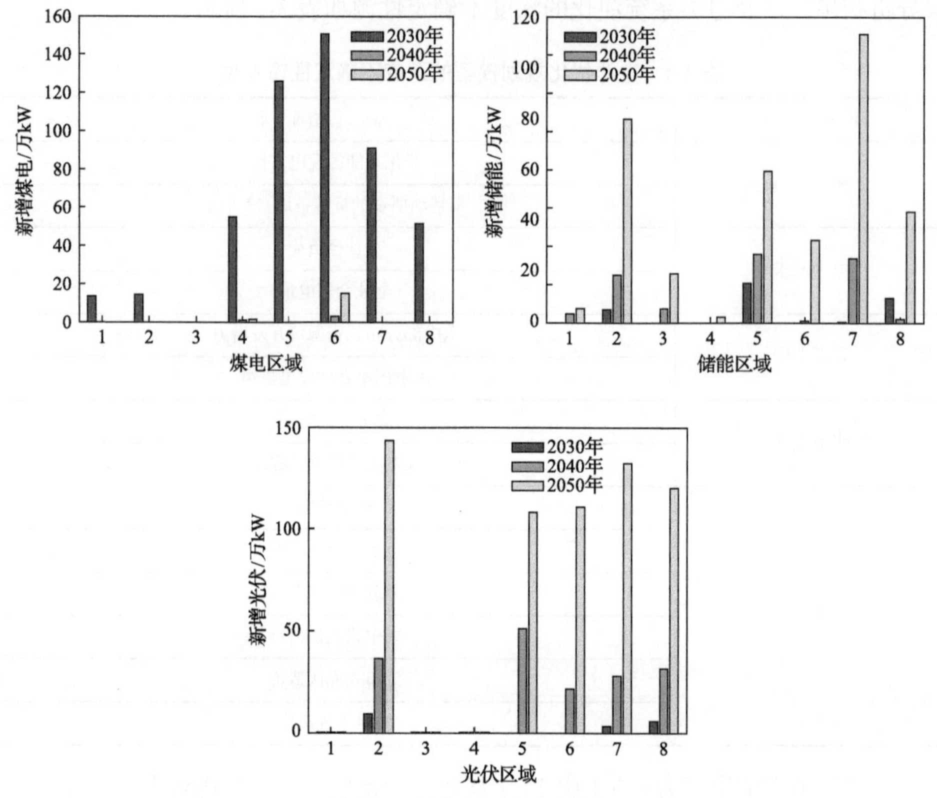

图 3-7　均值漂移分析结果

横轴 1～8 依次是：华北、东北、华东、华中、西北、西南、蒙西、南方电网

参 考 文 献

[1] Kwakkel J H, Pruyt E. Exploratory Modeling and Analysis, an approach for model-based foresight under deep uncertainty[J]. Technological Forecasting and Social Change, 2013, 80(3): 419-431.

[2] Warren W, Marjolijn H, Jan K. Adapt or perish: A Review of Planning Approaches for Adaptation under Deep Uncertainty[J]. Sustainability, 2013, 5(3): 955-979.

[3] Maier H R, Guillaume J H A, Van Delden H, et al. An uncertain future, deep uncertainty, scenarios, robustness and adaptation: How do they fit together?[J]. Environmental Modelling & Software, 2016, 81(7): 154-164.

[4] Moallemi E A, De Haan F, Kwakkel J, et al. Narrative-informed exploratory analysis of energy transition pathways: A case study of India's electricity sector[J]. Energy Policy, 2017, 110(11): 271-287.

[5] Kwakkel J H. The exploratory modeling workbench: An open source toolkit for exploratory modeling, scenario discovery, and (multi-objective) robust decision making[J]. Environmental Modelling & Software, 2017, 96: 239-250.

[6] Han J W, Kamber M, Pei J. Data Mining Concepts and Technique[M], 3 edition. Amsterdam: Elsevier, 2012.

[7] Daniel T Larose, Chantal D. Data Mining and Predictive Analytics[M], 2 edition, Hoboken: Wiley, 2015.

第 4 章　我国中长期电力典型发展格局预测

本章对我国中长期电力发展格局进行情景预测，共设置三个情景，电力需求预测、水电开发规模，生物质能发电开发规模保持一致，其主要区别在于风、光等间歇式电源发展和核电发展规模的不同。

在电力需求方面，综合考虑体制改革、经济发展方式转变、结构调整、城镇化发展以及各项能源技术进步等因素影响[1、2]，按 2050 年全社会用电量为 11.7 万亿 kW·h 开展中长期电力发展分析[3]。

水电是我国目前可开发程度最高、技术相对成熟的清洁可再生能源，假设 2050 年开发规模达到其技术可开发量的上限 5.42 亿 kW。生物质能及其他发电参考国家发改委能源所《中国 2050 高比例可再生能源发展情景暨路径研究》[4]的成果，2050 年的生物质能发电开发规模达到约 2 亿 kW。

三种设计情景的特征对比如表 4-1 所示。

表 4-1　三种情景特征对比

情景	电力需求	水电及生物质能发电发展	核电发展	风、光等间歇式电源电量占全社会用电量的比重（2050 年）/%
情景一：可再生能源高速发展情景	中方案	2050 年达到开发上限	低速	40
情景二：可再生能源中速发展情景	中方案	2050 年达到开发上限	加速	35
情景三：可再生能源常规发展情景	中方案	2050 年达到开发上限	低速	20

4.1　情景一：可再生能源高速发展情景

情景设定——风电和太阳能发电等可再生能源大比例开发。以水电、核电、风电、太阳能发电达到预期开发规模为边界条件，研究该情景对应的电源结构，包括相应的煤电、气电建设规模。

1. 边界条件

2020 年水电 3.3 亿 kW，核电 5100 万 kW，风电 2.4 亿 kW，太阳能 2.4 亿 kW，生物质及其他 6100 万 kW。2030 年水电 4 亿 kW，核电 1.0 亿 kW，生物质及其他

9000 万 kW。2050 年水电 5.4 亿 kW，核电 1.6 亿 kW，生物质及其他 2 亿 kW。

按照 2050 年 11.7 万亿 kW·h 全社会用电量，风、光电量达到 40%，即 4.7 亿 kW·h，本项目取风、光各 50%的开发规模，考虑 2050 年的风、光利用小时数分别为 2200h 和 1400h，则风、光装机规模分别达到 13 亿 kW 和 12.5 亿 kW。

1）风电

根据我国风能资源的分布特点[5]，未来我国风电应保持集中开发和分散开发并举。我国大型风电基地所在的“三北”地区风能资源丰富，开发条件好，为充分利用清洁电力，应优先开发该地区的风电。此外，应充分利用东中部地区电力市场大的优势，因地制宜开发分散风能资源，就近消纳。2030 年，由于弃风限电等问题逐步解决，“三北”地区集中式风电开发陆上占比 70%左右。2050 年，分散式风电开发达到饱和状态，集中式风电开发陆上占比 80%左右。考虑海上风电激进开发情景，2030 年、2050 年其装机规模将分别达到 3000 万 kW、20000 万 kW。

2）太阳能发电

根据我国太阳能资源的分布特点[5]，未来我国光伏发电应集中开发和分散开发并举，积极发展光热发电。近期重点在长三角、珠三角、环渤海等经济发达地区推广分布式光伏，并在西北地区建设一定规模的大型并网光伏电站。预计 2030 年分布式光伏占光伏总量的 40%，2050 年占比 45%。考虑光热激进开发情景，2030、2050 年其装机规模将分别达到 2000 万 kW、35000 万 kW。

2. 电源装机

2030 年电源装机规模将达 30 亿 kW，2050 年约 48 亿 kW，我国电力装机总规模呈持续较快上升趋势，电源装机总体及分区情况如表 4-2 及表 4-3 所示。

表 4-2 情景一电源总体装机情况 （单位：万 kW）

电源类型		2015 年	2030 年	2050 年
水电		29666	40000	54000
煤电		88419	120300	75700
燃气		6637	18500	25000
核电		2717	10000	16000
风电	集中式	10729	30000	80000
	分散式	2000	12000	30000
	海上	101	3000	20000
	总计	12830	45000	130000

续表

电源类型		2015 年	2030 年	2050 年
太阳能	光伏集中式	3705	25000	50000
	光伏分布式	450	18000	40000
	光热	3	2000	35000
	总计	4158	45000	125000
生物质及其他		1300	9000	20000
抽水蓄能		2272	10000	18200
其他电储能		100	5000	18000
总计		147977	302800	481900

表 4-3　2050 年情景一电源分区装机情况　（单位：万 kW）

电源类型		东中部受端	东北	西北	川渝藏	华北送端	南方	全国
水电		8100	1600	5800	23300	500	14700	54000
煤电		8900	6000	30100	3400	19500	7800	75700
燃气		15200	800	1100	700	1200	6000	25000
核电		10500	2000	0	0	0	3500	16000
风电	集中式	8300	14400	26300	2800	18600	9600	80000
	分散式	15000	3000	3000	2200	2800	4000	30000
	海上	15000	0	0	0	0	5000	20000
	总计	38300	17400	29300	5000	21400	18600	130000
太阳能	光伏集中式	5000	4400	21400	2200	16600	500	50000
	光伏分布式	27300	500	1000	3700	500	10000	40000
	光热	300	100	17200	400	13700	300	35000
	总计	32600	5000	39600	6300	30800	10800	125000
生物质及其他		9200	2400	1200	2500	700	4000	20000
抽水蓄能		9500	1500	900	500	1800	4000	18200
其他电储能		1800	2300	6900	700	5200	1100	18000

4.2 情景二：可再生能源中速发展情景

情景设定——核电规模到 2050 年达到 2.5 亿 kw。以水电、核电达到预期开发规模为边界条件，风电、太阳能发电规模相应减少以抵消核电加速带来的非化石能源余额，研究该情景对应的电源结构，包括相应的煤电、气电建设规模。

1. 边界条件

2020 年水电 3.3 亿 kW，核电 5100 万 kW，生物质及其他 6100 万 kW。2030 年水电 4 亿 kW，核电 1.2 亿 kW，生物质及其他能源 9000 万 kW。2050 年水电 5.4 亿 kW，核电 2.5 亿 kW，生物质及其他能源 2 亿 kW。

1) 风电

同 4.1 节。

2) 太阳能发电

预计 2030 年分布式光伏占光伏发电占比的 50%，2050 年占比 50%。考虑光热预期开发情景，2030、2050 年将分别达到 2000 万 kW、35500 万 kW。

2. 电源装机

2030 年电源装机规模将达到 29 亿 kW，2050 年约 45 亿 kW，电源装机总体及分区情况如表 4-4 和表 4-5 所示。

表 4-4　情景二电源总体装机情况　　（单位：万 kW）

电源类型		2015 年	2030 年	2050 年
水电		29666	40000	54000
煤电		88419	120100	73200
燃气		6637	17400	23200
核电		2717	12000	25000
风电	集中式	10729	28000	75000
	分散式	2000	10000	25000
	海上	101	2000	15000
	总计	12830	40000	115000
太阳能	光伏集中式	3705	22000	45000
	光伏分布式	450	16000	35000
	光热	3	2000	25000
	总计	4158	40000	105000

续表

电源类型	2015年	2030年	2050年
生物质及其他	1300	9000	20000
抽水蓄能	2272	9500	17000
其他电储能	100	5000	16500
总计	147977	293000	448900

表4-5　2050年情景二电源分区装机情况　（单位：万kW）

电源类型		东中部受端	东北	西北	川渝藏	华北送端	南方	全国
水电		8100	1600	5800	23300	500	14700	54000
煤电		8900	5300	28500	1400	22000	7100	73200
燃气		14600	600	900	300	1700	5100	23200
核电		11829	3138	2500	2000	0	5533	25000
风电	集中式	7800	13500	24700	2600	17400	9000	75000
	分散式	12500	2500	2500	1800	2400	3300	25000
	海上	11300	0	0	0	0	3800	15000
	总计	28800	16700	28800	4300	20800	15800	115000
太阳能	光伏集中式	4500	3900	19300	2000	14900	400	45000
	光伏分布式	23900	400	900	600	500	8800	35000
	光热	200	0	12300	2500	9900	200	25000
	总计	33300	3500	35000	8800	14300	10200	105000
生物质及其他		9300	2000	2000	1100	1200	4300	20000
抽水蓄能		8900	1400	800	500	1600	3700	17000
其他电储能		1700	2100	6300	700	4700	1000	16500

4.3　情景三：可再生能源常规发展情景

情景设定——风、光等可再生能源发电由于技术进步及体制机制等因素约束，开发速度放缓，2050年规模仅为情景一的50%，相应条件下2030年风、光发展规模有所降低，各取3亿kW。

1. 边界条件

以水电、核电达到预期开发规模为边界条件，风、光规模降低带来的电量缺额主要由煤电、气电等电源来补充。

2. 电源装机

2030 年电源装机规模将达到 28 亿 kW，2050 年约 37 亿 kW，电源装机总体及分区情况如表 4-6 和表 4-7 所示。

表 4-6 情景三电源总体装机情况 （单位：万 kW）

电源类型		2015 年	2030 年	2050 年
水电		29666	44000	54000
煤电		88419	120100	97500
燃气		6637	21500	29500
核电		2717	10000	16000
风电	集中式	10729	21000	40000
	分布式	2000	7500	15000
	海上	101	1500	10000
	总计	12830	30000	65000
太阳能	集中式	3705	16500	25000
	分布式	450	12000	20000
	光热	3	1500	17500
	总计	4158	30000	62500
生物质及其他		1300	9000	20000
抽水蓄能		2272	8100	12200
其他电储能		100	5000	9000
总计		147977	277700	365700

表 4-7 2050 年情景三电源分区装机情况 （单位：万 kW）

电源类型	东中部受端	东北	西北	川渝藏	华北送端	南方	全国
水电	8100	1600	5800	23300	500	14700	54000
煤电	11400	7700	38700	4300	25200	10100	97500
燃气	18000	1000	1300	800	1400	7100	29500
核电	10500	2000	0	0	0	3500	16000

续表

电源类型		东中部受端	东北	西北	川渝藏	华北送端	南方	全国
风电	集中式	4200	7200	13200	1400	9200	4800	40000
	分布式	7500	1500	1500	1100	1500	2000	15000
	海上	7500	0	0	0	0	2500	10000
	总计	19200	8700	14700	2500	10700	9300	65000
太阳能	集中式	2500	2200	10700	1100	8300	200	25000
	分布式	13700	200	500	1700	300	5000	20000
	光热	100	0	8600	300	6800	200	17500
	总计	16300	2400	19800	3100	15400	5400	62500
生物质及其他		9200	2400	1200	2500	700	4000	20000
抽水蓄能		6400	1000	600	300	1200	2700	12200
其他电储能		900	1200	3500	400	2600	500	9000

4.4　情景对比分析

1. 电力电量平衡

1) 电力平衡

备用率。按照《电力系统设计手册》[6]备用率的合理范围①，省级电网装机备用率应在 13%～20%之间，参考电网实际情况选取。其中，水电比重较大电网的可用装机受季节性来水影响变化很大，备用率高于火电比重较大电网。考虑各区域最大负荷出现时间存在一定差异，全国电网的装机备用率高于省级电网，取 20%～22%。

参与平衡装机容量。除部分热电、燃气和小火电机组受阻容量，煤电、燃气、核电、抽蓄、生物质发电 100%参与电力平衡，当年投产机组按 50%容量参与当年平衡；退役机组不参与当年平衡。2030 年风、光按装机容量的 5%参与电力平衡，考虑到 2050 年配备了相对成熟的电储能设施(风电和太阳能发电储能配备比例分别为 10%和 20%)，风电和太阳能发电分别按装机容量的 10%和 20%参与电力平衡。水电参与平衡容量、受阻和空闲容量等根据丰、枯期水文出力情况确定，不同区域取 60%～70%。

①含 2%～5%的负荷备用、8%～15%的检修备用和部分事故备用。

表 4-8 的电力平衡结果显示，三个情景在 2030 年和 2050 年电力均可以平衡并略有盈余。

表 4-8　各情景 2030 年和 2050 年的电力平衡

水平年		2030 年			2050 年		
情景		情景一	情景二	情景三	情景一	情景二	情景三
全口径最高发电负荷/万 kW		145414	145414	145414	186835	186835	186835
需要有效装机容量/万 kW		174497	174497	174497	224202	224202	224202
备用率/%		20	20	20	20	20	20
年底装机容量/万 kW	总计	302800	293000	277700	481900	448900	365700
	水电	40000	40000	44000	54000	54000	54000
	煤电	120300	120100	120100	75700	73200	97500
	气电	18500	17400	21500	25000	23200	29500
	核电	10000	12000	10000	16000	25000	16000
	风电	45000	40000	30000	130000	115000	65000
年底装机容量/万 kW	太阳能	45000	40000	30000	125000	105000	62500
	生物质能及其他	9000	9000	9000	20000	20000	20000
	抽水蓄能	10000	9500	8100	18200	17000	12200
当年可用容量/万 kW		177270	176990	179090	235730	232480	225850
电力盈余/万 kW		2773	2493	4593	11528	8278	1648
电力盈余率/%		1.6	1.4	2.6	5.1	3.7	0.7

2) 电量平衡

各类型装机利用小时数。水电取各省区水电多年平均利用小时数，大部分省区在 1800～4000h，平均取 3500h；燃机利用小时数介于 2500～3500h、核电 7000h、生物质 4200h；风电、太阳能发电年利用小时数根据地区资源情况略有差异，目前各地利用小时数风电介于 1800～2200h，太阳能介于 1000～1400h，考虑到未来风、光发电效率的提升，全国平均水平分别取 2200 和 1400 小时。各省区煤电利用小时数根据平衡结果确定，2030 年各情景下煤电利用小时在 4000～4450h，2050 年在 3500～5000h。

在不同的发展情景下，2030 年非化石能源发电占比 39%～44%，风电和太阳能发电等间歇式能源发电量占比 11%～18%；2050 年非化石能源发电量占比 53%～72%，风电和太阳能发电等间歇式能源发电量占比 20%～40%，如表 4-9 所示。

表 4-9　各种情景下电量平衡情况

水平年	2030 年			2050 年		
情景	情景一	情景二	情景三	情景一	情景二	情景三
用电量需求/亿 kW·h	90275	90275	90275	117081	117081	117081
水电/亿 kW·h	14000	14000	15400	18900	18900	18900
煤电/亿 kW·h	46000	47805	50080	26231	26481	48156
燃气/亿 kW·h	4625	4350	5375	6250	5800	7375
核电/亿 kW·h	6930	8400	7000	11200	17500	11200
风电/亿 kW·h	9900	8000	6000	28600	25300	14300
太阳能发电/亿 kW·h	6300	5200	3900	17500	14700	8750
生物质及其他/亿 kW·h	2520	2520	2520	8400	8400	8400
间歇式能源发电量/亿 kW·h	16200	13200	9900	46100	40000	23050
间歇式能源发电量占比/%	18	15	11	40	35	20
非化石能源发电量/亿 kW·h	39650	38120	34820	84600	84800	61550
非化石能源发电量占比/%	44	42	39	72	72	53
非化石能源占一次能源比重①/%	23	22	21	41	41	30
煤电利用小时数/h	4003	4341	4548	3465	3617	4939
当年碳排放/亿 t	35.5	36.7	38.7	21.6	21.6	38.1

①按发电煤耗法计算，发电煤耗取 290gce/kW·h，非发电利用的非化石能源取 1.3 亿 t 标准煤，2030 年一次能源消费按 55 亿 t 标准煤，2050 年按 60 亿 t 标准煤测算。

2. 电力流

1) 电力流向

未来直到 2050 年，全国电力流向将呈现“西电东送”“北电南供”“西南西北互济”的总体格局。

就各区域来看，西北、东北、华北(含蒙西、山西)、川渝藏为电力送端，西北、东北、华北送端电力流为煤、风、光打捆电力，川渝藏主送水电。东中部 13 省市、南方区域为电力受端。川渝藏与西北区域资源禀赋具有互补特性，两区之间电力流主要是在不同季节和日间不同时段交换电量。东中部受端与南方区域之间联网主要目的也是交换电量。

2) 电力流规模

考虑现状电力流 1.1 亿 kW，以及已明确的送电通道规模 8900 万 kW，受端电力流规模将达到约 2.0 亿 kW。2030 和 2050 年全国跨区电力交换情况预测如表 4-10 所示。至 2030 年，我国电力流仍以水电、煤电电力流为主。煤电布局将进一步优化，煤电跨区跨省输送规模持续增加；同时，四川、云南水电基本开发完毕，西藏金沙江上游、怒江上游和雅鲁藏布江流域的水电将成为西电东送水电电力流接续电源。可再生能源电力流规模及比重持续增加，以风电和太阳能发电为主。2030 年前后我国陆上、近海风电将并重发展，并开展远海风电示范。可再生能源大规模发展情景下情景一，2030 年全国跨区输送电力流规模将达到 4.6 亿 kW，其中，东中部受入西北、东北、华北、川渝藏送端的电力流达到 3.7 亿 kW[①]，南方与东中部交换电力流规模为 2000 万 kW，川渝藏送南方的电力流规模为 4200 万 kW，川渝藏和西北之前交换电力规模为 3000 万 kW。2050 年，全国跨区电力流规模达到 6.8 亿 kW，其中，东中部受入西北、东北、华北、川渝藏送端的电力流达到 5 亿 kW，南方与东中部交换电力流规模为 2000 万 kW，川渝藏送南方的电力流规模为 8000 万 kW，川渝藏和西北之间交换电力规模为 8000 万 kW。核电加速发展和可再生能源常规发展情景下(情景二)，新能源跨区输送的需求降低，全国跨区电力流规模也有所降低，2030 年分别达到 4.4 亿和 4.2 亿 kW，2050 年分别为 6.4 亿和 5.7 亿 kW。

表 4-10　全国跨区电力交换情况　　(单位：亿 kW)

	2030 年			2050 年		
	情景一	情景二	情景三	情景一	情景二	情景三
全国跨区电力流	4.6	4.4	4.2	6.8	6.4	5.7
东中部受端受入电力流	3.7	3.5	3.3	5	4.6	3.8

3. 经济性对比

三种情景下规划期内总费用现值及构成如表 4-11 所示。

表 4-11　三种情景的总费用分析*　　(单位：亿元)

情景		可再生能源大比例发展	核电加速发展	可再生能源常规发展
折算至 2016 年的总费用		952741	945717	972773
投资	总计	250973	243901	215963
	风电投资	45447	39369	23438
	太阳能发电投资	42208	36457	24697

① 达到东中部受端最大负荷(约 7 亿 kW)的 50%左右。

续表

情景		可再生能源大比例发展	核电加速发展	可再生能源常规发展
投资	核电投资	14714	23126	14714
	燃气发电投资	9205	8329	11450
	储能投资**	13235	12387	8951
	水电投资	31392	31392	33553
	煤电投资	17629	17014	22705
	生物质及其他投资***	25810	25676	26903
	电网投资	51333	50151	49552
燃料成本		446262	450265	507360
运行维护费用****		225755	221533	215626
环境外部费用		29751	30018	33824

* 规划期为2016～2050年，贴现率为8%，电网投资费用中未考虑区内省(自治区、直辖市)输电网及配电网建设投资。

** 储能含抽水蓄能及电储能。

*** 其他投资指脱硫脱硝设备。

**** 运行维护费用包含设备固定运行维护费和可变运行维护费。

综合来看，相比于情景一，情景二由于风/光装机规模较低，电源投资下降，但燃料消耗量增加，燃料费用增加；核电加速发展，核电投资上升。由于整体装机规模降低，电网建设规模需求降低，电网投资下降，电力系统运行维护费用降低。总体而言，情景二将使全社会电力供应总成本下降约7000亿元。

相比于情景一，情景三中由于风/光装机规模较低，电源投资下降；燃料消耗量增加，燃料费用增加。总体看，常规发展情景将使全社会电力供应总成本增加近2万亿元。

4. 环境效益

2050年，情景三煤电、气电发电量分别达到4.8万亿和0.7万亿kW·h，对应的二氧化碳排放量达到38亿t①。情景一、二的非化石能源发电量达到8.5万亿kW·h，与情景三相比，增加2.3万亿kW·h，相当于节约6.6亿t标准煤，减少排放二氧

① 采用发电煤耗法，煤耗率为290gce/(kW·h)参照国家能源局《风电发展“十三五”规划》，吨标准煤二氧化碳排放量为2.53t；天然气发电单位电量的二氧化碳排放约为煤电的50%，约370g/kW·h。

化碳16亿t[①]，二氧化硫600万t，氮氧化物500万t[②]，对减轻大气污染和控制温室气体排放起到重要作用。

参考文献

[1] 国家发展与改革委员会, 国家能源局. 能源生产和消费革命战略(2016-030)[EB/OL]. [2016-12-29]. http://www ndrc.gov.cn/zcfb/zcfbtz/201704/W020170425509386101355. pdf.
[2] 国网能源研究院. 电力系统革命战略研究[R]. 北京: 国网能源研究院, 2017.
[3] 谭显东. 我国中长期电力需求展望与预测模型研究[R]. 北京: 国网能源研究院, 2017.
[4] 国家发展和改革委员会能源研究所. 中国 2050 高比例可再生能源发展情景暨路径研究[R]. 北京: 国家发展和改革委员会能源研究所, 2015.
[5] 谢国辉. 我国新能源资源及开发路线图研究[R]. 北京: 国网能源研究院, 2017.
[6] 电力工业部电力规划设计总院. 电力系统设计手册[R]. 北京: 中国电力出版社, 2017.

① 这里假设并未采用目前看来成本较高且技术难度较大的碳减排及封存措施(CCS)。

② 参照国家能源局《风电发展“十三五”规划》，吨标准煤二氧化硫、氮氧化物排放量分别为 0.0086、0.0073t。

第二篇　广义负荷特性及其互动耦合机理

第5章　广义负荷的结构辨识和解析

5.1　广义负荷的内涵及特征

5.1.1　广义负荷的定义

随着智能电网的发展，电力需求侧出现分布式电源、电动汽车、储能等设备，电网负荷逐渐演变为具有“负荷”+“电源”特性的广义负荷。和传统的电力负荷相比，广义负荷具有更多元的用电设备，受到更多电力系统内、外部因素的影响。此外，随着需求侧响应技术的应用，广+义负荷中的主动负荷可以响应电价、可再生能源的变化，形成“源-网-荷-储”耦合互动的局势。因此，广义负荷具有十分复杂的负荷特性。

传统的电力负荷一般指的是对外呈现消耗功率状态的用电设备功率总和。随着智能电网的发展，电力系统的节点既连接了用电设备，又连接了主动负荷、分布式电源以及储能等“综合”设备，使得节点既具有“负荷”特性，又具有“电源”特性。在这种情况下，传统的电力负荷定义已经难以描述此类“综合”设备的运行情况。因此，引入了广义负荷的概念，将此类“综合”设备功率总和称为广义负荷。

相比于传统负荷，广义负荷的成分更加多样化，包含分布式可再生能源、电动汽车、储能和其他主动负荷等新型负荷。广义负荷的影响因素更加复杂，其受气象、市场因素、需求侧响应等多种因素的耦合影响。图 5-1 所示的是广义负荷构成示意图。广义负荷也可以理解为，在风电和光伏等高比例可再生电源、电动汽车和储能等主动负荷、市场交易及含综合能源的区域微网等多种因素耦合作用下的综合电力负荷。

5.1.2　广义负荷典型特征分析

在分布式能源、电力市场、需求侧响应、电动汽车、储能等多因素耦合影响下，广义负荷具有以下典型特征。

(1)负荷成分多样化。传统负荷以电动机、电炉、照明设备等对外呈现消耗功率状态的用电设备为主。广义负荷不仅包含传统负荷中的用电设备，还包含分布式风电、分布式光伏等分布式电源，也包含储能、电动汽车等可以参与需求响应的主动负荷。

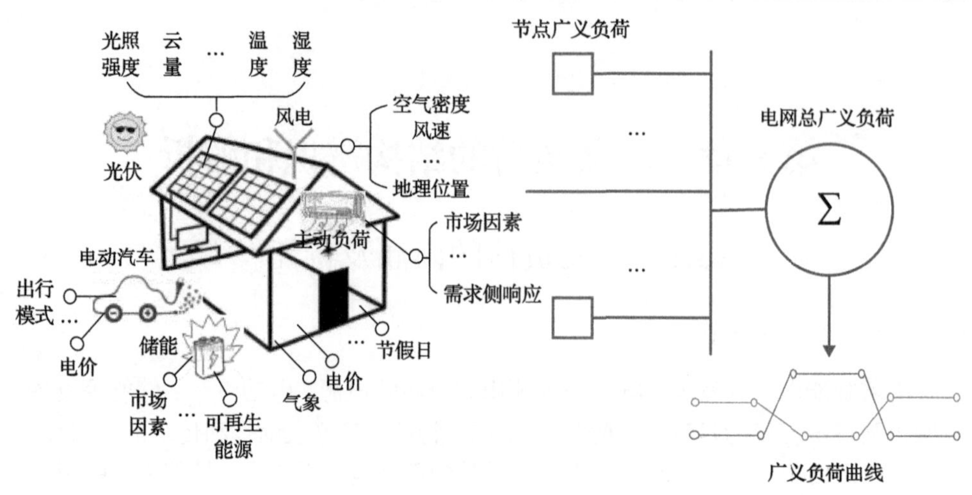

图 5-1　广义负荷构成示意图

(2)影响因素多样化。传统负荷主要受宏观经济、人口、气象等因素的影响，这些因素对广义负荷同样有影响。此外，广义负荷还受其他诸多因素的影响。如分布式风电、光伏发电这类广义负荷，受风速、风向、光照辐射、云量等因素的影响。广义负荷中的电动汽车充电负荷受交通情况、用户出行规律等因素影响。广义负荷中的主动负荷参与需求侧管理，因此受市场电价及需求侧响应策略的影响。这些影响因素通常耦合作用于广义负荷，使其具有复杂的负荷特性。

(3)同时具有“负荷”和“电源“特性。广义负荷中含有分布式电源，当分布式电源出力小于其所接入节点的用电需求时，该节点呈现负荷的特性。当分布式电源出力大于其接入节点的用电负荷时，剩余的电能将向电网输送，即发生了功率的逆向流动，表现出电源的特性。广义负荷同时具有“负荷”和“电源“特性，将增加配电网规划、电力系统潮流计算等工作的难度。

(4)具备响应能力。广义负荷中的储能、电动汽车等主动负荷能够根据需求侧响应改变自身的用电行为。比如，主动负荷可以响应电价的变化，将用电负荷由电价高的时段向电价低的时段转移，因此可通过制定合理的电价方案来实现负荷的削峰填谷。主动负荷还通过需求侧响应来促进可再生能源的消纳，减少可再生能源接入带来的不利影响。广义负荷具备响应能力，提高了电力系统运行的安全性和经济性，同时也可能会改变负荷原有的曲线形态和特性。

(5)具有强不确定性。广义负荷不确定性的直接来源包括用户用电需求的不确定性、分布式可再生能源出力的不确定性和主动负荷响应行为的不确定性。在多种不确定性因素的耦合影响下，广义负荷具有强不确定性，给电网的规划、运行带来新的挑战。

(6)具有复杂的时空特性。广义负荷受众多因素在不同时间尺度和空间尺度的耦合影响，表现出复杂的时空特性。比如，某时刻的广义负荷可能与先前多个时刻的气象因素、电价、可再生能源出力相关，即具有多时间尺度上的相关性。广义负荷具有复杂时空特性，对广义负荷的描述、分析和预测方法提出了更高的要求。

总的来说，广义负荷受多种因素的耦合影响，具有更复杂的负荷特性。下面具体分析可再生能源并网、灵活性资源、综合能源系统对广义负荷特性的影响。

1. 可再生能源并网

可再生能源特别是分布式可再生能源并网后，电网负荷减去可再生能源出力后的负荷称为“净负荷”，属于广义负荷的一类。考虑可再生能源并网的广义负荷与原始电网负荷在负荷曲线形态、负荷特性上有较大差别。

以某地区实际广义负荷数据为例进行分析。图 5-2(a)为该地区连续一个星期的电网原始负荷曲线、光伏出力曲线和相应的广义负荷曲线图，可以看到广义负荷和电网原始负荷在曲线形状、负荷峰谷情况等方面存在明显差别。

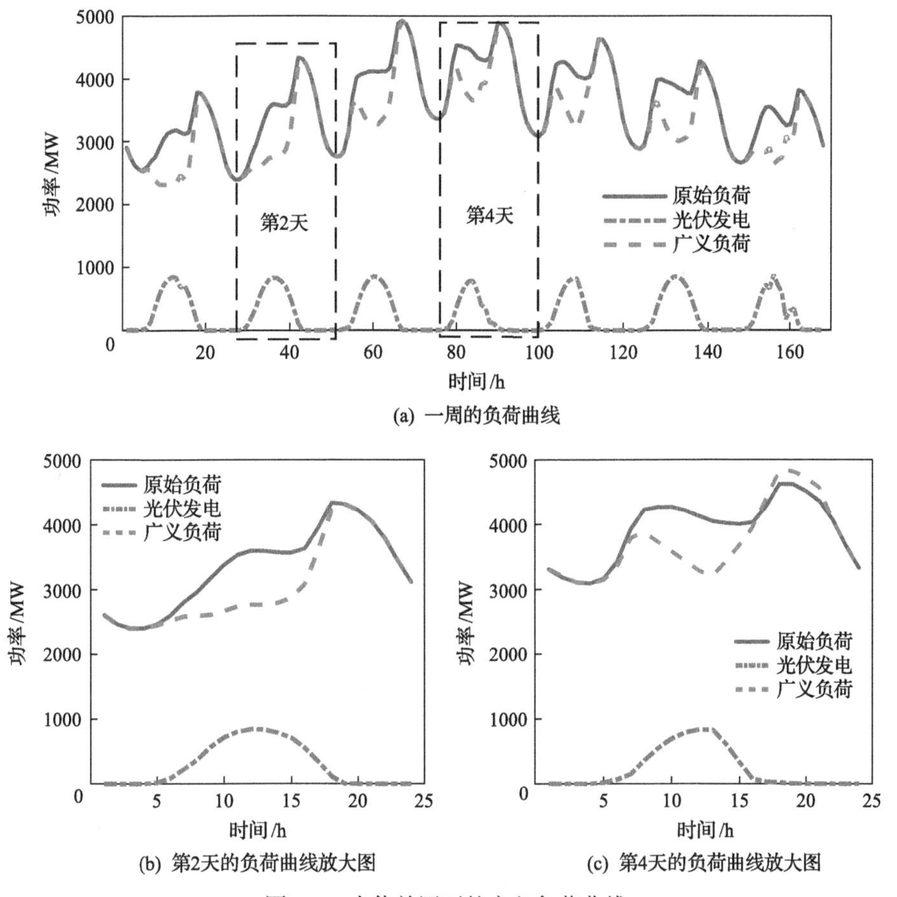

图 5-2　光伏并网下的广义负荷曲线

图5-2(b)为图(a)中第2天的负荷曲线放大图。以图5-2(b)为例进行具体分析，可看到电网原始负荷具有两个负荷高峰期，分别在中午12点和晚上20点附近，日负荷曲线呈“双峰型”。而广义负荷曲线在白天的峰值被光伏发电抵消，只有一个在晚上20点附近的峰值，日负荷曲线呈“单峰形”。

图5-2(c)为图(a)中第4天的负荷曲线放大图。由图5-2(c)可看到，由于正午12点左右为光伏发电的峰值，广义负荷曲线在正午通常向下凹陷，出现了新的负荷谷值，日负荷曲线是中间深凹的“鸭子曲线”。由图5-2(b)和(c)可发现，在15～20点的时间段内，由于光伏发电逐渐减少而用电需求逐渐增多，广义负荷曲线迅速上升，这意味着需要常规机组具有快速向上的爬坡能力，以保证供需平衡。

图5-3为风电并网下的电网原始负荷曲线、风电出力曲线和广义负荷曲线图。图5-3(a)为连续一周的负荷曲线，可以看到广义负荷曲线相比于电网原始负荷，

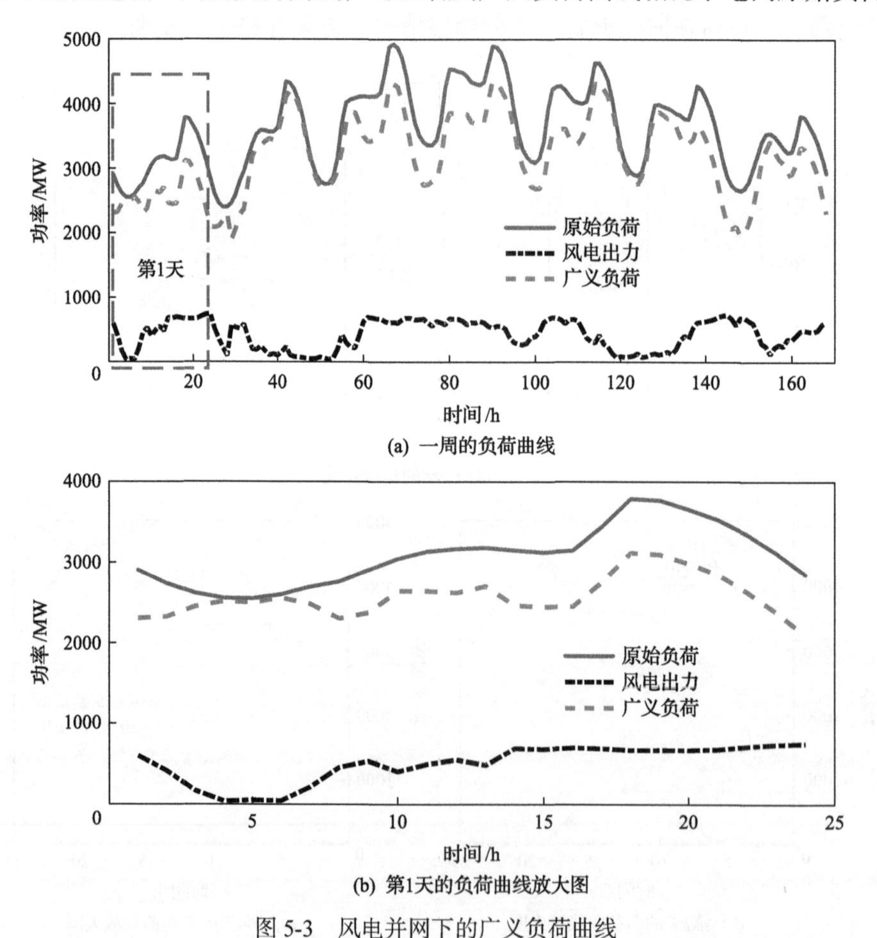

(a) 一周的负荷曲线

(b) 第1天的负荷曲线放大图

图5-3　风电并网下的广义负荷曲线

其幅值整体下降。对其中第 1 天的曲线进行具体分析，如图 5-3(b)所示，该日风电出力在 10 点以后保持较高的水平，因此广义负荷在这个时段的幅值均明显低于电网原始负荷。该日中风电出力在 5 点到 15 点时段内波动较大，导致该时段内的广义负荷波动也较大。可知，风电并网时广义负荷的曲线特征和负荷特性受风电出力情况的影响。当风电出力波动性较大时，广义负荷波动也会变大，这将会增加电网跟踪负荷变化的难度。

当光伏、风电同时并网时，广义曲线如图 5-4 所示，其中图 5-4(a)为连续一周的负荷曲线，图 5-4(b)为一周中第 1 天的负荷曲线放大图。对比图 5-4(b)和图 5-2(b)、图 5-3(b)可发现，相比于单一的光伏、风电并网的情况，光伏、风电并网时广义负荷的峰值相比于电网负荷下降更加明显，负荷曲线的波动也更加剧烈，负荷的峰谷差也更大。这表明光伏、风电同时并网，可能会使广义负荷特性更加复杂。

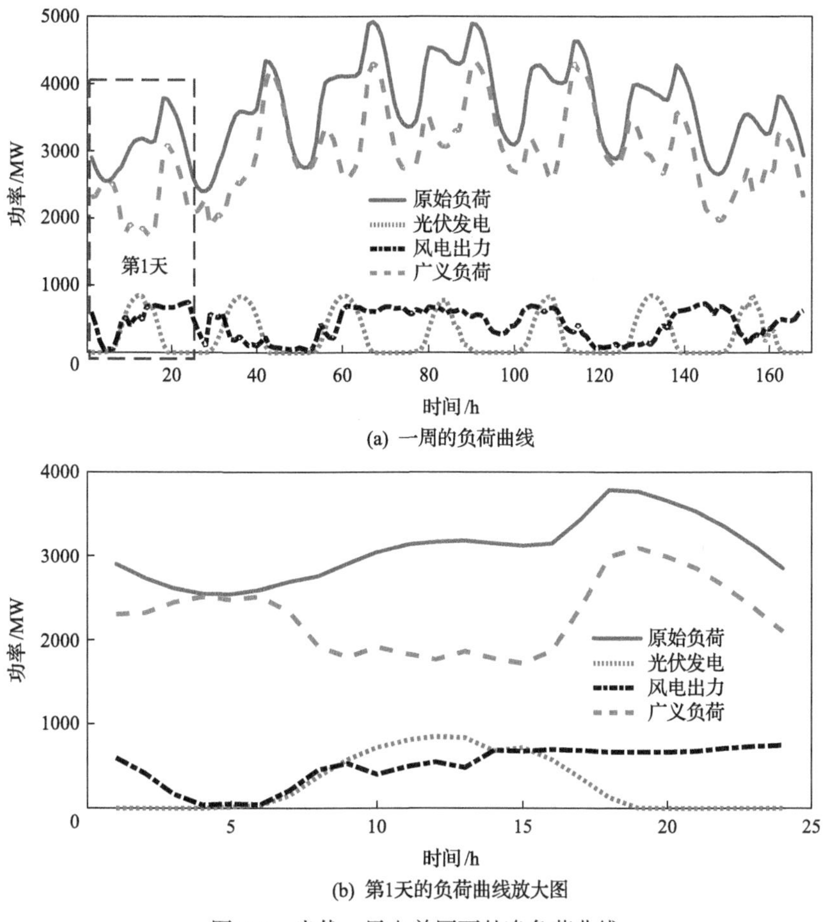

图 5-4　光伏、风电并网下的净负荷曲线

可见，当光伏、风电等可再生能源并网时，广义负荷曲线相对于电网负荷曲线形态发生了改变，负荷波动幅度变大，负荷峰谷特性也发生了改变，对电网规划、运行提出了新的挑战。此外，风力、光伏等可再生能源发电受多种强不确定性因素的影响，如光伏发电受光照强度、云量温度、湿度等因素的影响，风力发电受空气密度、风速等因素的影响，使得广义负荷具有较强的随机性，增加了广义负荷预测的难度。

2. 储能、电动汽车等灵活性资源

相比于常规电源，可再生电源的出力随机性较强，可调控能力较弱，大规模可再生能源并网引入更多不确定因素的同时，又进一步削弱了系统电源侧的可调控能力。在这种情况下，单纯依赖调控电源侧资源难以满足新能源并网电力系统运行可靠、安全、经济、高效的要求，需要用户侧的灵活性资源参与调节以实现电力实时平衡。灵活性资源是在一定范围内可调整其用电行为的负荷，包括电动汽车、储能等主动负荷。灵活性资源通过需求侧响应来改变其用电时间及用电量大小，可参与电网的运行控制，达到供需平衡。由于灵活性资源会基于外部环境及激励信号等发生变化，所以考虑了灵活性资源后的广义负荷与传统负荷在形态和特性上有所差别。下面分析需求侧响应以及储能、电动汽车这两类灵活性资源对广义负荷的影响。

1) 需求侧响应

需求侧响应指的是电力市场中的用户针对市场价格信号或者激励机制做出响应，并改变正常电力消费模式的市场参与行为。需求侧响应可分为两类：基于电价的需求侧响应和基于激励的需求侧响应。

在基于价格的需求响应中，终端消费者直接面对多种价格信号并自主做出用电量、用电时间和用电方式的安排和调整，使得用电曲线发生变化。图 5-5 为需

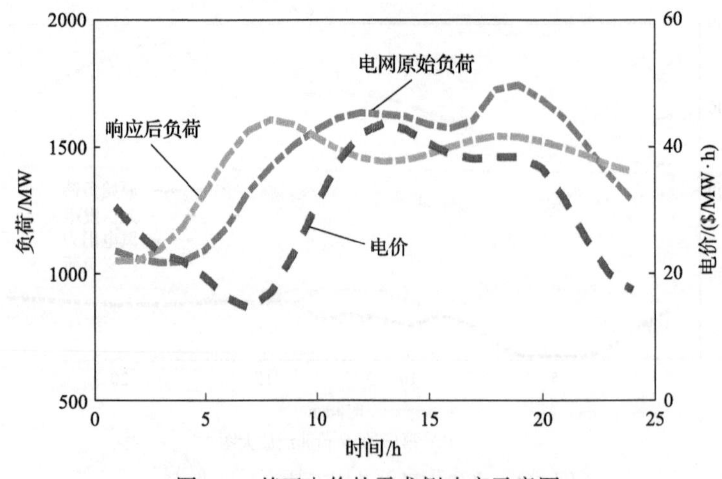

图 5-5　基于电价的需求侧响应示意图

求侧响应时负荷变化的示意图，可看到电价高的时候用电减少，负荷向电价低的时段转移，响应后的负荷曲线变得更加平缓。

基于激励的需求响应直接采用赔偿或折扣方式来激励和引导用户参与系统所需要的各种负荷削减项目，如商用的暖通空调、家用空调、加热器等设备，通过直接负荷控制、可中断负荷控制和容量/辅助服务计划等措施，转移用电时间和用电负荷满足系统需要。通过需求侧响应，广义负荷的曲线形态将发生变化。

2) 储能

近年来，得益于储能技术的快速发展，储能价格大幅降低，储能的发展速度大为提高，应用领域涉及电能的发、输、配、用等各个环节，储能大规模应用并发挥重要作用已成为必然趋势。一方面，储能与出力具有不确定性的风、光等可再生能源结合，提高电网消纳可再生能源的能力；另一方面，储能可配合火电机组参与调峰调频，提高供电可靠性水平，改善系统电能质量。储能的本质是通过主动控制实现时间尺度上有限的能量转移，可实现电网负荷的削峰填谷，从而改变负荷曲线的形态。

3) 电动汽车

在各国大力推广新能源汽车的情况下，电动汽车将逐步取代消耗传统化石能源的汽车，成为一类新兴的大规模负荷。电动汽车既可视为用电负荷，同时具有储能的特性，可视为一种特殊的储能装置。未经引导与制约的电动汽车充电行为会处于无序状态，该状态下的电动汽车充电负荷需求将在电网原有的负荷峰值之上叠加一部分新的负荷，如图 5-6 所示中黑色圆圈部分所示。这种“峰上加峰”

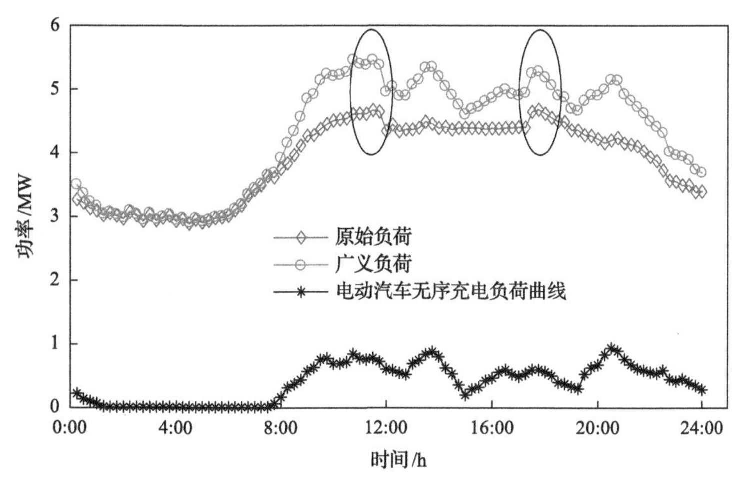

图 5-6　电动汽车无序充电下的广义负荷

的现象将对电网运行的稳定性与经济性产生不利的影响。因此，可对电动汽车充电进行引导和控制，运用经济和技术手段使得电动汽车的充电负荷能够避开电网的负荷高峰，即进行电动汽车的有序充电。电动汽车有序充电情况下的广义负荷如图 5-7 所示，可看到电动汽车有序充电可起到“削峰填谷”效果，可减少其对电网的冲击。

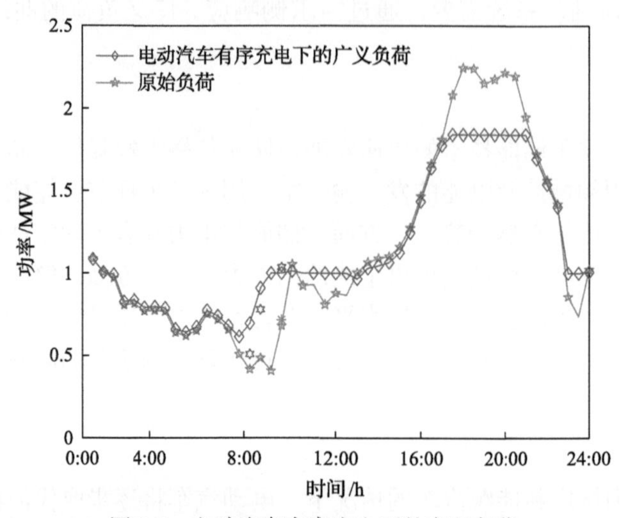

图 5-7　电动汽车有序充电下的广义负荷

3. 综合能源系统

综合能源系统是由电、热、冷、天然气等多种能源相互耦合的能源网络，能够发挥多种能源的互补优势，促进可再生能源的就地消纳，实现资源优化利用，因而成为未来能源领域发展的一大趋势。

综合能源系统中存在广义负荷、冷负荷、热负荷等多种用能负荷，其中广义负荷指的是综合能源系统中的电负荷。综合能源系统中的广义负荷特性十分复杂，有以下几点原因。首先，综合能源系统中的广义负荷与其他用能负荷存在耦合关系，其特性受其他用能负荷特性的影响。其次，综合能源系统往往含有分布式可再生能源，当分布式可再生能源产能过剩，综合能源系统可对外输送能量，使广义负荷呈现电源特性。最后，当综合能源系统引入需求侧响应时，广义负荷还受到需求侧响应相关因素的影响，广义负荷的变化与主动负荷、需求侧响应策略等有关。可见，综合能源中的其他用能负荷、分布式能源、需求侧响应与广义负荷耦合相关，这有可能大幅改变广义负荷的曲线形态和特性。

综上所述，与传统负荷相比，未来广义负荷的组成、形态和特征将发生很大的改变。掌握和表征出广义负荷的特征，并对广义负荷做出准确预测，是当前和未来智能电网发展的重要且关键的一项基础性工作，可为智能电网的规划、计划、营销、市场交易、调度等部门工作提供重要的参考数据。

然而，负荷特性的分析需要大量的数据，由于目前包括广义负荷的系统正处于建设或试点阶段，历史数据积累较少，暂时缺少大量的实际广义负荷数据，这就需要建立影响因素和广义负荷的联动响应模型，合理地模拟出广义负荷曲线，在此基础上对未来广义负荷的特性做出分析。5.2 节、5.3 节中将分别以响应电价和可再生能源两种因素为例，建立广义负荷的模拟模型，获得趋于目标场景下的广义负荷数据，并提出提取广义负荷特征的方法，进而对给定场景下的广义负荷特征进行分析。

5.2　响应电价变化的广义负荷建模分析

负荷曲线的形态分析在负荷预测与控制、能量分配、异常用电量检测、电价报价设计等方面发挥着重要作用。传统的负荷曲线形态分析一般是在历史负荷数据的基础上研究节假日、气候、用电结构等因素对负荷模式的影响。对于广义负荷而言，由于含有灵活性资源等主动负荷，广义负荷曲线的形态还受电价等市场因素的影响。而且随着智能电网的发展，广义负荷中灵活性负荷的比例将越来越大。因此，有必要分析灵活性负荷响应电价的需求响应行为对广义负荷模式的影响。

与传统的负荷模态分析不同，考虑需求响应的广义负荷数据无法通过监控和数据采集系统直接获取，必须模拟和生成负荷数据。如何定量衡量电价对广义负荷的影响是关键。基于计量经济学的弹性系数常被用来分析需求响应行为。在分析基于分时电价的需求响应时，通常的方法是通过用户报告和社会调查得到峰-平-谷时段之间的弹性系数，从而计算得到需求响应后的负荷数据。但是，对于实时电价来说，电价是波动的，在每小时或更短的时间内都会发生变化，此时无法用常用的方法来设置弹性系数。为了克服该问题，本节提出了一种改进的基于弹性系数的广义负荷计算模型。

考虑需求响应的负荷模态研究中的另一个关键问题是如何衡量响应需求前后负荷模态的变化，常规的指标无法描述负荷模式特性在需求响应中的演化趋势。因此，本节在仿真数据的基础上，采用层次聚类的方法提取需求响应后的典型负荷模式，再引入最大负荷下降比例、最小负荷增长比例、负荷峰谷差下降比例、负荷大峰谷差比例以及大爬坡负荷比例等新指标来描述需求响应后的典型负荷模态。

5.2.1　基于弹性系数的实时电价对广义负荷的影响

基于价格的需求侧响应包括三种定价形式：分时电价、实时电价和尖峰电价。对调节电力供需平衡而言，实时电价往往被认为是最有效的定价形式。理论上，实时电价是实时波动的。但在实际生活中，消费者一般可以提前一天或几个小时得到实时电价信息，从而调整电量消费。本节定量研究实时电价对广义负荷的影响，从而建立考虑电价响应的广义负荷模型。

1. 考虑响应电价变化的广义负荷建模思路

广义负荷中的主动负荷能够参与电价响应，因此主要研究主动负荷响应电价的形式。主动负荷主要通过转移的方式响应电价。根据用户提前获取电价信息的时长，将主动负荷的可转移区间定义为 S_{t_i} 。例如，假如用户提前 Nh 获得电价信息，则主动负荷的 S_{t_i} 为 $\{t_i-N,t_i+N\}$ h。用户可以比较时段 t_i 和时段 S_{t_i} 内的电价，将负荷从高电价时段转移到低电价时段，提高经济效益。电价差引起的主动负荷转移如图 5-8 所示。

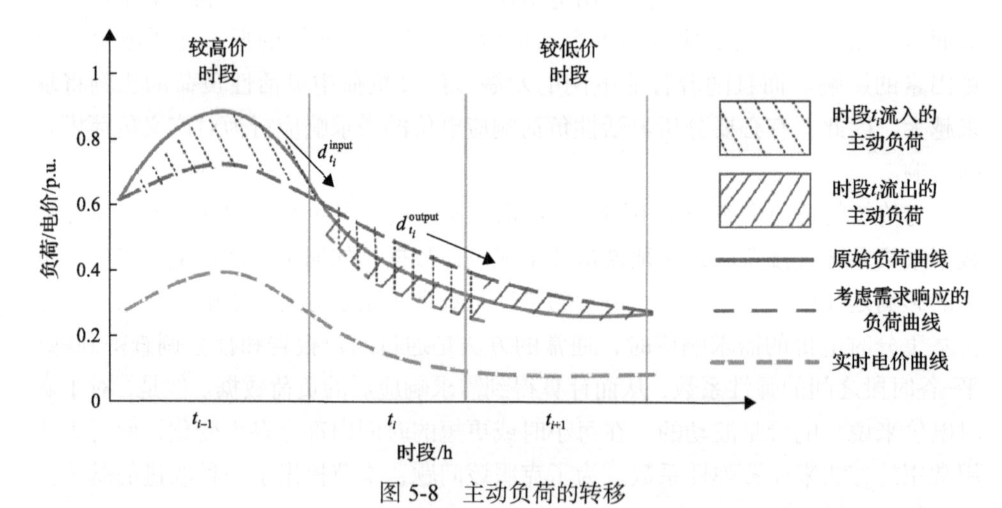

图 5-8　主动负荷的转移

在图 5-8 中，箭头表示主动负荷转移的方向。图 5-8 中，t_{i-1} 时段的电价最高，t_i 时段的电价较低，t_{i+1} 时段的电价最低。在电价差的驱动下，一部分的主动负荷从 t_{i-1} 时段向 t_i 时段转移，转移的负荷量为 $d_{t_i}^{\text{input}}$ 。同时，也有一部分的主动负荷由时段 t_i 向时段 t_{i+1} 转移，转移的负荷量为 $d_{t_i}^{\text{output}}$ 。因此，需求响应后时段 t_i 的负荷变化，即主动负荷的变化如下：

$$\Delta d_{t_i}=d_{t_i}^{\text{input}}-d_{t_i}^{\text{output}} \tag{5-1}$$

于是，响应后时段 t_i 的负荷可以表示为

$$L'_{t_i}=L_{t_i}+\Delta d_{t_i}=L_{t_i}+d_{t_i}^{\text{input}}-d_{t_i}^{\text{output}} \tag{5-2}$$

式中，L_{t_i} 和 L'_{t_i} 分别为时段 t_i 响应前后的负荷。

$d_{t_i}^{\text{input}}$ 指所有从各较高电价时段转移而来的主动负荷，因此可以表示为

$$d_{t_i}^{\text{input}}=\sum_{t_j\in S_{t_i}^{\text{input}}} d_{t_j\to t_i} \tag{5-3}$$

式中，$S_{t_i}^{\text{input}}$ 为时段 t_i 可用的输入时段集合，包含了 S_{t_i} 中所有电价高于时段 t_i 的时段；$d_{t_j\to t_i}$ 为需求响应过程中从时段 t_j 转移至时段 t_i 的主动负荷。同样，$d_{t_i}^{\text{output}}$ 可以表示为

$$d_{t_i}^{\text{output}}=\sum_{t_k\in S_{t_i}^{\text{output}}} d_{t_i\to t_k} \tag{5-4}$$

式中，$S_{t_i}^{\text{output}}$ 为时段 t_i 可用的输出时段集合，包含了 S_{t_i} 中所有电价低于时段 t_i 的时段。$d_{t_i\to t_k}$ 为需求响应过程中从时段 t_i 转移至时段 t_k 的主动负荷。将式(5-3)、式(5-4)代入式(5-2)，有

$$L'_{t_i}=L_{t_i}+\sum_{t_j\in S_{t_i}^{\text{input}}} d_{t_j\to t_i}-\sum_{t_k\in S_{t_i}^{\text{output}}} d_{t_i\to t_k} \tag{5-5}$$

式(5-5)中 L_{t_i} 是已知的。因此，为了得到响应电价变化后的广义负荷 L'_{t_i}，关键是计算 $d_{t_j\to t_i}$ 和 $d_{t_i\to t_k}$，也就是不同时段之间的转移主动负荷量。下面介绍转移主动负荷的计算方法。

2. 单时段主动负荷转移量计算模型

主动负荷将从较高价格时段转移到较低价格时段，这种转移规律通常用弹性系数来表示。弹性系数定义为需求相对变化与价格相对变化之比。因此，弹性系数与响应前后的负荷数据直接相关。根据弹性系数，可以计算负荷需求随电价的变化。时段 t_j 到 t_i 的弹性系数 $\varepsilon_{t_j\to t_i}$ 可表示为

$$\varepsilon_{t_j\to t_i}=\frac{\Delta L_{t_j\to t_i}/L_{t_j}}{(\rho_{t_j}-\rho_{t_i})/\rho_{t_j}} \tag{5-6}$$

式中，$\Delta L_{t_j \to t_i}$ 为从时段 t_j 转移到 t_i 的负荷；L_{t_j} 为时段 t_j 的负荷；ρ_{t_j} 和 ρ_{t_i} 分别为时段 t_j 和 t_i 的电价。于是，时段 t_j 到 t_i 的转移负荷为

$$\Delta L_{t_j \to t_i} = \varepsilon_{t_j \to t_i} L_{t_j} (\rho_{t_j} - \rho_{t_i}) / \rho_{t_j} \tag{5-7}$$

上式中，ρ_{t_j} 和 ρ_{t_i} 是已知的。因此，只要获得弹性系数 $\varepsilon_{t_j \to t_i}$，就可以计算转移负荷 $\Delta L_{t_j \to t_i}$，也就是式(5-5)中的转移主动负荷。因此，从时段 t_j 转移到 t_i 的主动负荷 $d_{t_j \to t_i}$ 可以表示为

$$d_{t_j \to t_i} = \begin{cases} \dfrac{\varepsilon_{t_j \to t_i} L_{t_j} \Delta\rho_{ji}}{\rho_{t_j}}, & j \neq i, \Delta\rho_{ji} = \rho_{t_j} - \rho_{t_i} > 0 \\ 0, & j \neq i, \Delta\rho_{ji} = \rho_{t_j} - \rho_{t_i} \leqslant 0 \\ 0, & j = i, \Delta\rho_{ji} = \rho_{t_j} - \rho_{t_i} = 0 \end{cases} \tag{5-8}$$

可见，计算主动负荷转移量的基础是已知弹性系数，下面介绍弹性系数的计算方法。

传统方法无法获得实时电价情况下的弹性系数，有必要根据主动负荷的响应规律来设置弹性系数。用电量的变化将影响消费者的日常生活。消费者通常希望将用电量转移到附近的时段。因此，对于同一类别的主动负荷，转移时间距离越小，转移意愿越强，转移率越高，弹性系数越大。弹性系数的分布与期望为零时的正态分布相似，正态分布是自然科学和行为科学中的定量现象的一个模型。各种各样的心理学测试分数和自然现象都被发现近似地服从正态分布，尽管这些现象的根本原因往往是未知的。从理论上可以证明，如果将许多小作用加起来看作一个变量，则该变量服从正态分布。因此，我们可以认为弹性系数的分布近似服从正态分布。作为正态分布的密度函数，高斯函数可以被用来计算弹性系数。计算式为

$$\varepsilon_{t_j \to t_i} = \frac{1}{\sqrt{2\pi}\sigma} \exp\left[-\frac{(j-i)^2}{2\sigma^2}\right] \tag{5-9}$$

式中，σ 为根据转移时间距离的增加来调节弹性系数减小强度的参数。传输时间距离对负荷的影响越大，对应的影响越小。

在式(5-8)中，没有考虑各时段转移主动负荷的总量限制。因此，实际转移的主动负荷与该时段的可用主动负荷并不相等。这导致了需求响应前后负荷的不平衡，需要对计算结果进行修正。本节采用归一化校正方法。

3. 转移主动负荷的校正

主动负荷转移量归一化校正方法的思路是：对时段 t_i 而言，根据时段 t_i 转移至各时段的主动负荷与该时刻可转移的总负荷之比来分配时段 t_i 的主动负荷，以保证实际转移的主动负荷与该时段的可用主动负荷相等。该方法可以表示为

$$m_{t_i \to t_k} = \frac{d_{t_i \to t_k}}{\sum\limits_{t_j \in S_i^{\text{output}}} d_{t_i \to t_j}} \tag{5-10}$$

$$d'_{t_i \to t_k} = m_{t_i \to t_k} d_{t_i} \tag{5-11}$$

式中，$d_{t_i \to t_k}$ 为校正前从时段 t_i 转移至 t_k 的主动负荷；$\sum\limits_{t_j \in S_{t_i}^{\text{output}}} d_{t_i \to t_j}$ 为从时段 t_i 转移至其他各时段的主动负荷之和；$d'_{t_i \to t_k}$ 为校正后从时段 t_i 转移至 t_k 的主动负荷；$m_{t_i \to t_k}$ 为 $d_{t_i \to t_k}$ 与 $\sum\limits_{t_j \in S_{t_i}^{\text{output}}} d_{t_i \to t_j}$ 之比，d_{t_i} 为时段 t_i 的主动负荷。当 $d'_{t_i \to t_k}$ 与 d_{t_i} 之比等于 $m_{t_i \to t_k}$ 时，就可以得到校正后的转移主动负荷 $d'_{t_i \to t_k}$。通过式(5-10)和式(5-11)可知，从时段 t_i 转移的主动负荷与可用主动负荷相等。于是，我们可以得到校正后的结果。

4. 多时段主动负荷转移量计算模型

以上是单个时段的转移主动负荷的计算方法。考虑多个时段的负荷转移，主动负荷将由多个高电价时段转移到多个电价较低的时段。因此，多时段的主动负荷转移计算如下：

$$\begin{bmatrix} d_{t_1}^{\text{input}} \\ d_{t_2}^{\text{input}} \\ \vdots \\ d_{t_T}^{\text{input}} \end{bmatrix} = \begin{bmatrix} \sum\limits_{t_j \in S_{t_1}^{\text{input}}} d_{t_j \to t_1} \\ \sum\limits_{t_j \in S_{t_2}^{\text{input}}} d_{t_j \to t_2} \\ \vdots \\ \sum\limits_{t_j \in S_{t_T}^{\text{input}}} d_{t_j \to t_T} \end{bmatrix} = \begin{bmatrix} m_{t_1 \to t_1} & m_{t_2 \to t_1} & \cdots & m_{t_T \to t_1} \\ m_{t_1 \to t_2} & m_{t_2 \to t_2} & \cdots & m_{t_T \to t_2} \\ \vdots & & & \vdots \\ m_{t_1 \to t_T} & m_{t_2 \to t_T} & \cdots & m_{t_T \to t_T} \end{bmatrix} \begin{bmatrix} d_{t_1} \\ d_{t_2} \\ \vdots \\ d_{t_T} \end{bmatrix}, \tag{5-12}$$

$$\sum_{j=1}^{T} m_{t_i \to t_j} = 1;\ m_{t_i \to t_j} \geqslant 0$$

式中，由 $m_{t_i \to t_j}\,(i, j = 1, 2, \cdots, T)$ 构成修正系数矩阵；T 为时段数。当时段 t_i 的电价

低于时段 t_j 的电价时，时段 t_i 的主动负荷不会转移到时段 t_j， $m_{t_i \to t_j}$ 为零。根据修正系数可计算得到 T 个时段输入的主动负荷转移量。

T 个时段向外转移的主动负荷转移量由式(5-13)计算得到：

$$\begin{bmatrix} d_{t_1}^{\text{output}} \\ d_{t_2}^{\text{output}} \\ \vdots \\ d_{t_T}^{\text{output}} \end{bmatrix} = \begin{bmatrix} \sum\limits_{t_j \in S_{t_1}^{\text{output}}} d_{t_1 \to t_j} \\ \sum\limits_{t_j \in S_{t_2}^{\text{output}}} d_{t_2 \to t_j} \\ \vdots \\ \sum\limits_{t_j \in S_{t_T}^{\text{output}}} d_{t_T \to t_j} \end{bmatrix} = \begin{bmatrix} d_{t_1}\left(m_{t_1 \to t_1} + m_{t_1 \to t_2} + \cdots + m_{t_1 \to t_T}\right) \\ d_{t_2}\left(m_{t_2 \to t_1} + m_{t_2 \to t_2} + \cdots + m_{t_2 \to t_T}\right) \\ \vdots \\ d_{t_T}\left(m_{t_T \to t_1} + m_{t_T \to t_2} + \cdots + m_{t_T \to t_T}\right) \end{bmatrix}, \tag{5-13}$$

$$\sum_{j=1}^{T} m_{t_i \to t_j} = 1;\ m_{t_i \to t_j} \geqslant 0$$

计算得到转移主动负荷之后，响应后的负荷由下式计算。

$$L' = L + d^{\text{input}} - d^{\text{output}} \tag{5-14}$$

式中，L 和 L' 分别为响应前后的负荷序列， d^{input} 和 d^{output} 分别为 T 个时段输入的主动负荷转移量和向外转移的主动负荷转移量。

5.2.2　广义负荷的模态特征提取与分析

对于大量的广义负荷数据，难以直接看出其负荷模态。因此有必要对广义负荷数据进行处理，以便进一步分析。聚类是一种常用且有效的处理方法，它可以将负荷数据划分为若干典型类别，从而形成典型的负荷模式。再通过分析典型负荷模式的峰谷分布、负荷波动等指标，可以得到广义负荷模式的特征信息。

常用的负荷模式聚类方法有层次聚类[1]、K-均值聚类[2]和模糊 C-均值聚类[3]。K-均值聚类是一种广泛使用的聚类方法，它通过寻找样本与聚类中心之间的最短距离来对样本进行分类。但是，K-均值聚类需要预先确定聚类簇的数量，这限制了聚类的灵活性。此外，K-均值聚类的初始值是随机选取的，导致聚类结果具有不稳定性。模糊 C-均值聚类主要针对模糊数据集，计算复杂，而且算法的性能取决于初始聚类中心。层次聚类是将最近的样本合并成树状的聚类结果，然后在聚类树的特定层次上进行切割，得到相应的聚类结果。层次聚类方法简单方便，通常在提取异常值方面具有更好的性能[4]。

因此，本节选择聚类效果最好的层次聚类方法。

1. 使用层次聚类方法提取典型负荷模式

层次聚类以逐渐合并的方式运行[5]。使用层次聚类进行负荷模式聚类的基本步骤如下。

①将每个负荷模式设置为单个类别，并计算任意两个类别之间的相似性。

②合并具有最大相似性的两个类别，类别的数量比之前减少一个。

③基于新的类别集计算任意两个类别之间的相似度。

④重复②和③直到生成的类别簇满足需求。

实现层次聚类的关键是计算两个类别的相似度。常用的计算方法有最长距离、最短距离、平均距离、欧氏距离、曼哈顿距离等，相似度的计算对聚类效果有很大的影响。经过多次试验，本节选择了最长距离，具体步骤如下。

假设两个类别序列为$Q_1=\left\{d_{1,1},\cdots,d_{1,e}\right\}$和$Q_2=\left\{d_{2,1},\cdots,d_{2,f}\right\}$，分别对应于负荷模式$e$和$f$。两个类别间的相似度使用下式计算：

$$\begin{cases} C_{i,j}=\mathrm{COV}(d_{1,i},d_{2,j}) \\ C_{Q_1\text{-}Q_2}=\min\limits_{1\leqslant i\leqslant e,1\leqslant j\leqslant f} C_{i,j} \end{cases} \tag{5-15}$$

式中，$\mathrm{COV}(\cdot,\cdot)$为同一维度的两个向量间的相关系数；$C_{i,j}$为$d_{1,i}$和$d_{2,j}$的相关系数，$C_{Q_1\text{-}Q_2}$为$Q_1$和$Q_2$的最长距离，也就是最小的相似度。

在对负荷模式进行聚类得到预设的聚类簇后，本节采用均值法提取每个聚类簇的典型模式。然后，利用特征指标对典型负荷模式的特征进行定量描述。

2. 广义负荷模态的分析指标

最大负荷、最小负荷、峰谷差、负荷率、负荷偏差、负荷波动率、最大利用小时数、爬坡负荷是负荷模式分析的常用指标。在上述指标的基础上，本节提出以下反映负荷模式在需求响应中演变趋势的新指标。

1) 最大负荷下降比例(proportion of maximum load decrease，PMALD)

$$\mathrm{PMALD}=\frac{\mathrm{MMAL}'-\mathrm{MMAL}''}{\mathrm{MMAL}'}\times 100\% \tag{5-16}$$

式中，MMAL′和MMAL″分别为响应前后的平均日最大负荷。PMALD反映了需求响应的“削峰”程度。

2) 最小负荷增长比例(proportion of minimum load increase，PMILI)

$$\mathrm{PMILI}=\frac{\mathrm{MMIL}''-\mathrm{MMIL}'}{\mathrm{MMIL}'}\times 100\% \tag{5-17}$$

式中，MMIL′和MMIL″分别为响应前后的平均日最小负荷。PMILI 反映了需求响应的“填谷”程度。

3) 负荷峰谷差下降天数的比例(proportion of peak-valley difference of load decrease，PPVDLD)

$$\text{PPVDLD} = \frac{u}{g} \times 100\% \tag{5-18}$$

式中，g为总的天数；u为响应后负荷峰谷差下降的天数。PPVDLD 定量地描述了需求响应减小峰谷差和改善负荷模式的时间的占比。

4) 大峰谷差天数的比例(proportion of large peak-valley difference of load，PLPVDL)

$$\text{PLPVDL} = \frac{v}{g} \times 100\% \tag{5-19}$$

式中，v为负荷峰谷差大于表示大峰谷差的阈值的天数。这个阈值约为日最大负荷的 30%。本节中，该阈值为 6000MW。大的负荷峰谷差意味着电力系统调峰压力大。PLPVDL 越小，系统的经济性和安全性越好，负荷演化趋势越好。

5) 大爬坡负荷比例(proportion of large hourly climbing load，PLHCL)

$$\text{PLHCL} = \frac{w}{n} \times 100\% \tag{5-20}$$

式中，n为总的小时数；w为小时爬坡负荷大于表示大爬坡负荷的阈值的小时数。这个阈值约为日最大负荷的 4%。本节中，该阈值为 700MW。

响应电价变化的广义负荷模态分析过程如下。首先基于 5.2.1 节的实时电价对广义负荷影响的定量计算模型，获得响应电价变化后的广义负荷数据；然后采用本小节所述的层次聚类方法，提取典型负荷模式；最后基于聚类结果及广义负荷模态分析指标，对广义负荷模式进行分析，得到广义负荷模态的典型特征。

5.2.3 响应电价变化的广义负荷模态分析

本节通过具体的算例来展示所提的负荷模态分析方法。

1. 仿真案例说明

新英格兰独立系统运营机构(ISO New England)，其中包含 ISO New England 控制区(ISO NE CA)的小时日前定价、实时电价、天气数据和系统负荷需求[6]。本节选取 2017 年 1 月 1 日至 2017 年 12 月 31 日的 ISO NE CA 数据进行模拟。

实时电价提前三小时发布，日前电价提前一天的下午 15:00 发布。

本节假设主动负荷占系统负荷的一定比例。主动负荷分为三类，分别具有短、中、长的转移时间间隔，三类主动负荷各占总主动负荷的 1/3。为了模拟电力市场，短转移时间间隔的主动负荷响应实时电价，中长转移时间间隔的主动负荷响应日前电价[7、8]。

需求响应对负荷模式的影响程度与参与响应的主动负荷的种类和比例密切相关。不同类别的主动负荷具有不同的响应特性，因而也有不同的弹性系数。参与需求响应的主动负荷占系统总负荷的比例越大，需求响应对负荷模式的影响越大。

因此，我们首先分析需求响应中的关键因素，如主动负荷的种类和比例，以便对这些因素进行合理的设置。然后，对仿真设定和仿真结果进行说明。最后，对广义负荷模态进行分析。仿真方案如表 5-1 所示。

表 5-1　仿真方案设置

方案编号	仿真目的	仿真方案
1	分析需求响应关键因素，确定关键参数的取值	分析不同类别主动负荷下的响应特性
		分析不同比例主动负荷下的响应特性
2	获取考虑需求响应的负荷模式特征	分析考虑需求响应的主动负荷模式
		分析考虑需求响应的广义负荷模式
		分析广义负荷模态的定量指标

2. 需求响应的关键因素分析

考虑需求响应的负荷模式受主动负荷的响应行为和比例的影响很大。因此，下面特别分析这两个关键因素对负荷模式的影响，同时确定典型场景的关键参数。

1) 不同类别主动负荷的影响

主动负荷的响应特性与主动负荷的类别密切相关。主动负荷转移间隔越大，弹性系数分布越平均，相应的参数 σ 越大。不同类别主动负荷的转移特性可以用适当参数 σ 的弹性系数曲线来描述。考虑到不同类型主动负荷的转移特性，本节中参数 σ 的取值范围是 $1 \leqslant \sigma \leqslant 5$ 。$\sigma = 1, 2, 3, 4, 5$ 时的弹性系数曲线和相应主动负荷的响应特性如图 5-9 所示。

图 5-9(a) 中，每条曲线表示一类主动负荷的响应特性。弹性系数越大，在相同电价差的条件下，转移到相应时段的主动负荷量越大。当 $\sigma = 1$ 时，[–3,3]个小时内的弹性系数远大于曲线中其他转移时间的弹性系数。这意味着相应的主动负

荷的可转移时间间隔大致在[–3, 3]个小时的范围内，这符合短转移时间间隔主动负荷响应实时电价的情况。因此，短转移时间间隔的主动负荷转移特征可以用σ=1的曲线来表征。同样，中、长转移时间间隔主动负荷的转移特征分别用σ=3和σ=5的曲线来表征。

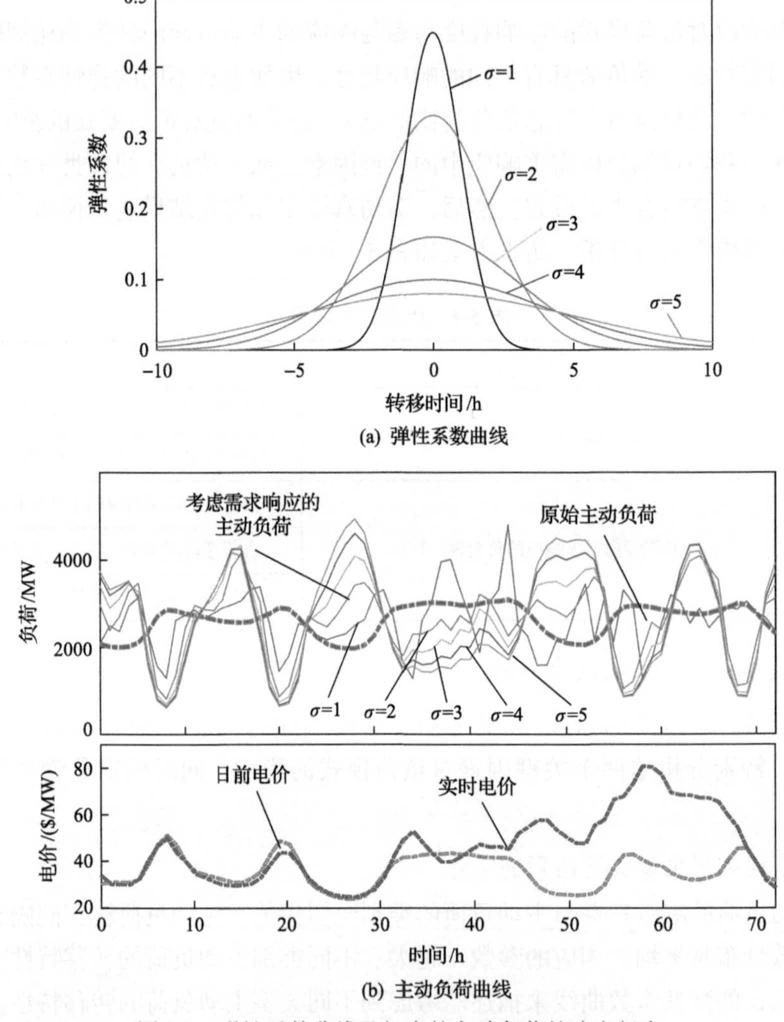

图 5-9　弹性系数曲线及相应的主动负荷的响应行为

2) 不同比例主动负荷的影响

确定了主动负荷的参数σ后，需要进一步分析不同比例的主动负荷的影响。将主动负荷的比例分别设置为5%、10%、15%和20%，考虑需求响应的7天的负荷曲线如图5-10所示。

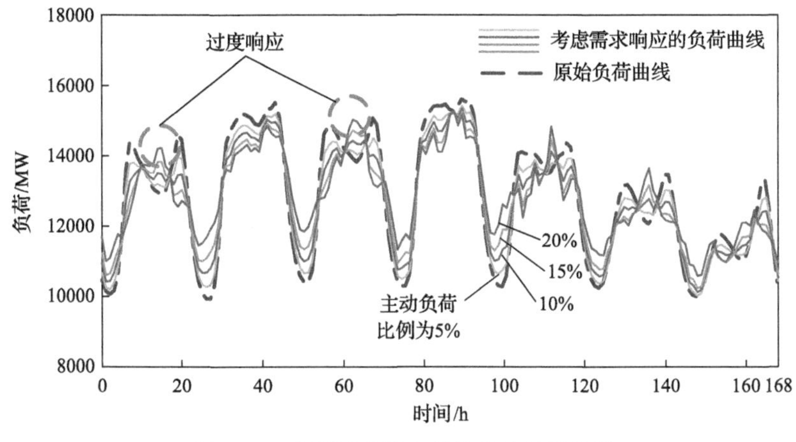

图 5-10　含不同比例主动负荷的负荷曲线

显然，主动负荷响应电价变化后，原有的负荷峰值降低，低谷填满。结果表明，响应过程中，主动负荷由负荷高峰时段转移至负荷低谷时段，这对电力系统的安全经济运行、调度和规划具有重要意义。然而，我们也可以看到，响应后负荷的短时波动更加剧烈，这对配电网的快速调整能力提出了更高的要求。

比较含不同比例主动负荷的系统响应的结果，可以看出，主动负荷比例越大，考虑需求响应的负荷模态越明显。当系统中的主动负荷比例为 20%时，会出现过度响应现象，即大量的主动负荷集中在一些价格较低的时段，导致出现新的峰值，如虚线所示。这会给电网的运行带来不利影响，可以通过调节电价来消除。为了更好地反映考虑需求响应的负荷模态，本节将典型场景中的主动负荷比例设置为 15%。

3. 负荷模态分析

根据上述分析，本节中仿真的参数设置如下。

(1) 主动负荷占系统总负荷的比例为 15%。主动负荷分为三类，分别具有短、中、长的转移时间间隔。每一类主动负荷占总主动负荷量的 1/3。它们的弹性系数分别用 $\sigma=1$ 、$\sigma=3$ 和 $\sigma=5$ 的正态分布来模拟。

(2) 为了模拟电力市场，短转移时间间隔的主动负荷响应实时电价，即可以在原时间段前后 3 小时内进行转移。中长转移时间间隔的主动负荷响应日前电价，即可以提前一天制定负荷调整计划，在原日期全天内进行转移。

在这些设置之后，考虑需求响应的负荷数据可以通过式(5-8)～(5-14)获得。

1) 考虑需求响应的主动负荷模式聚类分析

主动负荷的转移是负荷模式变化的根源。考虑需求响应的主动负荷模式既有相同点，也有不同点。聚类分析是总结和挖掘主动负荷模态的一种重要方法。根据聚类结果，考虑需求响应的主动负荷按模态分为五类，如表 5-2 所示。

表 5-2　考虑需求响应的主动负荷的典型模式和特征

典型模式	占比/%	模态
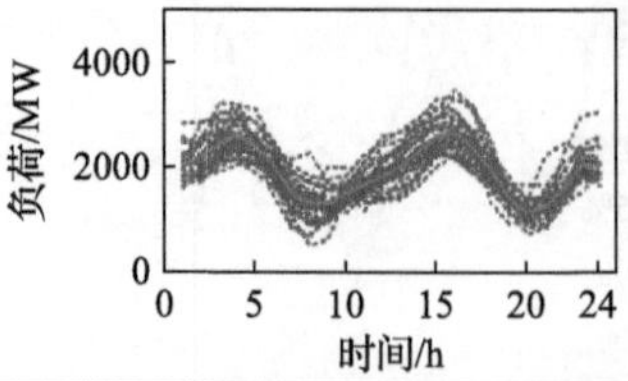	32.1	主动负荷曲线包含两个相对尖锐的峰谷。峰值分别位于[3,4]时和[16,17]时，谷值分别位于[7,9]和[20,21]时
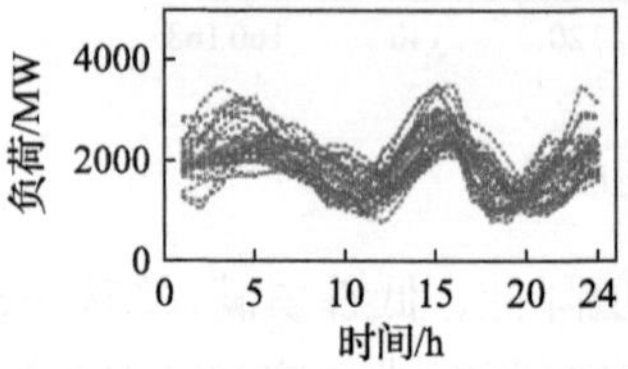	19.8	与上一个典型模式总体上比较相似。但该曲线第一个峰值区域较平坦，第一个谷值位于[11,12]时
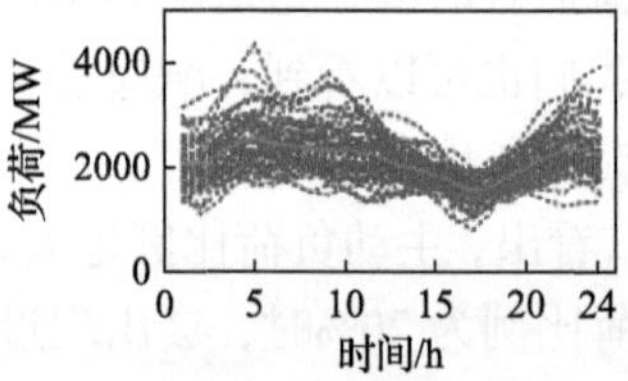	30.6	整体形状相对平坦，有两个较小的峰值，峰值分别位于[3,4]时和[22,23]时，谷值位于[14,16]时
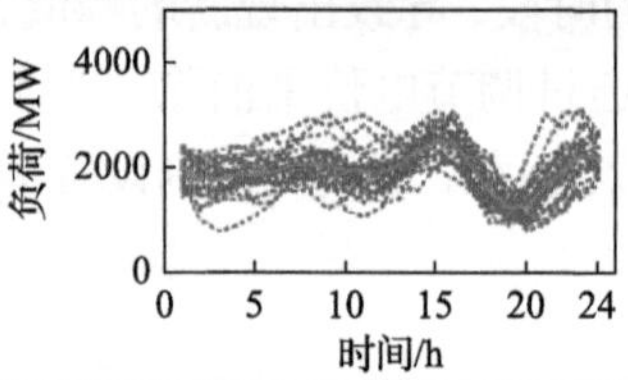	11.8	前半部分较平坦，峰谷区域均在后半部分，峰值和谷值分别位于[15,16]和[19,20]时
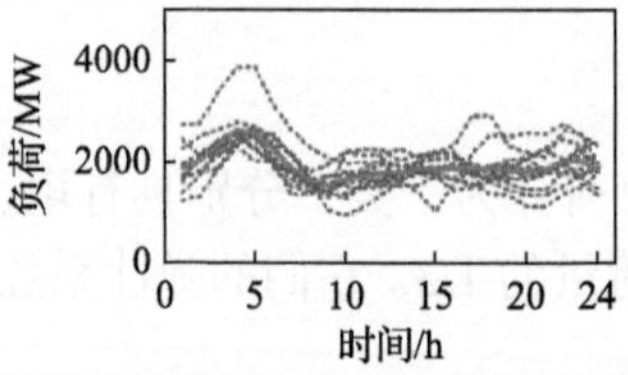	5.7	在[1,9]时内有一个负荷高峰区域，峰值位于[3,4]时，其余部分相对平缓

结果表明，聚类方法在考虑需求响应的主动负荷分类中具有较好的效果，主动负荷响应实时电价后，其模式变得更加复杂和多样化。聚类结果中出现了许多特征各异的典型模式。综上所述，考虑需求响应的主动负荷峰值出现在[3,4]时、[15,16]时和[22,23]时内，谷值可能分布在[7,9]时、[11,12]时和[17,21]时内。具体来说，考虑需求响应的各类主动负荷模式对广义负荷模式的影响是不同的。因此，考虑需求响应的广义负荷模式将在下面进行聚类和分析。

2)考虑需求响应的广义负荷模式聚类分析

根据聚类结果，得到了考虑需求响应的五种典型广义负荷模式，如表 5-3 所示。

表 5-3　考虑需求响应的广义负荷的典型模式和特征

典型模式	占比/%	模态
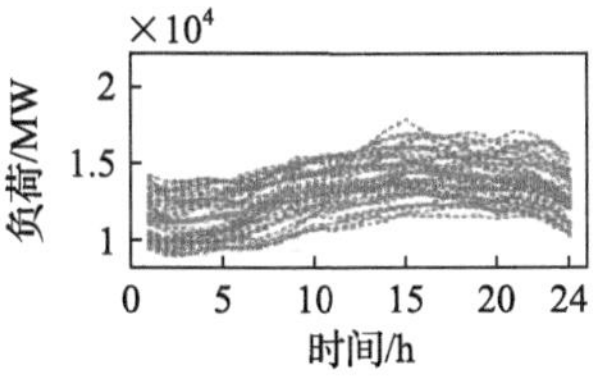	24.9	全天负荷差别不大，负荷从夜间到白天逐渐增大
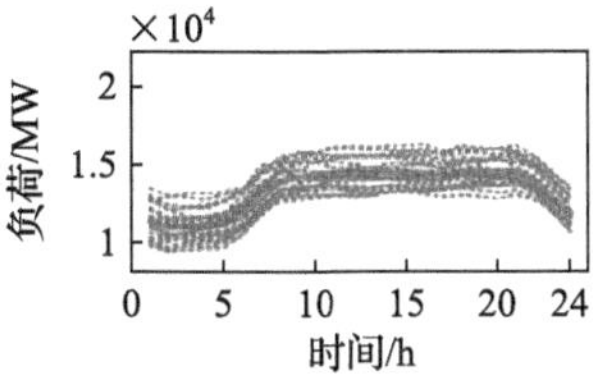	41.0	负荷分为白天和夜间两个平稳阶段，两个阶段的数值差别较小。此外，爬坡阶段的负荷变化很快
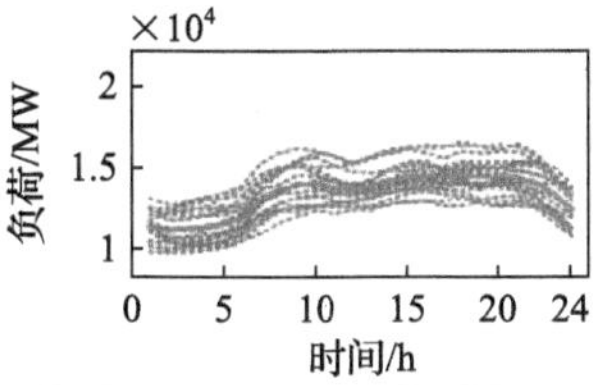	9.0	与前一种负荷模式比较相似，但在[7,9]时有一个较小的负荷峰值
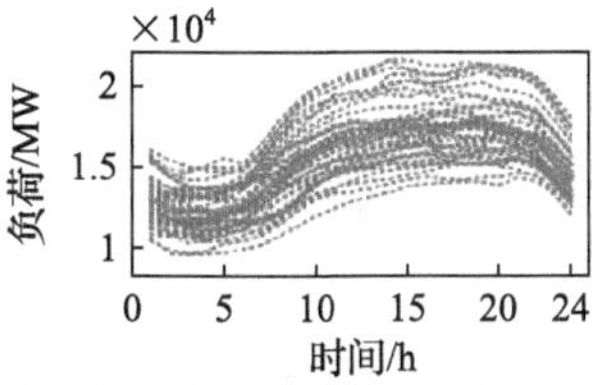	19.4	夜间有一个谷值区域，白天有一个峰值区域。白昼与夜间负荷差距较大
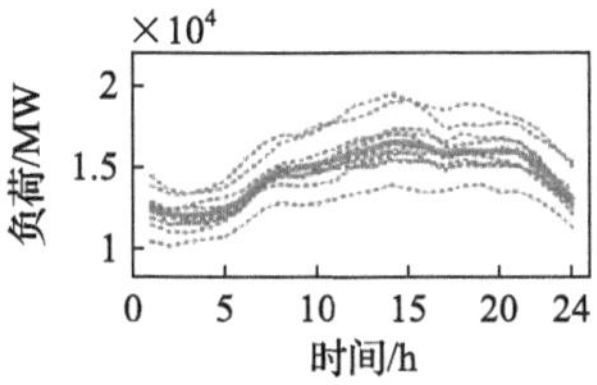	5.7	负荷曲线为单峰型，峰值区域相对平缓，峰值为[13,15]时

与传统负荷相比，考虑需求响应的广义负荷模式发生了巨大的变化。总的来说，考虑需求响应的广义负荷中，传统负荷模式明显的双峰形状消失，考虑需求响应的广义负荷模式的形状更加平坦。因此，考虑需求响应的广义负荷模式中，白昼和夜间的负荷差较小，这对提高智能电网的风电消纳能力和运行经济性是非

常有利的。然而，需求响应使负荷模式从相对单一变得更加多样化，这意味着不确定性增加，将给电力系统调度、运行计划的制定带来一些负面影响。

为了量化需求响应中广义负荷模式的特征和演化趋势，我们接下来使用特征指标对典型场景进行分析。

3) 广义负荷模态的定量分析

本节用表 5-4 中的特征指标对考虑需求响应和不考虑需求响应的一年的广义负荷数据进行统计分析。

表 5-4 考虑和不考虑需求响应的负荷模态指标

指标	无需求响应	考虑需求响应	指标	无需求响应	考虑需求响应
平均负荷/MW	13573	13573	平均日负荷峰谷差/MW	5471	4010
平均日最大负荷/MW	15964	15240	最大日负荷峰谷/MW	11317	7731
PMALD /%	—	4.54	最小日负荷峰谷差/MW	3080	1847
平均日最小负荷/MW	10493	11121	PPVDLD/%	—	99.53
PMILI /%	—	5.98	PLPVDL/%	25.94	9.91
平均日负荷率	0.86	0.89	平均小时爬坡负荷/MW	491	383
平均日最小负荷率	0.66	0.73	最大小时爬坡负荷/MW	2348	2160
平均日负荷偏差/MW	1625	1257	PLHCL/%	28.54	17.33

表 5-4 的结果表明，考虑需求响应的广义负荷的最大负荷、最小负荷、峰谷差、负荷率、负荷偏差和爬坡负荷等指标均得到了优化。

如表 5-4 所示，平均日最大负荷从 15964MW 降至 15240MW，降幅为 4.54%；日平均最小负荷由 10493MW 增大到 11121MW，增幅为 5.98%。这表明需求响应使平均日最大负荷减少了 4.54%，平均最小日负荷增大了 5.98%。因此，需求响应在一定程度上起到了降低峰谷负荷、优化资源配置、满足电力市场预期需求的作用。

平均日负荷率由 0.86 提高到 0.89，增幅为 3.5%；平均日负荷偏差由 1625MW 降至 1257MW，下降了 22.64%；日平均峰谷差由 5471MW 降至 4010MW，降幅为 26.70%。结果表明，需求响应使日负荷率提高 3.5%，日负荷偏差降低 22.64%，平均日负荷峰谷差降低 26.7%。因此，需求响应减少了负荷波动，使负荷曲线更平滑，提高了负荷质量。

PPVDLD 为 99.53%，PLPVDL 从 25.94%下降到 9.91%。这表明，需求响应不仅几乎减小了每天的峰谷差，而且大大减少了峰谷差较大的天数。因此，负荷模式在时间尺度上得到了全面改善，系统的经济性和安全性也得到了全面提高。

从负荷变化速度来看，平均小时爬坡负荷从 491MW 下降到 383MW，下降率为 22.00%；最大小时爬坡负荷由 2348MW 降低到 2160MW，下降率为 8%；此外，大爬坡负荷比例从 28.54%下降到 17.33%。这说明需求响应不仅在一般程度上降低了负荷的局部变化，而且大大缩短了大爬坡负荷存在的天数。因此，负荷模式局部更加平坦，系统的备用容量大大降低，系统的经济性和安全性也有所提高。

本节提出了一种基于弹性系数定量计算实时电价对广义负荷影响的方法。通过设置不同的弹性系数和负荷组成的参数，可以模拟不同情况下主动负荷对实时电价的响应特性。在仿真数据的基础上，本节采用层次聚类方法提取典型负荷模式，并用新的指标进行描述。

仿真结果表明，需求响应对“削峰填谷”有一定作用。日间负荷和夜间负荷的差异较小，考虑需求响应的广义负荷曲线整体和局部都更加平坦。需求响应改进了广义负荷的各项指标，提高了负荷质量。这表明，负荷模式在需求响应中有较好的发展方向，符合预期要求，需求响应能够有效提高智能电网运行的经济性和安全性。

同时，我们还可以看到，考虑需求响应的广义负荷模式更加多样化，负荷峰谷分布的时间跨度更大，这说明需求响应后的广义负荷模式具有更大的不确定性，给智能电网调度运行带来挑战。

5.3　响应可再生能源变化的广义负荷建模分析

目前需求侧响应技术正被广泛应用于促进可再生能源的消纳、克服可再生能源并网带来的不利影响。因此，广义负荷场景中有必要考虑采用需求侧响应和可再生能源互动的情况。广义负荷中的主动负荷能够快速、可靠、精确地响应系统信号，通常用来追踪并匹配新能源出力，平抑电网净负荷波动。据此，本节以需求响应后广义负荷波动最小为优化目标，建立主动负荷响应可再生能源出力变化的模型，获得考虑响应可再生能源变化的广义负荷数据，并分析广义负荷的模式特征。

5.3.1　广义负荷形态研究概述

与传统负荷相比，广义负荷模态发生根本性的变化。因此，需要对广义负荷模态进行研究。

广义负荷模态研究的重点包括模拟和获取广义负荷数据的过程。目前，最简单的广义负荷数据采集方法是基于净负荷数据的概念，用传统负荷减去可再生能源出力得到的结果。文献[9]、[10]直接采用净负荷数据作为广义负荷数据。在文献[11-13]中，广义负荷数据使用负荷侧智能电表测量的净负荷数据。这两种方法都很简单，易于实现。但由于忽略了主动负荷对广义负荷的影响，所获得的数据未能反映出主动负荷与可再生能源输出之间的对应关系，使得模拟数据与实际数据相差较大。随着主动负荷比例的增加，这种现象更加明显。因此，有必要深入研究主动负荷与可再生能源之间的关系，建立准确描述主动负荷与可再生能源之间联动响应的数学模型。

在主动负荷响应模型研究中，文献[14]、[15]研究了电动汽车、可再生能源、储能、智能家居负荷等主动负荷模型，分别建立了不同主动负荷的运行模型；文献[16]在主动负荷建模中考虑了电价的影响，分析了不同电价机制下的负荷模态。然而，主动负荷与可再生能源输出之间的耦合关系尚未得到深入的研究。

对于主动负荷与可再生能源耦合模型的研究，关键是响应目标和响应策略的建模。当前研究中提出的主动负荷响应目标包括降低发电成本[17]、提高可再生能源的渗透率[18]、降低峰值负荷功率[19]、提高系统的动态稳定性[20]、以及可再生能源接入后调节节点电压等[21]。文献[22]提出了一种以降低峰值负荷功耗为目标的电动汽车响应策略。然而，响应策略相对简化，只考虑荷载传递的方式。基于虚拟电站的需求侧响应相对容易管理的特点，文献[23]结合用户消耗模型提出了主动负荷的应对策略。文献[24]、[25]考虑了需求侧管理和居民负荷响应意愿。文献[26]、[27]模拟了电动汽车的行动和决策过程，研究了电动汽车在不同尺度下对负荷模态的影响。另外，考虑可再生能源与主动负荷之间的相互作用，可以更好地保证主动负荷建模的准确性。文献[28]、[29]建立了可再生能源与主动负荷的交互模型，研究了不同比例的可再生能源对主动负荷的影响。文献[30]建立了光伏主动负荷调节策略，研究其对负荷模态的影响，然而对主动负载的特性并没有进行详细的分析。

上述研究对负荷模态分析和负荷建模做出了有意义的贡献,但仍存在不足之处。首先，主动负荷基本上是作为一个整体建模的，没有细分主动负荷的成分，导致建立的主动负荷模型不准确。其次，现有的研究尚缺乏对广义负荷模态及其影响因素的定量分析。基于上述问题，本节将主动负荷分为三部分：不可控负荷、可转移负荷和可中断负荷。针对不同类型的主动负荷元件的特点，建立了相应的数学分析模型。通过叠加三个负载组件生成灵活负荷。将三种模型得到的各主动负荷分量的数据叠加得到广义负荷数据;从广义负荷数据的仿真数学模型中生成了反映主动负载响应和可再生能源输出的广义负荷数据。

模型仿真会产生大量的数据样本，这给负荷特性的提取带来了挑战。为了进一步分析，有必要从较大的样本数据中提取典型的负荷模态。聚类是一种常用的负荷模态提取方法，将形状相似的负荷曲线聚类，形成典型负荷。聚类后,可用负荷曲线形状、负载峰谷功率、负荷波动等指标分析广义负荷的典型特征。其中，DBSCAN聚类方法可以对任意形状的数据集进行聚类，对数据集中的离群点不敏感，且不需要预先设定聚类数。因此，本节采用DBSCAN聚类方法提取典型负荷模态。

5.3.2　主动负荷与可再生能源的耦合模型及广义负荷建模方法

对广义负荷进行模态分析，首先需要通过对广义负荷建模来获取广义负荷数据。在未来的电力系统中，随着可再生能源占比的增大，可再生能源的间歇性和波动性等特点会对净负荷产生较大的影响。主动负荷作为一种可控负荷，可以帮助实现可再生能源发电与负荷需求的协调控制，而上述两者均是广义负荷的重要组成成分。因此，研究主动负荷与可再生能源间的联系对广义负荷建模十分重要。

1. 考虑主动负荷与可再生能源互动的广义负荷建模思路

广义负荷包含传统负荷、可再生能源发电与主动负荷，其数值上等于用电负荷减去可再生能源的发电功率，广义负荷功率的计算式如下：

$$P_g = P_{\mathrm{load}} - P_{re} \tag{5-21}$$

式中，P_g 为广义负荷；P_{load} 为用电负荷；P_{re} 为可再生能源发电功率。可见，只要获得负荷功率与可再生能源功率即可计算得到广义负荷功率，其中可再生能源功率可通过预测获得，因此主要需对负荷进行建模。用户的负荷需求主要分为基础负荷与主动负荷两种成分，其中基础负荷是用户基本的用电需求，不会因为需求侧响应发生变化；而主动负荷是一类较为灵活可控的负荷，可以根据需求侧响应情况发生改变，负荷的构成如下式所示：

$$P_{\mathrm{load}} = P_{\mathrm{base}} + P_{\mathrm{active}} \tag{5-22}$$

式中，P_{base} 为基础负荷功率；P_{active} 为主动负荷功率。

由于负荷中的主动负荷成分会因为需求侧响应而发生改变，因此要确定负荷功率，还需建立主动负荷与可再生能源发电的连接模型来确定主动负荷功率。在对主动负荷进行建模时，为了更准确地表征主动负荷的特点，根据响应策略与负荷属性的不同，本节将主动负荷分为不可控负荷、可转移负荷和可中断负荷分别建模，主动负荷的构成如下式所示：

$$P_{\mathrm{active}} = P_{\mathrm{Lun}} + P_{\mathrm{move}} + P_{\mathrm{cut}} \tag{5-23}$$

式中，P_{Lun} 为不可控负荷；P_{move} 为可转移负荷；P_{cut} 为可中断负荷。

通过上述分析可知，在对广义负荷建模的过程中，最重要的一步是对主动负荷模型的建立。在完成对主动负荷建模后，结合式(5-21)～式(5-23)即可构建完整的广义负荷模型。接下来对广义负荷中的各个成分的建模进行详细介绍，需要说明的是，出于降低系统的峰值压力，减轻可再生能源发电接入影响的目的，本节设定的主动负荷响应目标为使广义负荷的波动性最小。

2. 不可控负荷与可再生能源关联关系建模

不可控负荷是主动负荷中用电时间段较为固定，但用电量较为随机，具有一定的可波动范围的负荷成分。此类负荷改变的主要依据是用户自身的响应意愿，需求侧响应无法对此类负荷进行直接控制，因而此类负荷称为不可控负荷，其响应模型 $S(t)$ 如下：

$$
\begin{aligned}
&S(t) \in N(0,1) \\
&\begin{cases}
P'_{\mathrm{Lun}}(t) = P_{\mathrm{Lun}}(t) \times (1+\alpha), & S(t) > S_m \\
P'_{\mathrm{Lun}}(t) = P_{\mathrm{Lun}}(t) \times S(t) / S_m, & 0 < S(t) < S_m \\
P'_{\mathrm{Lun}}(t) = P_{\mathrm{Lun}}(t), & S(t) < 0
\end{cases}
\end{aligned}
\tag{5-24}
$$

式(5-24)中认为用户的响应意愿 $S(t)$ 服从正态分布，式中，$P_{\mathrm{Lun}}(t)$ 为响应前的不可控负荷；$P'_{\mathrm{Lun}}(t)$ 为响应后的不可控负荷；α 为不可控负荷的最大变化程度，S_m 为不可控负荷的最大响应意愿。当响应达到最大值时，不可控负荷将根据响应需求侧响应发生最大的改变；而当用户的响应意愿较小时，不可控负荷只会发生较小的变化。

图 5-11(a)为不可控负荷响应示意图。响应后的不可控负荷数据可由上述模型

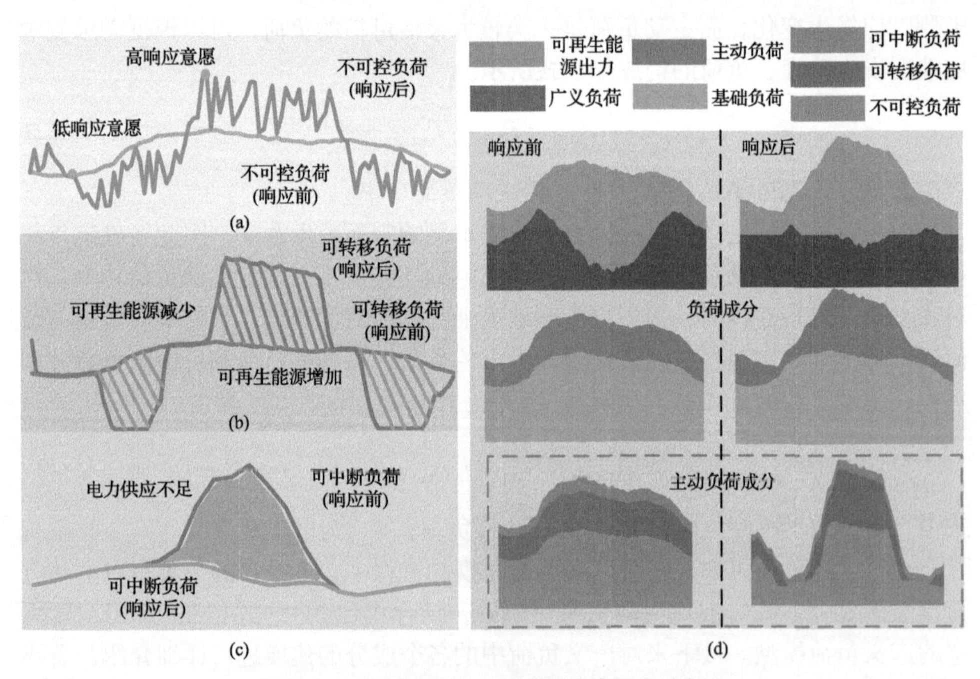

图 5-11　主动负荷的响应原理及其组成示意图

计算得到。由于用户在不同时间的响应意愿是随机抽样得到的，因此响应后的负荷比之前更加不规则。当响应意愿高时，不可控负荷变化明显；当响应意愿低时，不可控负荷几乎不发生变化。

3. 可转移负荷与可再生能源关联关系建模

可转移负荷，指的是响应负荷中用电时段较为灵活的一类。此类负荷的用电总需求是不变的，但是其用电时段不固定，因而可以通过改变其用电时段来调节可转移负荷在各时段的需求。根据可转移负荷的响应特性，可以建立如下的可转移负荷数学模型。

$$\begin{aligned}
\text{obj.}\quad & \min .std(P'_{\mathrm{g}}) \\
\text{s.t}\quad & 0 \leqslant P'_{\mathrm{move}}(t) \\
& \mathrm{sum}(P_{\mathrm{move}}) = \mathrm{sum}(P'_{\mathrm{move}}) \\
& P'_{\mathrm{g}}(t) + P_{re}(t) = P'_{\mathrm{load}}(t) \\
& P'_{\mathrm{move}}(t) + P'_{\mathrm{Lun}}(t) + P_{\mathrm{base}}(t) + P_{\mathrm{cut}} = P'_{\mathrm{load}}(t)
\end{aligned} \tag{5-25}$$

通过求解该模型，可以得到响应后的可转移负荷。式(5-25)采用标准差作为衡量广义负荷波动的指标。P'_{g} 为响应后的主动负荷；$P_{\mathrm{move}}(t)$ 为响应前的可转移负荷；$P'_{\mathrm{move}}(t)$ 为响应后的可转移负荷；$P_{\mathrm{re}}(t)$ 为可再生能源发电功率；$P'_{\mathrm{Lun}}(t)$ 为可转移负荷响应后的不可控负荷功率，$P_{\mathrm{base}}(t)$ 为基础负荷功率，P_{cut} 为可中断负荷功率。$P'_{\mathrm{load}}(t)$ 为可转移负荷响应后的负荷功率；可转移负荷响应的目标是尽量减少负荷波动。从上面的模型可以看出，只要可转移负荷的总用电量在一个时间段内保持不变，则可将可转移负荷的用电调整到该时间段内的任意时间。可转移负荷的响应如图 5-11(b)所示，虚线表示响应之前的可转移负载。响应后的可转移负荷如图 5-11(b)中实线所示。可转移负荷由可再生能源出力低的时期转移到可再生能源出力高的时期。可以看出，在响应前后可转移负荷总量保持不变。

4. 可中断负荷与可再生能源关联关系建模

可中断负荷，指的是响应负荷中可以随时中断用电的负荷。此类负荷往往属于用户的非必需负荷，通过与用电用户签订相关协议，即可在必要时将可中断负荷切除。同时，可中断负荷与可转移负荷的最大区别在于：可转移负荷在全天的用电总量是不变的，因而在一个时段切除可转移负荷后，需要在另一时段对可转移负荷的电量进行补偿；而在切断可中断负荷后，则不需要对可中断负荷进行补偿。根据如上所述的不可控负荷特点，对可中断负荷建立如下数学模型。

$$D_{\mathrm{pg}}(t)=P_g(t)-P_g(t-1)$$
$$\begin{cases} P'_{\mathrm{cut}}(t)=P_{L\mathrm{cut}}(t)-P_D, & P_{\mathrm{cut}}(t)>-P_D \\ P'_{\mathrm{cut}}(t)=0, & P_{\mathrm{cut}}(t)<-P_D, D_{\mathrm{pg}}(t)>D_{\max} \\ P_D=D_{\mathrm{pg}}(t)-D_{\max} \end{cases} \tag{5-26}$$

式中，$D_{\mathrm{pg}}(t)$为广义负荷在t时刻的波动值，P_D为爬坡功率越限部分，$D_{\max}$为爬升功率允许值。根据该模型可以得到响应后的可中断负荷。由式(5-26)可知，在可中断负荷响应之前，需要判断广义负荷的爬升功率是否大于$D_{\max}$。当所需的爬坡功率大于可中断负载的响应如图5-11(c)所示。图中表示响应之前和之后的可中断负载。可以看出，在供电不足的情况下，为了保证需求，会切掉可中断负荷。

5. 主动负荷模型与广义负荷模型的构建

由于不同类型的主动负荷具有不同的响应特点，导致它们可能不会同时响应，所以还需要确定主动负荷中三种成分的响应优先级才可完成主动负荷建模。在上述三种主动负荷中，不可控负荷不是由需求响应直接控制，而是由用户意愿自发控制，所以不可控负荷总是以最高优先级响应。而对于转移负荷和可中断负荷来说，由于可中断负荷切除后会对电力用户造成一定影响，所以应尽可能减小可中断负荷的响应，故可转移负荷的响应优先级高于可中断负荷。因此，主动负荷中各个成分的响应优先顺序从高到低为：不可控负荷、可转移负荷、可中断负荷。

在获得了主动负荷后，根据式(5-25)～式(5-26)，可以得到广义负荷的计算公式如下式所示。

$$P_g=P_{\mathrm{active}}+P_{\mathrm{base}}-P_{re} \tag{5-27}$$

图5-11(d)为主动负荷各分量变化情况。从响应前的图中可以看出，由于可再生能源的波动较大，所以广义负荷的波动较大。在响应前，负荷、主动负荷及其分量的变化规律是相似的。主动负荷及其各部分在响应后发生了巨大的变化，主动负荷的模态趋近于可再生能源出力的模态。响应后广义负荷波动比以前大大降低，这意味着主动负荷的响应能够有效减少可再生能源接入带来的影响。总之，上述广义负荷模型可以有效生成广义负荷数据，该数据考虑了主动负荷与可再生能源之间的交互。

5.3.3 基于聚类方法的典型模态提取

在对典型模态的提取过程中，聚类是一种行之有效的方式，聚类分析可以把负荷曲线数据分成不同的类，每一类表示模态相似的负荷曲线。对聚类后的负荷数据分别提取负荷模态，可以得到几种典型的负荷模态。本节在典型模态的提取过程中采用了 DBSCAN 聚类方法。

DBSCAN 聚类方法是一种基于密度的聚类算法，使用该算法进行广义负荷模态聚类的基本思想是：将每个广义负荷曲线看作一个对象并计算每个对象间的距离，当聚类空间中的一定区域内所包含对象(点或其他空间对象)的数目不小于某一给定阈值，即可将这些对象归为一类。DBSCAN 聚类方法的具体步骤如下。

(1) 首先将数据中的每个对象的状态设定为未检查，当一个对象在之后的步骤中被归到某一类或是被标记为噪声时，该对象的状态则变为已被检查。

(2) 确定衡量对象间距离的指标，如本节使用欧式距离计算。同时定义邻域半径 R 与一簇中最小包含对象数 $\min P_{ts}$。

(3) 检查数据中一个状态为检查的对象 p，如果对象 p 的邻域中包含的对象数不少于 $\min P_{ts}$，则以 p 为中心对象建立一个新簇 C，同时将簇 C 中的所有对象加入候选集 N；如果对象 p 的邻域中包含的对象数少于 $\min P_{ts}$，则将对象 p 标记为噪声。

(4) 如果候选集 N 中存在一盒为检查对象 q，则对 q 的邻域进行检查，如果对象 q 的邻域中包含的对象数不少于 $\min P_{ts}$，则将 q 邻域中的所有对象添加到簇 C 中。否则，如果 q 不属于任何簇，则将 q 添加到簇 C 中。

(5) 重复步骤 4 直至候选集 N 中不存在未被检查的对象。

(6) 重复步骤 3～5 直至所有对象都被检查过。

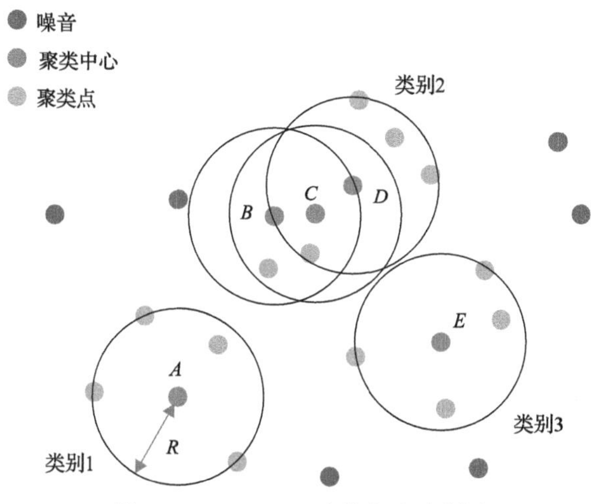

图 5-12　DBSCAN 聚类方法示意图

图 5-12 中展示了 DBSCAN 聚类方法的示意图，其中聚类时设置 $\min P_{ts}=5$ 且设置了邻域半径为 R 图中聚类后获得了 A 到 E 五个中心对象与三个聚类簇，其中中心对象 A 及其邻域内的对象构成了类别 1，中心对象 B 、C 、D 及其邻域内的对象构成了类别 2，中心对象 E 及其邻域内的对象构成了类别 3。从聚类结果中可以看出，DBSCAN 聚类方法可以将距离较近的对象聚成一类并且选出中心对象，同时会将距离较远的对象当作噪声处理不进行聚类，有效消除了相似度不高的样本对聚类结果的影响。

对典型负荷模态的分析内容如图 5-13 所示，通过分析负荷曲线形状、负荷波动周期(t_3–t_8)、低谷期(t_1–t_2)、高峰期(t_4–t_5、t_6–t_7)，可以对典型负荷模态进行分析。负荷峰谷情况能直观反映一天的用电量水平，负荷曲线的波动反映负荷变化程度。通过以上分析，可以掌握典型负荷模态的特征。

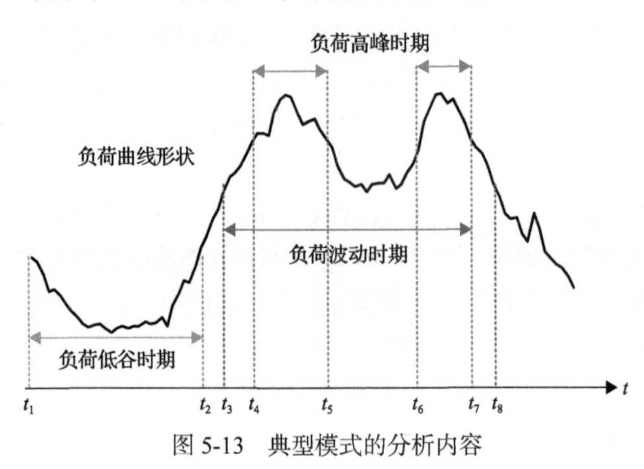

图 5-13 典型模式的分析内容

5.3.4 响应可再生能源变化的广义负荷模态分析

在介绍了主动负荷模型的建立过程以及负荷曲线的聚类分析方法后，本节通过具体算例来展示所提的负荷模态分析方法。下面首先对仿真算例数据的来源以及设置的仿真场景进行介绍。

1. 算例说明

本节算例仿真所用数据为 2016 年德国 Tennet 公司的负荷、风电、光伏数据，使用数据采样间隔为 15min，全年 365 天共 8760 个采样点。

为了对未来多种场景下的广义负荷形态进行分析，并对影响广义负荷模态的不同因素进行灵敏度分析，根据可再生能源渗透率、主动负荷占比、主动负荷中个成分的占比不同，设置了四种方案来研究广义负荷的模态，四种方案的研究对象与研究内容详见表 5-5。

表 5-5　仿真方案设置

方案编号	研究内容	研究对象
1	典型风电出力模态、光伏出力模态、主动负荷响应前的负荷模态研究	主动负荷响应前的负荷数据
		风电出力数据
		光伏发电数据
2	主动负荷响应前广义负荷模态分析	广义负荷 1：负荷减去光伏发电出力
		广义负荷 2：负荷减去风电出力
		广义负荷 3：负荷减去风电与光伏发电出力
3	主动负荷响应后的典型广义负荷模态分析	主动负荷响应后的负荷数据
		主动负荷响应后的广义负荷数据
4	影响广义负荷模态的各类因素灵敏度分析	不同可再生能源渗透率下主动负荷响应后的广义负荷数据
		不同主动负荷占比情况下主动负荷响应后的广义负荷数据
		主动负荷中各成分占比不同情况下主动负荷响应后的广义负荷数据

在方案 1 中，方案的研究对象包括风电出力数据、光伏发电数据与主动负荷响应前的负荷数据。方案设置的目的在于研究可再生能源的发电典型模态及不考虑主动负荷响应时的负荷曲线模态，方案 1 中获得的负荷典型模态将与之后方案中获得的模态进行对比。

在方案 2 中，研究对象为三种成分不同的净负荷在主动负荷响应前的模态，其构成分别为负荷与风电、负荷与光伏发电、负荷与风电和光伏发电。通过定义不同的净负荷构成，可以分析不同可再生能源发电出力对负荷模态的影响，并与方案一进行对比以研究考虑可再生能源后净负荷模态与负荷模态相比发生的改变。

在方案 3 中，研究对象为主动负荷响应后的广义负荷模态。与方案二相比，方案三中考虑了主动负荷对广义负荷模态的影响，对方案二与方案三获得的典型模态进行对比即可了解在考虑主动负荷影响后广义负荷的模态会发生哪些改变。

在方案 4 中，为了研究可再生能源渗透率、主动负荷占比、主动负荷中各成分的占比对广义负荷模态的影响，分别研究上述影响因素不同比率下的广义负荷模态，分析不同影响因素的变化对主动负荷模态的影响。

2. 主动负荷响应前负荷、风电、光伏发电模态分析

按照表 5-5 中的仿真方案设置，首先根据方案 1 的研究内容与研究对象，对主动负荷响应前负荷、风电、光伏发电的模态进行分析。采用的聚类样本均为 365 天的数据，使用 DBSCAN 方法聚类，且在聚类过程中取邻域半径 R=5，每一簇内最少对象数 $\min P_{ts} = 20$ 。

聚类的结果如表 5-6 所示，其中展示了聚类得到的主动负荷响应前负荷、风电出力与光伏发电出力的典型模态。可见全年的负荷曲线在聚类后被分为两类，风电曲线被分为两类，而光伏发电出力曲线只被分为一类。

根据表中的聚类结果可见，全年的负荷模态被分为两类。聚类得到的一类包含 269 个对象，其凌晨时段相对全天其他时段负荷较低，在 6 时左右负荷迅速上升，除凌晨时段外负荷曲线呈双峰型，9～12 时与 17～19 时为两个用电高峰，19 时后负荷逐渐下降。聚类得到的第二类负荷模态曲线则比较“扁平”，其负荷高峰低谷时段与第一类负荷时间相近，但是负荷波动量较小，这一类负荷包含了 89 个对象。

光伏发电的出力功率曲线在聚类后都被归为一类，包含了 357 个对象，其余对象被归类为噪声，这说明光伏发电的出力模态较为一致。在聚类得到的典型模态中可见，光伏出力曲线呈单峰状，其日出力最大值在 12 时附近。

观察表中聚类得到的风电出力曲线聚类结果，可见通过 DBSCAN 聚类后获得了两类风电数据，然而两类数据中的风电曲线模态都非常不规律。我们分别在两簇曲线中各随机选出两条曲线标粗，可见在同一簇中选出的两条曲线的变化趋势具有很大的差异，并不相似，因此我们可以认为风电功率的出力随机性较大，不具有典型规律。

表 5-6 方案 1 聚类结果

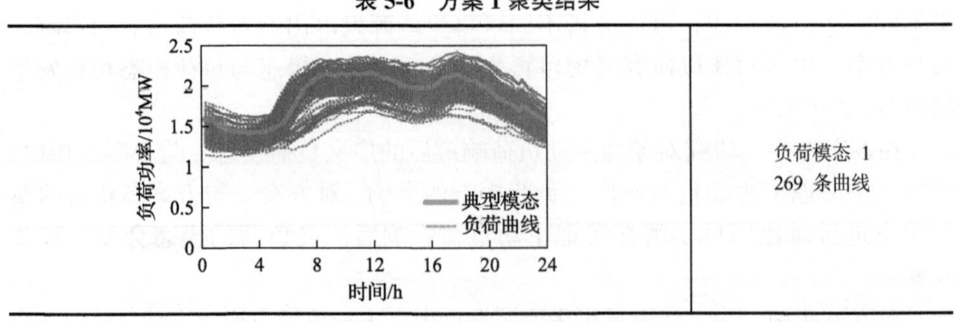	负荷模态 1 269 条曲线

续表

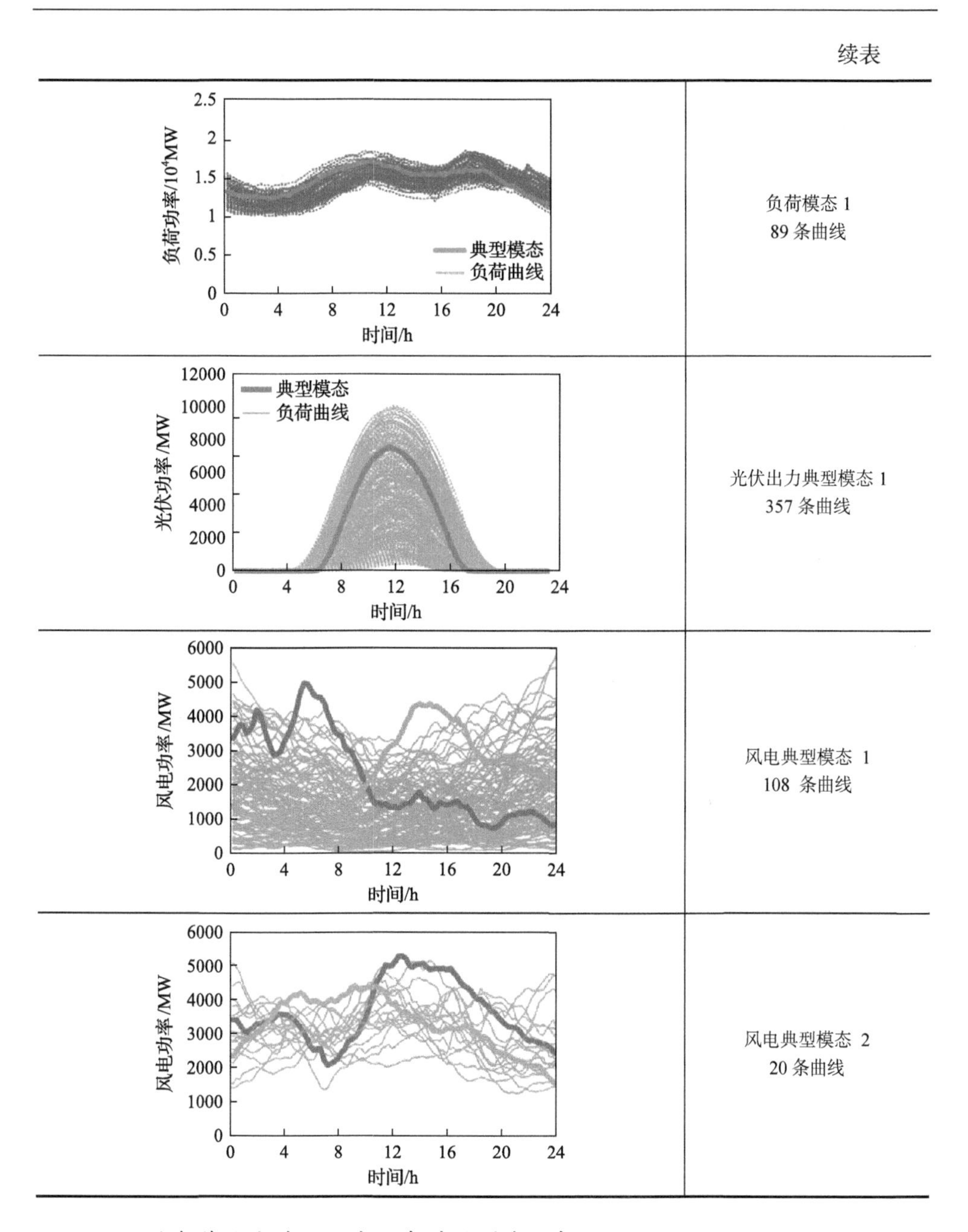

3. 主动负荷响应前不同广义负荷的模态分析

在对负荷，风电，光伏的曲线模态进行分析后，可知负荷与光伏曲线的模态具有一定的典型性，而风电则较随机。根据在表 5-5 设置的方案 2，本节给出了三种不同类型的广义负荷定义，现在根据方案 2 的定义对广义负荷的模态进行聚类研究，以分析在主动负荷响应前，不同类型可再生能源对广义负荷模态的影响。根据广义负荷的定义，对广义负荷进行计算，再使用得到的广义负荷数据进行聚类分析，三类广义负荷的聚类结果如图 5-14 所示。

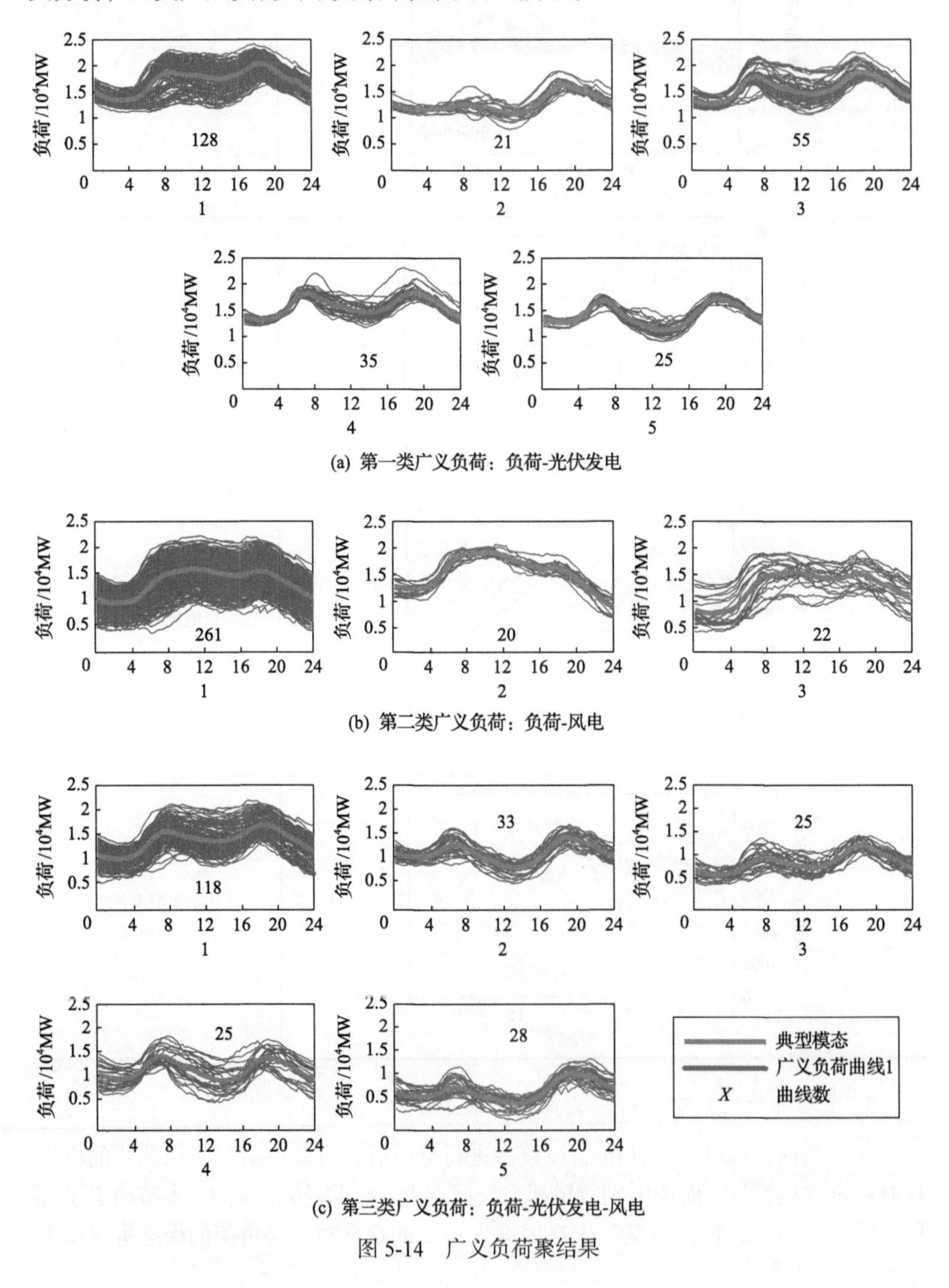

(a) 第一类广义负荷：负荷-光伏发电

(b) 第二类广义负荷：负荷-风电

(c) 第三类广义负荷：负荷-光伏发电-风电

图 5-14　广义负荷聚结果

分别对三种类型的广义负荷模态聚类结果进行分析。首先观察第一类广义负荷的曲线模态，第一类广义负荷的构成为负荷减去光伏出力。如图 5-14(a),第一类广义负荷具有 5 种典型模态，分别为典型模态 1 至典型模态 5。其中，第一种类型的典型模态 1 与表 5-6 中的负荷模态较为相似，典型模态 2 曲线模态在 16 时至 24 时呈单峰型，其余时段的负荷曲线波动不大，典型模态 3、4、5 的曲线形态较为相似，其与表 5-6 中的负荷曲线模态最大的差别为在 12 时左右存在一个用电的低谷期，整条曲线呈更为典型的双峰型。

对第二类广义负荷聚类得到的模态进行观察，如图 5-14(b)，第二类广义负荷具有 3 种典型模态。第二类广义负荷的典型模态 1 和典型模态 3 与表 5-6 中展示的负荷模态较为接近，同时这两种模态中也包含了绝大多数的第二类广义负荷曲线。第二种广义负荷典型模态 2 则相对更有特点，其在凌晨时段功率较低，在 6 时左右迅速升高，直至 8 时达到最大值，最后在全天剩余的时间内负荷持续降低。

最后对第三类广义负荷的模态进行分析，如图 5-14(c)，第三类广义负荷具有 5 种典型模态。观察可见，5 种典型模态的曲线形状都较为相近，曲线呈双峰型，其中用电高峰出现在 8 时与 19 时两个时段，用电低谷出现在凌晨时段与 12 时左右。

根据上述的观察结果可见，相对于传统负荷来说，广义负荷包括了可再生能源的出力，因此广义负荷的用电量相对传统负荷来说较低。同时，广义负荷与传统负荷在模态上的最大区别是广义负荷在中午时段往往会出现一个用电低谷，曲线模态更近似于鸭子型曲线。广义负荷的用电需求在中午时段会相对其他时段有明显降低，这种在中午时段处于低谷的现象，是考虑了光伏发电出力造成的，因为光伏出力曲线呈典型的单峰状且峰值出现在中午。同时，在考虑了风电出力后，聚类得到的第三类广义负荷的典型模态中包含的曲线变少了。可见风电的随机性对广义负荷曲线也造成了一定的影响，导致广义负荷的曲线也变得相对随机，难以聚成一类。

4. 主动负荷响应后广义负荷模态及影响因素的灵敏度分析

在考虑了可再生能源发电后，广义负荷模态相比于传统负荷来说发生了较大的变化，其中一个主要特点就是广义负荷在中午时段会出现用电低谷，且日间时段的波动性要更大。而为了减少可再生能源接入所带来的影响，广义负荷中的主动负荷成分也会做出响应而发生改变，而在主动负荷发生改变后广义负荷形态会发生进一步的变化。因此，本节通过 5.3.2 节中主动负荷响应模型对主动负荷响应后的出力进行计算，并对响应后的广义负荷曲线进行聚类分析以进行表 5-5 中方案 3 的分析，同时，为了进行方案 4 对影响因素灵敏度的研究，在研究响应后负荷形态时，对不同影响因素设置不同的值以进行分析。

1) 不同可再生能源渗透率对主动负荷响应后广义负荷模态的影响

本节将可再生能源渗透率定义为全年可再生能源总发电量除以全年负荷的总用电量，设置主动负荷占负荷总量的 30%，主动负荷中不可控负荷、可转移负荷、可中断负荷分别占 60%/30%/10%，且此处的广义负荷是表 5-5 中的广义负荷 3。在进行如上设置后，分别在可再生能源渗透率为 0%、30%、50%、70%四种情况下，对主动负荷响应后的广义负荷模态进行聚类分析。

图 5-15 表示出了不同渗透率下，主动负荷响应前后的负荷与广义负荷典型模态。4 条曲线对应可再生能源渗透率为 0%、30%、50%、70%时的情况。观察主动负荷响应前的曲线可见，主动负荷响应前在不同渗透率下的负荷曲线典型模态是相同的，而不同渗透率下的广义负荷模态有所不同。当可再生能源渗透率为 0%是，广义负荷曲线模态与负荷模态相同，随着可再生能源渗透率逐渐提高，广义负荷曲线呈现两个变化特点，第一是广义负荷的用电需求逐渐减低，二是广义负荷在中午时段的用电低谷用电量下降相比其他时段更为明显，广义负荷曲线模态波动性逐渐增大。

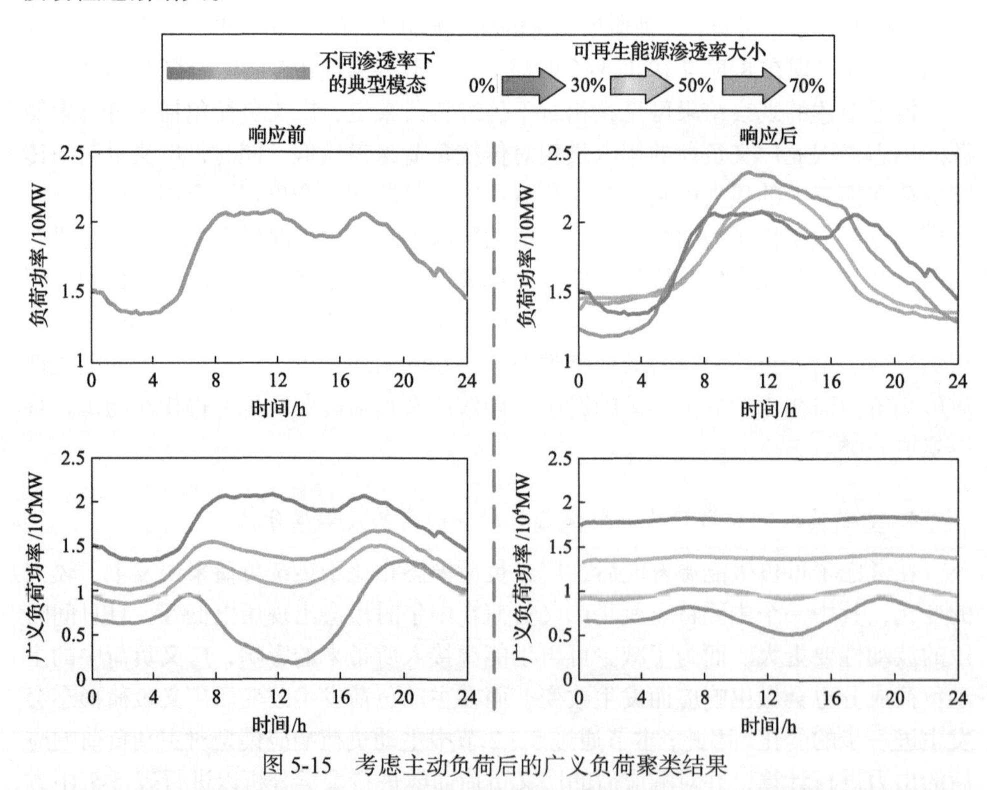

图 5-15 考虑主动负荷后的广义负荷聚类结果

观察主动负荷响应后的负荷曲线，在主动负荷响应之后，负荷在一天内的用电需求逐渐向中午时段转移，而且可再生能源渗透率越高，中午时段的用电需求越高，而其他时段的用电需求越低。相对于主动负荷响应前的曲线，在响应后广义负荷曲线的波动性大幅降低，这是由于主动负荷变化后使得负荷模态与可再生能源出力曲线更为相似。在可再生能源渗透率较低时(0～30%)，主动负荷响应后广义负荷曲线接近一条直线，而随着可再生能源渗透率的提高，广义负荷模态又出现中午时段出现用电低谷的特点，且可再生能源渗透率越高越明显。

通过如上分析，说明主动负荷响应可以有效降低可再生能源波动性对广义负荷模态的影响，降低广义负荷的波动性，且一定量的主动负荷调节能力是有限的。

2) 不同主动负荷占比对主动负荷响应后广义负荷模态的影响

通过 5.3.3 节中的分析可见，对于一定容量的主动负荷，主动负荷对负荷模态的调整能力是有限。因此，在主动负荷占比不同时，主动负荷响应后的广义负荷模态必然有所不同。为此，本节对不同主动负荷占比下主动负荷响应后广义负荷模态进行研究。首先，对本节的场景进行以下设置。设定可再生能源渗透率为 50%，主动负荷中不可控负荷、可转移负荷、可中断负荷分别占 60%/30%/10%。设定主动荷载占总荷载的 10%/20%/30%的三种不同的场景。广义负荷典型模态如图 5-16 所示，图中从上往下分别为主动负荷占比为 30%、20%、10%的场景。

对于图 5-16，首先观察不同场景下负荷曲线的模态，与表 5-6 中得到的负荷模态进行对比。在主动负荷占比为 10%场景中，主动负荷响应后，在 9 时～12 时和 17 时～19 时两个时段的负荷峰值用电量降低，而 12 时左右的用电需求量提高。主动负荷占比为 20%与 30%的场景，随着主动负荷占比的提高，9 时～12 时和 17 时～19 时两个时段的负荷峰值用电量会进一步降低，而 2 时左右的用电需求量进一步提高，最终负荷曲线变成一个类似光伏出力的单峰型，用电峰值在 12 时左右。其次，观察不同场景下的广义负荷模态曲线，随着主动负荷占比的逐渐增加，广义负荷曲线模态的波动性逐渐减小。

通过以上观察分析，可知在负荷中主动负荷占比越多，在主动负荷响应之后，负荷曲线与可再生能源更为相似，广义负荷曲线的波动性越小。

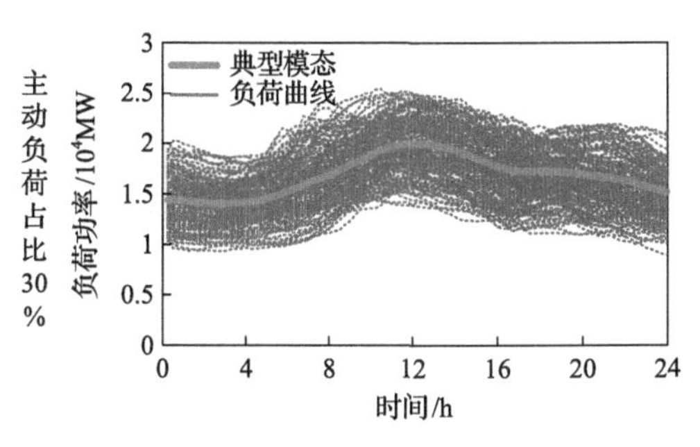

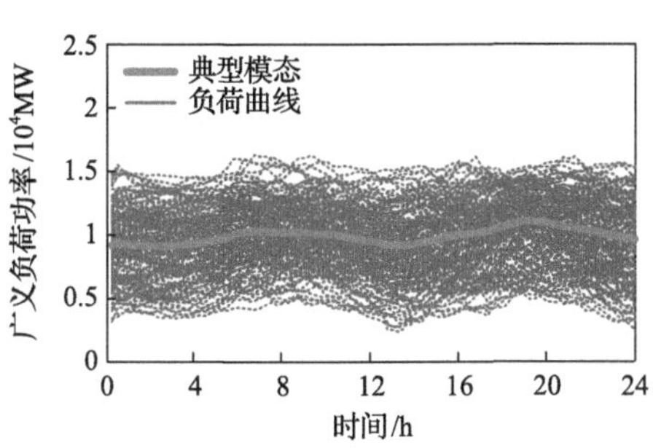

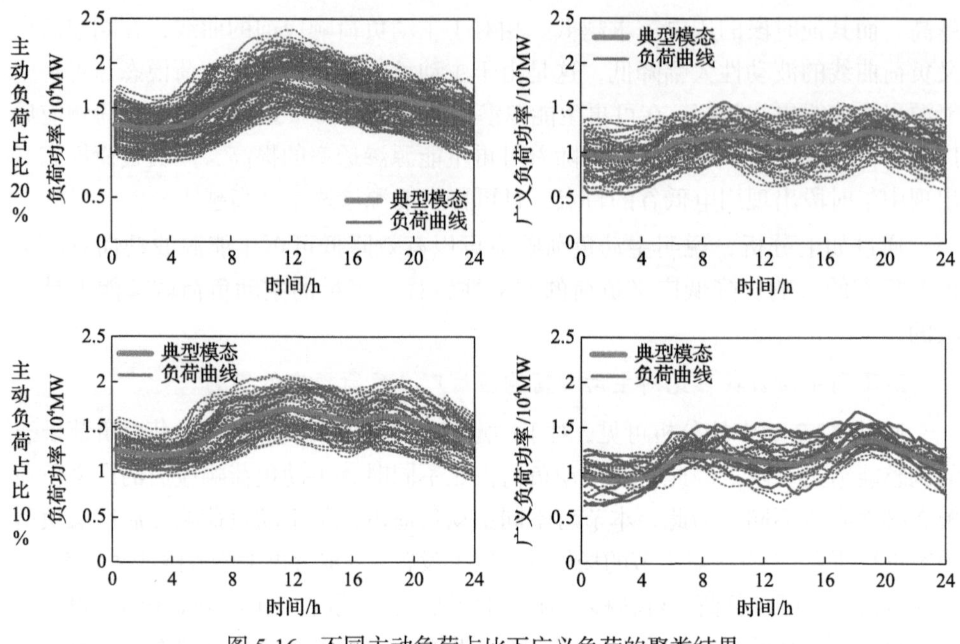

图 5-16 不同主动负荷占比下广义负荷的聚类结果

3) 主动负荷中各成分占比不同对主动负荷响应后广义负荷模态的影响

在 5.2.3 节中，设置了主动负荷中的各个成分的响应模型，且不同的主动负荷的响应特点有所不同。当主动负荷中各个成分的占比不同时，主动负荷响应后的模态也会有所差别。因此，本节对不同主动负荷成分占比的情况下负荷模态进行研究。

仿真设置如下：可再生能源渗透率为 50%，主动负荷占比为负荷的 30%，分别研究主动负荷中不可控负荷/可转移负荷/可中断负荷占比为 60%/30%/10%，10%/60%/30%和 30%/10%/60%的情况下的负荷模态。

在图 5-17 中展示了三种不同场境下主动负荷响应后的负荷模态，其中曲线图左侧的文字表示了该场景下不可控负荷/可转移负荷/可中断负荷在主动负荷中的占比。观察三个场景下的负荷模态，相对于主动负荷响应前的负荷模态，三个场景下负荷在[9,12]和[17,19]两个时段的峰值用电量降低，而 12 点左右的用电量提高。其中，场景 3 的模态与主动负荷响应前的负荷模态最为相近，场景 1 的负荷模态则呈较为典型的单峰型，而场景 2 的负荷模态则介于两者之间。

对以上观察结果进行分析。场景 3 中，可中断负荷为主动负荷的主要成分，占 60%。因可中断负荷只有在广义负荷向上波动较大时才可以响应，应对面较小，所以主动负荷响应后负荷模态变化较小。场景 1 和场景 2 中广义负荷的主要成分分别为可转移负荷和不可控负荷。可转移负荷可完全根据需求侧响应发生变化，

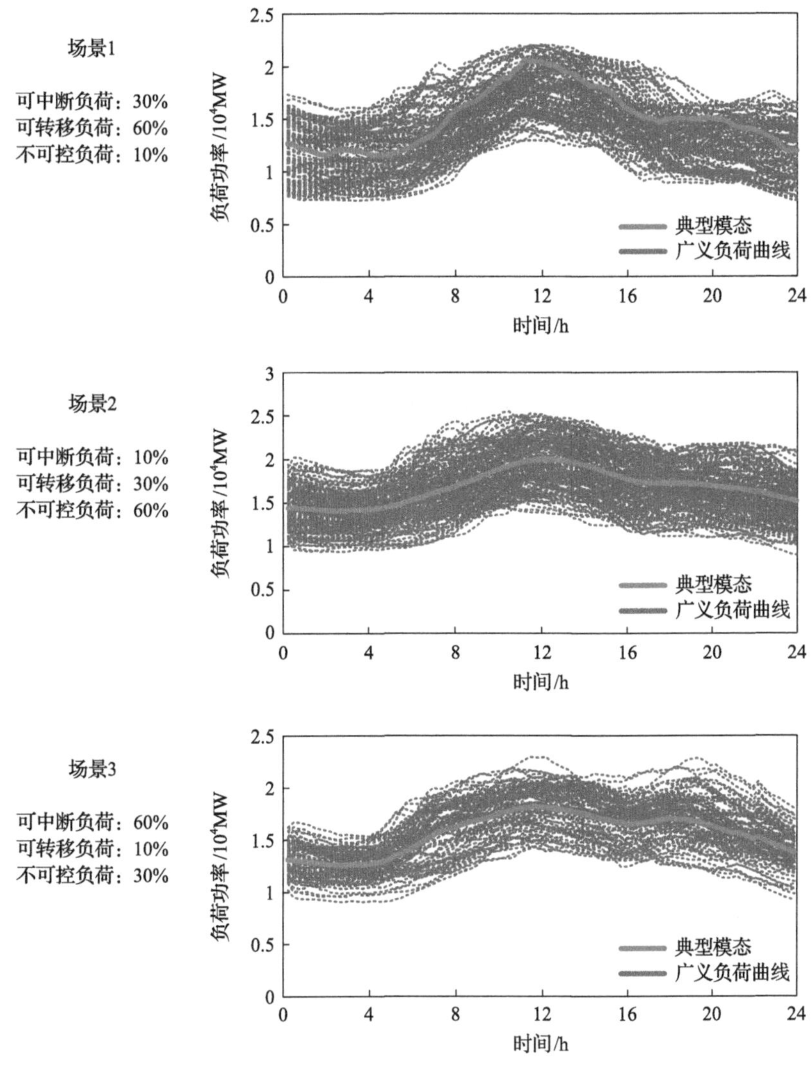

图 5-17　各分量在主动负荷中不同比例下的聚类结果

而不可控负荷还需考虑用户的响应意愿，可能无法充分进行需求侧响应，因此可转移负荷的响应效果比不可控负荷更好。从以上分析结果可以看出，对于减小广义负荷波动的效果来说，可转移负荷的效果最好，不可控负荷次之，可中断负荷最差。

本节研究了未来可再生能源渗透率、高主动负荷占比电力系统的广义负荷模态。在广义负荷建模过程中，充分考虑了主动负荷与可再生能源之间的相互作用，建立了三种主动负荷与可再生能源的联动模型。该模型不仅能用于广义负荷的模态研究，而且能生成主动负荷在不同条件下的输出数据，这有助于广义负荷影响因素的敏感性分析。本节的方法和模型为今后广义负荷数据的模态模拟和分析提供了参考。

5.4 考虑温度与交通情况的电动车充电负荷模拟预测方法

交通电气化正在全球迅速发展，终端用电比例不断攀升。电动汽车的发展必将推动电力系统的优化。在未来智能电网的情形下，电动车充电负荷将成为荷端主动负荷最重要的组成成分之一。可靠的电动车(electric vehicle, EV)充电负荷模拟和预测将为充电桩优化布局、配电网增容和优化运行等奠定重要基础并提供模型输入，也可以指导分布式风能和太阳能发电在负荷侧的规划，以提高可再生能源在用电终端的供电比例。

近年来，国内外相关学者已经利用不同数据集和各类数据驱动算法在电动车充电负荷模拟预测方面开展了诸多工作。目前，主要有四类数据集可用于电动车充电负荷的模拟或预测：①充电设备实测的充电负荷时间序列数[31-33]；②家庭或公共停车场的车辆出入记录[31-34]；③高速公路、国道、公路等实测的交通流和天气数据[35]；④用户车辆出行数据[36、42]。前两种数据集在使用中存在隐私风险，且市场上公共可用的充电数据积累不足[36]。因此，后两类数据集在充电负荷模拟和预测领域应用最为广泛。采用概率密度分析、蒙特卡罗[43]、马尔可夫链等算法[38、44、45]模拟车辆使用的时空变量以及电动车充电的随机性，并建立不同时间、不同位置的出行行为和充电负荷的时空特性模型。

现有研究在电动车充电负荷建模工作中取得了丰硕的成果，但仍有以下值得继续探索的方向：①多数现有方法都采用单一概率分布函数来量化全部时空场景下的用户出行特性[38、43、46]，无法很好地反映不同外部条件下的用户出行模式变化及其引起的实际充电负荷的变化。②除了出行模式会影响车辆充电负荷外，还有许多其他影响充电负荷总量、充电时间和充电频率的因素。如环境温度会影响电池容量、充电效率和车辆功耗等[47]；交通拥堵程度会影响车辆行驶时长和速度[48]，并进一步影响电动车电池和辅助设备的能耗；充电方式、充电设备的功率等会影响充电的频次和负荷总量等。现有研究中鲜有考虑到上述因素，进而影响充电负荷模拟及预测精度。

针对上述问题，本节提出了考虑交通拥堵和天气因素的电动车充电负荷模拟方法。首先，量化环境温度对电池容量和空调用电的影响；其次，定义两个可以量化道路车辆拥堵程度及其对车辆行驶速度影响的交通指标；并得出在各种交通条件和车辆行驶速度下空调和电动车行驶所消耗的电量；第三，建立不同场景下车辆出行时空变量的概率密度分布模型；最后，利用蒙特卡罗方法生成家庭、工作地、商业等区域的车辆充电负荷日变化曲线。

5.4.1　车辆出行时空变量及其改进概率模型

电动车用户的出行情况对电动车充电负荷的时空特性产生直接影响，是电动车充电负荷具有时空随机等不确定性的主要原因。因此，本节从时间和空间两个角度构建了一系列车辆出行变量，用以全面描绘车辆出行的时空特征，如车辆出行时刻和抵达时刻、停驻起止时刻和停驻位置、目的地等。这些变量直接影响车辆抵达下一个目的地的行驶时长、行驶里程，即车辆耗电量或电动车动力电池的荷电状态(SOC)，进而影响停驻时是否选择充电以及电动车接入电网进行充电的时间、时长、地点和方式等。

以“日”为车辆行驶行程的统计时间跨度，时间分辨率为 5～15min，两个相邻目的地之间的行程称为“子行程”，记为一次出行。设每辆车每天共有 m 次出行行为，即 m 个子行程。出行时间变量描绘了用户车辆每次出行过程中行驶和停驻的时刻与时长情况，包括第 m 次出行的起始时刻 t_{sm}；第 m 次出行中抵达目的地的时刻 t_{am}；第 m 次出行的行驶时长 T_{dm}；第 m 次出行目的地的停驻时长 T_{pm}。出行空间变量描绘了用户车辆各次出行的空间位置及转移情况，包括第 m 次出行目的地 D_m；第 m 次出行的行驶里程 d_m。

同时，用户车辆的出行路径也具有动态不确定性，使得上述变量之间的影响更为复杂，因此这里引入车辆空间转移概率表示车辆出行的空间流动规律。假设空间转移是一个具有无后效性的随机过程，用户车辆出行的本次目的地 D_m 仅与上次出行目的地 D_{m-1} 有关，与之前的出行目的地无关。据此，将空间转移概率定义为在某个时刻，来自目的地为 D_m 的用户车辆转移至下一个目的地 D_{m+1} 的概率值，如式(5-28)所示。

$$P(D_m \to D_{m+1}) = P(D_{m+1} \mid D_m) \tag{5-28}$$

按一定时间间隔对出行开始行驶时刻 T_{sm} 进行离散化处理，可以将空间转移概率转化为 $M \times N \times N$ 的三维矩阵形式，其中 M 为离散化后时间间隔的数量，N 为充电地点分类数量，对应于任意时间间隔 T_i 的矩阵为一个 $N \times N$ 二维矩阵，空间转移概率矩阵如式(5-29)所示。

$$P_{T_i} = \begin{bmatrix} p_{T_i,D_1,D_1} & \cdots & p_{T_i,D_1,D_N} \\ \vdots & & \vdots \\ p_{T_i,D_N,D_1} & \cdots & p_{T_i,D_N,D_N} \end{bmatrix} \tag{5-29}$$

式中，p_{T_i,D_i,D_j} 为在时间间隔 T_i 内，由当前地点 D_i 转移至下一目的地 D_j 的概率。该矩阵中对角线元素不一定为 0，表示有部分往返行程。在任意时间间隔 T_i 内，

用户从某地点 D_i 出行时选择各目的地 D_j 类型的概率和为 1，即 $\sum_{j=1}^{N} p_{T_i,D_i,D_j}=1$。

将用户出行日的类型分为工作日和周末，所涉及的地点类型有：工作地（work place, W）、居民社区（home, H）、商业等其他区域（other, O），以每次用户出行的起终点命名该次出行。如 WO 即表示该次出行的起点为 W 区域，终点为 O 区域。此外，H1 表示日内中途回家逗留；H2 表示结束当日全部出行回家。根据不同充电地点类型和不同行程类型对车辆出行时空变量进行细化分类[49]，并针对各地点类型及日类型分别建立全部出行变量的概率分布模型，以提高模型精度。例如，分别拟合工作日和周末用户车辆的首次出行时刻。

利用各个出行变量的概率分布模型，对每个特征量生成一系列伪随机数来描述车辆行驶过程的时间状态值和空间状态值，量化车辆的出行模式，据此进行充电负荷的模拟。

5.4.2 温度与交通情况对电动车充电负荷影响分析

1. 温度对电池容量和空调耗能的影响分析

本节针对环境温度对电池容量和空调能耗的影响进行研究，建立了考虑温度变化的电池容量及空调功率模型。

1）温度和循环次数对电池容量的影响

电池容量受温度的影响是影响用户充电频率的重要因素，尤其在当前电池技术尚不完善的情况下。现有方法对电池容量大多只是简单设置固定数值或者预定分布，这会导致充电负荷模拟误差。

由于电池自身固有特性，在不同环境温度下，同一电池组的容量与充放电特性会有很大区别。本节以磷酸铁锂电池[50]和某种锂离子电池[51]的实验数据为例，建立环境温度和电池容量之间的量化关系。

在磷酸铁锂电池的实验中，以 25℃时的放电容量作为参考值。在各温度条件下分别取三个样品进行测试，计算其相对于基准容量的百分比平均值，结果如图 5-18 所示。可见，磷酸铁锂电池容量在低温阶段的衰减明显，在 0℃时电池容量接近正常容量的 80%，在–5℃时电池容量不足正常容量的 70%；温度较高时，电池容量会在一定程度上得到提高，但变化不显著，在 35℃时最高能够达到正常容量的 103%左右；高于 50℃后电池容量变化从上升趋势变为下降趋势。为后续考虑一天中温度变化对电池相对容量的影响，采用多项式模型对温度与相对容量之间的关系进行拟合，拟合公式如式（5-30）所示。

$$C_r = e_1 \cdot T^3 + e_2 \cdot T^2 + e_3 \cdot T + e_4 \tag{5-30}$$

式中，C_r 为相对容量(%)；T 为温度(℃)；e_1、e_2、e_3、e_4 为多项式模型拟合系数。

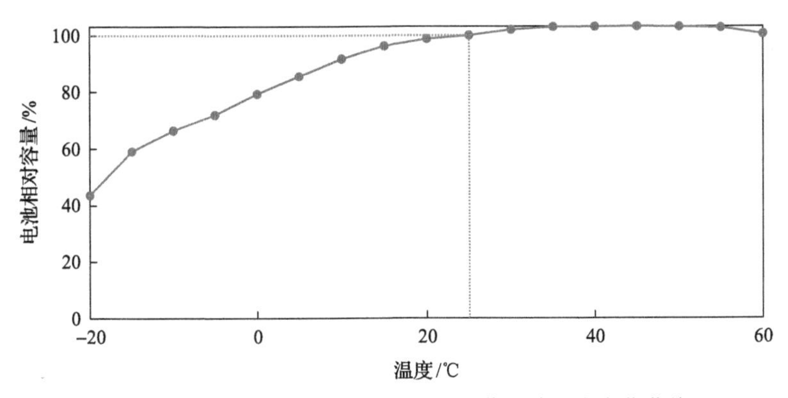

图 5-18　磷酸铁锂电池相对容量随工作环境温度变化曲线

以美国国家航空航天局阿姆斯研究中心的锂离子电池监测数据[51]为例，进一步分析不同充放电循环次数下环境温度对电池容量的影响。选择测试环境温度适宜以及有效监测样本充足的电池组进行分析，即#5、#32、#36、#48 和#56 电池组。#48 和#56 电池的监测温度为 4℃，#5 和#36 电池的监测温度为 24℃，#32 电池的监测温度为 43℃。以第一次充放电后的电池容量为初始值，分别观测选定电池组在各自监测环境温度下经过 40 次充放电循环后的电池容量大小。

图 5-19 为各组电池容量随充放电循环次数的变化。在室温环境下(24℃)，#5 和#36 电池的容量随着充放电循环次数的增加并没有明显变化，而其他三组电池(工作温度为 4℃的#48 和#56；工作温度为 43℃的#32)的容量随着充放电循环次数的增加有明显衰减。

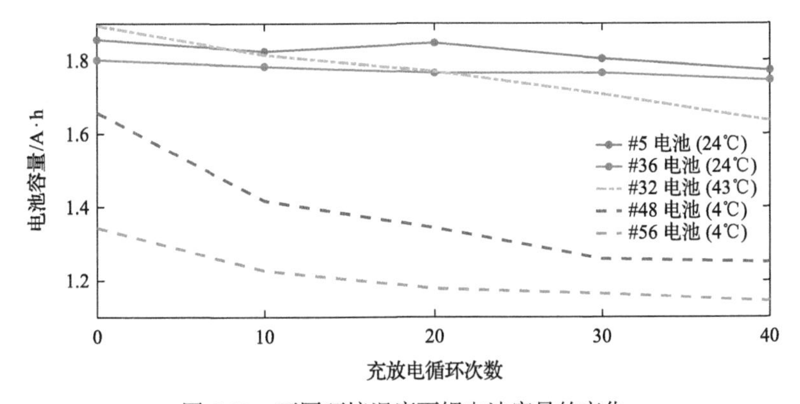

图 5-19　不同环境温度下锂电池容量的变化

综上，在不同环境温度下，电动车动力电池的容量具有不同的变化趋势，且数值迥异，使得即使在同一种出行模式下，用户的电动车充电负荷需求也会随环境温度而显著不同。因此，需要在充电负荷模拟中考虑环境温度的影响。

2) 空调能耗建模

对于电动车而言，空调系统(包括制冷系统和制热系统)是除行驶以外耗能最高的环节。环境温度和湿度等天气条件直接影响车辆空调系统的使用和能耗。从而对电动车续航里程及充电需求产生很大影响。

图 5-20 为空调耗电功率随环境温度的变化曲线[52]。如图所示，在 15℃以下或 25℃以上时，空调的耗电功率急剧增加，且制热功率略高于制冷功率。因此，在充电负荷模拟中应考虑空调对电动车电池荷电状态的影响。

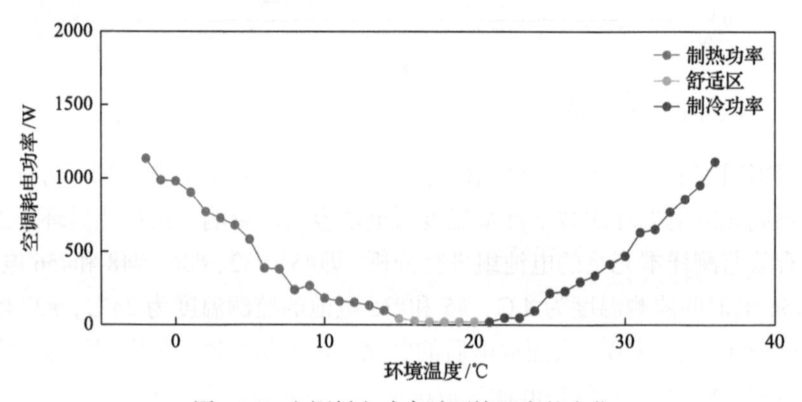

图 5-20 空调耗电功率随环境温度的变化

为了在充电负荷模拟中量化日内温度变化对空调能耗的影响，采用分段多项式模型拟合温度与空调功率之间的关系，如式(5-31)所示。

$$P_a = g_1 \cdot T^3 + g_2 \cdot T^2 + g_3 \cdot T + g_4 \tag{5-31}$$

式中，P_a 为空调耗电功率；T 为温度；g_1、g_2、g_3、g_4 为多项式模型拟合系数。

2. 考虑交通拥堵影响的电动车能耗模型

道路交通状况是影响能耗的重要实际因素。道路交通拥堵情况下，车辆行驶时长增加、空调运行时间增加、车辆行驶在非经济速度下等因素都会影响电动车的能量消耗和充电需求。但这些因素在现有研究中尚没有考虑。

本节中定义了交通运行指数(transport performance index，TPI)和耗时系数(time-consuming coefficient，TCC)来衡量交通拥堵程度，并据此对行驶时长及速度进行修正，从而建立了基于平均行驶速度和车辆比功率(vehicle specific power,

VSP)的能耗因子模型。

1)交通性能指标及行驶时长校正

TPI 用来评估道路交通的总体运行状况，并反映道路交通拥堵在时间、空间以及强度等方面的特征[53]。根据北京市《城市道路交通运行评价指标体系》(DB11/T785—2011)，TPI 计算方法如下[54]。

步骤 1：确定道路拥堵等级。将道路网中各路段划分为“快速路”、“主干路”、“次干路和支路”三个等级[55]，基于实际交通数据计算车辆在各路段的平均行驶速度。根据计算得到的各路段行驶速度及道路等级，确定各路段的拥堵等级，如表 5-7 所示。

表 5-7　道路等级划分及对应的交通拥堵等级

道路等级	路段交通拥堵等级与速度划分区间/(km·h^{-1})				
	畅通	基本畅通	轻度拥堵	中度拥堵	严重拥堵
快速路	(65, +∞)	(50, 65]	(35, 50]	(20, 35]	(−∞, 20]
主干路	(40, +∞)	(30, 40]	(20, 30]	(15, 20]	(−∞, 15]
次干路、支路	(35, +∞)	(25, 35]	(15, 25]	(10, 15]	(−∞, 10]

步骤 2：计算各等级道路的车公里(vehicle kilometers of travel，VKT)指数，以及各等级道路 VKT 值占所有道路总 VKT 值的百分比。VKT 为车辆行驶里程的累计值，反映了特定等级道路的交通流量。VKT 的单位为当量小汽车×公里(pcu×km)，如式(5-32)所示。

$$\mathrm{VKT}_i=\sum_{i=1}^{N_i}\mathrm{VKT}_{S_i}=\sum_{i=1}^{N_i}V_{S_i}\times L_{S_i} \tag{5-32}$$

式中，VKT_i 为第 i 等级道路的 VKT 值(pcu×km)；i 分别表示快速路、主干路、次干路和支路；N_i 为第 i 等级道路的条数；S_i 表示路段；VKT_{S_i} 为路段 S_i 的 VKT 值；V_{S_i} 为统计时段内通过路段 S_i 的车辆数目(pcu)；L_{S_i} 为路段 S_i 的长度(km)。

步骤 3：计算各等级道路的拥堵里程比例。各等级道路处于严重拥堵等级的里程比例，即严重拥堵下的道路长度除以该等级道路的总长度，反映了道路拥堵的空间分布。

步骤 4：计算整个道路网的拥堵里程比例。以各等级道路 VKT 比例作为权重对各等级道路拥堵里程比例进行加权。

步骤 5：将得到的道路网拥堵里程比例转换为 TPI，转换关系如表 5-8 所示。TPI 取值范围为[0,10]。

表 5-8　拥堵里程比例与 TPI 之间的关系

拥堵里程比例	[0%, 4%]	(5%, 8%]	(8%, 11%]	(11%, 14%]	(14%, 24%)	≥24%
TPI	[0, 2)	[2, 4)	[4, 6)	[6, 8)	[8, 10)	10

步骤 6：计算 TCC。实时发布的交通指数可以帮助电网、用户对出行所需时间、可能遇见的道路交通拥堵情况有一个准确的预期，基于交通发展研究中心的历史数据统计，得出 TPI 与 TCC 之间的映射关系，如表 5-9 所示。TCC 表示拥堵情况下比交通顺畅时多耗时的倍数。

表 5-9　TPI 与 TCC 之间的关系

TPI	路况	出行耗时	TCC
[0, 2)	畅通	可以按道路限速标准行驶	0
[2, 4)	基本畅通	比畅通时多耗时 0.3～0.5 倍	0.3～0.5
[4, 6)	轻度拥堵	比畅通时多耗时 0.5～0.8 倍	0.5～0.8
[6, 8)	中度拥堵	比畅通时多耗时 0.8～1.0 倍	0.8～1.0
[8, 10]	严重拥堵	比畅通时多耗时 1.0 倍以上	1.0 以上

步骤 7：修正行驶时长。行驶时长受当前交通状况影响。在车辆出行模拟过程中，需根据 TPI 和 TCC 对行驶时长进行校正，如式(5-33)所示。

$$T_i' = T_i \times (1 + \delta_i) \tag{5-33}$$

式中，T_i 为畅通路况下用户第 i 段行程的行驶时长；T_i' 为考虑交通拥堵时用户第 i 段行程的行驶时长；δ_i 为耗时系数，即行驶时长的修正系数，与表 5-9 中的 TCC 取值相同。

2) 考虑车辆行驶速度的能耗模型

现有的电动车能耗建模研究大多集中在动力电池的化学、物理特性方面，尚未与电动车实际行驶工况联系在一起，导致后续的充电负荷模拟与预测中具有不可避免的误差。为解决上述问题，建立了基于平均速度和机动车比功率(VSP)的能耗模型[56]，以计算电动车每次出行的能耗。平均速度用于反映车辆一段时间内的平均驾驶工况。VSP 定义为发动机牵引单位质量机动车所输出的功率，单位为 kW/t，如式(5-34)所示。VSP 是反映实际运行工况下车辆耗能效率的关键参数[57]，不同行驶速度对应于不同 VSP，轻型车 VSP 的经验公式如式(5-35)所示。

$$\mathrm{VSP}=v\times\left[a(1+\varepsilon_i)+g\cdot gr+g\cdot C_R\right]+\frac{1}{2}\rho_a\times\frac{C_D\cdot A}{m}(v+v_w)^2\cdot v \tag{5-34}$$

$$\mathrm{VSP}_{(\text{轻型车})}=v\cdot\left(1.1a+0.132\right)+0.000302v^3 \tag{5-35}$$

式中，v 为车辆瞬时速度(m/s)；a 为车辆的瞬时加速度(m/s^2)；ε_i 为质量因子，表示传动系中转动部分的当量质量，取 0.1；g 为重力加速度，取 9.81m/s^2；gr 为道路坡度；C_R 为滚动阻力系数；ρ_a 为空气密度，取 1.207kg/m^3；C_D 为风阻系数；A 为车辆前横截面积(m^2)；m 为车辆重量(kg)。

在所提出的能耗模型中，VSP 可以转换为相应的电动车电能消耗量，建模方法如下。

步骤 1：以车辆速度及加速度实验数据为输入，根据式(5-36)计算各行驶速度对应的机动车比功率。

步骤 2：以能耗和行驶时间的实验数据为输入，计算各 VSP 区间下的电能耗率(energy consumption rate，ECR)，即单位时间的电能消耗[56]。

步骤 3：计算各平均速度区间下的能耗因子(energy consumption factor，ECF)，即单位行驶里程的电能消耗。以不同平均速度区间下 VSP 的分布比例对各 VSP 区间下的平均电能消耗率进行加权，得到各平均速度区间下的电能消耗率，进而计算 ECF。如式(5-36)～式(5-38)所示。

$$\overline{\mathrm{ECR}_i}=\sum_j \mathrm{ECR}_j\cdot P_{ij} \tag{5-36}$$

$$V_i=\frac{\sum_{k=1}^{n}D_{ik}}{\sum_{k=1}^{n}T_{ik}} \tag{5-37}$$

$$\mathrm{ECF}_i=\frac{\overline{\mathrm{ECR}_i}\cdot\sum_{k=1}^{n}T_{ik}}{\sum_{k=1}^{n}D_{ik}\cdot 10^3} \tag{5-38}$$

式中，$\overline{\mathrm{ECR}_i}$ 为平均速度区间 i 下的电能消耗率(J/s)；ECR_j 为第 j 个 VSP 区间下的电能消耗率(J/s)；P_{ij} 为平均速度区间 i 下第 j 个 VSP 所占的百分比；T_{ik} 为平均速度区间 i 下片段 k 的行驶时长(h)；D_{ik} 为平均速度区间 i 下片段 k 的行驶距离(km)；V_i 为平均速度区间 i 的区段速度(km/h)；ECF_i 为区段速度 V_i 的能耗因子(kW·h/km)。

18～21.6km/h 速度范围的 VSP 分布如图 5-21 所示，不同平均速度范围的电能消耗率如图 5-22 所示。

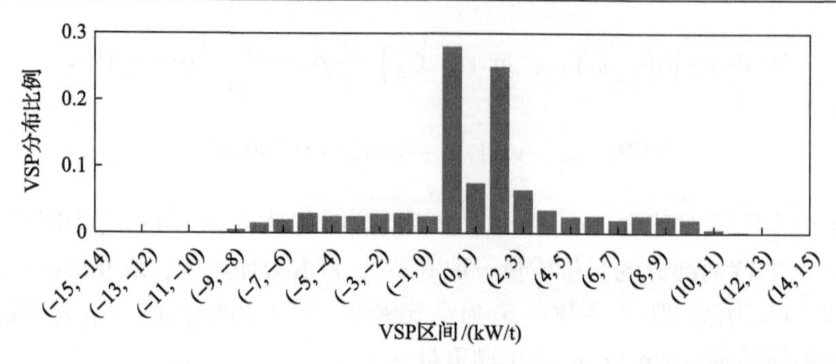

图 5-21　18～21.6km/h 速度范围下的 VSP 分布

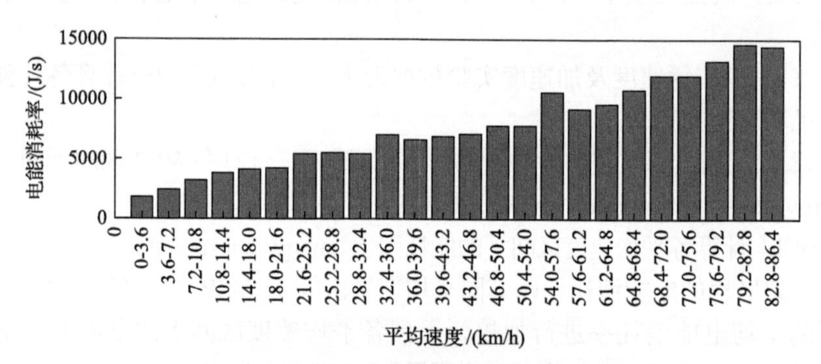

图 5-22　不同平均速度范围的电能消耗率

步骤 4：拟合能耗因子样本点。根据一系列不同的区段速度及其对应的 ECF 样本点，采用三次回归模型建立关于车速的 ECF 模型，如式(5-39)所示。

$$\mathrm{ECF} = a/V + bV + cV^2 + d \tag{5-39}$$

式中，ECF 为能耗因子(kW·h/km)；V 为区段的平均速度(km/h)；a、b、c、d 为拟合系数。

5.4.3　充电负荷模拟建模

如前几节所述，除了主观出行模式会影响充电时间和位置外，许多客观因素对电动车充电和放电过程的影响也不可忽视，如环境温度和道路拥堵情况。此外，充电设施的选择、充电偏好和电池容量也会影响充电负荷。本节介绍了考虑上述所有因素的电动车充电负荷模拟建模步骤[58]，建模流程如图 5-23 所示。

步骤 1：设置必要的参数，如电动车的数量、电池容量等。

步骤 2：建立所有时空变量的概率模型，并针对每种日类型(工作日或周末)优化模型参数，包括概率密度函数和转移概率模型。

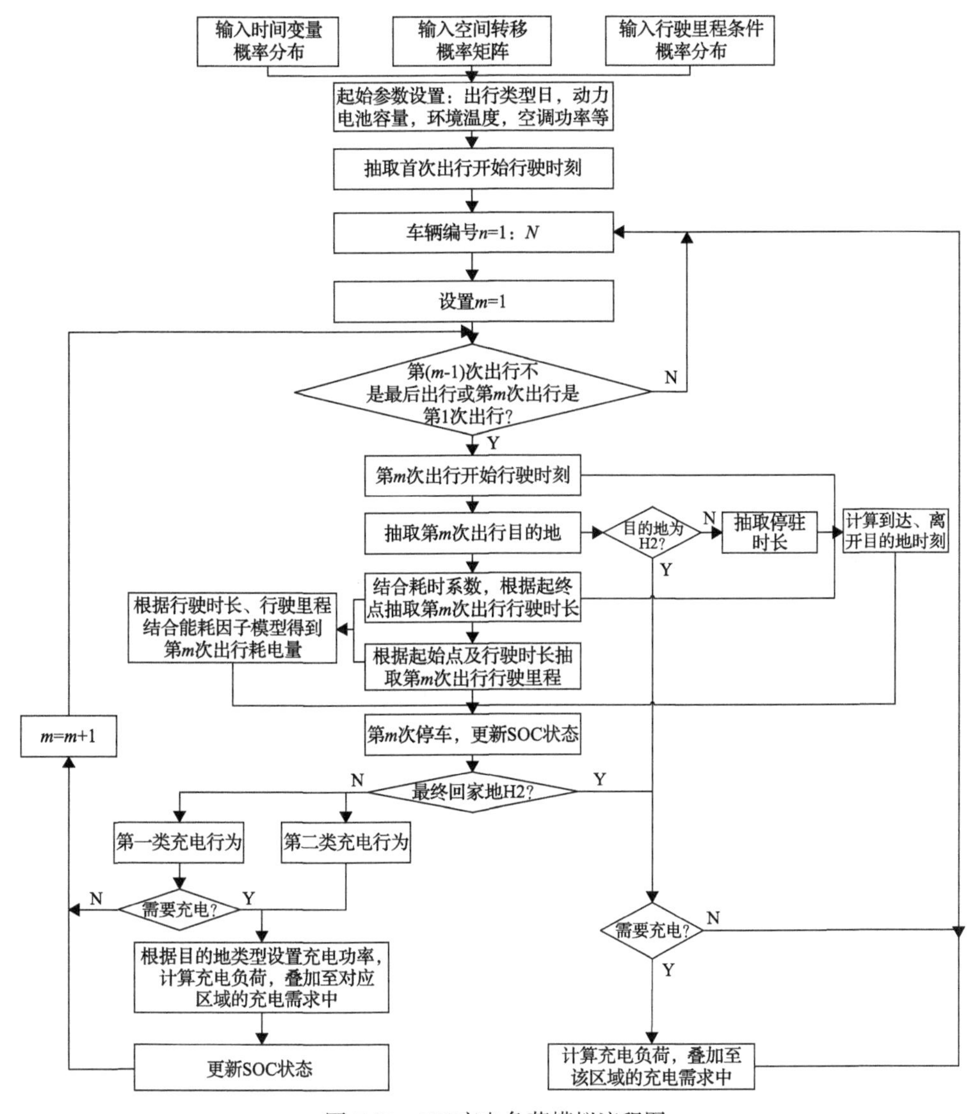

图 5-23　EV 充电负荷模拟流程图

步骤 3：输入日类型来选择时空变量的概率模型。输入温度和交通的时间序列数据，以计算车辆的电池容量和动态能耗。

步骤 4：根据相应的概率模型，基于蒙特卡罗算法依次抽取各时空变量[49]。重复抽取过程的次数与需模拟的车辆数量相同。注意，由于出行模式的变量不是独立的，如果某个行程的开始时间被延迟，则到达同一目的地的行驶时长和时间可能会相应更改。因此，在模拟过程中需要对时空变量进行交替抽取。

步骤 5：在模拟过程中，考虑到交通拥堵的影响，根据 TCC 系数对抽取的行驶时长进行修正。在抽取各次行程的目的地时，即到达目的地时，根据修改后的行驶时长和行驶里程来计算该行程的平均行驶速度。

步骤 6：更新车辆行驶的时间、时长、位置和目的地，以计算每次行程车辆的动态能耗，包括在不同平均速度下空调和行驶过程所消耗的能量。

步骤 7：根据停车位置设置充电设施。本节中有三种充电设施，即慢速充电、常规充电和快速充电。目前超高功率的直流快充设备主要安装在高速公路上。因此，本节中假设在家庭使用慢充设备，而其他公共区域使用常规充电设备。

步骤 8：设定充电偏好。对于最终回家之前的各次充电，可以选择两种充电偏好：保守充电、即时充电(或称主动充电)。

(1)保守充电。当电动车辆动力电池的剩余电量不足以支持下一次行程的能耗时才会给电动车充电，如式(5-40)所示。

$$E_{n,m,\mathrm{end}} - w_{n,m+1}d_{n,m+1} - O_{n,ac(m+1)} \leqslant 0.2C_n \tag{5-40}$$

式中，$E_{n,m,\mathrm{end}}$ 为第 n 辆电动车第 m 次出行抵达目的地后电池的剩余电量(kW·h)；$w_{n,m+1}$ 为第 n 辆电动车第 m+1 次出行的每公里能耗(kW·h/km)；$d_{n,m+1}$ 为第 n 辆电动车第 m+1 次出行的行驶里程(km)；$O_{n,ac(m+1)}$ 为第 n 辆电动车第 m+1 次出行的空调能耗(kW·h)；$0.2C_n$ 为第 n 辆电动车电池 SOC 下限(kW·h)。

(2)即时充电。只要电动车到达目的地就会充电，而与式(5-40)所示的电池 SOC 限值无关。

步骤 9：根据充电条件和充电偏好确定充电过程的开始和结束时间，在判断是否满足充电条件的过程中，综合考虑电池保养和用户心理对充电偏好的影响等。例如：为了防止电池快速老化、避免电动车动力电池过度充放电，本节假设用户在电池 SOC 高于 80%时不充电；最终回家后，如果当时 SOC 低于 20%，则必然开始充电；如果电池余量能够支持次日出行，则假设 70%的用户选择为电动车充电，而 30%的用户选择不充电；在最终回家之前，如果满足充电条件，则电动车会在到达每个目的地之后立即开始充电，当达到预定的 SOC 上限或在停车时间结束时，停止充电进程。

步骤 10：若充电条件满足，则根据预设的充电设施和抽取的停车时长来计算充电负荷。记录充电地点、充电时间和时长，以叠加不同区域内各模拟车辆的日负荷曲线。

步骤 11：更新电池 SOC 并返回步骤 4。

5.4.4 典型案例分析

1. 数据描述和模型设置

利用美国交通部发布的美国家庭出行调查数据(National Household Travel Survey，NHTS2009)模拟电动车用户的出行方式并验证所提模型[59]。该数据集包括家庭 ID 和用户 ID、行驶开始时间、行驶模式、两次出行之间的停车时长、每次出行的行驶里程等信息等。假设是在顺畅的交通条件下记录此数据，根据此数据集，私家车用户每天的平均出行次数为 3.02。

在建模之前需要根据被模拟地区的实际情况设置一些基本参数，如电动车辆的数量等。这些参数的修改不会影响模拟步骤，但更接近实际情况的参数有助于提高模拟精度。例如，可以根据当地实际电动车保有量或未来的预测值来设置车辆的模拟数量。在本节中，电动车保有量设置为 10 万。其他参数设置如下。

(1)充电设施。根据国家标准，慢充和常规充电设施的充电功率分别为 4kW 和 8kW，如表 5-10 所示。W、O、H1 地区使用常规充电；H2 区域使用慢充。

表 5-10　中国电动车充电设施国家标准 GB / T20234(2015 年发布)

充电设施		额定电压 /V	额定电流 /A
交流充电	慢充	250 440	10/16/32 16/32/63
	常规充电		
直流充电		750/1000	80 125 200 250

(2)电动车初始参数。根据当前的电动车市场，在常温下为 40～50kW·h 的区间内随机设定每辆电动车的电池容量，每辆车的初始 SOC 为 0.8C。

(3)环境温度。分别设定春秋季、夏季、冬季进行模拟。电动车空调制热功率为 1.8 kW·h，制热上限温度为 15℃；制冷功率为 1.1kW·h，制冷下限温度为 25℃。式(5-30)参数为 $e_1 = 9.976\times10^{-7}$，$e_2 = -2.162\times10^{-4}$，$e_3 = 0.0128$，$e_4 = 0.8049$；式(5-31)的参数为 $g_1 = 1.665\times10^{-5}$，$g_2 = 0.002234$，$g_3 = -0.09773$，$g_4 = 0.9553$。选择北京各季节典型日的温度时间序列数据作为输入。

(4)车辆行驶。以 60s 分辨率的数据为例来计算电动车各次行程的能耗[57]。式(5-39)的模型参数为 a=1.359，b=–0.003，c=2.981，d=0.218。

(5)交通状况。交通拥堵程度分为“畅通”、“基本畅通”和“中等拥挤”，相应的耗时系数 δ_i 分别设置为 0、0.5 和 1。

(6)TPI 和 TCC 设置。根据中国交通发展研究中心的公开数据，使用北京工作日和周末各时段典型的 TPI 和 TCC，如表 5-11 和图 5-24 所示。图 5-25 是随机选择的某个工作日和周末的实际 TPI 日曲线。

如图所示，TPI 随各时段变化，工作日和周末的曲线形状也不相同。这证实了在充电负荷模拟中考虑交通状况和日类型的必要性。工作日的早高峰时间和晚高峰时间比周末更加拥挤，且早高峰时间有所偏移。与 TPI 相似，TCC 曲线表明在高峰时段行驶时间延长，而周末与工作日相比有不同的高峰时间，这验证了所选数据的有效性。

(7)表 5-12 列出了工作日和周末各时空变量使用的概率密度函数[60、61]。

表 5-11 北京典型工作日和周末的 TPI 和 TCC 时间序列

工作日			周末		
时段	TPI	TCC	时段	TPI	TCC
00:00～06:45	0-2	0	00:00～08:30	0-2	0
06:45～07:15	2-4	0.5	08:30～10:45	2-4	0.5
07:15～08:00	4-6	0.8	10:45～12:00	4-6	0.8
08:00～08:30	6-8	1.1	12:00～14:00	2-4	0.5
08:30～09:15	4-6	0.8	14:00～15:00	2-4	0.5
09:15～16:15	2-4	0.5	15:00～17:15	4-6	0.8
16:15～17:00	4-6	0.8	17:15～18:45	6-8	1.1
17:00～17:45	6-8	1.1	18:45～19:15	4-6	0.8
17:45～18:30	8-10	1.2	19:15～20:15	2-4	0.5
18:30～19:15	6-8	1.1	20:15～21:30	0-2	0
19:15～19:45	4-6	0.8	21:30～21:45	2-4	0.5
19:45～22:45	2-4	0.5	21:45～22:30	0-2	0
22:45～24:00	0-2	0	22:30-24:00	0-2	0

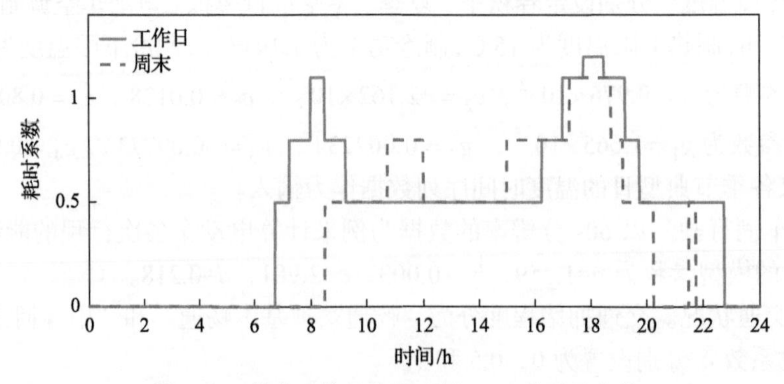

图 5-24 北京工作日和周末的 TCC 典型日曲线

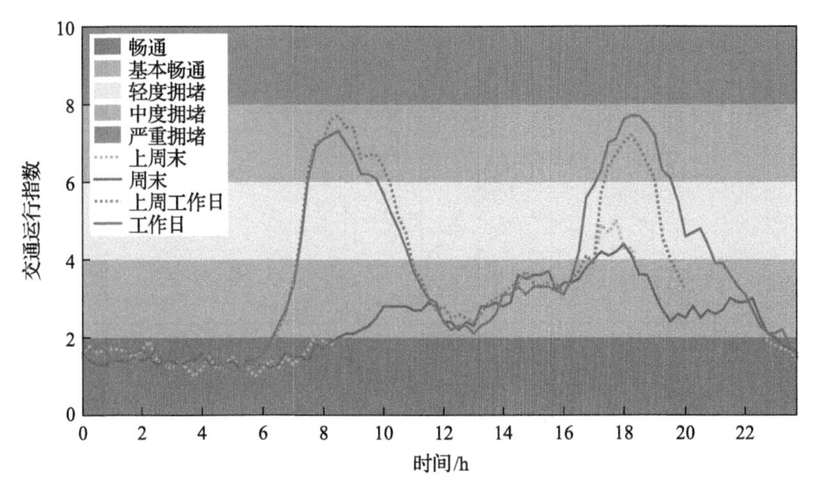

图 5-25　随机选择的工作日和周末的 TPI 日曲线

表 5-12　工作日和周末使用的概率密度函数

类型日	首次出行开始时刻	四类行驶时长	四类行驶里程	三类停驻时长
工作日	三参数 Burr 分布	对数正态分布(H-nonH、nonH-nonH、nonH-H、H-H)	正态分布(H-nonH、nonH-nonH、nonH-H、H-H)	Stable 分布(W) 广义极值分布(O) 三参数 Burr 分布(H)
周末				正态分布(W) 三参数 Burr 分布(O) 威布尔分布(H)

2. 不同季节的模拟结果

图 5-26 和图 5-27 显示了不同季节的电动车充电负荷日变化曲线和不考虑温度影响的模拟结果。表 5-13 和表 5-14 是两种充电偏好下的充电负荷统计数据，包括总充电负荷、负荷峰值和峰值时间。可以看出，充电负荷日变化曲线的平均幅度、峰值和峰值时间会随充电偏好和各个季节的日类型而显著变化。具体结论如下。

(1)不考虑温度会大幅低估充电负荷的总需求。春秋季的充电负荷接近没有考虑温度和交通情况的基准负荷曲线，这是因为春秋季的温度适宜、空调使用率较低。春秋季充电负荷与基准负荷之间的差距主要源于交通拥堵对行驶耗电效率的影响。

(2)考虑温度和交通情况与不考虑这两个因素的总充电负荷差距很大，最大相差 120%，峰值负荷的差异高达 129.8%，高峰时间从 17:30 变为 12:30。这证实了在模型中考虑环境温度和道路交通状况的必要性。

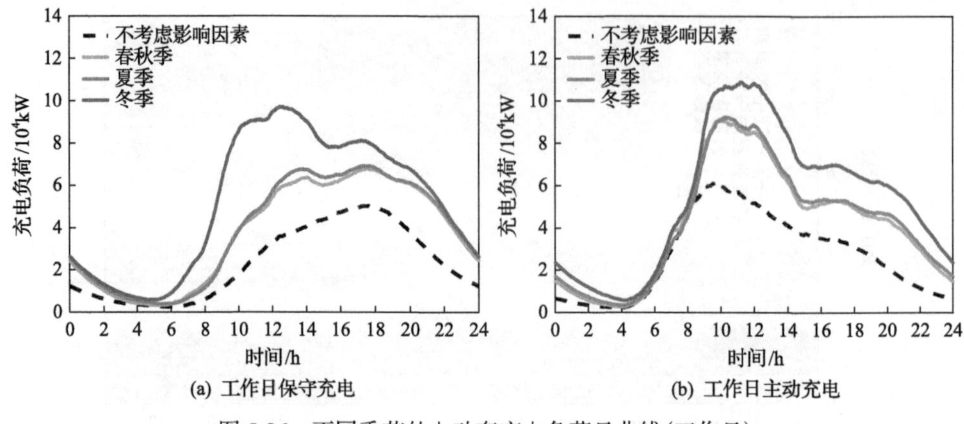

图 5-26 不同季节的电动车充电负荷日曲线(工作日)

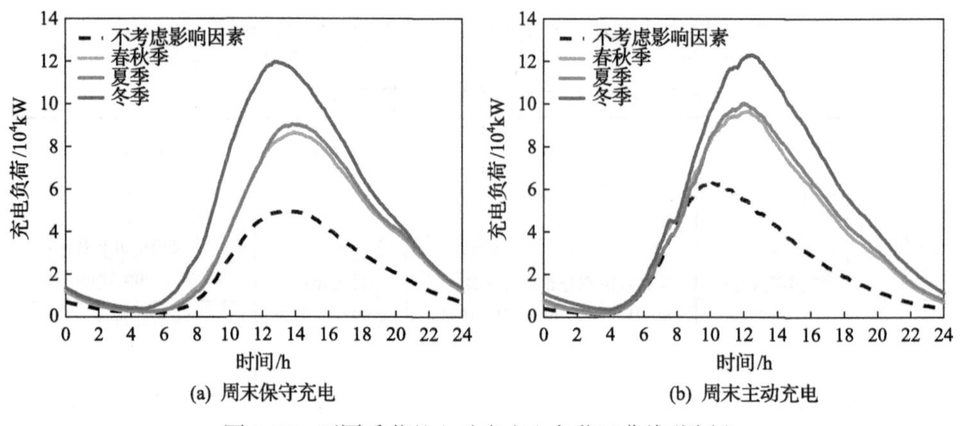

图 5-27 不同季节的电动车充电负荷日曲线(周末)

(3)在四个季节中，冬季的充电负荷需求最大，而春秋季的需求最小。如表 5-13 和表 5-14 所示，春秋季的总充电负荷最小(0.87～1TW·h)，而冬季最大(1.1～1.26TW·h)。这是因为在冬季，空调的使用频率和能耗较高，并且制热功率大于制冷功率。

(4)充电偏好会改变高峰时间和高峰负荷，尤其在工作日。如图 5-27 所示，主动充电缩短了负荷高峰时段；在春夏两季，主动充电偏好下高峰时间更早。如表 5-13 和表 5-14 所示，主动充电会导致更高的充电负荷和峰值以及更早的峰值时间。在工作日，春秋季的峰值负荷从 66.4MW 增加到 86.14MW，增长了 29.4%；夏季从 76.26MW 变为 96.77MW，增长了 26.9%；在冬季，由于电动车充电频次高于其他季节，受主动充电偏好的影响较小，变化为 9.1%。

(5)在这两种充电行为下，各季节工作日的总充电量均略高于周末，但工作日的高峰负荷较低。

表 5-13　保守充电偏好下的充电负荷统计(不同季节)

季节	工作日				周末			
	日充电量/(TW·h)	变化率/%	峰值负荷/MW	峰值时间/h	日充电量/(TW·h)	变化率/%	峰值负荷/MW	峰值时间/h
不考虑温度和交通	0.58	0	50.08	17.23	0.50	0	49.11	13.97
春秋	0.90	53.45	66.40	17.57	0.87	74.00	80.32	14.97
夏	0.92	58.62	76.26	17.45	0.90	80.00	92.20	14.97
冬	1.24	113.79	96.05	12.33	1.10	120.00	112.84	14.32

表 5-14　主动充电偏好下的充电负荷统计(不同季节)

季节	工作日				周末			
	日充电量/(TW·h)	变化率/%	峰值负荷/MW	峰值时间/h	日充电量/TW·h	变化率/%	峰值负荷/MW	峰值时间/h
不考虑温度和交通	0.65	0	60.44	9.58	0.58	0	62.40	9.80
春秋	1.00	53.85	86.14	10.57	0.96	65.52	89.01	13.58
夏	1.03	58.46	96.77	10.20	0.99	70.69	100.36	13.25
冬	1.26	93.85	104.66	10.20	1.12	93.10	111.12	13.38

注：变化率是相对于不考虑影响因素的日充电负荷基准结果的偏差比，即(所提模型的计算结果-基准结果)/基准结果。

3. 不同交通拥堵等级的模拟结果

图 5-28 展示了各季节在不同交通状况下的电动车充电负荷曲线(以保守充电和工作日为例)。表 5-15 列出了不同交通状况和不同季节的日充电负荷量统计数据。

模拟结果验证了所提模型考虑各种客观因素的必要性，从结果可以看出如下信息。

(1)在不同季节，交通状况对充电负荷需求总量有很大影响，而对日变化曲线形状的影响很小。春秋季的充电负荷曲线趋势与夏季相似，而冬季则展现出两个峰值点。冬季空调能耗的增加和电池性能的下降导致白天的充电需求大幅增加，因而多出一个高峰。

(2)良好的交通状况能够使各时段的充电负荷日总充电量减小。畅通和中度拥堵之间的充电负荷差异达 101%。

(3)拥堵加剧了温度对充电负荷的影响。在“畅通”交通条件下，夏季和春秋季的日充电量之差为 0.94%，而在交通条件恶化为“中度拥堵”时，其值为 5.73%。

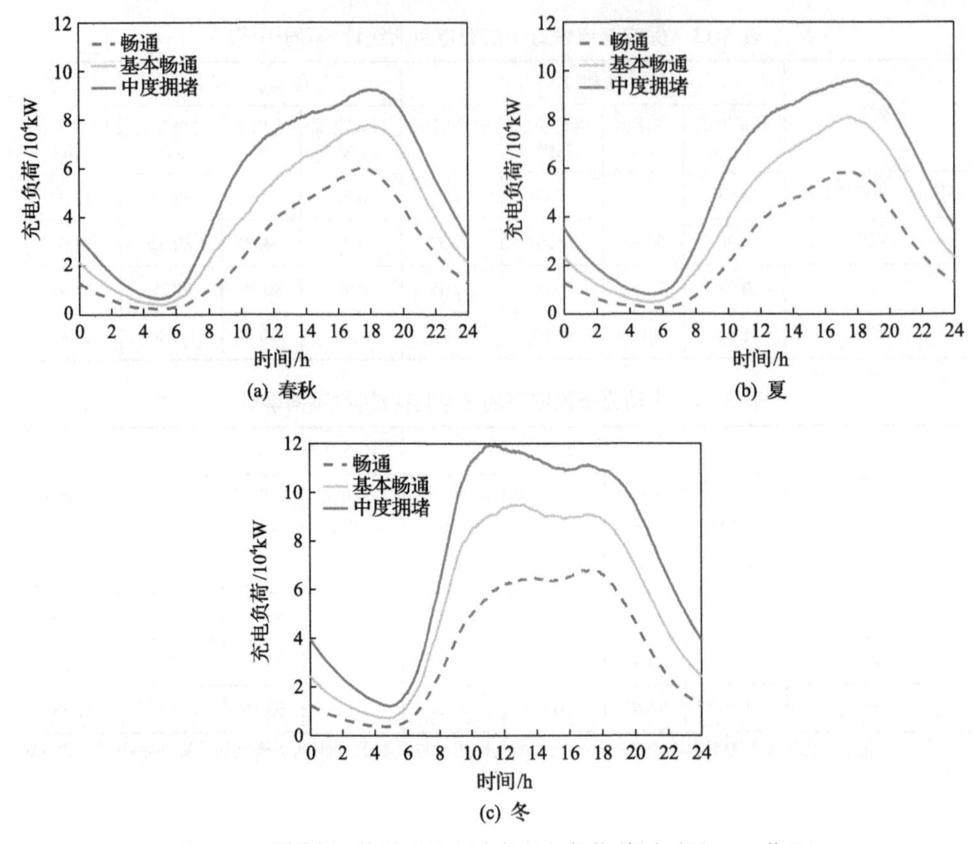

图 5-28　不同交通状况下的电动车充电负荷(保守充电，工作日)

表 5-15　不同交通状况下的日充电量(不同季节)

交通状况	春秋		夏		冬	
	日充电量/(TW·h)	变化率/%	日充电量/(TW·h)	变化率/%	日充电量/(TW·h)	变化率/%
畅通	0.638	0	0.644	0.94	0.874	36.99
基本畅通	0.956	0	0.990	3.56	1.331	39.22
中度拥堵	1.256	0	1.328	5.73	1.758	39.97

注：变化率是相对于春秋季的日充电负荷基准结果的偏差比，即(夏季或冬季的结果-基准结果)/基准结果。

4. 不同充电地点的模拟结果

图5-29和图5-30是在不同日类型和不同充电偏好下各区域的充电负荷日变化曲线(以春秋、冬季为例)。总体来说，充电位置和充电偏好会影响日充电负荷的大小、时间和曲线形状。

结果表明如下信息。

(1)大多数区域在周末显示单峰曲线，并且针对不同的充电偏好，其曲线形状和负荷需求总量大不相同。工作场所在工作日的充电负荷较其他类型更大，尤其是对于主动充电偏好，这一趋势更加明显。

(2)在保守充电偏好下，不同区域的负荷大小各不相同。如 H2 区域的充电负荷远高于其他任何区域，且在工作日显示较宽的高峰时段，主要是在午餐时间后到晚上回家后。

(3)在主动充电偏好下，不同区域所需的充电负荷相对较为平均，这是因为停车后可以立即给车辆充电，充电负荷没有拖延累积的效应。

(4)对于 H2 区域，保守充电增加了负荷需求，而对于工作区域和其他区域，效果却正好相反，尤其是在工作日。

(5)工作日总充电负荷曲线有两个差距很小的峰值，这两个高峰在周末合并为一个尖峰。工作日的两个小尖峰分别来自工作地点充电和其他地点充电；而周末由于没有上下班时间限制，所以高峰来自出游等娱乐活动地点的充电。

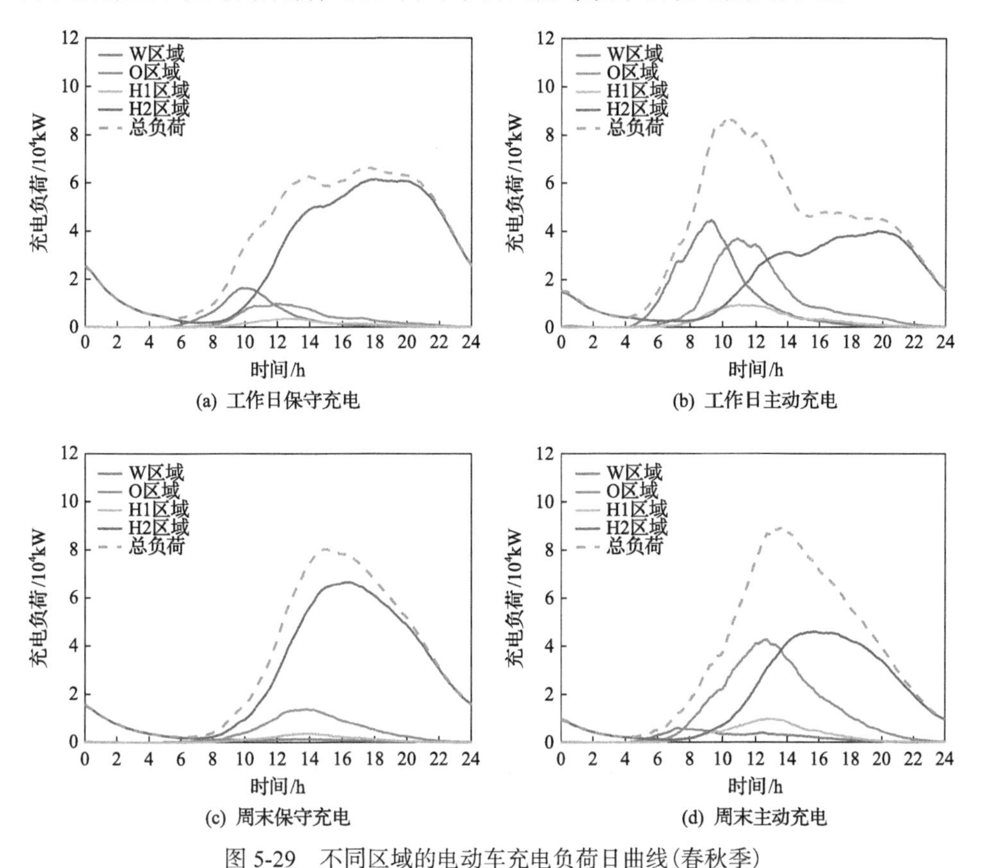

图 5-29　不同区域的电动车充电负荷日曲线(春秋季)

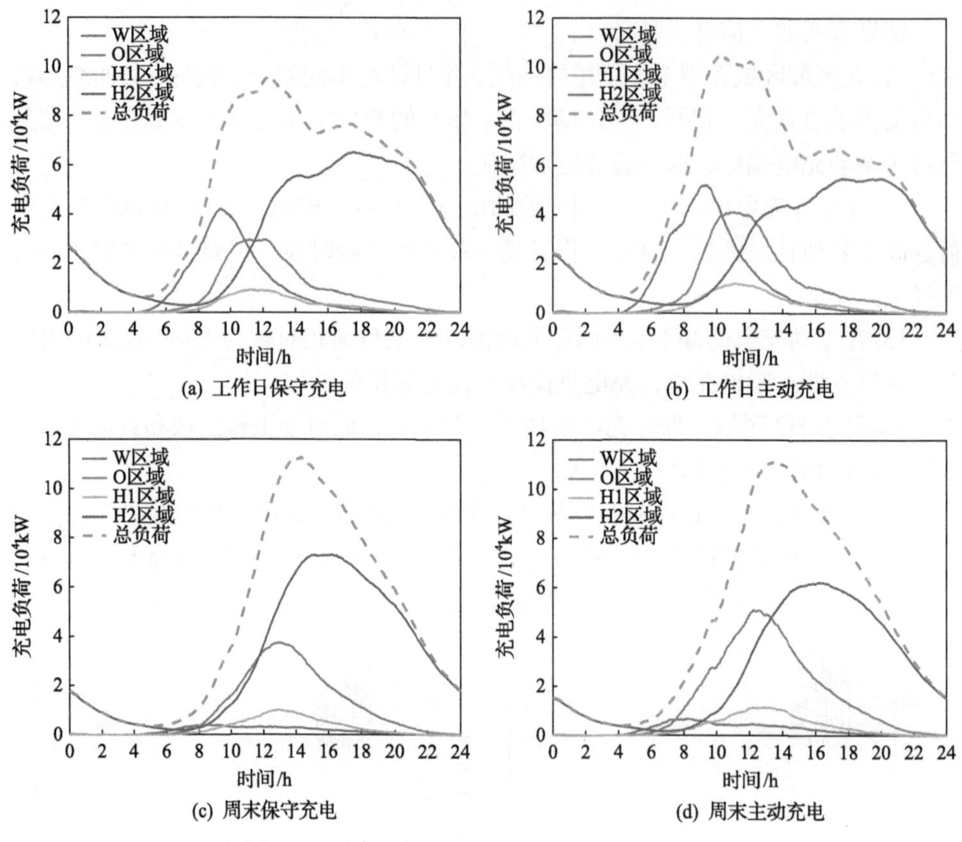

图 5-30　不同区域的电动车充电负荷日曲线(冬季)

(6)冬季和春秋季之间的结果差异在于：第一，冬季各区域的充电负荷大于春秋季；第二，冬季保守充电行为下各区域负荷之间的差异要小于春秋季。这是因为冬季的空调能耗高于春秋季，且易于达到保守充电的充电阈值，因此白天活动区域的充电负荷增加了，如工作日的工作场所和周末的其他休闲场所。

表 5-16 和表 5-17 展示了不同充电偏好和不同区域的日充电负荷总量的统计数据(春秋季)。这些结果进一步显示了充电位置和充电偏好对充电负荷的影响。表中比例一项是给定区域的日充电负荷总量除以所有区域日充电量的总和。

在保守充电行为下，H2 区域的充电需求比其他任何区域都要高，占所有区域总负荷的 76.9%。同时，与主动充电相比，保守充电会导致负荷曲线峰值时间的延迟。这是因为，保守充电方式只有在电池 SOC 降至充电阈值后才开始充电。在春秋季，白天电动车耗能相对较低，故当电动车停放在非 H2 区域时很难满足充电条件。这增加了 H2 区域的充电负荷，并且将总负荷峰值时间延迟到晚上。

对于主动充电行为，车辆在停车后会立即充电。因此每个非 H2 区域都在不同程度上分担了 H2 区域的充电负荷，这使得不同区域所需的充电负荷相对平衡，并且最大和最小负荷比例之间的差距减小到 39%。但是，主动充电会因为频繁充电，而提高负荷需求量和峰值负荷，即车辆电池中时刻保持较高的电量比例。工作日的充电负荷总量与周末较为接近，工作日略高于周末约 3.7%～4.2%。

表 5-16　保守充电的日充电量(春季和秋季)

区域	工作日				周末			
	日充电量 /(MW · h)	比例 /%	峰值负荷 /MW	峰值时间 /h	日充电量 /(MW · h)	比例 /%	峰值负荷 /MW	峰值时间 /h
W	100.8	11.21	16.39	9.92	33.9	3.91	1.36	13.12
O	80.1	8.91	9.87	11.93	118.2	13.64	13.89	13.82
H1	27.1	3.01	3.58	12.90	35.2	4.06	3.71	14.08
H2	691.1	76.86	61.45	18.02	679.5	78.39	66.68	16.18
总负荷	899.2	100.00	66.40	17.57	866.8	100.00	80.32	14.97

表 5-17　主动充电的日充电量(春季和秋季)

区域	工作日				周末			
	日充电量 /(MW · h)	比例 /%	峰值负荷 /MW	峰值时间 /h	日充电量 /(MW · h)	比例 /%	峰值负荷 /MW	峰值时间 /h
W	241.8	24.27	44.57	9.28	44.01	10.08	6.07	7.30
O	229.0	22.99	36.94	10.88	290.01	33.67	42.70	12.70
H1	69.1	6.94	9.47	10.97	62.51	8.63	9.82	12.77
H2	456.2	45.80	39.90	19.72	462.79	47.62	45.98	15.78
总负荷	996.1	100.00	86.14	10.57	859.32	100.00	89.01	13.58

参 考 文 献

[1] Tsekouras G J, Hatziargyriou N D, Dialynas E N. Two-Stage Pattern Recognition of Load Curves for Classification of Electricity Customers[J]. IEEE Transactions on Power Systems, 2007, 22(3): 1120-1128.

[2] Luo X, Hong T, Chen Y, et al. Electric load shape benchmarking for small-and medium-sized commercial buildings[J]. Applied Energy, 2017, 204: 715-725.

[3] Gerbec D, Gasperic S, Smon I, et al. Determining the load profiles of consumers based on fuzzy logic and probability neural networks[J]. IEE Proceedings-Generation, Transmission and Distribution, 2006, 151(3): 395-400.

[4] Chicco G. Overview and performance assessment of the clustering methods for electrical load pattern grouping[J]. Energy, 2012, 42(1): 68-80.

[5] 周志华. 机器学习[M]. 北京：清华大学出版社, 2016.

[6] ISO New England Zonal Information[EB/OL].(2017-12-31) [2020-05-14]. https://www.iso-ne.com/isoexpress/web/reports/pricing/-/tree/lmps-da-hourly-rt-prelim.

[7] Palensky P, Dietrich D. Demand Side Management: Demand Response, Intelligent Energy Systems, and Smart Loads[J]. IEEE Transactions on Industrial Informatics, 2011, 7(3): 381-388.

[8] Rahimi F, Ipakchi A. Demand Response as a Market Resource Under the Smart Grid Paradigm[J]. IEEE Transactions on Smart Grid, 2010, 1(1): 82-88.

[9] Bilh A, Naik K, El-Shatshat R. A Novel Online Charging Algorithm for Electric Vehicles Under Stochastic Net-Load. IEEE Transactions on Smart Grid, 2018, 9(3): 1787-1799.

[10] O'Dwyer C, Flynn D. Using Energy Storage to Manage High Net Load Variability at Sub-Hourly Time-Scales. IEEE Transactions on Power Systems, 2015, 30(4): 2139-2148.

[11] Wang Y, Zhang N, Chen Q, et al. Data-Driven Probabilistic Net Load Forecasting with High Penetration of Invisible PV[J]. IEEE Transactions on Power Systems, 2018, 33(3): 3255-3264.

[12] Sun M, Konstantelos I, Strbac G. C-Vine Copula Mixture Model for Clustering of Residential Electrical Load Pattern Data[J]. IEEE Transactions on Power Systems, 2017, 32(3): 2382-2393.

[13] Al-Otaibi R, Jin N, Wilcox T, et al. Feature Construction and Calibration for Clustering Daily Load Curves from Smart-Meter Data[J]. IEEE Transactions on Industrial Informatics, 2017, 12(2): 645-654.

[14] Tang X, Hasan K N, Milanovic J V, et al. Estimation and Validation of Characteristic Load Profile through Smart Grid Trials in a Medium Voltage Distribution Network[J]. IEEE Transactions on Power Systems, 2018, 33(2): 1848-1859.

[15] Paterakis N G, Erdinç O, Bakirtzis A G, et al. Optimal Household Appliances Scheduling Under Day-Ahead Pricing and Load-Shaping Demand Response Strategies[J]. IEEE Transactions on Industrial Informatics, 2017, 11(6): 1509-1519.

[16] Yang J, Zhao J, Wen F, et al. A Model of Customizing Electricity Retail Prices Based on Load Profile Clustering Analysis[J]. IEEE Transactions on Smart Grid, 2019, 10(3): 3374-3386.

[17] Jiang T, Cao Y, Yu L, et al. Load Shaping Strategy Based on Energy Storage and Dynamic Pricing in Smart Grid[J]. IEEE Transactions on Smart Grid, 2017, 5(6): 2868-2876.

[18] Zhou X, Shi J, Kang G. Optimal demand response aiming at enhancing the economy of high wind power penetration system[J]. The Journal of Engineering, 2017, 2017(13): 1959-1962.

[19] Xu Q, Ding Y, Yan Q, et al. Day-Ahead Load Peak Shedding/Shifting Scheme Based on Potential Load Values Utilization: Theory and Practice of Policy-Driven Demand Response in China[J]. IEEE Access, 2017, 5: 22892-22901.

[20] Hassan M. Dynamic Stability of an Autonomous Microgrid Considering Active Load Impact with New Dedicated Synchronization Scheme[J]. IEEE Transactions on Power Systems, 2018, 33(5): 4994-5005.

[21] Lai J, Lu X, Yu X, et al. Gossip-based Distributed Voltage Control for Active Loads in Low-voltage Microgrids[C]//Chinese Automation Congress. Jinan: Institute of Electrical and Electronics Engineers, 2017.

[22] Shao S, Pipattanasomporn M, Rahman S. Demand Response as a Load Shaping Tool in an Intelligent Grid With Electric Vehicles[J]. IEEE Transactions on Smart Grid, 2011, 2(4): 624-631.

[23] Prudenzi A, Silvestri A. Simulation of DSM Actions Impact Prediction on Residential Daily Load Shape[C]// Universities' Power Engineering Conference. VDE, 2011: 1-6.

[24] Reddy S, Panwar L, Panigrahi B K, et al. Investigating the Impact of Load Profile Attributes on Demand Response Exchange[J]. IEEE Transactions on Industrial Informatics, 2018, 14(4): 1382-1391.

[25] Zhang G, Jiang C, Wang X, et al. Bidding strategy analysis of virtual power plant considering demand response and uncertainty of renewable energy[J]. Iet Generation Transmission & Distribution, 2017, 11(13): 3268-3277.

[26] Li Y, Zhang J. Research into probabilistic representation of electric vehicle's charging load and its effect to the load characteristics of the network[C]//International Conference on Electric Utility Deregulation and Restructuring and Power Technologies. IEEE, 2016: 426-430.

[27] Shahidinejad S, Filizadeh S, Bibeau E. Profile of Charging Load on the Grid Due to Plug-in Vehicles[J]. IEEE Transactions on Smart Grid, 2012, 3(1): 135-141.

[28] Kement C E, Gultekin H, Tavli B, et al. Comparative Analysis of Load-Shaping-Based Privacy Preservation Strategies in a Smart Grid[J]. IEEE Transactions on Industrial Informatics, 2017, 13(6): 3226-3235.

[29] Le Floch C, Belletti F, Moura S. Optimal Charging of Electric Vehicles for Load Shaping: A Dual-Splitting Framework With Explicit Convergence Bounds[J]. IEEE Transactions on Transportation Electrification, 2016, 2(2): 190-199.

[30] Fang Y, Li R, Wang L, et al. Research of active load regulation method for distribution network considering distributed photovoltaic and electric vehicles[J]. The Journal of Engineering, 2017, 2017(13): 2444-2448.

[31] Majidpour M, Qiu C, Chu P, et al. Forecasting the EV charging load based on customer profile or station measurement[J]. Applied energy, 2016, 163: 134-141.

[32] Xu Y, Çolak S, Kara E C, et al. Planning for electric vehicle needs by coupling charging profiles with urban mobility[J]. Nature Energy, 2018, 3(6): 484-493.

[33] Kara E C, Macdonald J S, Black D, et al. Estimating the benefits of electric vehicle smart charging at non-residential locations: A data-driven approach[J]. Applied Energy, 2015, 155: 515-525.

[34] Xydas E, Marmaras C, Cipcigan L M, et al. A data-driven approach for characterising the charging demand of electric vehicles: A UK case study[J]. Applied energy, 2016, 162: 763-771.

[35] Arias M B, Bae S. Electric vehicle charging demand forecasting model based on big data technologies[J]. Applied energy, 2016, 183: 327-339.

[36] Su J, Lie T, Zamora R. Modelling of large-scale electric vehicles charging demand: A New Zealand case study[J]. Electric Power Systems Research, 2019, 167: 171-182.

[37] Arias M B, Kim M, Bae S. 2009 National Household Travel Survey User's Guide[J]. Applied energy, 2017, 195: 738-753.

[38] Arias M B, Kim M, Bae S. Prediction of electric vehicle charging-power demand in realistic urban traffic networks[J]. Applied energy, 2017, 195: 738-753.

[39] Rautiainen A, Repo S, Jarventausta P, et al. Statistical charging load modeling of PHEVs in electricity distribution networks using national travel survey data[J]. IEEE Transactions on smart grid, 2012, 3(4): 1650-1659.

[40] Fraile-Ardanuy J, Castano-Solis S, Álvaro-Hermana R, et al. Using mobility information to perform a feasibility study and the evaluation of spatio-temporal energy demanded by an electric taxi fleet[J]. Energy conversion and management, 2018, 157: 59-70.

[41] Ashtari A, Bibeau E, Shahidinejad S, et al. PEV charging profile prediction and analysis based on vehicle usage data[J]. IEEE Transactions on Smart Grid, 2011, 3(1): 341-350.

[42] Brady J, O'mahony M. Modelling charging profiles of electric vehicles based on real-world electric vehicle charging data[J]. Sustainable Cities and Society, 2016, 26: 203-216.

[43] Neaimeh M, Wardle R, Jenkins A M, et al. A probabilistic approach to combining smart meter and electric vehicle charging data to investigate distribution network impacts[J]. Applied Energy, 2015, 157: 688-698.
[44] Mu Y, Wu J, Jenkins N, et al. A spatial-temporal model for grid impact analysis of plug-in electric vehicles[J]. Applied Energy, 2014, 114: 456-465.
[45] Dong X, Mu Y, Jia H, et al. Planning of fast EV charging stations on a round freeway[J]. IEEE Transactions on Sustainable Energy, 2016, 7(4): 1452-1461.
[46] Li M, Lenzen M, Keck F, et al. GIS-based probabilistic modeling of BEV charging load for Australia[J]. IEEE Transactions on Smart Grid, 2019, 10(4): 3525-3534.
[47] Liu K, Wang J, Yamamoto T, et al. Exploring the interactive effects of ambient temperature and vehicle auxiliary loads on electric vehicle energy consumption[J]. Applied Energy, 2018, 227: 324-331.
[48] Fiori C, Ahn K, Rakha H A. Power-based electric vehicle energy consumption model: Model development and validation[J]. Applied Energy, 2016, 168: 257-268.
[49] Zhang J, Liu Y, Yan J, et al. Simulating the Daily Profile of EV Charging Load based on User's Travel Mode[C]. Applied Energy Symposium: MIT A+B (AEAB2019), 22-24 May 2019, Boston.
[50] 孙庆, 杨秀金, 代云飞, 等. 温度对磷酸铁锂电池性能的影响[J]. 电动自行车, 2011, (9): 22-27.
[51] NASA Ames Prognostics Data Repository. 'Battery Data Set' [EB/OL]. https://ti.arc.nasa.gov/tech/dash/groups/pcoe/prognostic-data-repository/#battery.
[52] 彭文明. 插电式混合动力电动汽车能耗研究[D]. 武汉: 武汉理工大学, 2013.
[53] 王璐媛, 于雷, 孙建平, 等. 交通运行指数的研究与应用综述[J]. 交通信息与安全, 2016, 34(3): 1-9.
[54] 北京市交通发展研究中心. DB11/T 785—2011 城市道路交通运行评价指标体系[S]. 北京: 北京质量技术监督局, 2011.
[55] 中华人民共和国建设部. GB 50220-1995 城市道路交通规划设计规范[S]. 北京: 中国计划出版社, 1995.
[56] 宋媛媛. 基于行驶工况的纯电动汽车能耗建模及续驶里程估算研究[D]. 北京: 北京交通大学, 2014.
[57] Lee E S, Huq A, Manthiram A. Understanding the effect of synthesis temperature on the structural and electrochemical characteristics of layered-spinel composite cathodes for lithium-ion batteries[J]. Journal of Power Sources, 2013, 240: 193-203.
[58] 金畅. 蒙特卡洛方法中随机数发生器和随机抽样方法的研究[D]. 大连: 大连理工大学, 2006.
[59] The Federal Highway Administration. 2009 National Household Travel Survey[EB/OL]. https://nhts.ornl.gov/2009/pub/stt.pdf.(2021-4-6).
[60] 赵书强, 周靖仁, 李志伟, 等. 基于出行链理论的电动汽车充电需求分析方法[J]. 电力自动化设备, 2017, 37(8): 105-112.
[61] 温剑锋, 陶顺, 肖湘宁, 等, 基于出行链随机模拟的电动汽车充电需求分析[J]. 电网技术, 2015, 39(6): 1477-1484.

第 6 章　广义负荷响应的动态关联特性

6.1　广义负荷影响因素分析

广义负荷影响因素复杂、多样，且存在多种耦合关系，分析各种因素与广义负荷的关联关系至关重要。在以往的研究中，往往直接将影响因素的原始数据序列作为研究对象，没有挖掘影响因素序列中隐含的特征信息，存在解析不完全、数据利用效率低问题。为了深入挖掘广义负荷与影响因素之间的耦合关联关系，将广义负荷的影响因素在时域和频域进行分解，分析不同分解序列之间的关联关系。

信号分解技术，可以将复杂的原始信号分解为多尺度的信号分量，这些信号分量之间相互独立，且每一个信号分量都对应着原始信号中的某一特点，蕴含着独特的信息。目前的信号分解方法存在参数设定过于主观、信号混叠严重等问题，无法满足高精度的负荷预测要求。

本节提出一种考虑广义负荷周期性影响因素的解析方法，改进了变分模态分解方法，对广义负荷的影响因素进行分解。将原始的影响因素数据序列分解为若干独立分量，再依据各分量中心频率与广义负荷周期性的对应关系，将其进行模态组合，整合为趋势分量、波动分量、随机分量，以更好地描述广义负荷变化趋势。通过对比分析，本方法所得分量序列与广义负荷序列体现出更强的相关性，可为预测模型提供更多有效的输入变量。

6.1.1　基于改进变分模态分解法的广义负荷分解

目前，在信号分解领域，变分模态分解(variational mode decomposition，VMD)是应用较为广泛的方法之一。VMD 相比于其他常规信号分解方法，在解决信号混叠问题上，表现出显著的优越性。VMD 是一种时频分析方法，在优化参数时需要同时考虑时域、频域两个维度。但目前对于 VMD 参数优化的研究存在优化维度不全面、优化方向不明确、优化方法过于主观等不足。

本节对 VMD 方法进行改进，在时域、频域两个维度以及真实性、独立性、有效性三个方面建立了改进的信号分解评价指标；以评价指标最优为目标函数，利用粒子群优化算法优化 VMD 的 3 个主要参数，建立了基于评价指标优化的 VMD 方法，并将该方法用于广义负荷及其影响因素的分解分析中。

1. 传统的信号变分模态分解方法

VMD 方法是一种信号分解估计方法[1]。它的目标是将一个信号分解成一些离散的分量信号 u_k，使每个模态的绝大部分都紧紧围绕在中心频率 ω_k 周围[2]。VMD 方法通过寻求指定个数的本征模态函数(intrinsic mode function，IMF)，使各模态的估计带宽之和最小来构造变分问题，并利用交替方向乘子法更新模态的中心频率，对变分问题进行求解。

IMF 为一个调幅-调频信号，其表达式如下：

$$u_k(t) = A_k(t)\cos(\varphi_k(t)) \tag{6-1}$$

$$\omega_k(t) = \frac{\mathrm{d}\varphi_k(t)}{\mathrm{d}t} \tag{6-2}$$

式中，$A_k(t)$ 为 $u_k(t)$ 的瞬时幅值；$\varphi_k(t)$ 为相位非递减函数；$\omega_k(t)$ 为 $u_k(t)$ 的瞬时频率[3]。

VMD 变分问题可以描述为：寻求 k 个本征模态函数 $u_k(t)$，使得在满足各个本征模态函数之和为输入的原始信号的约束条件下，所有本征模态函数的估计带宽之和最小。这是一个优化问题，可通过引入二次惩罚因子 α 和拉格朗日算子 $\lambda(t)$，将约束性变分问题转变为非约束性变分问题，进行变分模型最优解的求取。其中二次惩罚因子 α 可以在高斯噪声情况下保持信号的重构精度，拉格朗日算子 $\lambda(t)$ 可以加强约束。采用增广拉格朗日求解无约束变分问题，使求解最小化问题转变为求“鞍点”问题。

由此可见，VMD 的性能主要受三个参数影响：模态分解总数 K、二次项惩罚因子 α、拉格朗日乘子保真度 τ。模态分解总数 K 直接决定分解出的模态数量，是 VMD 方法中的主要参数。K 值过小，对原始信号的分解不彻底，容易造成模态混叠现象，导致无法从分解出的分量信号中提取有效特征信息；K 值过大，容易因信号的“过分解”产生虚假信号分量。二次项惩罚因子 α 的取值主要影响分解后各分量信号的频带带宽和收敛速度，拉格朗日乘子保真度 τ 主要影响残差分量的大小。

广义负荷构成的多元化及影响因素的多源化，需要分解后的负荷及影响因素具有独立性、有效性等特点。因此，在传统 VMD 信号分解算法的基础上，引入信号分解评价指标，对分解信号做进一步优化，明确优化方向，增强分解后信号的稳定性。

2. 基于评价指标优化的改进变分模态分解方法

VMD 方法中涉及的参数有 4 个，分别为：模态分解总数 K，二次项惩罚因子

α 、拉格朗日乘子保真度 τ 和判别精度 e。其中判别精度参数对分解结果的影响较小，一般取默认值 1e-6。另外三个参数对信号分解的效果影响较大，需要对其进行优化。优化后的 VMD 方法可以显著提升信号分解质量，使分解出的信号模态分量更加真实、独立、有效，能够为后续的负荷特性分析以及负荷预测建模提供有力支撑。

基于评价指标优化的改进变分模态信号分解方法的基本思路如图 6-1 所示。基于传统 VMD 方法对信号进行初步分解；评价分解后的信号的指标；根据评价指标结果，采用粒子群优化算法优化 VMD 算法参数(模态分解总数 K，二次项惩罚因子 α 、拉格朗日乘子保真度 τ)；直至信号分解综合评价指标(具体见 6.1.1 节第 3 部分)达到最优后输出分解结果。

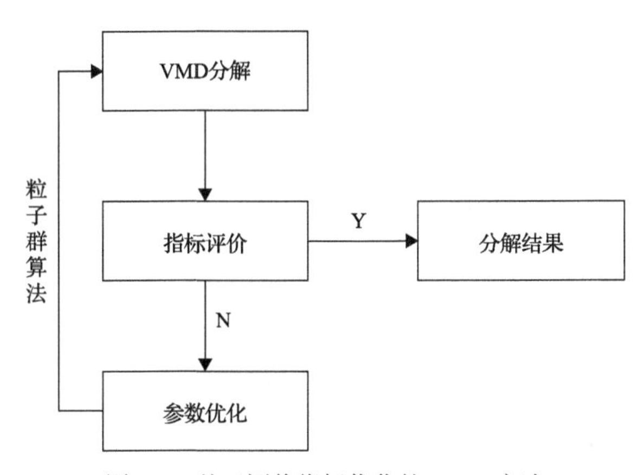

图 6-1　基于评价指标优化的 VMD 方法

3. 信号分解综合评价指标

目前在负荷预测领域对信号分解质量的评价指标主要集中在时域层面，大多采用两种方式来衡量信号分解的效果：一是利用提取出的分量信号与待分析信号之间的相关性来衡量；二是从信息论角度以分量信号体现出的信息特征来衡量。但随着在信号分解领域越来越多的时频分析方法的应用，应当同时关注时域和频域两个维度下的信号分解效果，建立新的适合时频分析的评价指标。

高质量的模态序列特征表现为各模态序列均体现出原始序列的部分时频特性且模态混叠现象微弱。本节通过真实性检验指标、独立性评价指标、有效性评价指标 3 部分来定量衡量模态序列中包含的原始序列时频信息的多寡以及模态混叠现象的强弱。

1)真实性检验指标

信号分解的目的是在不易观测的复杂信号中提取出能够体现复杂信号特征的

分量信号，因此作为原始信号特征的载体，分解得到的分量信号必须是真实的。但在实际信号分解过程中，有可能因为信号的"过分解"而产生出虚假分量，这些虚假分量是由信号分解方法的某些缺陷造成的，并不包含原始信号的特征信息，属于冗余分量。

此外，信号分解方法由于自身逻辑算法的特性，会产生残差分量，残差分量同样不含有原始信号中的任何特征信息。各个分量信号的累加结果为原始信号与残差分量的差，过大的残差分量将使其余分量信号失真。

经过以上分析可知，真实性检验是评价信号分解质量的重要环节。真实性检验包含两部分：一是对冗余分量的检验；二是对残差分量的检验。

(1)冗余分量的真实性检验。

分量信号是从原始信号中提取出的，是原始信号的一部分，真实的分量信号与原始信号存在着较强的相关性。皮尔逊相关系数能够定量分析两个信号之间的相关性，如式(6-3)。本节通过计算分量信号与原始信号的皮尔逊相关系数，将其与真实性阈值进行对比，实现对冗余分量的真实性检测，见公式(6-4)。

$$\rho_{xy}=\frac{\sum_{i=1}^{n}(x_i-\overline{x})(y_i-\overline{y})}{\sqrt{\sum_{i=1}^{n}(x_i-\overline{x})^2\sum_{i=1}^{n}(y_i-\overline{y})^2}} \tag{6-3}$$

式中，$\{x_1,x_2,\cdots,x_n\}$、$\{y_1,y_2,\cdots,y_n\}$为两组长度为 n 的数据序列；$\overline{x}$、$\overline{y}$分别为两数据序列的平均值。

$$\left\{\forall f_i,\rho_{(f_i,f_o)}>r_{re},\rightarrow \text{冗余分量真实性检验通过}\right. \tag{6-4}$$

式中，$f_i(i=1,2,\cdots,K)$为分解出的分量信号，K 为分量信号总数；$\rho_{(f_i,f_o)}$为 f_i 与原始信号 f_o 的皮尔逊相关系数；r_{re}为相关性阈值，通常可取 0.1。

(2)残差分量的真实性检验。

为保留原始信号中更多的有效信息，需控制残差分量的大小。残差分量表现为时域特征和频域特征。在时域中，若残差分量相对于原始信号的能量占比过大，将导致信号失真，影响信号分解的真实性。在频域中，若残差分量有明显的频谱幅值特征，信号分量的频谱将不能完整表征原始信号的频域特征，同样会对信号分解的真实性造成不良影响。本节利用残差分量与原始信号数据序列的二范数比例衡量信号能量占比，利用残差频谱中幅值显著的频段在原始信号频段中的比例衡量残差分量的频谱特性。残差分量的真实性检验公式见式(6-5)。

$$\begin{cases}\dfrac{\text{norm}(f_e)}{\text{norm}(f_o)} < r_{en}, \text{且} \dfrac{l_{er}}{l_o} < r_{fr}, \rightarrow \text{残差分量真实性检验通过}\end{cases} \tag{6-5}$$

式中，f_e 为残差分量；$\text{norm}(f_e)$ 为残差分量数据序列的二范数；$\text{norm}(f_o)$ 为原始信号数据序列的二范数；r_{en} 为能量占比阈值，通常可取 0.01；l_o 为原始信号的显著频谱长度；l_{er} 为残差频谱中的显著频段长度；r_{fr} 为残差频段占比阈值，通常可取 0.01。

需要说明的是，理想分量信号的频段应该只集中在频谱的某一部分，而在其他部分不应存在。但实际中，受信号分解算法的影响，任何方法都不可能使分量信号达到如此高的精度，分量信号的频段往往分布在整个频谱。但每个信号分量都有各自的显著频段和次要频段，显著频段在频谱中表现为幅值较大，次要频段的幅值较小但不为 0。针对此情况，本节所述信号分量的频段均为显著频段。经过大量实验验证，本节中将“显著频段”的判据定义为：频段幅值大于 1 且不小于频谱中最大幅值 1%的频段。

本节设计了信号分解的真实性检验指标，包括冗余分量检验与残差分量检验两部分，若某信号分解方法同时通过了冗余分量检验和残差分量检验，则认为此分解方法通过了信号分解的真实性检验，可以进行后续评价指标的计算；若只通过一项检验或是两种检验均未通过，则该方法不满足真实性检验，说明其信号分解效果差，不宜采取。

2) 独立性评价指标

信号分量的独立性是评价信号分解质量的重要参考依据。独立的信号分量在时域中表现为互相之间的相关性较小，在频域中表现为显著频段的交叉程度较小。本节利用任意两个信号分量之间的平均皮尔逊相关系数 I_1 和显著频段平均重叠度 I_2，在时域和频域两个维度对信号分解的独立性进行评价，如式(6-6)和式(6-7)。

$$I_1 = \frac{2}{K(K-1)} \sum_{i=1}^{K} \sum_{j=i+1}^{K} I_1^{(i,j)} \tag{6-6}$$

式中，$I_1^{(i,j)} = \rho(f_i, f_j), (i, j \in 1, 2, \cdots, K; i \neq j)$，为分量信号 f_i 与 f_j 的皮尔逊相关系数。I_1 的数值越小，信号分解方法的时域独立性表现越好。

$$I_2 = \frac{2}{K(K-1)} \sum_{i=1}^{K} \sum_{j=i+1}^{K} I_2^{(i,j)} \tag{6-7}$$

式中，$I_2^{(i,j)} = l_{ij} / (l_i + l_j), (i, j \in 1, 2, \cdots, K; i \neq j)$，为分量信号 f_i 与 f_j 的显著频段重叠度；l_{ij} 为 f_i 与 f_j 重叠的显著频段长度；l_i、l_j 分别为 f_i 与 f_j 的显著频段长度。I_2

的数值越小，信号分解方法的频域独立性表现越好。

3) 有效性评价指标

有效性评价指标用于评价分解出的各分量信号携带有效信息的质量。高质量的分量信号携带原始信号中的特征信息较多，且特征较为集中。高质量的信号分量在时域中体现出与原始信号的相关性更强本节中采用各信号分量与原始信号的平均皮尔逊相关系数 I_3 来评价分解信号时域特性的有效性。

$$I_3 = \frac{1}{K}\sum_{i=1}^{K} I_3^{(i)} \tag{6-8}$$

式中，$I_3^{(i)} = \rho(f_i, f_o), i \in 1,2,\cdots,K$，$I_3$ 的数值越大，信号分解方法的时域有效性表现越好。

同时，高质量的信号分量在频域中体现出频谱更为密集的特点，本节中采用分量信号显著频段的平均集中度指标 I_4 对其进行量化。

$$I_4 = \frac{1}{K}\sum_{i=1}^{K} \frac{l_{\sec}}{l_f} \tag{6-9}$$

式中，l_f 为信号的频域长度；$l_{\sec}$ 为第一个显著频率与最后一个显著频率之间的频段长度。I_4 的数值越小，信号分解方法的频域有效性表现越好。

4) 综合评价指标

综上，本节提出了对信号分解效果评价的 4 个量化指标，分别为独立性时域指标、独立性频域指标、有效性时域指标和有效性频域指标。为便于研究分析，本节对 4 个指标进行整合，建立信号分解的综合评价指标。

对独立性评价的时域、频域指标以及有效性评价的频域指标来讲，指标数值越小，特性表现越好。但有效性评价的时域指标 I_3 却表现出相反的性能，为了统一指标的性能方向，在综合评价指标中对 I_3 进行反向处理，采用 $I_3' = 1 - I_3$ 作为新的有效性评价时域指标。

至此，4 个指标的性能方向一致，且 4 个指标的取值范围均在 0～1，不存在数据量级不统一带来的数据遮蔽问题。在满足真实性检验的前提下，综合评价指标 I_c 采用这 4 个指标相加的方式建立。

$$I_c = I_1 + I_2 + I_3' + I_4 \tag{6-10}$$

综合评价指标的数值越小，信号分解效果越好。需要注意的是，综合评价指标的使用前提是通过真实性检验。由此，新的信号分解评价指标已建立完成，评价指标的结构图与使用流程如图 6-2、图 6-3 所示。

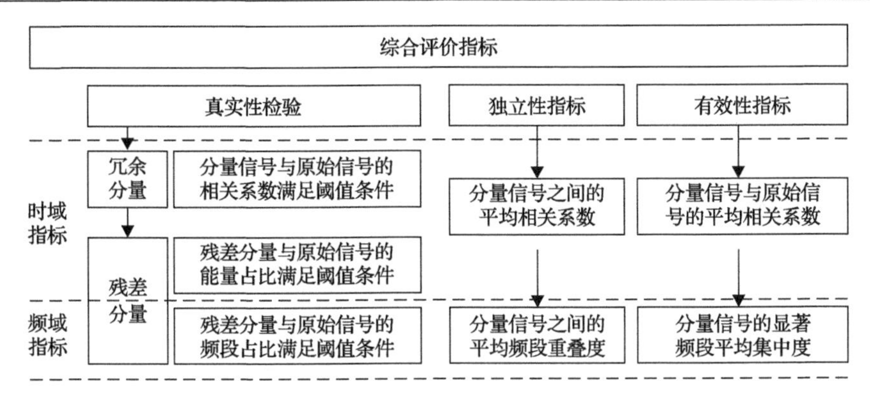

图 6-2　信号分解评价指标的结构

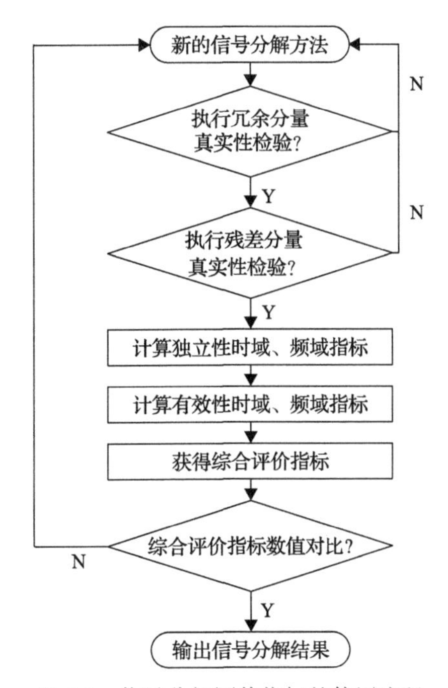

图 6-3　信号分解评价指标的使用流程

6.1.2　基于模态组合的广义负荷影响因素解析

6.1.1 节中的改进变分模态分解方法可以将序列分解出多个独立的模态序列，每一个模态序列都对应原始序列的某种特征信息。从影响因素的各模态与广义负荷的各模态之间挖掘相互的关联关系，可以更有效地分析影响因素对于广义负荷的影响。但是并非每个模态序列都包含充分的有效信息，而且数目过多的模态序列将导致维度灾，降低计算效率。因此，需要面向广义负荷，挖掘影响因素模态序列更多的隐含特征和物理意义，对携带相似特征信息的模态进行组合，实现影响因素的有效分析。本节建立了一种基于模态组合的广义负荷影响因素解析方法。该方法对广义负荷的影响因素进行模态分解，将分解后的序列模态进行特征提取；根据广义负荷的周期特性，将相似模态进行组合；对组合后的影响因素模态与对应广义负荷进行关联分析，获得关联较大的负荷影响因素。

改进 VMD 分解方法可以将序列分解成多个模态序列。按照某种组合依据，可以将具有相似特征的模态序列通过叠加的方式合并，这种方法称为模态组合方法。模态组合方法主要包含特征提取、模态组合 2 部分。

1. 广义负荷模态特征提取

经改进的 VMD 方法分解所得各模态序列之间相互独立，各模态的频谱带宽紧凑，因此取各模态频率中心所对应的周期作为各模态的频域特征。

$$T_i = \frac{1}{f_i} \tag{6-11}$$

式中，f_i为各模态的中心频率数值，单位为 Hz；T_i为各模态的中心频率所对应的周期数值。

广义负荷易受工作日周期变化、用户用电习惯及昼夜交替的影响，因而在 7 天、1 天、12 小时中存在一定的周期特性。1 周 7 天内的变化可以近似描述短期广义负荷的趋势性，随星期变化的影响因素对其起到主要影响；1 天内的变化可以近似描述广义负荷的波动性，与用户每天的行为以及天气日夜更替等和天有关因素密切相关；12 小时内的变化可以近似描述广义负荷的随机性和不确定性，主要与价格变化、温度突变以及用户行为的随机性等因素有关。因此，将广义负荷按时间周期，分为三种特征模态 T_1=168h，T_2=24h，T_3=12h。影响因素的模态将与这三种广义负荷特征模态对比后进行模态组合。

2. 广义负荷影响因素的模态组合

模态组合方法分别提取各模态和待分析变量的特征值，通过特征值的相似判定，将与待分析变量相似的全部模态进行叠加求和，叠加后所得新模态称为组合模态。为研究影响因素对广义负荷周期性的影响，可将与广义负荷具有相似周期特性的影响因素模态进行模态组合。采用改进 VMD 算法对影响因素序列进行分解，将分解后的影响因素各模态的中心频率与广义负荷特征模态对比，进行相似特征判断。本节采用计算量较小的就近判断原则，对影响因素各模态值进行归类。具体方法是：将影响因素序列经优化的 VMD 进行模态分解，$M_{i1}, M_{i2}, \cdots, M_{ik}$ 为第 i 个影响因素分解出的 k 个模态序列，$f_{i1}, f_{i2}, \cdots, f_{ik}$ 分别为每个模态序列对应的中心频率；根据式(6-11)计算影响因素的模态特征值 T_i，并与广义负荷的三个特征模态进行对比，将影响因素模态归入距离绝对值最小的一组对应模态中。

相近的模态进行组合，得到组合后的新模态 $M_{il1}, M_{il2}, \cdots, M_{iln}$，$M_{ilj} = \sum M_{ij}$，$j \in (1, 2, \cdots, k)$，其中 M_{ij} 为中心频率与负荷特征模态 T_i 相近的模态。

6.1.3　基于模态组合的广义负荷影响因素分析

本节以剔除节假日数据的美国某地区 2016 年 1 月 2 日～2 月 29 日工作日的实际负荷、日前电价、温度、湿度数据为数据源，进行影响因素拓展的算例分析。数据样本为每日 24 个数据点，共计 960 个样本点。样本负荷的时序图与频谱图如图 6-4、图 6-5 所示。

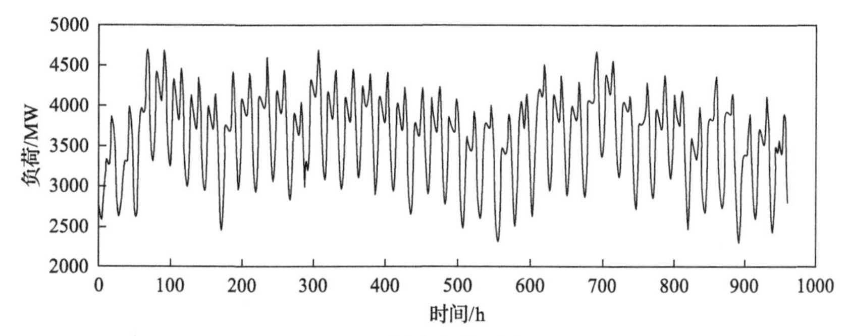

图 6-4　样本负荷时序图

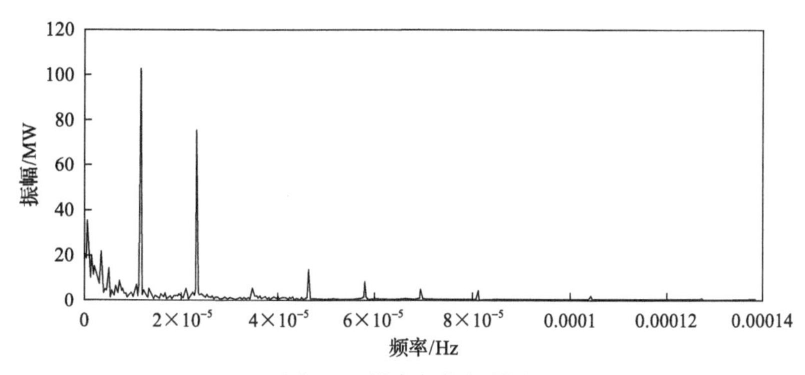

图 6-5　样本负荷频谱图

从图 6-4 中可以看出，负荷在 2000～5000MW 范围内变化，且存在显著的波动规律。从图 6-5 中可以看出，负荷在 3 个频率处存在明显幅值，显著频率分别为 1.649×10^{-6}Hz、1.157×10^{-5}Hz、2.315×10^{-5}Hz，对应的周期为 7 天、1 天、12h。由此可见负荷在 1 周、1 天、12h 的周期性最强。

1. 气象因素

样本集温度、湿度的时序图、频谱图如图 6-6～图 6-9 所示。

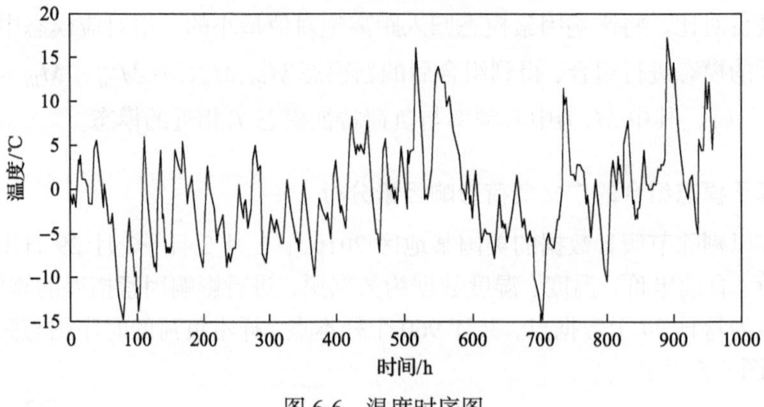

图 6-6 温度时序图

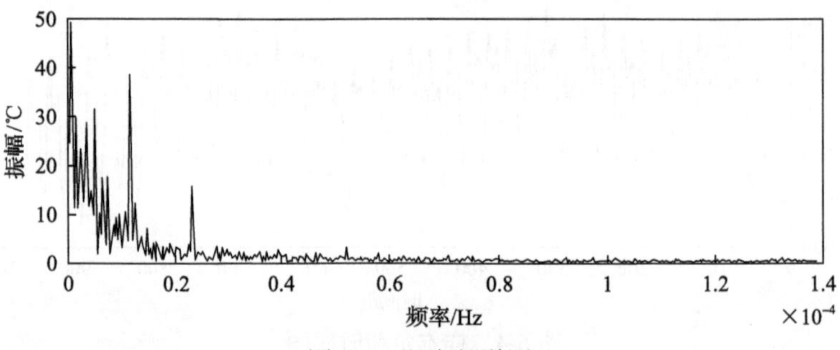

图 6-7 温度频谱图

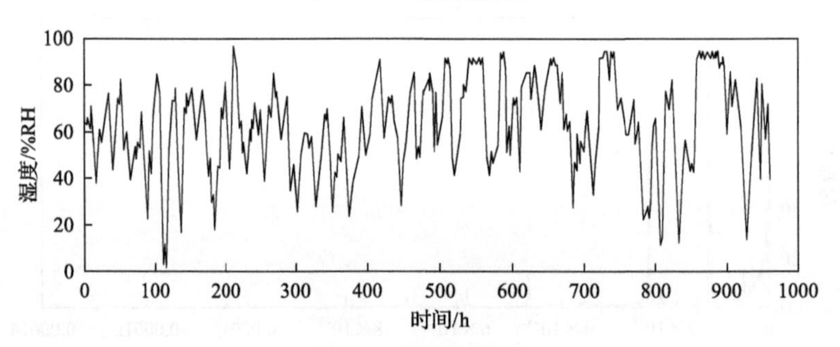

图 6-8 湿度时序图

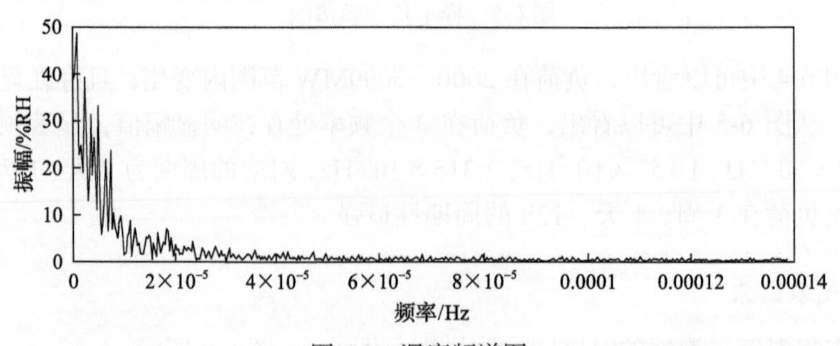

图 6-9 湿度频谱图

从图 6-7 和图 6-9 中可以看出，温度的显著频段为 1.157×10^{-5}Hz～8.681×10^{-7}Hz，对应周期为 1～14 天；湿度的显著频段集中在低频区间，显著频段为 2.315×10^{-6}Hz～8.681×10^{-7}Hz，对应周期为 5～14 天。

经改进的 VMD 分解后的时序图如图 6-10 和图 6-11 所示。

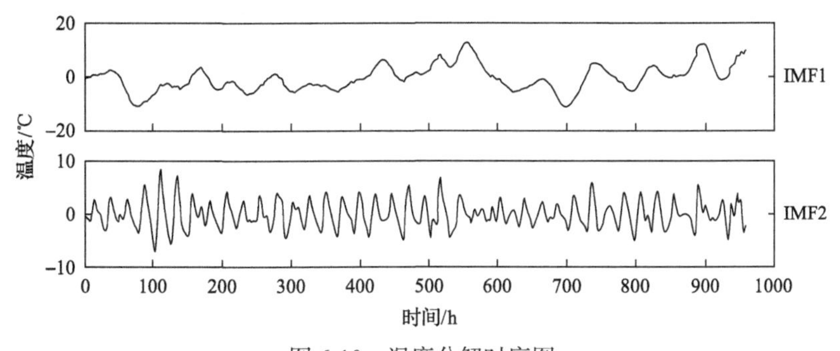

图 6-10　温度分解时序图

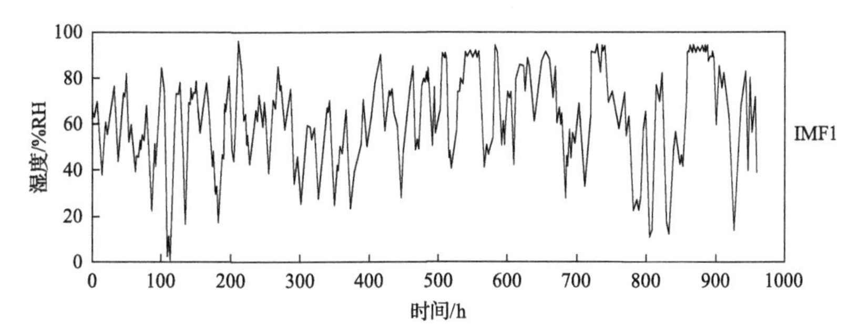

图 6-11　湿度分解时序图

考虑到温度、湿度的累积效应，利用模态组合的方法对预测日前两日、预测日前一日及预测日当天的气象因素进行组合，组合结果见表 6-1～表 6-3。

表 6-1　气象因素的组合结果

序列	预测日前两天气象因素			预测日前一天气象因素			预测日当天气象因素		
	温度		湿度	温度		湿度	温度		湿度
模态分量	IMF1	IMF2	IMF1	IMF1	IMF2	IMF1	IMF1	IMF2	IMF1
对应周期	7 天	19h	5 天	2 天	22h	5 天	7 天	19h	5 天
因素拓展	趋势分量	波动分量	趋势分量	趋势分量	波动分量	趋势分量	趋势分量	波动分量	趋势分量

表 6-2　模态组合温度因素与预测日负荷的相关性

序列	预测日前两天温度			预测日前一天温度			预测日当天温度		
模态分量	原始序列	趋势分量	波动分量	原始序列	趋势分量	波动分量	原始序列	趋势分量	波动分量
相关性	0.16	0.41	0.22	0.24	0.38	0.23	0.24	0.45	0.29

表 6-3　模态组合湿度因素与预测日负荷的相关性

序列	预测日前两天湿度		预测日前一天湿度		预测日当天湿度	
模态分量	原始序列	趋势分量	原始序列	趋势分量	原始序列	趋势分量
相关性	0.23	0.24	0.24	0.26	0.34	0.35

从表 6-1 中可以看出，通过模态组合的方法，预测日前两天温度、预测日前一天温度、预测日当天温度均被拓展成了 2 个，分别为温度趋势分量与温度波动分量；湿度因素由于只存在一个模态，没有组合出更多的因素分量。

由表 6-2 和表 6-3 可知，预测日前两天温度、预测日前一天温度、预测日当天温度中拓展出的温度趋势分量、温度波动分量与负荷的相关性均高于原始序列与负荷的相关性。由此可见，基于模态组合的方法不仅使影响因素的数目得到拓展，而且组合出的因素分量与负荷的相关性更高，有利于提升预测模型的精度。

2. 历史负荷因素的模态组合

由于负荷自身的周期性，历史负荷也是常见的负荷预测影响因素变量。选取预测日前一周同时刻负荷、预测日前一天同时刻负荷、预测日前一天前一时刻负荷作为历史负荷因素，并利用模态组合的方法研究影响因素，结果如表 6-4 和表 6-5。

表 6-4　历史负荷因素的组合结果

序列	预测日前两天气象因素			预测日前一天气象因素			预测日当天气象因素		
模态分量	IMF1	IMF2	IMF3	IMF1	IMF2	IMF3	IMF1	IMF2	IMF3
对应周期	10 天	1 天	12h	7 天	1 天	12h	7 天	1 天	12h
因素拓展	趋势分量	波动分量	随机分量	趋势分量	波动分量	随机分量	趋势分量	波动分量	随机分量

表 6-5　模态组合历史负荷因素与预测日负荷的相关性统计

序列	预测日前一周同时刻负荷				预测日前一天同时刻负荷				预测日前一天前一时刻负荷			
模态分量	原始序列	趋势分量	波动分量	随机分量	原始序列	趋势分量	波动分量	随机分量	原始序列	趋势分量	波动分量	随机分量
相关性	0.37	0.71	0.92	0.64	0.25	0.68	0.73	0.51	0.23	0.75	0.79	0.42

由表 6-4 和表 6-5 可知，预测日前一周同时刻负荷、预测日前一天同时刻负荷、预测日前一天前一时刻负荷的原始序列均被拓展成了 3 个分量，分别为趋势分量、波动分量和随机分量，且拓展出的 3 个分量与预测日负荷的相关性均高于原始序列与预测日负荷相关性。

3. 经济因素拓展

样本集日前电价序列的时序图、频谱图，以及分解后的时序图如图 6-12～图 6-14 所示。

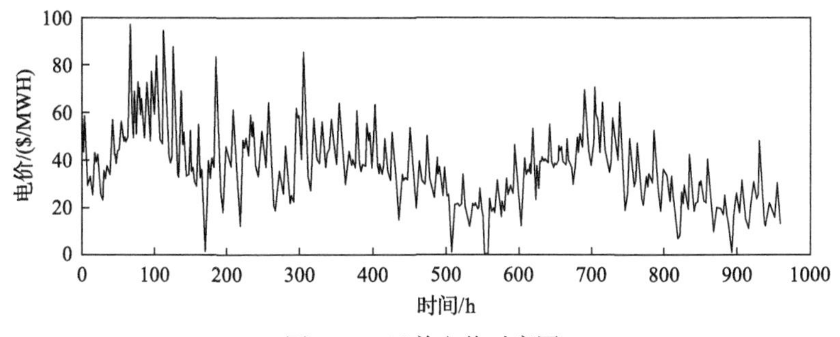

图 6-12　日前电价时序图

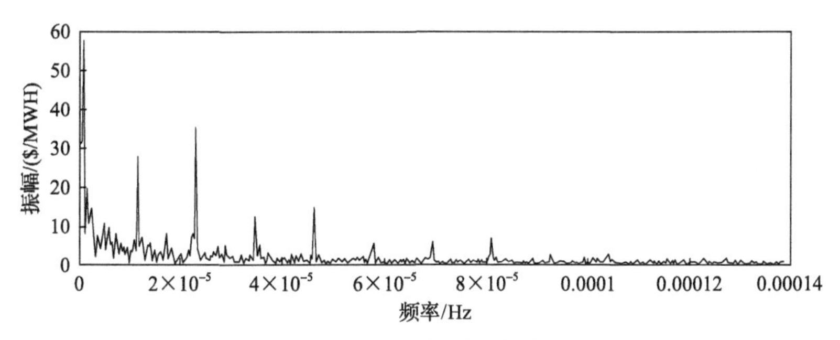

图 6-13　日前电价频谱图

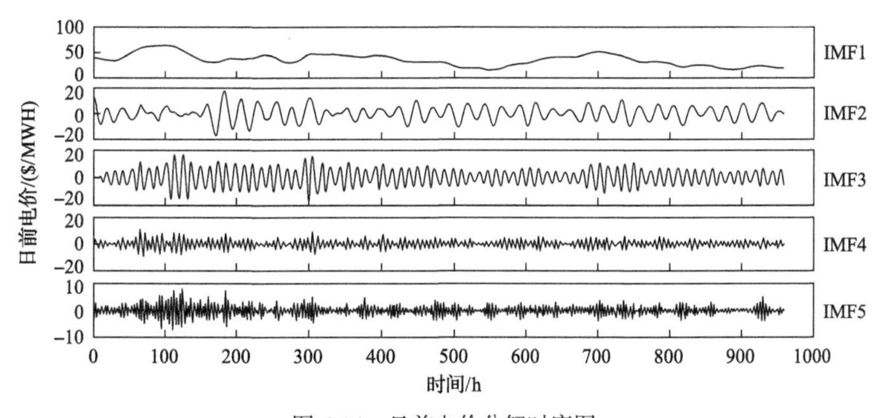

图 6-14　日前电价分解时序图

利用模态组合的方法对日前电价因素进行组合的结果见表 6-6 和表 6-7。

表 6-6　日前电价因素的组合结果

序列	日前电价				
模态分量	IMF1	IMF2	IMF3	IMF4	IMF5
对应周期	7天	1天	11h	6h	4h
因素拓展	趋势分量	波动分量	随机分量		

表 6-7　模态分解的日前电价因素与预测日负荷的相关性统计

序列	日前电价			
模态分量	原始序列	趋势分量	波动分量	随机分量
相关性	0.67	0.70	0.78	0.43

由表 6-6 和表 6-7 可见，日前电价因素被拓展成了 3 个因素分量，IMF1 构成了趋势分量，IMF2 构成了波动分量，IMF3、IMF4、IMF5 共同构成了随机分量。拓展之后的分量中，趋势分量与预测日负荷的相关性为 0.70，波动分量与预测日负荷的相关性为 0.78，高于原始序列与预测日负荷的相关性。随机分量的相关性为 0.43，虽不如原始序列与负荷的相关性高，但也具有较强的相关性。日前电价中 IMF3 与负荷的相关性为 0.33，IMF4 与负荷的相关性为 0.26，IMF5 与负荷的相关性为 0.21。经模态组合后，此 3 个模态构成的随机分量与负荷的相关性为 0.43，均大于单独的 3 个模态。由此证明了本方法的有效性。

6.2　实时电价对价格型需求响应负荷的影响建模

在新电改背景下，售电公司实行提前一天电价策略。提前一天电价作为分时电价向实时电价过渡的一种电价策略，兼具两种电价策略的特点。与分时电价相比，共同之处在于用户可以提前得知第二天的电价，不同之处在于提前一天电价没有了电价时段的分区，每个时刻的电价都是不同的，故用户在面对提前一天电价时更容易感受到电价激励，对电价变化更加敏感。价格型需求响应和激励型需求响应作为需求侧管理的两种主要方式，它们两者之间存在一定的互补关系。由于目前尚未实行真正意义上的实时电价，本文所指的是广义上的实时电价，是指用户提前一天或提前几个小时得到的实时电价。

为了分析实时电价对于价格型需求响应负荷的影响，本节将负荷分解成与天气、节假日等一般影响因素有关的基础负荷 l_0，和与价格有关的响应负荷 l_{DR} 两部分。对于响应负荷考虑用户的用电行为，建立基于用户消费心理学的负荷需求响应模型。

价格型需求响应模型如式(6-12)。

$$L = l_0 + l_{DR} \tag{6-12}$$

式中，L 为计算日负荷；l_0 为基础负荷，这部分负荷主要受常规影响因素，如天气、日期类型等影响；l_{DR} 为响应负荷，这部分负荷主要受实时电价影响。

基础负荷 l_0 采用负荷预测领域中的“相似日”方法，从历史负荷中筛选得出，从总负荷中剔除与电价无关的负荷部分。用户将根据提前一天电价对做出响应，这部分负荷为响应负荷 l_{DR}。

6.2.1　考虑常规影响因素的基础负荷

常规方法认为不同交易日负荷之间的差异只受电价影响，但并非只有电价变化才能导致负荷变化，天气、日期类型都是影响负荷的重要因素。只有当两个日期的这些因素相似时，才能默认负荷变化主要由电价变化引起。

图 6-15 是电价差变化与负荷差变化的比较，其中图 6-15(a)是美国马萨诸塞

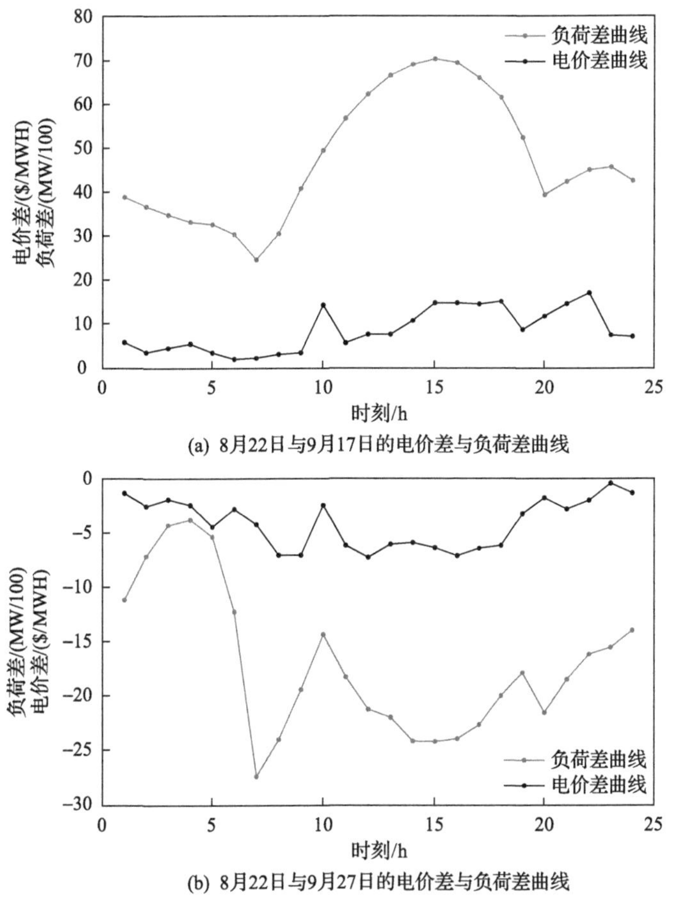

图 6-15　电价变化与负荷变化相关性比较

州 8 月 22 日与 9 月 17 日的电价差与负荷差曲线，曲线之间无明显的同一变化趋势。图 6-15(b)为该州 8 月 22 日与 9 月 27 日的电价差与负荷差，而这两个曲线间相关关系明显。由此可见，任意两日之间的负荷变化并非都是由电价变化引起。因此，本节采用相似日筛选的方法，将负荷中与电价影响无关部分(基础负荷 l_0)提取出来，这部分主要受天气、节假日等常规因素的影响。

1. 基础负荷的“相似日”选取方法

基于以上分析，本节选取星期类型、节假日、季节、日期差和天气五个影响因素，通过建立映射库对其进行量化处理。提取这些影响因素为特征向量，记 $\boldsymbol{X}_i = [x_{i1}, x_{i2}, \cdots, x_{im}]$ 为第 i 日的特征向量，m 为特征量个数，当两日的特征向量距离相近时，则称这两日为相似日。将计算日的相应影响因素作为特征变量，在历史负荷中利用这种相似日选取的方法，找到与计算日相似的负荷曲线作为基础负荷。具体方法为：对历史上的若干天，取近期数据作为预测样本集。待预测日的特征向量为 $\boldsymbol{X}_j$，通过余弦距离来计算历史日与待预测日日特征向量的相似度。

$$r_{ij} = \sum_{i=1}^{m}(X_{ik} \cdot X_{jk}) \Bigg/ \sqrt{\sum_{i=1}^{m}(X_{ik}^2) \cdot \sum_{i=1}^{m}(X_{ik}^2)} \tag{6-13}$$

计算得到各历史日与估算日的相似度后，将相似度最大的一天的负荷作为基础负荷。

2. 影响因素量化方法

经过比较分析，选取星期类型、节假日、季节、日期差和天气五个常规影响因素，对其进行量化。

1) 星期类型

星期类型是指工作日或周末，每周的周末和工作日的负荷有明显不同。一般情况下，工作日负荷与周末负荷具有较为一致的分布规律，但周末负荷明显低于工作日负荷，工作日负荷与周末负荷对比如图 6-16 所示。

星期类型难以量化，本文通过映射的概念来描述星期类型。映射值应体现出负荷递增和递减的特性，负荷特性相近时应有相近的映射值，应将所有的影响因素映射到[0,1]区间上比较，这样才有可比性。但是，为了体现其中某些因素的“主导”作用，可以使其在[0,a]上映射，这里 a>1，从而使该因素的影响显得比较强烈。本文设定工作日的映射值为 0.5，周末为 3。

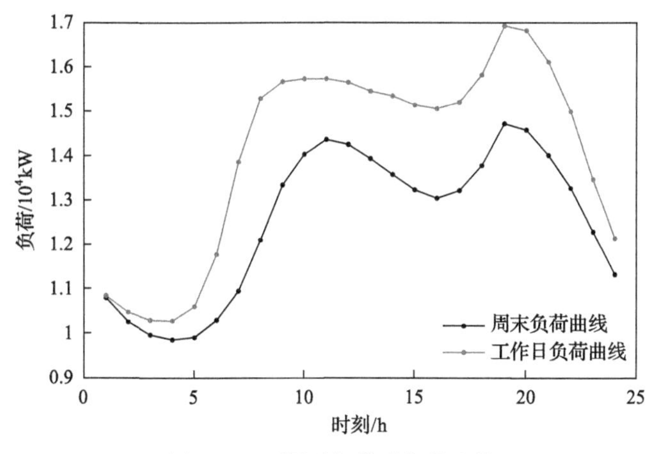

图 6-16　不同星期类型负荷比较

2) 节假日

节假日和普通日期的负荷也有明显的差异。节假日主要包括春节、元旦、中秋等常规节日和举行重大活动的特殊日期。节假日期间的负荷与平时负荷相比，负荷变化规律明显不同于非节假日，负荷总量明显降低，其中工业负荷明显减少，而商业负荷明显增多。典型节假日与工作日负荷的对比如图 6-17 所示。与处理星期类型的方法相同，本文设定节假日的映射值为 3，非节假日为 0.5。

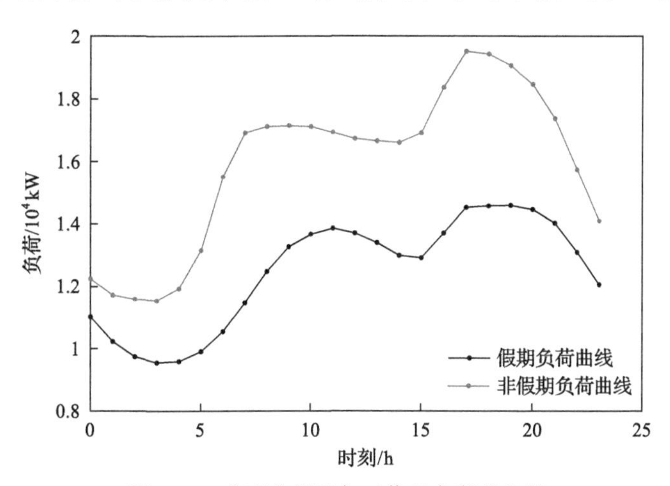

图 6-17　典型节假日与工作日负荷的比较

3) 季节

电力负荷具有明显的季节周期性，如冬季和夏季的电力负荷相比春季和秋季有明显的增长。春秋的负荷特性较相近，映射值分别为 0.4、0.3，夏冬的映射值分别为 0.9、0.6。典型四季日负荷曲线对比如图 6-18 所示。

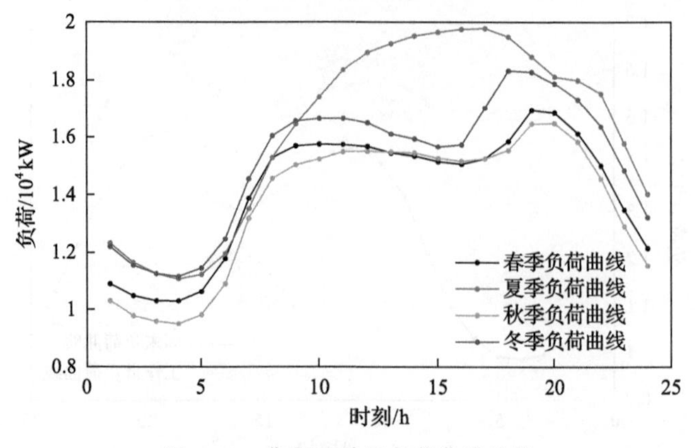

图 6-18 典型四季日负荷曲线比较

4) 日期差

通常情况下，参考日与估算日之间相距的天数越小，其负荷特性与估算日的负荷特性往往越接近，所以引入日期差的概念来表示参考日与估算日之间相距的天数。日期差应具有“近大远小”的特点，但另外，日期差的大小对负荷变化的影响也具有明显的饱和效应，即当日期差不是很大时，历史日与估算日的负荷相似度有明显区别；但当日期差过大时，历史日与估算日的负荷相似度则没有明显区别。因此，需要设定日期差的映射值下限，以描述饱和效应，具体的函数表达式如式(6-14)所示。

$$C=\begin{cases}a^k, & a^k \geqslant b\\ b\end{cases} \tag{6-14}$$

式中，C 为日期差的映射值；a 为日期差的衰减系数，取值为 0.9；k 为历史日与估算日的相差天数；b 为映射值的下限，取值为 0.1。

5) 天气

天气条件如温度、湿度、风速、降雨量、日照强度等因素，会对人们的日常生活规律产生显著影响，而人的舒适感直接影响其用电安排，进而导致用户调整各种用电设备来避免受到天气变化的影响。为了避免寻找复杂的数学模型去表达各种天气因素对负荷的影响，本研究引入了人体舒适度指数的概念。人体舒适度指数是在气象要素预报的基础上，从气象角度评价在不同气候条件下人的舒适感，能反映气温、湿度、风速等综合作用的生物气象指标，能较好地反映多数人群的身体感受综合气象指标或参数，数学表达式如下。

$$\mathrm{ssd}=(1.818t+18.18)\times(0.88+0.002f)+\frac{t-32}{45-t}-3.2v+18.2 \tag{6-15}$$

式中，ssd 为人体舒适度指数；t 为平均气温；f 为相对湿度；v 为风速。

6.2.2　基于消费心理学的需求响应负荷模型

通过上一节的分析可知，选取的基础负荷与计算日之间的日期、天气等因素都是相似的，故可以认为这两日之间的负荷变化主要是由电价变化引起。本节将主要讨论受实时电价影响的响应负荷模型。在提前一天实时市场环境下，用户可以提前一天得知电价，通过将此电价作为激励施加于上一节选取的参考日负荷，用户根据此激励做出响应，响应调整的负荷为 l_{DR}。本节根据用户消费心理学建立响应负荷随价格变化的函数，在传统用户心理学消费模型的基础上，采用 sigmoid 函数描述负荷的价格响应特性，使用模糊理论来对用户价格敏感度的死区和饱和区的阈值进行模糊化处理，建立价格型需求响应负荷随价格的变化关系。

1. 基于消费心理学的需求响应模型

在需求响应的实施过程中，存在用户的心理敏感程度问题。本节基于消费者心理学原理[4]提出用户响应模型，采用分段线性函数对用户响应行为进行研究。根据消费者心理学原理，价格的变化量对用户的激励作用存在阈值。在电价变化量低于阈值范围内，用户对电价变化的敏感性很低，用户基本无反应，即在此电价变化量下用户处于死区；当电价变化量大于这个阈值时，用户将有所反应，且反应程度与电价的变化程度相关，即在此电价变化量下用户处于线性区；当电价变化量大到一定程度时，用户的响应程度将达到饱和，用户就没有更进一步的反应了，即在此电价变化量下用户处于饱和区，峰谷负荷转移率如图 6-19 所示。函数描述如式(6-16)所示。

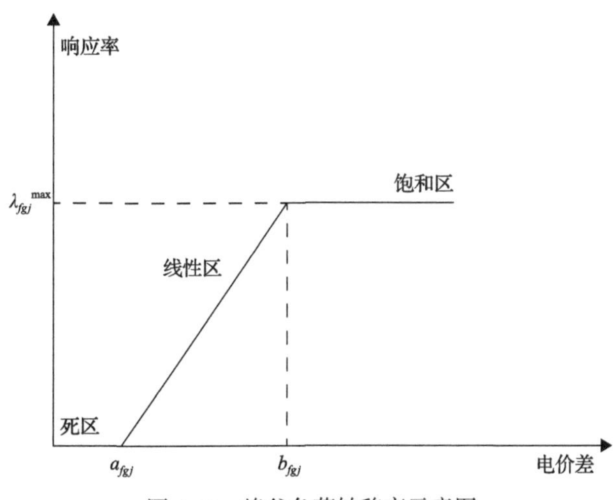

图 6-19　峰谷负荷转移率示意图

$$\lambda_{fg}=\begin{cases}0, & (0\leqslant\Delta f_{g}\leqslant a_{fg})\\ K_{fg}(\Delta f_{g}-a_{fg}), & a_{fg}\leqslant\Delta f_{g}\leqslant\lambda_{fg}^{\max}/K_{fg}+b_{fg}\\ \lambda_{fg}^{\max}, & \Delta f_{g}\geqslant\lambda_{fg}^{\max}/K_{fg}+b_{fg}\end{cases}\tag{6-16}$$

式中，λ_{fg} 为用户峰谷时段的转移率；Δf_g 为峰谷电价差；$\lambda_{fg}^{\max}$ 为最大转移率；a_{fg}、b_{fg} 分别为峰谷转移率的死区电价差阈值和饱和区电价差阈值；K_{fg} 为图中线性区的斜率。

此外，峰平时段、平谷时段的转移机理与峰谷转移率类似，只需将图 6-19，式(6-16)中的转移率符号替换为响应的参数即可。通过历史数据拟合各个时段的转移率可以得到各个时段负荷转移率的参数，即可建立基于消费心理学的负荷需求响应模型，如式(6-17)所示。

$$L_K=\begin{cases}L_{K0}+\lambda_{fg}\overline{L}_f+\lambda_{pg}\overline{L}_p, & k\in T_g\\ L_{K0}+\lambda_{fp}\overline{L}_f-\lambda_{pg}\overline{L}_p, & k\in T_p\\ L_{K0}-\lambda_{fg}\overline{L}_f-\lambda_{pg}\overline{L}_p, & k\in T_f\end{cases}\tag{6-17}$$

式中，T_g、T_p、T_f 分别为电价谷时段、电价平时段、电价峰时段；k 为其中任意一时段；L_{K0} 为参考日负荷；L_K 为拟合日负荷；$\overline{L}_f$、$\overline{L}_p$ 分别为峰谷时段的负荷均值；λ_{pg}、λ_{fg} 分别为用户平谷、峰平之间的负荷转移率。

以上基于消费心理学的需求响应模型使用分段线性函数来表示在不同电价差下的响应度，适用于峰谷分时电价的场景。但是使用分段线性函数的问题在于无法描述用户在两个阈值点的响应度。线性模型在死区阈值处响应度发生突变，由零值函数突变为线性增长的函数；在饱和区阈值处响应度也发生突变，由线性增长的函数突变为常值函数，无法准确反映用户在两个阈值处的响应度是如何过渡的。

针对分段线性模型无法体现出用户响应度逐渐饱和或逐渐响应的心理变化趋势，与现实情况不相符的问题，采用 sigmoid 函数替代分段线性模型来描述用户负荷随电价的变化趋势。针对在阈值死区和饱和区无法准确反映用户响应度的过渡问题，采用模糊函数对阈值进行处理。下面对改进方法进行介绍。

2. sigmoid 转移函数

在线性模型中，电价的变化量与响应度的变化量呈线性关系，并没有体现出用户响应度逐渐饱和或逐渐响应的心理变化趋势，与现实情况不相符。本书将电价对负荷的调节作用看作是一种激励，故采用一种常见的激励函数——

sigmoid 函数[5]来描述负荷的价格响应特性，函数曲线如图 6-20 所示，函数表达式如式(6-18)所示。

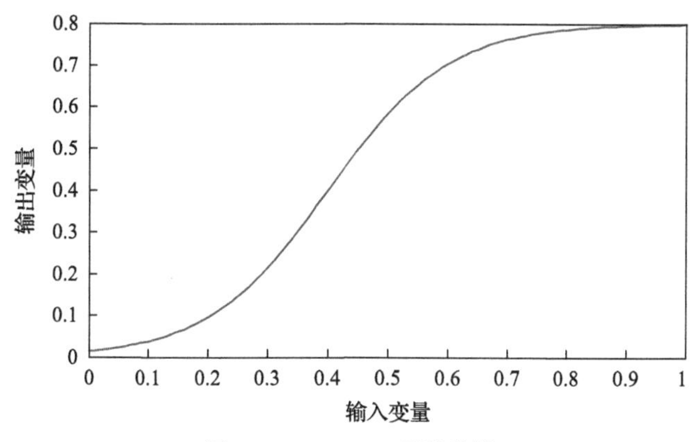

图 6-20　sigmoid 函数曲线

$$T(x) = \frac{1}{1+\mathrm{e}^{-\frac{x}{\mu}}} \tag{6-18}$$

式中，$T(x)$ 为 sigmoid 函数；μ 为陡坡系数；x 为因变量。

由图 6-20 可知，sigmoid 函数关于点 $(0.5, 0.5)$ 中心对称，是一个连续、光滑的阈值函数，而且在阈值处不存在突变问题。其中，μ 值与函数图像的陡峭程度成反比，可以反映用户响应的敏感度，即 μ 值越小，函数的陡峭程度越大，用户对电价变化的敏感度越大；μ 值越大，函数的陡峭程度越小，用户对电价变化的敏感度越小。sigmoid 函数在远离阈值时，随着电价差的增大，用户响应程度单调递增；在两端阈值附近平缓过渡到下一过程，较为符合消费者心理的变化过程。相比于传统的分段线性模型，sigmoid 函数更加适合描述用户在电价频繁变化的实时电价背景下的用户心理变化过程和用户响应规律。

在将 sigmoid 函数用于描述需求响应分析时，需要赋予函数中的参数合理的物理意义，如式(6-19)所示。

$$T(\Delta P) = \frac{c}{1+\mathrm{e}^{-\frac{x-d}{\mu}}} \tag{6-19}$$

式中，$T(\Delta P)$ 为负荷转移率，即某时段的负荷转移量与总负荷之比；ΔP 为电价差；d 值为函数的中心点横坐标；c 值为用户响应度的最大值，即饱和区间的转移率；μ 为陡坡系数；x 为因变量。

本书设定死区、正常响应区、饱和区的负荷转移率分别为 T_1、T_2、T_3，具体公式如式(6-20)所示。

$$\begin{cases} T_1 = 0, & \Delta P \leqslant a \\ T_2 = \dfrac{c}{1+\mathrm{e}^{-\frac{\Delta P - d}{\mu}}}, & a \leqslant \Delta P \leqslant b \\ T_3 = c, & b \leqslant \Delta P \end{cases} \tag{6-20}$$

式中 a、b 分别为死区、饱和区的阈值。

本书用矩阵 $\boldsymbol{T}$ 来表示各个响应区间的响应率，则某一时段 i 与另一任意时段 j 之间的转移率如下。

$$T_{ij} = \begin{bmatrix} T_{ij.1} \\ T_{ij.2} \\ T_{ij.3} \end{bmatrix} \tag{6-21}$$

式中，T_{ij} 为某一时段 i 与另一任意时段 j 之间的转移率；$T_{ij.1}$、$T_{ij.2}$、$T_{ij.3}$ 分别为死区、正常响应区、饱和区的转移率。

3. 基于模糊理论的需求响应不确定性分析

在需求响应过程中，用户对电价的变化量存在敏感度。根据消费心理学原理，这个敏感度可以用死区阈值和饱和区阈值来描述，由于每个用户对于电价的敏感程度不一样，故死区和饱和区的阈值的取值存在不确定性。传统的基于消费心理学的需求响应模型将死区阈值和饱和区阈值当作固定不变的常数，这样无法反映不同用户对电价接受程度的不同。模糊理论可以针对不确定参数构建隶属度函数，以此来描述参数的不确定性。本章采用模糊理论对死区和饱和区的阈值进行模糊化处理，以此来描述用户对电价的敏感度的不确定性，并将用户的响应量表示为对实时电价的模糊响应。

1) 阈值模糊化处理

模糊理论中的某个不确定性事物的属性通过“隶属度”来刻画[6]，隶属函数是描述某种不确定事物从完全隶属到完全不隶属的渐变过程的函数，表示各因素及因子的模糊界线[7,8]。本书使用三角模糊隶属度函数来表示死区、饱和区阈值，其模糊中心及左右分布表示如下。

$$\tilde{a} = [a',\ a,\ a''] \tag{6-22}$$

$$\tilde{b} = [b',\ b,\ b''] \tag{6-23}$$

式中，a、b 分别为死区和饱和区的阈值模糊中心；a'、a'' 分别为死区阈值模糊中心的下、上限；b'、b'' 分别为饱和区阈值的下、上限。

响应死区、饱和区的阈值模糊化后，各时段之间的电价差可看作是模糊数 $\Delta\tilde{P}$，通过三角模糊数比较可判定电价差和阈值的大小关系，从而确定电价差归属于各区间的隶属度。用户属于死区、饱和区的隶属度可以通过电价差和死区阈值、饱和区阈值的模糊数比较得到。正常响应区是介于死区、饱和区之间的区间，根据隶属度之和为 1 的特征，利用死区、饱和区的隶属度(S_1、S_2、S_3)可求取正常响应区的隶属度，各区间隶属度如下。

$$S_1(\Delta\tilde{P} \leqslant \tilde{a}) = \begin{cases} 1, & \Delta P \leqslant a' \\ \dfrac{a'' - \Delta P}{a'' - a'}, & a' \leqslant \Delta P \leqslant a'' \\ 0, & \Delta P \geqslant a'' \end{cases} \tag{6-24}$$

$$S_2(\tilde{a} \leqslant \Delta\tilde{P} \leqslant \tilde{b}) = \begin{cases} \dfrac{\Delta P - a'}{a'' - a'}, & a' \leqslant \Delta P \leqslant a'' \\ 1, & a'' \leqslant \Delta P \leqslant b' \\ \dfrac{b'' - \Delta P}{b'' - b'}, & b' \leqslant \Delta P \leqslant b'' \end{cases} \tag{6-25}$$

$$S_3(\Delta\tilde{P} \geqslant \tilde{b}) = \begin{cases} 0, & \Delta P \leqslant b' \\ \dfrac{\Delta P - b'}{b'' - b'}, & b' \leqslant \Delta P \leqslant b'' \\ 1, & \Delta P \geqslant b'' \end{cases} \tag{6-26}$$

式(6-24)～式(6-26)中，$\Delta\tilde{P}$ 为电价差的模糊数，$\tilde{a}$ 和 $\tilde{b}$ 分别为死区、饱和区阈值，ΔP 为电价差，a' 和 a'' 分别为死区阈值模糊中心的下、上限，b' 和 b'' 分别表示饱和区阈值的下、上限。

死区、饱和区的模糊数以及电价差属于死区、正常响应区、饱和区的隶属度函数如图 6-21 所示。

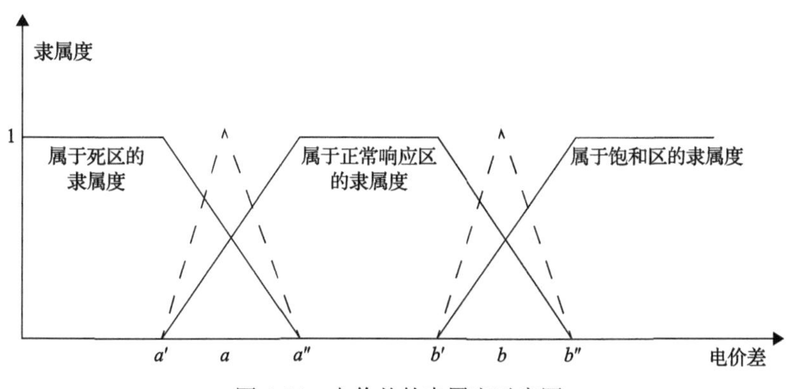

图 6-21　电价差的隶属度示意图

从图 6-21 可以看出，任意两个时段的电价差具有隶属于不同响应区间的属性，本书将此电价差的隶属度用矩阵 $\boldsymbol{S}$ 表示，则某一时段 i 与另一任意时段 j 之间的电价差隶属度如下。

$$S_{ij}=[S_{ij.1},\ S_{ij.2},\ S_{ij.3}] \tag{6-27}$$

式中，S_{ij} 为某一时段 i 与另一任意时段 j 之间的电价差隶属度；$S_{ij.1}$、$S_{ij.2}$、$S_{ij.3}$ 分别为电价差隶属于死区、正常响应区、饱和区的隶属度。

任意两个时段之间的电价差具有以下五种情况。

当 $\Delta P \leqslant a'$ 时，所有用户都认为此时电价差过小，即都处于死区，不存在负荷转移，这种情况下 $S=[1,0,0]$。

当 $a' \leqslant \Delta P \leqslant a''$ 时，此时电价差达到部分人的死区阈值，负荷转移在小范围内进行，这种情况下 $S=\left[\dfrac{a''-\Delta P}{a''-a'},\dfrac{\Delta P-a'}{a''-a'},0\right]$。

当 $a'' \leqslant \Delta P \leqslant b'$ 时，所有用户都感受到了电价差的激励，进行负荷转移，这种情况下 $S=[0,1,0]$。

当 $b' \leqslant \Delta P \leqslant b''$ 时，此时电价差所表示的激励达到一部分人的饱和阈值，这部分人将不会有更进一步的响应，这种情况下 $S=\left[0,\dfrac{b''-\Delta P}{b''-b'},\dfrac{\Delta P-b'}{b''-b'}\right]$。

当 $b'' \leqslant \Delta P$ 时，电价差足够大，达到整个配网用户的饱和阈值，这种情况下 $S=[0,0,1]$。

2）负荷转移率的模糊表示

当考虑死区、饱和区阈值为模糊数时，负荷转移率也应为模糊数。在 sigmoid 函数中，$\tilde{d}$ 值表示函数的中心点横坐标，其值为死区阈值与饱和区阈值的平均值，根据模糊数的运算法则得到下式。

$$\tilde{d}=\frac{\tilde{b}+\tilde{a}}{2}=\left[\frac{a'+b'}{2},\frac{a+b}{2},\frac{a''+b''}{2}\right] \tag{6-28}$$

将模糊数 $\tilde{d}$ 代入式（6-19）得到转移率的模糊数。

$$\tilde{T}(\Delta P)=\frac{c}{1+\mathrm{e}^{-\frac{x-\tilde{d}}{\mu}}} \tag{6-29}$$

则模糊化处理后的负荷转移率曲线如图 6-22 所示。

从图 6-22 可以看出，由于死区、饱和区阈值模糊数上、下限的不确定性，使负荷转移率也在一定范围内变化。

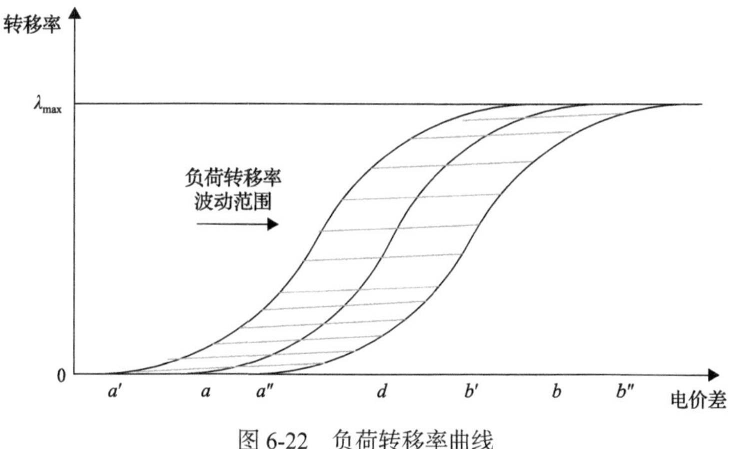

图 6-22　负荷转移率曲线

负荷转移率模糊化后，可在用户确定性响应的基础上分析用户对实时电价的负荷响应。由于在实时电价背景下，传统的峰谷电价区间的概念将不存在，故本书将一天之中所有时段看作一个电价区间进行需求响应分析。根据上节分析可知任意两个时段之间的负荷转移量为各隶属度的用户在各自响应率下的转移量之和，则 i 时段与另一任意时段 j 之间的负荷转移量如下。

$$\Delta l_{ij} = [S_{ij.1},\ S_{ij.2},\ S_{ij.3}] \cdot \begin{bmatrix} T_{ij.1} \\ T_{ij.2} \\ T_{ij.3} \end{bmatrix} \cdot L_j \cdot \operatorname{sgn}(P_j - P_i) \tag{6-30}$$

式中，Δl_{ij} 为 i 时段和 j 时段之间的负荷转移量；P_i、P_j 为 i 时段和 j 时段的电价；L_j 为 j 时段的负荷；$\operatorname{sgn}(P_j - P_i)$ 为用来判断负荷转移方向的符号函数。

6.2.3　基于消费心理学的价格型需求响应模型

通过以上分析，分别得到了 l_0 和 l_{DR}，用户在某一时段的负荷 L 为参考日负荷 l_0 加上负荷转移量 l_{DR} 的结果。

$$L_i = l_{0,i} + \sum_{j=1}^{24} \Delta l_{ij} = l_{0,i} + \sum_{j=1}^{24} S_{ij} \cdot T_{ij} \cdot \operatorname{sgn}(P_j - P_i) \cdot l_{0,j}, \quad i = 1, 2, \cdots, 24 \tag{6-31}$$

式中，L_i 为估算日 i 时段的负荷；$l_{0,i}$ 为参考日 i 时段的负荷。电价差隶属度、负荷转移率、负荷的乘积即为本时段和其他时段之间的负荷转移量。$\operatorname{sgn}(P_i - P_j)$ 是用来判断负荷转移方向的符号函数。当 $P_i > P_j$ 时，本时段电价大于 j 时段电价，则负荷由本时段转向 j 时段，符号函数值为–1；当 $P_i < P_j$ 时，本时段电价小于 j 时段电价，则负荷由 j 时段转向本时段，符号函数值为 1。

6.2.4 典型算例

本书算例中的负荷电价数据来源于美国负荷预测大赛提供的数据。对描述用户响应行为的 sigmoid 函数模型的参数设置为$c=0.1$，$\mu=0.1$。本书通过最小二乘法拟合求取用户响应模型的参数$\tilde{a}$、$\tilde{b}$，以实时电价实施后的用户负荷估计值与实测值之差的平方和最小为目标函数。

$$\min\sum_{i=1}^{24}(L_i-L_i')^2 \tag{6-32}$$

式中，L_i为i时段用户的拟合负荷；L_i'为i时段的实测负荷。

由于用户每天的用电情况有所不同，所以得到的拟合参数也会不同，我们将拟合得到的参数最大、最小值作为模糊上、下限，上、下限的中点作为模糊中心，这样就可以将所有的情况包含在内。本书通过拟合美国马萨诸塞州负荷数据，得到$\tilde{a}=[0,0.1,0.2]$，$\tilde{b}=\left[0.7,0.8,0.9\right]$。

本书将 9 月 3 日作为参考日来计算 9 月 25 日的负荷。通过以上模型和参数，计算可以得到 9 月 25 日的负荷的大致范围，计算结果如图 6-23 所示。

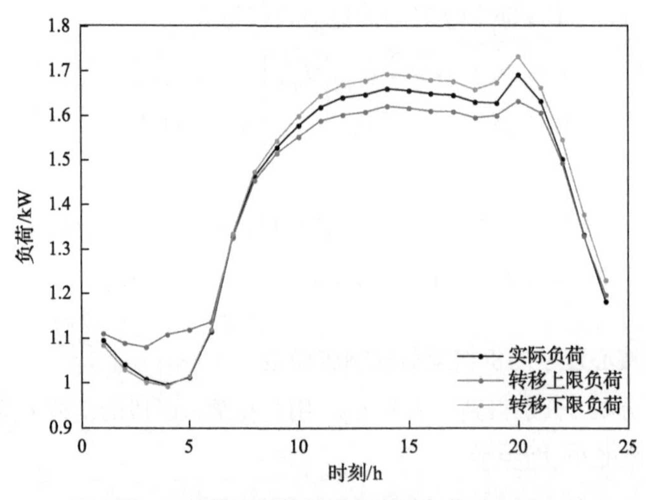

图 6-23 模型计算结果与实际负荷对比图

从图 6-23 中可以看出，本书所建立的模型可以较好地描述负荷变化的情况。在 0 点～7 点之间，实际负荷曲线紧贴负荷转移下限曲线，说明这段时间内人们响应激励的意愿普遍较低；在 7 点～10 点，实际负荷几乎与上、下限负荷重合，说明这段时间内人们的转移活动较为规律；在 10 点～22 点，实际负荷与上、下限负荷之间存在差值，说明这段时间内人们进行需求响应的不确定性增大；在 22 点～24 点，实际负荷紧贴负荷转移上限，这段时间内电价较低，人们进行需求响应的主动性较大。此外还可以看出，在 8 点左右，转移上、下限曲线与实际负荷曲线的相对位置互换，说明随着电价的增大，负荷由转入变为转出。

本书选取 19:00 分析电价差对负荷转移量的相关性,计算结果如图 6-24 所示。

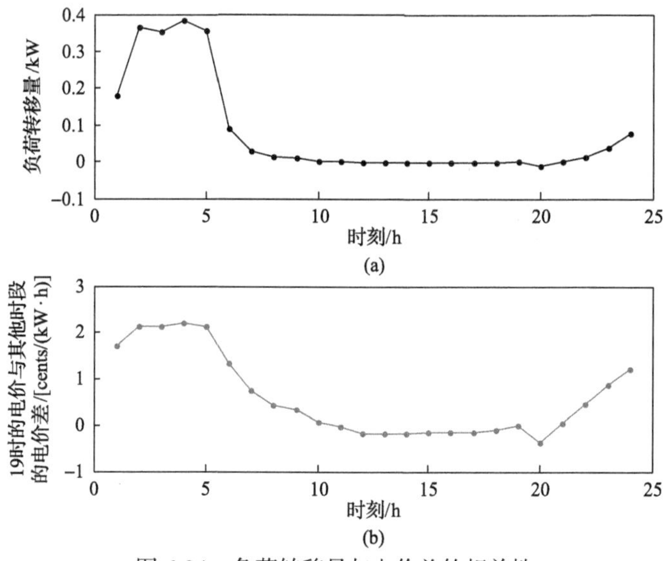

图 6-24　负荷转移量与电价差的相关性

在图 6-24 中，上图为其他时段的负荷向 19:00 的负荷转移量，下图为其他时段与 19:00 之间的电价差，可以看出各个时段负荷转移量的大小与电价差具有较为一致的趋势。

同样选取 19:00 来计算在不同电价差下的隶属度分布情况，计算结果如图 6-25 所示。

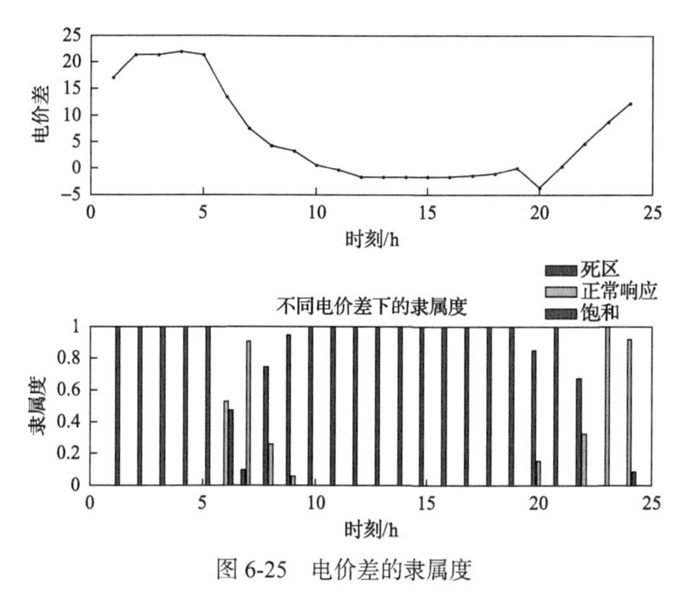

图 6-25　电价差的隶属度

在图 6-25 中，上图表示 19:00 与其他时段之间的电价差，下图表示此电价差所处的不同响应区间的隶属度。可以看出，电价差越大，处于饱和区的隶属度越大；电价差越小，处于死区的隶属度越大。

参 考 文 献

[1] Aneesh C, Kumar S, Hisham P M, et al. Performance Comparison of Variational Mode Decomposition over Empirical Wavelet Transform for the Classification of Power Quality Disturbances Using Support Vector Machine[J]. Procedia Computer ence, 2015, 46: 372-380.

[2] 刘长良, 武英杰, 甄成刚. 基于变分模态分解和模糊 C 均值聚类的滚动轴承故障诊断[J]. 中国电机工程学报, 2015, 35(13): 3358-3365.

[3] 吕中亮. 基于变分模态分解与优化多核支持向量机的旋转机械早期故障诊断方法研究[D]. 重庆: 重庆大学, 2016.

[4] 罗子明. 消费者心理学(第二版)[M]. 北京: 清华大学出版社, 2002.

[5] 孙谦, 刘翠平, 林舜江, 等. 电价及补贴政策对负荷特性的影响分析[J]. 广东电力, 2015, 28(8): 55-60.

[6] Zimmermann H. Description and optimization of fuzzy systems[J]: International Journal of General Systems, 1976, 2(1): 209-216.

[7] 郭联哲, 李莉, 谭忠富. 基于模糊需求和用户分类响应程度的分时电价设计模型[J]. 华东电力, 2007, (5): 11-15.

[8] 曾鸣, 鄢帆, 田廓, 等. 基于三角模糊数的智能电网投资效益分析[J]. 华东电力, 2010, (5): 638-641.

第 7 章 多时空尺度的负荷曲线形态演变

7.1 我国负荷曲线形态多时空尺度演变规律

本节构建了行业负荷曲线的模拟方法，并针对历史数据研究了重点行业负荷曲线形态的多时空演变规律，在此基础上对未来细分行业的负荷曲线形态进行了预测，以期为把握未来我国电力负荷形态变化提供详实的基础。

7.1.1 行业负荷曲线模拟方法

行业(或居民生活，下同)负荷曲线模拟方法如下。

(1)针对一个地区的行业，获取行业的全用户负荷数据较为困难，基于获取到的行业用户负荷叠加为行业负荷(汇聚的行业用电量占比不低于该省本行业用电量的 70%)，并假设样本数据的行业负荷曲线与实际行业负荷曲线形态近似：

$$f'_{i,j,s}(t)=\lambda_{i,j,s}\cdot f_{i,j,s}(t) \tag{7-1}$$

式中，$\lambda_{i,j,s}$ 为常数，表示样本行业曲线与实际行业曲线的放大系数；$f_{i,j,s}(t)$ 为省级电网(i)分行业(j)四季在时刻 t 时的负荷值；$f'_{i,j,s}(t)$ 为行业实际负荷。i 为地域标识，如 i=1 指代北京市，i=2 指代天津，以此类推。j 为行业标识，如 j=1 表示农业、j=2 表示林业，以此类推。s 为季节(season)标识，s=1 表示春季，s=2 表示夏季，s=3 表示秋季，s=4 表示冬季。根据样本负荷数据的采集频率不同(24 点或 96 点)，积分上、下限的选取应区别考虑。

(2)负荷积分的物理意义为用电量。可将求取行业负荷曲线的放大系数转换为求取行业用电量的放大系数。根据样本行业的负荷曲线可以得到其典型日的用电量数值 $E_{i,j,s,d}$ 以及典型日电量占当月行业电量的比重 $\lambda''_{i,j,s}$。

$$\begin{aligned}
E_{i,j,s,d} &= \sum_{t=1}^{24} f_{i,j,s}(t) \\
E'_{i,j,s,d} &= \lambda_{i,j,s}\cdot E_{i,j,s,d} \\
\lambda''_{i,j,s} &= E_{i,j,s,d} \Big/ \sum E_{i,j,s,d}
\end{aligned} \tag{7-2}$$

式中，$E_{i,j,s,d}=\int f_{i,j,s}(t)\mathrm{d}t$ 为省级电网(i)分行业(j)在四季(s)典型日的日用电量；

$\sum E_{i,j,s,d}$ 为省级电网(*i*)分行业(*j*)在四季(*s*)典型日所在月份的用电量，通过对行业的日电量进行叠加得到。

(3)求取行业典型日实际日用电量 $E'_{i,j,s,d}$。由于省级电网分行业的日用电量难以获取，但月度用电量统计已十分成熟，因此，本项目中，日用电量可由月度用电量乘以日用电量占比得到。当样本数据占比足够大时，行业典型日实际日用电量占比与样本行业典型日日用电量占比近似相等。因此，行业典型日实际日用电量可求取如下。

$$\lambda''_{i,j,s} = E'_{i,j,s,d} \Big/ \sum E'_{i,j,s,d} \tag{7-3}$$

式中，$\sum E'_{i,j,s,d}$ 为行业实际月度用电量。

(4)求解放大系数 $\lambda_{i,j,s}$，得出行业模拟负荷曲线。

$$\lambda_{i,j,s} = \sum E'_{i,j,s,d} \Big/ \sum E_{i,j,s,d} \tag{7-4}$$

(5)基于样本行业负荷数据得到本省行业模拟负荷，重复上述过程，直至模拟出本省全部行业四季典型日负荷曲线。

(6)叠加各省行业负荷数据，得到经营区、各区域电网行业负荷。

7.1.2 行业负荷特性时空演变规律

基于聚类算法对各行业负荷形态进行分类，大致可以得出以下几种形态类型，包括“M”形、“几”字形、“一”字形、“W”形等，如表 7-1 所示。其中，“M”形负荷曲线具有双高峰，通常出现于上午 9～12 点，下午 14～17 点，主要出现于第一产业中的农、林、畜牧业中，以及第二产业劳动密集型行业和装备制造业中；“几”字形负荷曲线主要出现于第三产业的众多行业及第二产业中午不间断生产的行业；“一”字形负荷曲线十分平稳，主要出现于第二产业中需要连续不间断生产以及实行“三班倒”的行业；“W”形行业主要出现于第二产业，有较为明显的错避峰现象。

表 7-1 各细分行业典型日负荷曲线类型情况

产业分类	行业名称	形态类型	产业分类	行业名称	形态类型
第一产业	农业	“M”形	第二产业	石油和天然气开采业	“一”字形
	林业			黑色金属矿采选业	
	畜牧业			纺织业	
第二产业	非金属矿采选业			造纸和纸制品业	
	纺织服装/服饰业			石油/煤炭及其他燃料加工业	

续表

产业分类	行业名称	形态类型
第二产业	皮革/毛皮/羽毛及其制品和制鞋业	“M”形
	木材加工和木/竹/藤/棕/草制品业	
	家具制造业	
	印刷和记录媒介复制业	
	文教/工美/体育和娱乐用品制造业	
	医药制造业	
	通用设备制造业	
	专用设备制造业	
	汽车制造业	
	铁路/船舶/航空航天和其他运输设备制造业	
	电气机械和器材制造业	
	仪器仪表制造业	
	建筑业	
	橡胶和塑料制品业	“几”字形
	烟草制品业	
第三产业	信息传输.软件和信息技术服务业	
	住宿和餐饮业	
第二产业	化学原料和化学制品制造业	“一”字形
	黑色金属冶炼和压延加工业	
	有色金属冶炼和压延加工业	
	计算机/通信和其他电子设备制造业	
	煤炭开采和洗选业	“W”字形
	有色金属矿采选业	
	农副食品加工业	
	化学纤维制造业	
	非金属矿物制品业	
	金属制品业	
	废弃资源综合利用业	
第三产业	金融业	“几”字形
	房地产业	
	租赁和商务服务业	
	公共服务及管理组织	
	批发和零售业	
	交通运输/仓储和邮政业	

为了突出重点，本节对主要用电行业进行分析。包括：①纺织业(2.4%)；②化学原料和化学制品制造业(6.5%)；③橡胶和塑料制品业(2.0%)；④非金属矿物制品业(5.1%)；⑤黑色金属冶炼和压延加工业(7.9%)；⑥有色金属冶炼和压延加工业(8.4%)；⑦金属制品业(3.3%)；⑧计算机、通信和其他电子设备制造业(2.2%)；⑨交通运输、仓储和邮政业(2.3%)；⑩城乡居民生活(14.1%)；⑪公共服务及管理组织业(4.5%)。

1. 黑色金属冶炼及压延加工业

图 7-1 和表 7-2 为黑色金属冶炼及压延加工业典型可负荷特性的对比结果。由图表可知：

(1)从典型日负荷形态看，黑色金属冶炼及压延加工业负荷曲线形态变化不大，皆呈现“一”字形负荷形态。

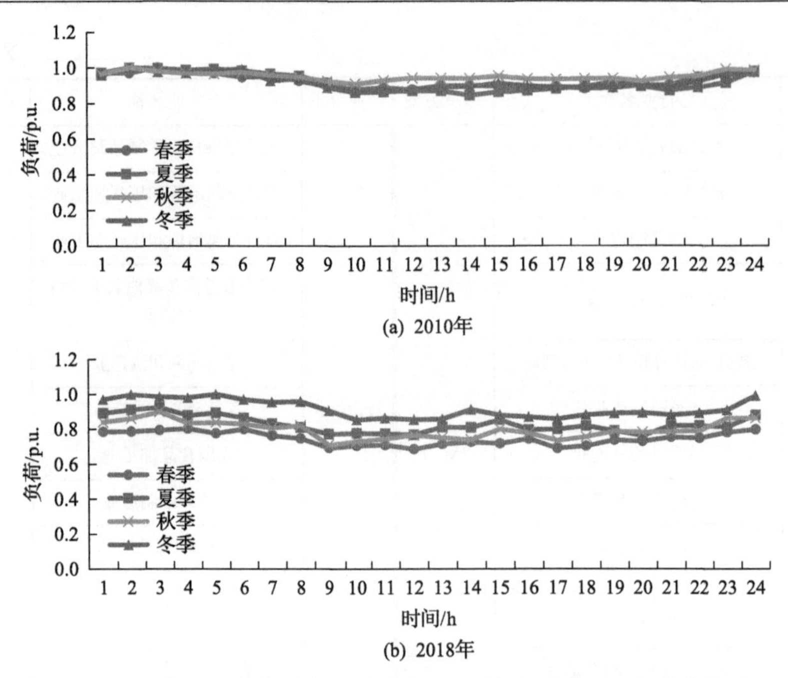

图 7-1　2010 年、2018 年黑色金属冶炼及压延加工业典型日负荷曲线对比

表 7-2　2010 年、2018 年黑色金属冶炼及压延加工业典型日负荷特性对比

行业	年份	季节	日负荷率	日最小负荷率	日峰谷差率
黑色金属冶炼及压延加工业	2010	春	0.95	0.91	0.09
		夏	0.93	0.87	0.13
		秋	0.96	0.91	0.09
		冬	0.96	0.92	0.08
	2018	春	0.93	0.85	0.15
		夏	0.90	0.82	0.18
		秋	0.88	0.79	0.21
		冬	0.92	0.85	0.15

(2) 从负荷特性指标看，相较于 2010 年，2018 年本行业日负荷率、日最小负荷率明显下降，日峰谷差率明显上升，反映出本行业在电价政策的影响下，呈现错避峰的特点。

(3) 目前我国钢铁行业主要是高炉-转炉长流程生产工艺，具有不可间断的特点。未来，随着电炉钢等短流程工艺生产比重的上升，行业的可间断生产能力将有所上升，预计行业负荷峰谷差率将逐步上升，负荷率将逐步下降。

2. 有色金属冶炼及压延加工业

图 7-2 和表 7-3 为“有色金属冶炼及压延加工业”的典型日负荷特性对比结果。

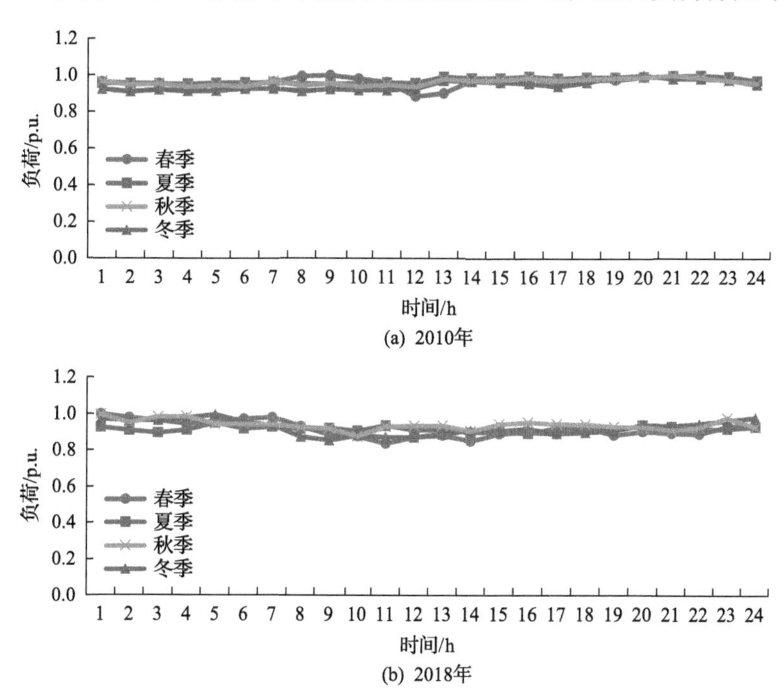

图 7-2　2010 年、2018 年有色金属冶炼及压延加工业典型日负荷曲线对比

表 7-3　2010 年、2018 年有色金属冶炼及压延加工业典型日负荷特性对比

行业	年份	季节	日负荷率	日最小负荷率	日峰谷差率
有色金属冶炼及压延加工业	2010	春	0.97	0.94	0.06
		夏	0.94	0.86	0.14
		秋	0.95	0.89	0.11
		冬	0.95	0.89	0.11
	2018	春	0.92	0.84	0.16
		夏	0.96	0.94	0.06
		秋	0.94	0.88	0.12
		冬	0.93	0.86	0.14

由图表可知：

(1) 从典型日负荷形态看，本行业 2010 年与 2018 年变化不大。

(2) 从负荷特性指标看，相较于 2010 年，2018 年日峰谷差率明显上升，反映出在环保督查及电价政策影响下，行业已呈现错避峰的现象。

3. 非金属矿物制品业

图 7-3 和表 7-4 为非金属矿物制品业的典型日负荷特性对比结果。

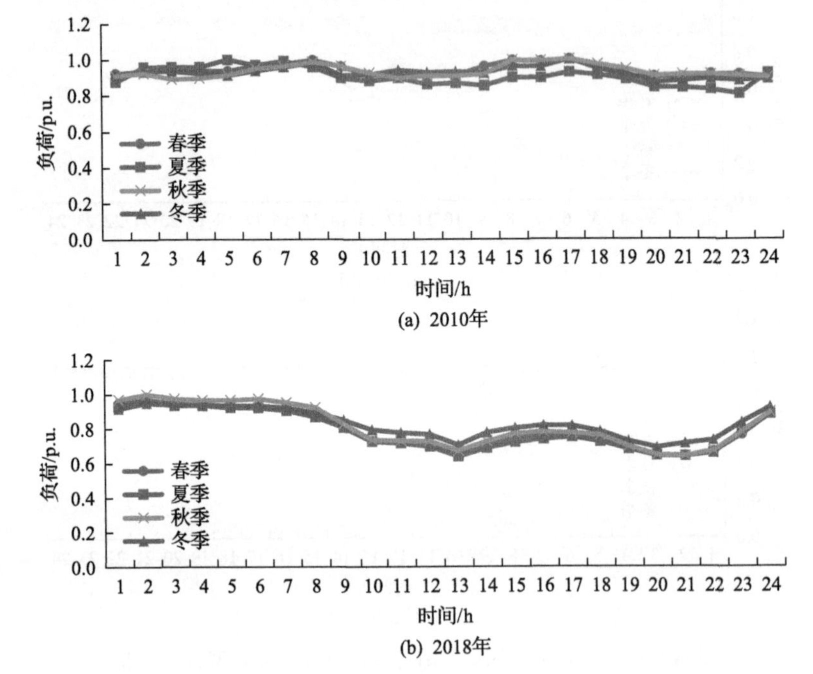

图 7-3　2010 年、2018 年非金属矿物制品业典型日负荷曲线对比

表 7-4　2010 年、2018 年非金属矿物制品业典型日负荷特性对比

行业	年份	季节	日负荷率	日最小负荷率	日峰谷差率
非金属矿物制品业	2010	春	0.93	0.89	0.11
		夏	0.93	0.83	0.17
		秋	0.95	0.88	0.12
		冬	0.91	0.81	0.19
	2018	春	0.82	0.66	0.34
		夏	0.82	0.66	0.34
		秋	0.82	0.64	0.36
		冬	0.88	0.73	0.27

由图表可知：

(1) 从典型日负荷形态看，本行业 2010 年与 2018 年变化比较明显，由“一”

字形转变为“W”形，2018 年本行业表现出错避峰形态。

(2)从负荷特性指标看，相较于 2010 年，2018 年本行业日负荷率、日最小负荷率明显下降，日峰谷差率明显上升。

4. 化学原料及化学制品制造业

化学原料及化工行业的典型日负荷对比如图 7-4 和表 7-5 所示。

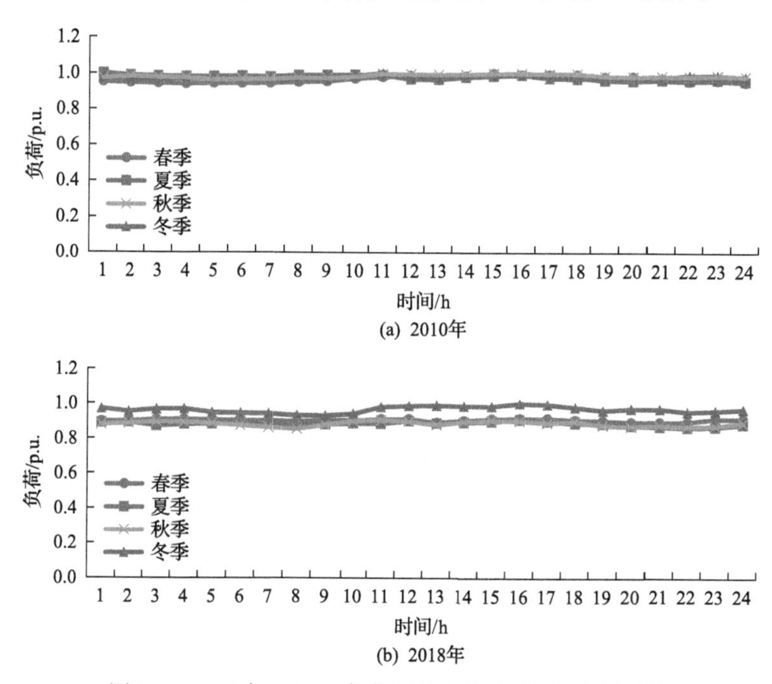

图 7-4　2010 年、2018 年化工行业典型日负荷曲线对比

表 7-5　2010 年、2018 年化工行业典型日负荷特性对比

行业	年份	季节	日负荷率	日最小负荷率	日峰谷差率
化工行业	2010	春	0.97	0.94	0.06
		夏	0.97	0.91	0.09
		秋	0.95	0.9	0.1
		冬	0.96	0.91	0.09
	2018	春	0.99	0.98	0.02
		夏	0.97	0.95	0.05
		秋	0.98	0.94	0.06
		冬	0.97	0.93	0.07

由图表可知：

(1) 从典型日负荷形态看，本行业 2010 年与 2018 年变化不大。

(2) 从负荷特性指标看，相较于 2010 年，2018 年本行业日负荷率变化不大，日最小负荷率明显上升，日峰谷差率明显下降。

5. 纺织业

纺织业的典型日负荷对比如图 7-5 和表 7-6 所示。

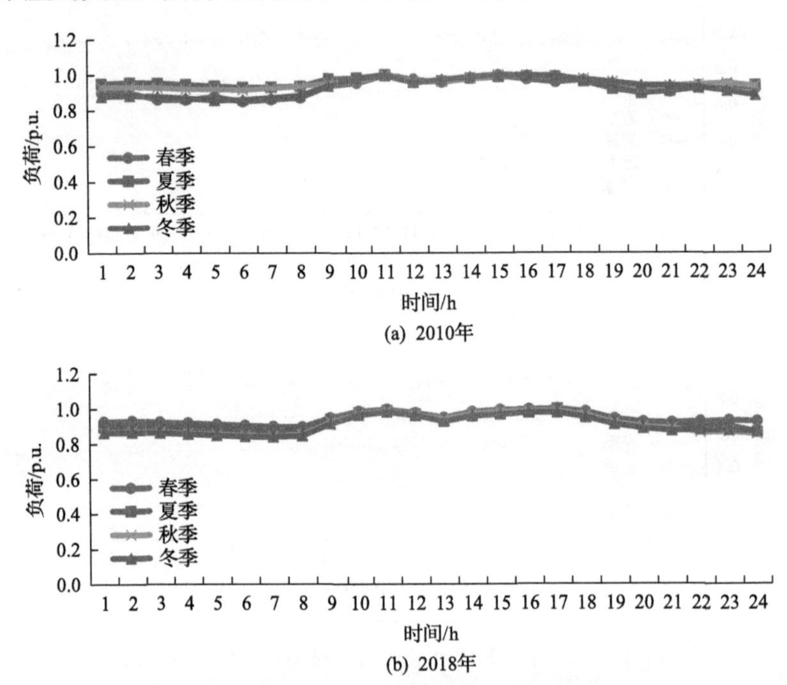

图 7-5　2010 年、2018 年纺织业典型日负荷曲线对比

表 7-6　2010 年、2018 年纺织业典型日负荷特性对比

行业	年份	季节	日负荷率	日最小负荷率	日峰谷差率
纺织业	2010	春	0.90	0.80	0.20
		夏	0.93	0.83	0.17
		秋	0.91	0.86	0.14
		冬	0.92	0.78	0.22
	2018	春	0.95	0.90	0.10
		夏	0.93	0.87	0.13
		秋	0.92	0.86	0.14
		冬	0.92	0.85	0.15

由图表可知：

(1)从典型日负荷形态看，2010 年和 2018 年纺织业的负荷曲线形态皆呈现“一”字形，变化不大。

(2)从负荷特性指标看，相较于 2010 年，2018 年本行业日负荷率基本一致，日最小负荷率有明显的上升趋势，日峰谷差率有所下降。

6. 交通运输、仓储和邮政业

交通运输、仓储和邮政业的典型日负荷对比如图 7-6 和表 7-7 所示。

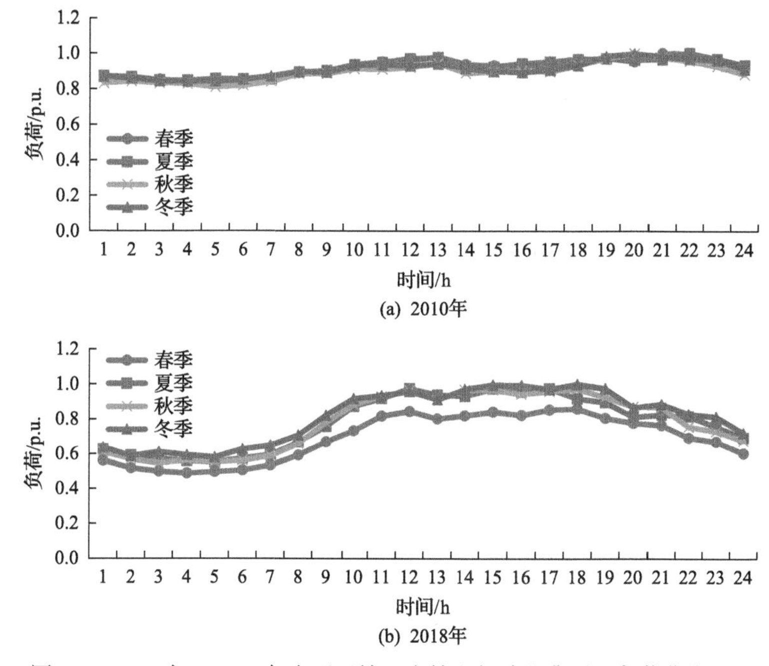

图 7-6　2010 年、2018 年交通运输、仓储和邮政业典型日负荷曲线对比

表 7-7　2010 年、2018 年交通运输、仓储和邮政业典型日负荷特性对比

行业	年份	季节	日负荷率	日最小负荷率	日峰谷差率
交通运输、仓储和邮政业	2010	春	0.92	0.83	0.17
		夏	0.92	0.85	0.15
		秋	0.90	0.81	0.19
		冬	0.91	0.84	0.16
	2018	春	0.80	0.57	0.43
		夏	0.80	0.56	0.44
		秋	0.80	0.56	0.44
		冬	0.81	0.58	0.42

由图表可知：

(1) 从典型日负荷形态看，本行业 2010 年与 2018 年变化极大，由“一”字形转变为“几”字形。

(2) 从负荷特性指标看，相较于 2010 年，2018 年本行业日负荷率、日最小负荷率明显下降，日峰谷差率明显上升。

(3) 相较于 2010 年，当今交通运输/仓储和邮政业迅速发展，预计未来行业用电高峰将进一步上升，负荷率将进一步下降，峰谷差率响应上升。

7. 公共管理和社会组织业

公共管理和社会组织业的典型日负荷对比如图 7-7 和表 7-8 所示。

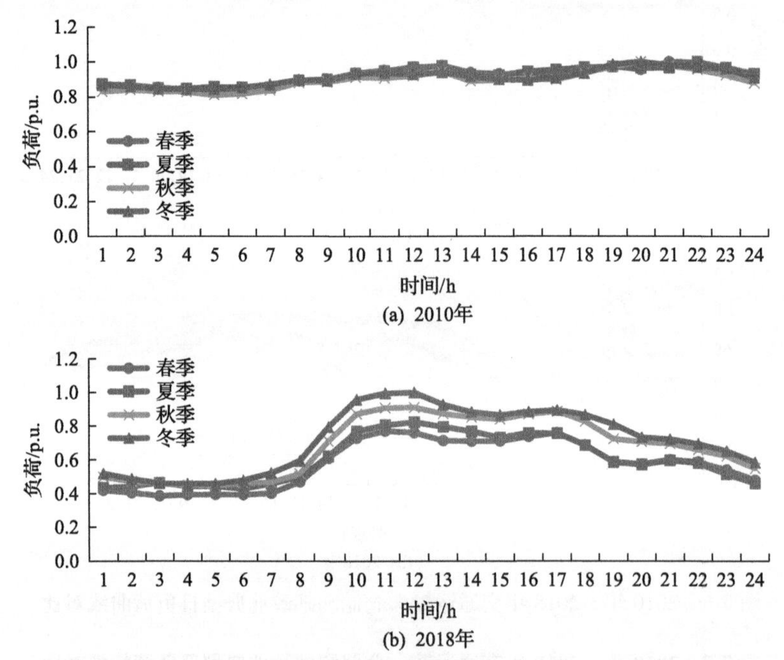

图 7-7　2010 年、2018 年公共管理和社会组织业典型日负荷曲线对比

由图表可知：

(1) 从典型日负荷形态看，本行业 2010 年与 2018 年变化较大，由“一”字形转变为“几”字形。

(2) 从负荷特性指标看，相较于 2010 年，2018 年本行业日负荷率、日最小负荷率明显下降，日峰谷差率明显上升。

(3) 相较于 2010 年，2018 年行业电器、用电设备保有量明显上升，导致工作时段负荷明显增大。预计未来行业用电高峰将进一步上升，负荷率有望进一步小幅下降，峰谷差率进一步上升。

表 7-8　2010 年、2018 年公共管理和社会组织业典型日负荷特性对比

行业	年份	季节	日负荷率	日最小负荷率	日峰谷差率
公共管理和社会组织业	2010	春	0.92	0.83	0.17
		夏	0.92	0.85	0.15
		秋	0.90	0.81	0.19
		冬	0.91	0.84	0.16
	2018	春	0.75	0.50	0.50
		夏	0.73	0.52	0.48
		秋	0.75	0.49	0.51
		冬	0.72	0.46	0.54

8. 橡胶和塑料制品业

橡胶和塑料制品业的典型日负荷对比如图 7-8 和表 7-9 所示。

由图表可知：

(1) 从典型日负荷形态看，本行业 2010 年与 2018 年典型日负荷形态变化不大，皆呈现“M”形曲线形态。

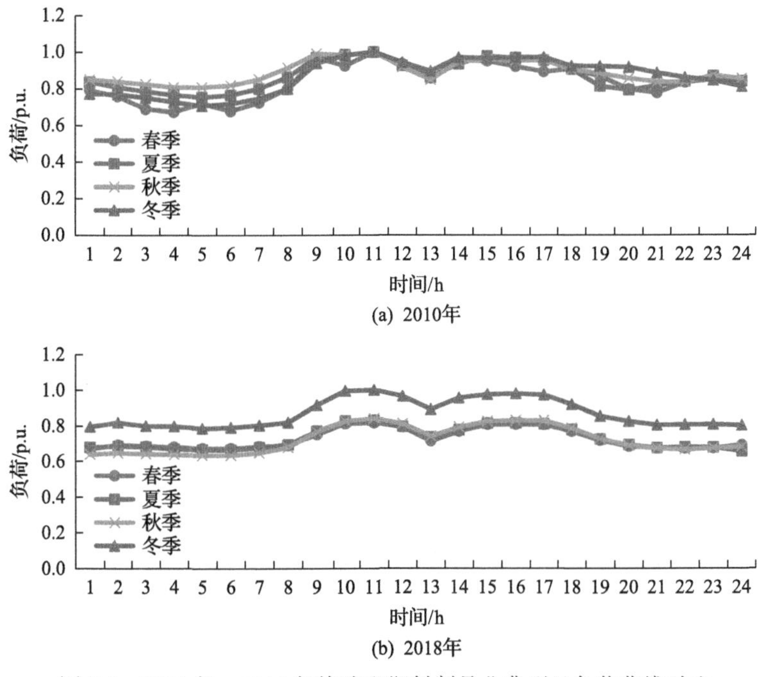

图 7-8　2010 年、2018 年橡胶和塑料制品业典型日负荷曲线对比

表 7-9　2010 年、2018 年橡胶和塑料制品业典型日负荷特性对比

行业	年份	季节	日负荷率	日最小负荷率	日峰谷差率
橡胶和塑料制品业	2010	春	0.84	0.67	0.33
		夏	0.87	0.75	0.25
		秋	0.89	0.81	0.19
		冬	0.87	0.71	0.29
	2018	春	0.89	0.82	0.18
		夏	0.88	0.79	0.21
		秋	0.86	0.75	0.25
		冬	0.87	0.79	0.21

(2)从负荷特性指标看，相较于 2010 年，2018 年本行业日负荷率变化不大，日最小负荷率呈上升趋势，日峰谷差率呈下降趋势。

(3)本行业的负荷形态及特性主要由其工作安排及生产工艺决定，预计未来行业负荷形态及特性变化不大。

9. 金属制品业

金属制品业的典型日负荷对比如图 7-9 和表 7-10 所示。

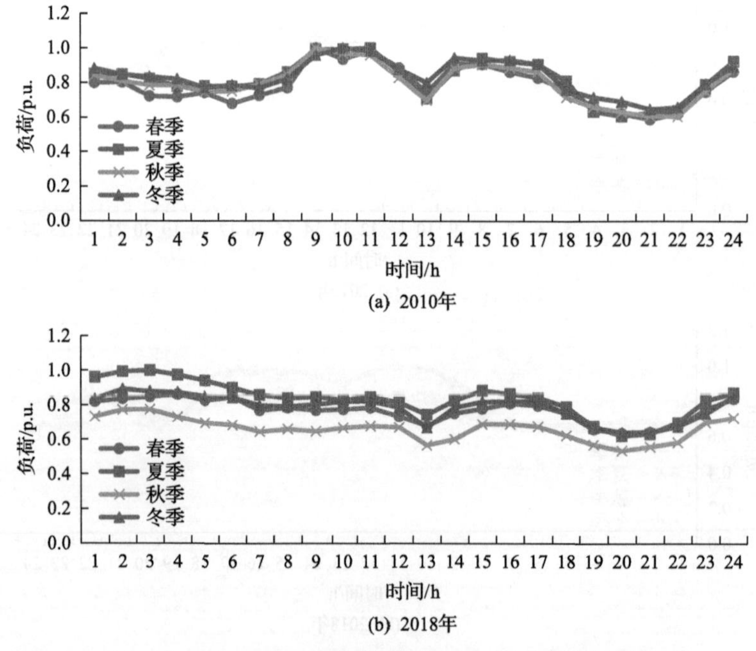

图 7-9　2010、2018 年金属制品业典型日负荷曲线对比

表 7-10　2010 年、2018 年金属制品业典型日负荷特性对比

行业	年份	季节	日负荷率	日最小负荷率	日峰谷差率
金属制品业	2010	春	0.79	0.55	0.45
		夏	0.86	0.67	0.33
		秋	0.88	0.73	0.27
		冬	0.85	0.75	0.25
	2018	春	0.88	0.77	0.23
		夏	0.89	0.79	0.21
		秋	0.90	0.74	0.26
		冬	0.87	0.74	0.26

由图表可知：

(1) 从典型日负荷形态看，本行业负荷曲线形态变化明显，由 2010 年深“M”形演变为 2018 年的浅“W”形。

(2) 从负荷特性指标看，相较于 2010 年，2018 年本行业日负荷率、日最小负荷率有明显上升，日峰谷差率下降，表现出错避峰形态。

(3) 金属制品行业包括结构性金属制品制造、金属工具制造、集装箱及金属包装容器制造、不锈钢及类似日用金属制品制造等，受电价影响较大，预计行业错避峰现象将进一步显著，负荷率有望进一步下降，峰谷差率相应上升。

10. 信息传输、计算机服务和软件业

信息传输、计算机服务和软件业的典型日负荷对比如图 7-10 和表 7-11 所示。

由图表可知：

(1) 从典型日负荷形态看，本行业 2010 年与 2018 年变化较大，由“一”字形转变为“几”字形，表明白天工作时段行业用电高于晚上。

(2) 从负荷特性指标看，相较于 2010 年，2018 年本行业负荷率、最小负荷率有所下降、峰谷差率基本相同。

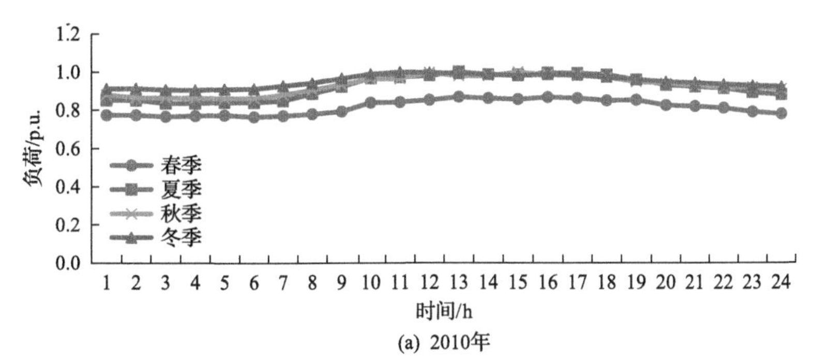

(a) 2010年

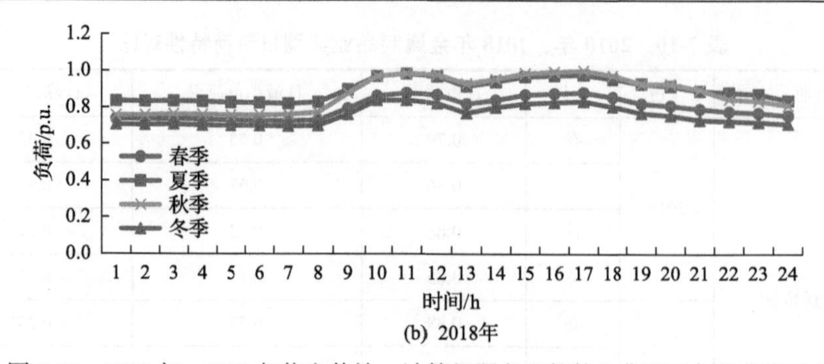

(b) 2018年

图 7-10 2010 年、2018 年信息传输、计算机服务和软件业典型日负荷曲线对比

表 7-11 2010 年、2018 年信息传输、计算机服务和软件业典型日负荷特性对比

行业	年份	季节	日负荷率	日最小负荷率	日峰谷差率
信息传输、计算机服务和软件业	2010	春	0.83	0.76	0.24
		夏	0.92	0.84	0.16
		秋	0.93	0.86	0.14
		冬	0.95	0.90	0.10
	2018	春	0.91	0.85	0.15
		夏	0.87	0.75	0.25
		秋	0.92	0.85	0.15
		冬	0.87	0.77	0.23

(3)随着行业持续发展，预计未来行业负荷曲线有望从“几”字形向“M”形转变，负荷率进一步降低、峰谷差率相应上升。

7.1.3 行业负荷曲线形态预测

十九大报告明确判断，我国经济已由高速增长阶段转向高质量发展阶段，正处在转变发展方式、优化经济结构、转换增长动力的攻关期，报告提出要推动经济发展质量变革、效率变革、动力变革。在此大背景下，本书设定基准情景与高质量发展情景两种情景，研究未来负荷特性变化情况。

基准情景：按照历史增长规律延续之前的发展模式，在 2020～2030 年间不设置任何额外的约束条件和政策，按照历史惯性发展。

高质量发展情景：按照国家相关部署，综合考虑以下情况。经济发展方式加快转变、结构调整加快推进、区域间产业加快转移；电力技术取得较大突破，风电、太阳能、分布式能源迅速发展；电动汽车快速发展，新型负荷在市场和政策的双重作用下加快发展；需求响应加快实施，用户的市场参与度进一步提高。

1. 化学原料及化学制品制造业

化工行业与有色金属行业类似，负荷非常平稳，负荷调节能力有限，其典型日负荷预测结果如表 7-12，一定时期内生产工艺也不会有明显改变，初步预测化工行业负荷特性也不会有明显改变。

表 7-12　化学原料及化学制品制造业典型日负荷特性预测

行业		化学原料及化学制品制造业					
年份		2020		2025		2030	
基准情景	最大负荷/(万 kW)	7254		9385		10968	
高质量发展情景		7100		9213		10602	
季节		夏	冬	夏	冬	夏	冬
基准情景	日峰谷差率	0.09	0.059	0.09	0.058	0.09	0.058
	日负荷率	0.97	0.971	0.97	0.971	0.97	0.971
高质量发展情景	日峰谷差率	0.09	0.059	0.059	0.059	0.09	0.058
	日负荷率	0.97	0.97	0.97	0.97	0.97	0.971

2. 非金属矿物制品业

非金属矿物制品业负荷曲线有明显的峰谷差异且已呈现出一定的错峰生产特性，夜间负荷高于白天。初步预测未来非金属矿物制品业负荷不会有明显改变，但在适当的市场环境下负荷调节能力仍具有进一步提升的潜力，预测结果如表 7-13。

表 7-13　非金属矿物制品业典型日负荷特性预测

行业		非金属矿物制品业					
年份		2020		2025		2030	
基准情景	最大负荷/(万 kW)	6937		8974		10488	
高质量发展情景		6788		8809		10138	
季节		夏	冬	夏	冬	夏	冬
基准情景	日峰谷差率	0.443	0.411	0.444	0.412	0.446	0.413
	日负荷率	0.794	0.816	0.793	0.815	0.792	0.815
高质量发展情景	日峰谷差率	0.442	0.409	0.41	0.41	0.442	0.411
	日负荷率	0.794	0.816	0.794	0.816	0.793	0.815

3. 黑色金属冶炼及压延加工业

黑色金属行业负荷曲线总体较为平稳，具备一定负荷调节能力，且当前已呈现出错峰生产的趋势。未来伴随着电炉钢的快速发展，黑色金属行业的生产工艺会有所改变，因电炉钢生产流程较为灵活，电炉钢比例的提升将会降低黑色金属行业负荷率，但行业的负荷调节能力会有进一步的提高。

由表 7-14 可知，在基准情景下，受电炉钢比例的不断提升，2020、2025、2030 年黑色金属行业峰谷差率将逐步上升、负荷率将逐步下降；在高质量发展情景下，行业负荷调节能力的进一步提升会在一定程度上抵消电炉钢的影响，因而同一年份中峰谷差率略低于基准情景，负荷率将略高于基准情景。

表 7-14　黑色金属冶炼及压延加工业典型日负荷特性预测

行业		黑色金属冶炼及压延加工业					
年份		2020		2025		2030	
基准情景	最大负荷/(万 kW)	9582		12396		14487	
高质量发展情景		9377		12169		14004	
季节		夏	冬	夏	冬	夏	冬
基准情景	日峰谷差率	0.239	0.297	0.244	0.302	0.251	0.305
	日负荷率	0.864	0.847	0.859	0.842	0.852	0.838
高质量发展情景	日峰谷差率	0.237	0.295	0.242	0.291	0.248	0.291
	日负荷率	0.867	0.849	0.862	0.854	0.858	0.855

4. 有色金属冶炼及压延加工业

有色金属行业因设备大多是连续生产，负荷非常平稳，负荷调节能力有限。有色金属行业用能结构以电力为主，一定时期内有色金属行业生产工艺不会有明显改变，初步预测未来有色金属行业负荷特性不会有明显改变，预测结果如表 7-15 所示。

5. 纺织业

纺织业负荷非常较为平稳，日负荷率较高。受生产工艺影响，纺织行业夏季降温负荷占比较高，生产工艺中部分流程具备一定的负荷调节能力。初步预测在基准情景下纺织业负荷特性不会有明显改变，但在高质量发展情景下负荷调节能力会有进一步提升，预测结果见表 7-16。

表 7-15　有色金属冶炼及压延加工业典型日负荷特性预测

行业		有色金属冶炼及压延加工业					
年份		2020		2025		2030	
基准情景	最大负荷/(万 kW)	9025		11677		13646	
高质量发展情景		8833		11462		13191	
季节		夏	冬	夏	冬	夏	冬
基准情景	日峰谷差率	0.392	0.289	0.393	0.289	0.394	0.29
	日负荷率	0.835	0.877	0.835	0.876	0.834	0.876
高质量发展情景	日峰谷差率	0.391	0.288	0.288	0.288	0.391	0.289
	日负荷率	0.836	0.877	0.835	0.877	0.835	0.876

表 7-16　纺织业典型日负荷特性预测

行业	年份	季节	基准情景		高质量发展情景	
			日峰谷差率	日负荷率	日峰谷差率	日负荷率
纺织业	2020	夏	0.107	0.941	0.107	0.940
		冬	0.115	0.931	0.116	0.930
	2025	夏	0.107	0.941	0.115	0.940
		冬	0.115	0.931	0.115	0.930
	2030	夏	0.106	0.941	0.107	0.941
		冬	0.114	0.931	0.115	0.931

6. 计算机、通信和其他电子设备制造业

计算机、通信和其他电子设备制造业具有明显的峰谷特性，且已表现出错避峰的特点。初步预测在基准情景下负荷特性不会有明显改变，但在高质量发展情景下负荷调节能力会有进一步提升，预测结果如表 7-17。

7. 信息传输、计算机服务和软件业

信息传输、计算机服务和软件业负荷曲线走势相对平稳，呈现“几”字型态势，近年来负荷特性指标变化不大。初步预测在基准情景下负荷特性改变较小，但在高质量发展情景下负荷调节能力会进一步提升，预测结果见表 7-18。

8. 住宿和餐饮业

住宿和餐饮业具有非常显著的峰谷差异，用电高峰集中在营业活动频繁的 9～22 点，这个时段内负荷波动幅度较小，且降温和采暖负荷占比较高。受营业

表 7-17　计算机、通信和其他电子设备制造业典型日负荷特性预测

行业	年份	季节	基准情景		高质量发展情景	
			日峰谷差率	日负荷率	日峰谷差率	日负荷率
计算机、通信和其他电子设备制造业	2020	夏	0.661	0.677	0.660	0.677
		冬	0.635	0.698	0.635	0.698
	2025	夏	0.662	0.677	0.635	0.677
		冬	0.636	0.697	0.635	0.698
	2030	夏	0.663	0.676	0.660	0.677
		冬	0.636	0.697	0.635	0.697

表 7-18　信息传输、计算机服务和软件业典型日负荷特性预测

行业	年份	季节	基准情景		高质量发展情景	
			日峰谷差率	日负荷率	日峰谷差率	日负荷率
信息传输、计算机服务和软件业	2020	夏	0.546	0.737	0.530	0.752
		冬	0.517	0.711	0.502	0.726
	2025	夏	0.502	0.751	0.487	0.766
		冬	0.474	0.724	0.460	0.739
	2030	夏	0.471	0.760	0.457	0.776
		冬	0.461	0.733	0.448	0.748

活动限制，未来住宿和餐饮业的负荷高峰集中时段不会有显著改变，但随着蓄冷蓄热技术的应用，夏冬季节的降温和采暖负荷可以部分转移至夜间，从而提高负荷率，降低峰谷差率，预测结果如表 7-19。

表 7-19　住宿和餐饮业典型日负荷特性预测

行业	年份	季节	基准情景		高质量发展情景	
			日峰谷差率	日负荷率	日峰谷差率	日负荷率
住宿和餐饮业	2020	夏	0.546	0.737	0.530	0.752
		冬	0.517	0.711	0.502	0.726
	2025	夏	0.502	0.751	0.487	0.766
		冬	0.474	0.724	0.460	0.739
	2030	夏	0.471	0.760	0.457	0.776
		冬	0.461	0.733	0.448	0.748

9. 金融、房地产、租赁和商务服务业

金融、房地产、租赁和商务服务业与住宿和餐饮业类似，具有非常显著的峰谷差异，受固定营业时间影响，白天时段呈现明显的双高峰，其中，早高峰出现在 9～11 点，午高峰出现在 14～17 点；降温和采暖负荷占比较高，具体预测结果如表 7-20。同样随着蓄冷蓄热技术的应用，夏冬季节的降温和采暖负荷可以部分转移至夜间，从而提高负荷率、降低峰谷差率。

表 7-20　金融、房地产、租赁和商务服务业典型日负荷特性预测

行业	年份	季节	基准情景		高质量发展情景	
			日峰谷差率	日负荷率	日峰谷差率	日负荷率
金融、房地产、租赁和商务服务业	2020	夏	0.642	0.662	0.623	0.675
		冬	0.683	0.622	0.663	0.635
	2025	夏	0.633	0.676	0.615	0.690
		冬	0.676	0.637	0.656	0.650
	2030	夏	0.630	0.683	0.612	0.697
		冬	0.674	0.644	0.654	0.657

7.2　长期负荷曲线形态演变预测

目前，长期负荷曲线形态概率预测的主要步骤包括：选择变量、建立概率预测模型、验证模型有效性及修正模型等。近年来，负荷概率预测以置信区间预测、分位点预测及概率密度估计等形式呈现，但对预测模型及模型变量的选择上研究较少。这带来以下两个方面的问题：①传统长期负荷形态预测多采用静态模型，难以反映负荷与影响因素间的长期动态关系；②变量选择存在冗余性，增加了建模难度，也可能在一定程度上影响了预测精度。近年来，国内外学者对长期负荷预测进行了大量研究。文献[1]基于专家经验法建立了基于协同模糊神经网络的年电力需求区间预测模型，但建模过程中缺少对外界影响因素的考虑，同时由于专家经验法具有一定主观性，无法客观反映未来复杂经济场景下电力负荷曲线的演变规律；文献[2]利用改进的 Logistic 模型对山东省长期负荷预测进行研究，Logistic 模型为固定的预测模型，对负荷预测模型的动态性未加考虑；文献[3]利用半参数模型结合天气概率场景生成，实现了夏季最大负荷的概率预测，但在对模型趋势变量的选择方面缺乏依据。

针对上述研究现状，本节提出采用 Granger 因果分析方法实现多维变量的初步筛选，并根据预测精度对各维变量的非参数回归模型进行逐步平均组合，从而建立非参数组合回归的长期负荷预测模型。为实现长期负荷概率预测，基于随机变化率对最优非参数组合回归模型中的多维变量进行不确定性建模，逐年产生多组多维变量等概率模拟值，输入至所建立的非参数组合回归模型，获得未来负荷演变 10%、50%及 90%分位点值(具体定义见附录)。算例结果表明：基于上述结果进行电力系统运行规划，能够有效增加规划方案的弹性。

7.2.1 Granger 因果分析

1. 影响长期负荷曲线形态的变量因素

由于长期负荷的时间跨度大，其变化趋势是多种因素共同作用的结果，一方面影响因素集不断演变，另一方面外生影响因素自身变化亦存在较大的不确定性，显著加大了长期负荷形态预测的难度。各影响因素中，经济因素及人口要素常作为长期负荷预测建模的依据，但随着我国“节能减排”的推动、电力市场的开放与极端天气的加剧，技术因素、市场因素及气候因素对长期负荷的推动作用不容忽视。

因此，需要将经济因素、人口因素、技术因素、市场因素及气候因素等作为影响长期负荷曲线形态演变的因素加以考虑，各类因素的量化指标如图 7-11 所示，图中，GDP 为国内生产总值(Gross Domestic Product)；CPI 为消费者物价指数(Consumer Price Index)。

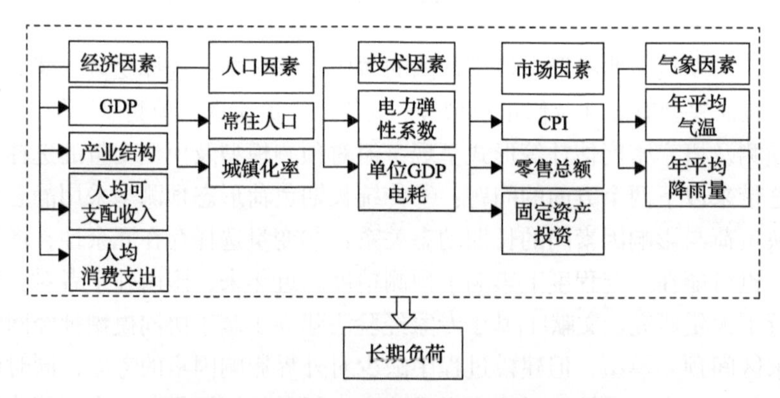

图 7-11 长期负荷曲线形态演变的影响因素

2. Granger 因果分析

众多长期负荷影响因素中，并非所有因素均对长期负荷曲线形态演变都具有显著的驱动作用。为建立合适的负荷预测模型，首先要对影响负荷形态的变量进行筛选。目前常用的方法是通过判断负荷序列与变量序列是否具有相关关系，并采用与负荷序列相关性高的因素作为建模依据；但仅通过相关关系进行变量筛选，预测模型容易陷入“伪回归”。因此，需要通过因果关系进行变量筛选，保证影响因素对负荷具有显著的驱动作用。

Granger 因果分析从预测的角度定义了同阶平稳变量间的因果关系，设负荷序列为 $y=(y_1,y_2,\cdots,y_n)^{\mathrm{T}}$，式中 n 表示历史样本数；影响因素序列设为 $X=(x^1, x^2,\cdots,x^m)$；对于第 i 维影响因素 x^i，有 $x^i=(x_1^i,x_2^i,\cdots,x_n^i)^{\mathrm{T}}$；检验变量 x^i 是否为负荷 $\boldsymbol{y}$ 的 Granger 原因的过程如下。

(1) 检验原假设 H_0：“影响变量 x^i 不是引起负荷 y 变化的 Granger 原因”。

(2) 将电量 y 与变量 x^i 互换，检验假设 H_1：“电量 y 不是引起影响变量 x^i 变化的 Granger 原因”。

(3) 按照表 7-21 判断影响变量 x^i 与负荷 $\boldsymbol{y}$ 的因果关系。

表 7-21　Granger 因果关系结果

假设	$x_i \to y$	$y \to x_i$	$y \leftarrow\!\!-\!\!\rightarrow x_i$	$y \times x_i$
H_0	拒绝	接受	拒绝	接受
H_1	接受	拒绝	拒绝	接受
符号描述	影响变量 x_i 是拉动电量 y 的因	电量 y 是拉动影响变量 x_i 的因	电量 y 与影响变量 x_i 互为因果关系	两者无因果关系

其中，检验假设的方法如下。

(1) 建立两个回归模型，分别为无约束回归模型及有约束（$\beta_j=0, j=1,\cdots,q$）回归模型。

$$y_t=\alpha_0+\sum_{k=1}^{p}\alpha_k y_{t-k}+\sum_{j=1}^{q}\beta_j x_{t-j}^i+\varepsilon_t \tag{7-5}$$

$$y_t=\alpha_0+\sum_{k=1}^{p}\alpha_k y_{t-k}+\varepsilon_t \tag{7-6}$$

式 (7-5) 与式 (7-6) 中，p 和 q 分别为负荷序列 y 及变量 x^i 的最大滞后期数，一般取相同值；y_{t-k} 为 $t\text{–}k$ 时刻的负荷值；α_0、α_k 和 β_j 为表征影响显著程度的系数；ε_t 为白噪声。

(2) 计算两个回归模型的残差平方和 R_{u} 及 R_{r}，并构造 F 统计量。

$$F=\frac{(R_{\mathrm{r}}-R_{\mathrm{u}})/q}{R_{\mathrm{u}}/(n-p-q-1)}\sim F(q,n-p-q-1) \tag{7-7}$$

(3) 判断 F 与 $F_\alpha(q,n-p-q-1)$ 的大小关系。$F_\alpha(q,n-p-q-1)$ 表示 F 值表

中显著性水平为α，分子自由度分别为q及$(n-p-q-1)$时所对应的F值。如果$F \geqslant F_\alpha(q,n-p-q-1)$，则等价于$\beta_j(j=1,\cdots,q)$均显著不为0，拒绝原假设；反之，则接受原假设。

7.2.2　非参数回归预测方法

1. 非参数回归模型

非参数回归模型(nonparametric regression model，NRM)强调变量间的动态映射关系，并不关注函数具体表达形式，因而能较好地实现数据驱动型的动态预测，适用于现阶段的长期负荷预测。为避免多维变量之间的共线性及变量维数增加带来的过拟合，将各变量与电量的动态映射关系建立一维非参数回归模型，具体表达式如下。

$$y_i = m(x_i) + \varepsilon_i,\ i = 1,2,\cdots,n \tag{7-8}$$

式中，$m(\cdot)$为待定的回归函数，不显式表达，仅反映变量间映射关系；ε_i为白噪声，满足均值为0的高斯分布，即：$\mathrm{E}(\varepsilon_i)=0,\ \mathrm{Var}(\varepsilon_i)=\sigma^2<\infty$(期望值为0，方差为有限正常数)。为确定负荷及影响变量的映射关系，需要对$m(\cdot)$进行估计。为克服样本点的边界效应，选择局部多项式估计法确定待定函数，具体求解步骤如下。

首先，以影响变量的未来值x为中心，进行p阶Taylor展开，得到

$$\begin{aligned} y_i &= m(x) + m'(x)(x_i - x) + \frac{m''(x)}{2!}(x_i - x)^2 \\ &\quad + \cdots + \frac{m^{(p)}(x)}{p!}(x_i - x)^p + o\{(x_i - x)^{p+1}\} + \varepsilon_i \end{aligned} \tag{7-9}$$

式中，$m^{(p)}(x)$表示待定函数在x处的p阶导数值。

其次，选择合适的核函数，采用核加权最小二乘法(kernel weighted least square method)进行求解。选择满足负荷预测“远小近大”原则的标准高斯(Gauss)核函数$K(u)$形式如下。

$$K(u) = \frac{1}{\sqrt{2\pi}}\mathrm{e}^{-\frac{1}{2}u^2} \tag{7-10}$$

基于核加权最小二乘法求解目标函数f_m。

$$f_m = \min\sum_{i=1}^{n}\left\{y_i - \sum_{j=0}^{p}\beta_j(x_i - x)^j\right\}^2 K_h(x_i - x) \tag{7-11}$$

式中，$K_h(\cdot)=K\left(\dfrac{\cdot}{h}\right)/h$；$h$ 为带宽。为控制预测精度的主要参数，一般采用交叉验证法（Cross-validation）或最优带宽法（Thumb of Rule）确定。此外，记 $\beta_j=\dfrac{m^{(j)}(x)}{j!}$，$\beta=(\beta_1,\beta_2,\cdots,\beta_p)^{\mathrm{T}}$；求解式（7-11），得到下式。

$$\hat{\beta}=(X_0^{\mathrm{T}}WX_0)^{-1}X_0^{\mathrm{T}}Wy \tag{7-12}$$

式中，$X_0=\begin{pmatrix}1 & x_1-x & \cdots & (x_1-x)^p\\ 1 & x_2-x & \cdots & (x_2-x)^p\\ \vdots & \vdots & \ddots & \vdots\\ 1 & x_n-x & \cdots & (x_n-x)^p\end{pmatrix}$；$W=\mathrm{diag}\{K_h(x_i-x)\}$。因此可得到下式。

$$m^{(j)}(x)=j!\hat{\beta}_j(x),\qquad j=0,1,\cdots,p \tag{7-13}$$

令 j=0，以 x 为影响变量的未来值，可得到未来负荷的预测值，即 $y=m(x)=\hat{\beta}_0(x)$。

2. 非参数组合回归模型

由于长期负荷曲线形态演变受众多因素影响，仅通过某个因素映射得到的一维非参数回归模型对长期负荷进行预测，预测精度未必满足要求。因此，参考文献[4]提出的同类模型组合预测的思想，对不同影响变量映射下的非参数回归模型进行组合，可以提高预测精度。

模型的组合方式有很多种，例如最优权重法及平均组合法等。参考文献[5]，综合考虑保持单个非参数回归模型泛化能力的同时，尽量减少组合模型的数量，以逐步平均组合法（stepwise simple averaging combination）对多个不同影响变量映射的一维非参数回归模型进行组合，得到了以下的非参数组合回归模型。

$$y_{i[k]}=\frac{1}{k}\sum_{j=1}^{k}m^j(x_i^j),\qquad i=1,2,\cdots,n,\ j=1,2,\cdots,J \tag{7-14}$$

式中，$m^j(\cdot)$ 为第 j 个影响变量映射下的一维非参数回归函数；J 为影响变量总数；k 为进行平均组合的模型数目，同时表示第 k 个非参数组合回归模型。结合文献[6]提出的逐步平均组合方法，k 的取值为 1,2,…,J；其中，k 值的确定方式为：按预测精度的高低对每个一维非参数回归模型进行排序，然后选择前 k 个预测精度较高的模型。

评估组合后 J 个非参数组合回归模型的预测精度，选择其中预测精度最高的组合模型，作为最优非参数组合回归模型，完成非参数组合回归模型的建模过程。

7.2.3　长期负荷概率预测方法

1. 基于随机变化率的影响变量不确定性建模方法

由于影响变量在未来的取值是无法预先准确估计的，对长期负荷形态预测造成困难。目前预测中一般首先对未来影响变量进行简单外推或预测，再将影响变量的预估值代入长期负荷预测模型。但该方法只能获得长期负荷的点预测值，无法体现长期负荷在未来复杂多变场景下演变规律的不确定性，因此需要对未来影响变量进行不确定性建模。

由于影响因素的不确定性等价于其变化率的不确定性，本节提出基于随机变化率的长期负荷预测影响因素不确定性建模方法。考虑到影响变量的随机变化率受多个独立且不能产生支配性的因素的共同作用，可认为随机变化率近似服从正态分布。其中，未来变化率的波动幅度较难精确预测且无法规划，故采用历史变化率的标准差近似估计。未来变化率的均值按照影响变量是否有规划值，由两种方式确定：①如有未来规划值，则可结合当前年的时值，求算未来年平均增长率，以此作为未来随机变化率的均值；②如没有未来规划值，则可把历史变化率的均值作为未来变化率均值。

此外，对影响因素的随机变化率进行不确定性建模的目的是模拟未来影响因素的不确定性，因此需要将等概率抽样得到的随机变化率还原为影响变量逐年的等概率值。还原过程如下。

假设对未来 T 年进行 N 次模拟，得到随机变化率模拟矩阵 R，其中 $R \in \mathrm{R}^{T \times N}$；再通过下式逐年累乘方法得到随机变化率的乘子矩阵 M。

$$M = \mathrm{prod}(R + E) \tag{7-15}$$

式中，E 为元素全为 1 的矩阵，维度与变化率矩阵 R 一致；prod 为对前 t 行（$1 \leqslant t \leqslant T$）逐列进行累乘，结果作为乘子矩阵 M 第 t 行元素值，因此乘子矩阵 M 与变化率矩阵 R 维度一致。最后将当前年影响变量的时值乘上乘子矩阵 M，可得到影响变量逐年的等概率值。

基于随机变化率的不确定建模方法的具体流程如图 7-12 所示。

2. 长期负荷概率预测综合实现流程

综合上述多维变量筛选、非参数组合回归模型及影响变量的不确定性建模，长期负荷概率预测实现流程如下。

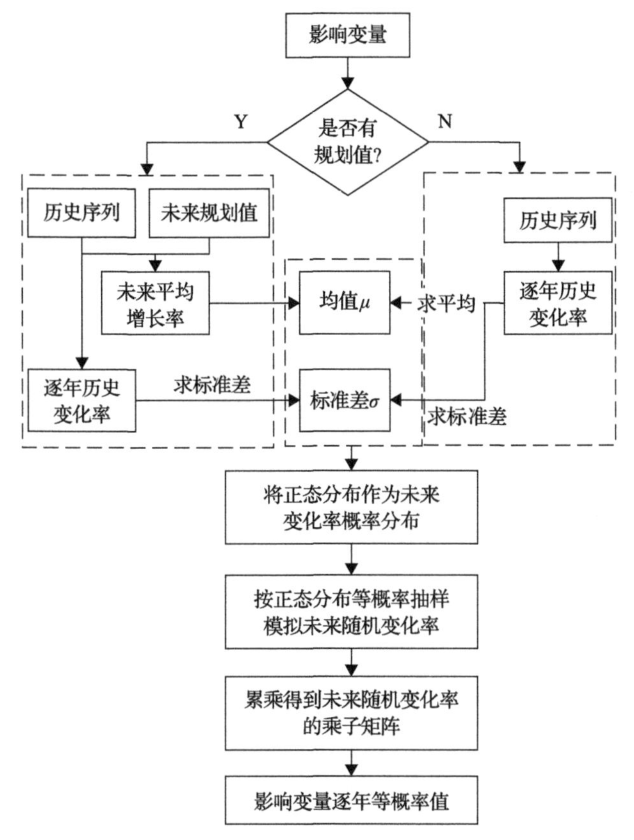

图 7-12　基于随机变化率的不确定建模流程

(1) 利用 Granger 因果分析进行影响因素的多维变量初步筛选，确定变量维数 J。

(2) 对各驱动变量，基于最小 MAPE (mean absolute percentage error) 原则确定最优带宽，并利用核加权最小二乘法，建立单因素映射下的一维非参数回归模型。

(3) 以 MAPE 作为预测精度的评价指标，对多个一维非参数回归模型，采用逐步平均组合方法，建立非参数组合回归模型，并确定组合模型对应的多维变量。

(4) 基于图 7-12 的随机变化率不确定性模型方法对非参数组合回归模型对应的多维变量进行 N 次等概率模拟，获取逐年长度为 N 的未来影响因素等概率序列。

(5) 将未来影响变量的等概率序列代入非参数组合回归模型，实现长期负荷概率预测，获得长期负荷 10%、50%及 90%分位点值，完成长期负荷概率预测。

7.2.4　典型案例分析

以我国南方某电网“十三五”期间长期电量形态概率预测为例，说明所述模型的有效性及概率预测方法的可行性。

1. 多维影响变量初步筛选及相关性分析

以 1995～2016 年该地区各年的全社会用电量序列与图 7-11 中的经济、人口、技术、市场及气候因素等 14 个变量(其中产业结构包含二产占比及三产占比等两个指标)作为建模依据。首先对电量及上述 14 个变量序列进行单位根检验，确定与电量序列同阶平稳的影响因素，再逐步增大滞后期(直至不能再进行 Granger 分析为止)，对 14 个变量与电量序列进行 Granger 因果分析，初步筛选多维影响因素，并做以下约定。

(1)→表示影响变量对电量具有拉动关系，即为电量的 Granger 原因；而←表示电量对影响变量具有拉动关系，电量为影响变量的 Granger 原因；×表示不存在因果关系或未通过单位根检验。

(2)若出现互为因果关系，则认为影响变量为电量的 Granger 原因，并按“影响变量 x_i→电量 y”置信概率最大的原则选择滞后期。

(3)只要某个滞后期出现某影响变量为电量的 Granger 原因并且非互为因果关系时，则可以将该影响变量筛选出来，并可以忽略其他滞后期的 Granger 分析结果。

具体的 Granger 因果分析多维变量初步筛选结果如表 7-22 所示。

表 7-22　Granger 因果分析多维影响变量初步筛选结果

变量	GDP	二产占比	三产占比	人均可支配收入	人均消费支出	常住人口	城镇化率
Granger 关系	→	×	→	×	→	→	→
滞后期(→)	6	—	6	—	6	1	6
变量	电力弹性系数	单位 GDP 电耗	CPI	零售总额	固定资产投资	年平均气温	年平均降雨量
Granger 关系	×	×	←→	×	×	×	×
滞后期(→)	—	—	2	—	—	—	—

2. 非参数组合回归预测模型的建模过程

根据筛选得到的 6 个影响变量，选择 1995～2010 年相应的影响变量序列及电量序列为训练样本，2011～2016 年相应的序列为测试(校验)样本，建立 6 个影响变量的非参数回归模型。通过式(7-16)求算 MAPE，按照最小 MAPE 选出对应的最优带宽 hopt，最优带宽及相应的 MAPE 如表 7-23 所示。

$$\mathrm{MAPE}=\frac{1}{N}\sum_{i=1}^{N}\frac{|\tilde{y}_i-y_i|}{y_i}\times 100\% \tag{7-16}$$

式中，N 为测试样本数，在此算例中值为 6；$\tilde{y}_i$ 表示非参数回归模型下电量预测值；y_i 表示电量实测量。各非参数回归模型预测结果如图 7-13 所示。

表 7-23　各非参数回归模型最优带宽及预测精度

NRM 变量	最优带宽	MAPE/%
A(GDP)	0.06	2.67
B(常住人口)	0.12	9.12
C(三产占比)	0.07	8.40
D(CPI)	0.07	6.78
E(城镇化率)	0.08	8.12
F(人均消费支出)	0.24	3.15

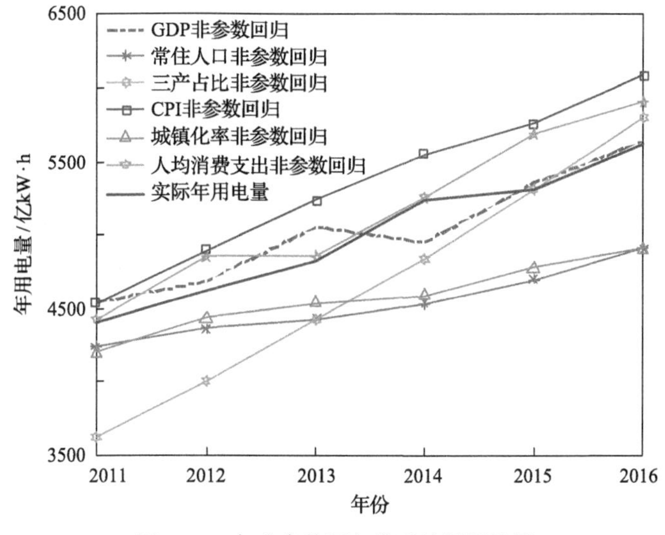

图 7-13　各非参数回归模型的预测结果

其次，基于逐步平均组合方法，通过预测精度 MAPE 的高低，对各变量映射非参数回归模型进行排序，结果如图 7-14 所示。

由于图 7-14 中模型预测精度的排序为 MAPE(A)＜MAPE(F)＜MAPE(D)＜MAPE(E)＜MAPE(C)＜MAPE(B)，故各模型的逐步组合顺序为 A＞F＞D＞E＞C＞B（“＞”代表优先级由高到低，字母 A～F 表示影响变量映射下的非参数回归模型）。

根据文献[6]中天气站点组合选择方法，逐次选择前 k 个预测精度较高的一维非参数回归模型进行平均组合，得到第 k 个非参数组合回归模型。由于共有 J 个子模型，因此逐步平均组合后共得到 J 个非参数组合回归模型。例如，在该算例

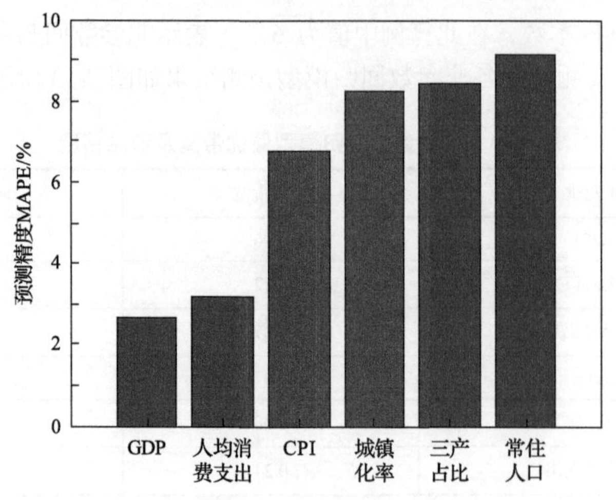

图 7-14　各变量映射的非参数模型预测精度排序图

中，依据一维非参数回归模型预测精度的排序结果，第 1 个非参数组合回归模型为 GDP 非参数回归模型、第 2 个非参数组合回归模型为 GDP 及人均消费支出的非参数回归模型的平均组合、第 3 个非参数组合回归模型 GDP、人均消费支出及 CPI 非参数回归模型的平均组合，以此类推。

对 6 个非参数组合回归模型 2011～2016 年的预测结果进行 MAPE 精度校验，结果如图 7-15 及表 7-24 所示。

图 7-15 给出的组合后的预测结果表明，组合后的模型与组合前的一维非参数回归模型相比，预测结果偏离实际年用电量的范围更窄，预测效果更好。这一方面表明平均组合法能提高模型的预测精度，也验证了电量受到多种驱动因素的作用。另一方面，对各个非参数组合模型的预测精度进行分析发现，第 4 个非参数

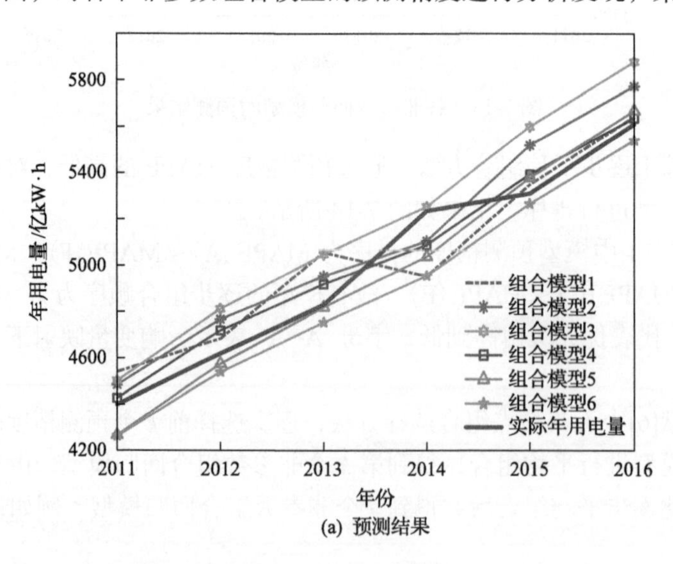

(a) 预测结果

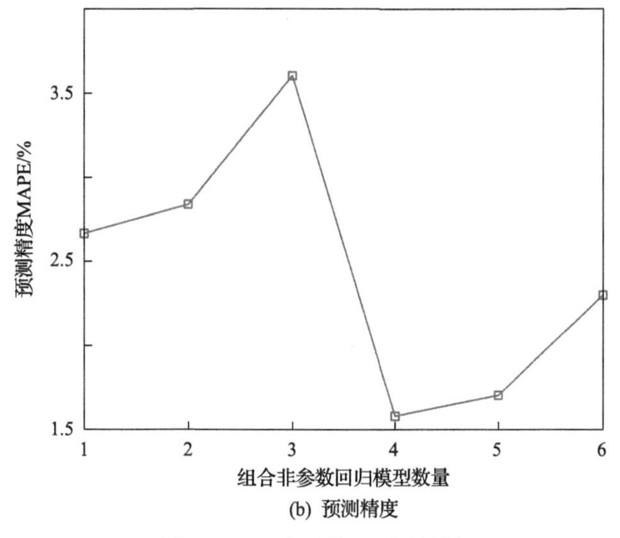

(b) 预测精度

图 7-15　组合后模型预测结果

组合回归模型的预测精度最高，组合模型 5 次之；该结果表明，将所有模型都进行平均组合，并不能保证模型的预测精度最高。因此最优非参数组合模型对应的多维变量为：GDP、人均消费支出、CPI 及城镇化率。

表 7-24　3 种模型预测精度比较

年份	实际电量/亿 kW·h	最优非参数组合回归模型		Lasso 回归模型		BP 神经网络模型	
		预测电量/亿 kW·h	APE/%	预测电量/亿 kW·h	APE/%	预测电量/亿 kW·h	APE/%
2011	4399.02	4427.81	0.65	4391.94	0.16	4481.57	1.88
2012	4619.40	4718.73	2.15	4613.32	0.13	4758.17	3.00
2013	4830.10	4919.35	1.85	4908.40	1.62	4639.81	3.94
2014	5235.23	5089.30	2.79	5196.32	0.74	4979.69	4.88
2015	5310.69	5393.94	1.57	5503.68	3.63	5235.62	1.41
2016	5610.13	5636.27	0.47	5886.26	4.92	5336.54	4.88
MAPE/%		1.58		1.87		3.33	

3. 长期电量预测的实现

基于最优非参数组合回归模型及对应的多维变量，通过随机变化率的不确定性建模，对该地区 2017～2020 年电量进行概率预测。根据本节提出的基于随机变化率的不确定建模方法，对上述 4 个变量 GDP、人均消费支出、CPI 及城镇化率进行不确定性建模。结合该地区统计年鉴及“十三五”规划报告，可计算得到“十三五”期间当地 GDP、CPI 及城镇化率的年均变化率分别为：7%、3%及 0.9%；

而人均消费支出由于缺少规划值，结合平减指数修正后，计算得到其历史年均变化率均值为 4%，并以此作为“十三五”期间该地区人均消费支出的年均变化率。同时，计算各变量历史年均变化率的标准差，作为各变量随机变化率正态分布的标准差。

为充分体现未来影响变量的不确定性，对各变量的变化率按正态分布进行 100 次等概率抽样模拟，得到 2017～2020 年共 4 年各变量的变化率矩阵 R 进一步完成影响变量的不确定性建模。

最优非参数组合回归模型预测得到未来 4 年逐年电量变化的 100 个概率预测结果，如图 7-16 和表 7-25 所示。

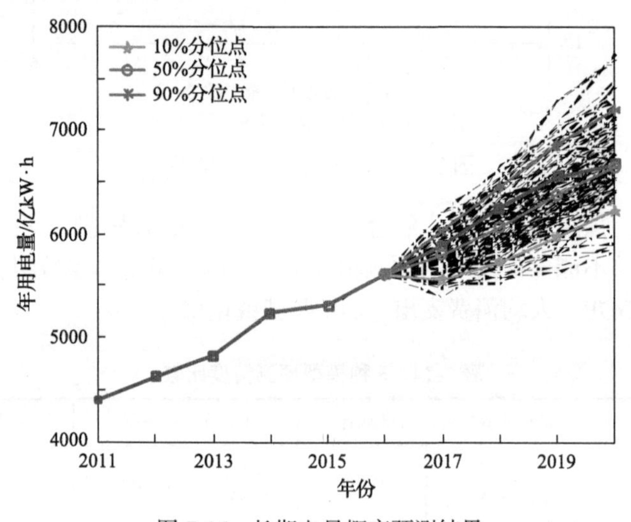

图 7-16　长期电量概率预测结果

表 7-25　长期电量概率预测及规划预测结果

年份	10%/亿 kW·h	50%/亿 kW·h	90%/亿 kW·h	规划/亿 kW·h
2017	5569.3	5776.7	6030	5887.8
2018	5711.3	6038.5	6387.6	6253.8
2019	5907.6	6280.4	6693	6552.7
2020	6109.8	6553	7053.3	6677.3

由表 7-25 可知，50%分位点值与未来电量发展规划值相近，但略低于按文献[7]方法所得的电量平稳发展值。两者之间的差异主要由于影响变量的规划中间年份值由 3 次样条插值确定，并不完全等于随机变化率模拟的平均结果，两者均可为未来平稳期发展的电网规划提供参考。而 10%、90%分位点值则分别对应经济持续衰退与经济持续繁荣的情景下该地区未来电量的预测值。设定不同分位点阈值，可得到不同的电量预测结果，增加了电网规划工作的弹性。

7.3　饱和负荷曲线形态演变预测

由于未来电力系统将涵盖高比例可再生能源，因而电力负荷曲线形态演变将受到更加复杂的多重不确定性场景影响，多时空尺度下的电力负荷曲线形态、特性演变与转移规律给电网运行建设带来更大的挑战。本节围绕“复杂多重不确定性多时空尺度负荷曲线形态与特性的演变与转移规律”与“建立高比例可再生能源与电力需求的互动耦合模型与主动负荷挖掘技术”两个子课题展开研究，现阶段主要针对多场景下远景负荷演变规律概率预测理论进行研究，分析区域饱和负荷时间点及规模的概率性，从宏观角度出发把握未来区域电力系统的最终规模。

作为电力系统远景规划的核心环节，饱和负荷形态演变预测包括最大负荷预测及电量预测；最大负荷易受极端天气累积效应的影响而难以准确把握其发展规律，因此对电量进入饱和状态的时间和规模进行预估更具实践意义。研究区域电网电量的饱和时间及规模，既能为规划部门实现智能电网有序发展及区域能源平衡提供决策意见，又能为用户参与电力市场中长期交易提供数据分析支持。远景负荷时间跨度长、随机性强，预测难度较大，因而开展饱和负荷概率预测对电网远景规划、区域能源平衡及中长期电力市场建设具有重要的应用价值。

目前，国内外针对饱和负荷形态演变预测的方法主要包括时序外推法、人均电量法、系统动力学模型预测法、空间负荷密度法、用地仿真法等。但随着地区人口规模限制、经济增速放缓及产业结构优化调整，部分发达地区用电量开始呈现一定的波动性及饱和态，传统的确定性建模方法对现阶段用电需求变化规律复杂、不确定因素多的演变特点考虑不全，预测精度受到限制。基于此，不少学者从主成分分析、多维度城市化因素及灵敏度校验等角度开展区域饱和负荷预测工作。

本节针对上述研究现状，提出基于高斯过程回归模型进行饱和电量概率预测的方法，将电量视作多种影响因素共同作用下的随机过程，其预测结果具有概率意义。在此基础上，通过改进混沌粒子群算法求解以预测偏差的最小和方差为目标的模型超参数优化问题，结合饱和电量影响因素的随机性，建立改进混沌粒子群-高斯过程回归的饱和电量预测模型。最后，通过对比分析，验证了所述模型及算法的有效性，并在多情景下实现了我国南方某城市饱和电量的概率预测。

7.3.1　基于高斯过程回归(GPR)的概率预测模型

1. 高斯过程回归预测模型

高斯过程(Gaussian Process，GP)是随机过程的一种，适用于处理小样本、随机性强及含多维复杂因素的饱和负荷预测问题。对于训练集 $D=\{(X,y)\mid X\in$

$R^{n\times d}, y\in R^n\}$，其中 $X=(x^1,x^2,\cdots,x^n)^{\mathrm{T}}$ 为一组训练输入变量，$y=(y_1,y_2,\cdots,y_n)^{\mathrm{T}}$ 为目标输出向量。输入变量的随机过程状态集合 $f(X)=\{f(x^i)\}_{i=1}^n$ 服从 n 维联合高斯分布，因此 f 属于高斯过程，可通过均值函数 $\mathrm{m}(X)$ 及协方差函数矩阵 $K(X,X')$ 确定。

$$f(X)\sim GP\left[\mathrm{m}(X),K(X,X')\right] \tag{7-17}$$

高斯过程回归模型(Gaussian Process Regression，GPR)将输入变量 X 与目标输出 y 之间的关系视作高斯过程 f；把独立的白噪声 ε 叠加到 f，则可建立标准高斯过程回归模型

$$y=f(X)+\varepsilon \tag{7-18}$$

式中，ε 服从高斯分布，即满足 $\varepsilon\sim N(0,\sigma_n^2 I)$；$I$ 为单位矩阵；σ_n^2 为方差。由于白噪声具有独立性，因此 y 同样属于高斯过程，即

$$y\sim GP(\mathrm{m}(X),K(X,X')+\sigma_n^2 I) \tag{7-19}$$

根据贝叶斯原理，在给定的训练集 D 内，建立 y 的先验分布

$$y\sim N(0,K(X,X')+\sigma_n^2 I) \tag{7-20}$$

对测试样本 $\{(x^*,y^*)\mid x^*\in R^d, y\in R\}$，由 GP 的性质，训练样本的目标输出 y 与测试样本输出 y^* 服从联合高斯分布

$$\begin{bmatrix} y \\ y^* \end{bmatrix}\sim N\left(0,\begin{bmatrix} K(X,X)+\sigma_n^2 I & K(X,x^*) \\ K(x^*,X) & K(x^*,x^*) \end{bmatrix}\right) \tag{7-21}$$

式中，$K(X,X)=\{k(x^i,x^j)\}_{i,j=1}^n$ 为训练输入变量 X 的 $n\times n$ 阶协方差函数矩阵；$K(X,x^*)=\{k(x^i,x^*)\}_{i=1}^n$ 为训练输入变量 X 与测试输入变量 x^* 的 $n\times 1$ 阶协方差函数矩阵；$K(x^*,x^*)=k(x^*,x^*)$ 为测试输入变量 x^* 自身的协方差。

利用贝叶斯后验概率公式，在给定测试输入变量 x^* 与训练集 D 的条件下，对应的输出 y^* 满足

$$y^*\mid x^*,D\sim N\left[\overline{y}^*,\mathrm{cov}(y^*)\right] \tag{7-22}$$

式中，$\overline{y}^*$ 、$\mathrm{cov}(y^*)$ 分别为测试样本输出 y^* 的均值和方差，则高斯过程回归预测

模型为

$$\bar{y}^* = K(x^*, X)[K(X, X) + \sigma_n^2 I]^{-1} \boldsymbol{y} \tag{7-23}$$

$$\operatorname{cov}(y^*) = K(x^*, x^*) - K(x^*, X)[K(X, X) + \sigma_n^2 I]^{-1} K(X, x^*) \tag{7-24}$$

式中，$\bar{y}^*$ 为模型的目标输出 y^* 的预测值。根据高斯分布的“3σ 原理”，测试样本输出 y^* 的预测值 99.73%置信区间为：$\left[\bar{y}^* - 3\sqrt{\operatorname{cov}(y^*)}, \bar{y}^* + 3\sqrt{\operatorname{cov}(y^*)}\right]$。

2. 模型超参数求解的优化问题

建立高斯过程回归模型的难点是模型超参数的求解，而模型的超参数主要存在于协方差函数及白噪声中。因此，为求解模型超参数，首先要确定协方差函数的具体形式。

GP 的协方差函数满足 Mercer 定理，协方差函数等价于核函数 k。基于高斯过程回归模型进行饱和负荷预测，核函数的选择要满足负荷预测“近大远小”的原则，同时符合远景负荷单调发展趋势。基于此，选择平方指数核函数(squared exponential kernel function，SE)作为协方差函数。该核函数通过输入变量之间的距离差描述两者的相关性，距离越近相关性越大，且适用于处理增长趋势的回归预测问题，具体表达式为

$$k_{SE}(x^i, x^j) = \sigma_p^2 \exp\left(-\frac{\left\|x^i - x^j\right\|_2^2}{2l^2}\right) + \sigma_n^2 \delta_{ij} \tag{7-25}$$

式中，$k_{SE}(x^i, x^j)$ 为变量 x^i 、x^j 的平方指数核函数；δ_{ij} 为 Krönecher 常数，仅当 $i = j$ 时，$\delta_{ij} = 1$；σ_p^2 、l 、σ_n^2 为 GPR 模型的超参数；σ_p^2 为核函数的方差，控制输入变量的局部相关性；l 为特征宽度，控制 GPR 模型的光滑程度。

为求解模型超参数，通过 GPR 模型进行样本训练及测试，以测试样本的目标输出及其预测值之间的最小和方差(Sum of Squares due to Errors，SSE)作为目标，设计优化问题对模型超参数进行求解，具体如下

$$\begin{aligned}
&\min_{\sigma_p^2,\, l,\, \sigma_n^2 \neq 0} \sum_{i=1}^{m} \left[y_i^* - \bar{y}_i^*(\sigma_p^2, l, \sigma_n^2) \right]^2 \\
&\text{s.t.} \quad \sigma_p^2 \leqslant a, \\
&\qquad\; |l| \leqslant b, \\
&\qquad\; \sigma_n^2 \leqslant c,
\end{aligned} \tag{7-26}$$

式中，m 为测试样本的个数；a、b、c 均为大于 0 的常数，取值由具体问题而定；$\overline{y}_i^*(\sigma_p^2,l,\sigma_n^2)$ 与超参数相关，可由式(7-23)确定，表示第 i 个测试样本经 GPR 模型训练后输出的预测值。

3. GPR 饱和电量形态概率预测模型

GPR 模型应用于饱和电量形态演变预测的基本思路为：将电量及其影响因素的部分历史数据作为训练样本，影响因素的剩余历史数据作为测试样本，二者共同输入至 GPR 模型，通过滚动预测得到电量剩余历史数据的预测值，并求解式(7-26)的优化问题，得到最优超参数；通过电量饱和判据，结合未来饱和电量影响因素的规划数值，建立 GPR 饱和电量概率预测模型。具体的模型表达式如下：

$$\tilde{y}_{\text{sat}} = K_{(\sigma_p^2,l,\sigma_n^2)}(\tilde{x}_{\text{sat}}, X_{\text{sat},a})[K_{(\sigma_p^2,l,\sigma_n^2)}(X_{\text{sat},a}, X_{\text{sat},a}) + \sigma_n^2 I]^{-1} y_{\text{sat},a} \tag{7-27}$$

$$\begin{aligned}\text{cov}(\tilde{y}_{\text{sat}}) = & K_{(\sigma_p^2,l,\sigma_n^2)}(\tilde{x}_{\text{sat}}, \tilde{x}_{\text{sat}}) \\ & - K_{(\sigma_p^2,l,\sigma_n^2)}(\tilde{x}_{\text{sat}}, X_{\text{sat},a}) \\ & \times [K_{(\sigma_p^2,l,\sigma_n^2)}(X_{\text{sat},a}, X_{\text{sat},a}) + \sigma_n^2 I]^{-1} \\ & \times K_{(\sigma_p^2,l,\sigma_n^2)}(X_{\text{sat},a}, \tilde{x}_{\text{sat}})\end{aligned} \tag{7-28}$$

式中，下标 sat 为饱和时间点，由饱和判据确定，而 sat,a 则为饱和时间点之前；$\tilde{x}_{\text{sat}}$、$\tilde{y}_{\text{sat}}$ 分别为饱和时间点负荷影响因素的规划值及饱和负荷规模的期望值；$X_{\text{sat},a}$ 包括饱和时间点前影响因素的历史数据值及规划值；$y_{\text{sat},a}$ 为饱和时间点前负荷历史数据值及滚动预测值；$K_{(\sigma_p^2,l,\sigma_n^2)}$ 为与超参数相关的 SE 协方差函数矩阵；$\text{cov}(\tilde{y}_{\text{sat}})$ 为饱和电量规模的方差。因此，饱和电量规模的 99.73%置信区间为：$[\tilde{y}_{\text{sat}} - 3\sqrt{\text{cov}(\tilde{y}_{\text{sat}})}, \tilde{y}_{\text{sat}} + 3\sqrt{\text{cov}(\tilde{y}_{\text{sat}})}]$。

7.3.2　基于改进混沌粒子群算法(MCPSO)的概率预测模型参数优化

求解模型超参数的常用方法为共轭梯度法，然而 GPR 模型较为复杂，优化问题的目标函数凹凸性无法直观判断，而共轭梯度法作为传统凸优化方法的一种，未必适用于超参数的优化求解；同时该方法过于依赖初值，容易陷入局部最优，并且不适用于含非线性约束条件优化问题的求解。此外，将 GPR 模型应用至饱和电量形态演变预测中，最优超参数的求解直接影响 GPR 饱和电量预测模型的精度，即优化结果越好，预测精度越高。基于此，本节提出改进混沌粒子群优化算法(Modified Chaotic Particle Swarm Optimization，MCPSO)对超参数优化问题进行求解。

1. 带极值变异的混沌粒子群优化算法基本原理

混沌粒子群算法的基本思想是将混沌特性引入粒子的运动中，利用混沌动力系统的遍历性及轨迹规律性进行搜索，以拓宽粒子的搜索范围、增强收敛性能，提高收敛速度；但由于混沌序列具有初值敏感性，寻优效果并不理想。参考混沌蚁群动力学方程，提出带极值变异的混沌粒子群优化算法，以克服基本粒子群(Particle Swarm Optimization，PSO)算法容易陷入局部最优、混沌特性对初值敏感的缺陷。具体改进如下。

(1)引入极值变异因子，使得粒子在个体最优位置及群体最优位置长时间停滞则发生变异，避免粒子出现早熟，提高算法跳出局部最优解的能力。

(2)建立混沌控制机制，改善混沌对初值的敏感性，拓宽粒子的搜索范围。

则带极值变异的混沌粒子群系统动力学模型描述如下：

$$v_{id}^{k+1}=wv_{id}^{k}+c_1\xi(Bp_{id}^{k}-z_{id}^{k})+c_2\eta(Bp_{Gd}^{k}-z_{id}^{k}) \tag{7-29}$$

$$c_{id}^{k+1}=(c_{id}^{k})^{1+r_{id}} \tag{7-30}$$

$$\begin{aligned} z_{id}^{k+1}&=(z_{id}^{k}+v_{id}^{k})\exp\left[(1-\exp(-200c_{id}^{k}))\times\left(3-\frac{7.5}{\psi_d}(z_{id}^{k}+\psi_d\times M_{id})\right)\right]\\ &\quad+c_{id}^{k}\exp(-400c_{id}^{k})\times(Bp_{id}^{k}-z_{id}^{k}) \end{aligned} \tag{7-31}$$

$$B=\begin{cases}1, & t_p<T_p\\ U(0,1), & t_p\geqslant T_p\end{cases} \tag{7-32}$$

式中，w 为惯性权重；c_1、c_2 分别为个体学习因子、群体学习因子；ξ 和 η 为区间[0,1]的随机数；第 i 个粒子在第 d 维搜索空间、第 k 次迭代中，v_{id}^{k} 为粒子飞行速度，z_{id}^{k} 为粒子当前位置，p_{id}^{k} 为个体历史最优位置，p_{Gd}^{k} 为群体历史最优位置；B 为极值变异因子；$U(0,1)$ 为[0,1]均匀分布；t_p、T_p 分别为粒子停滞次数及停滞次数阈值；ψ_d 为搜索范围；$M_{id}\in(0,1)$ 表示沿反方向搜索的比例；r_{id} 为混沌因子，取小于 1 的正常数；c_{id} 为混沌变量，在迭代中后期引入粒子运动中，模拟粒子群混沌与稳定交替运动以实现对全局最优解的搜索。

2. 混沌控制机制

基于所述算法中混沌与稳定交替运动趋向全局的思想，在迭代初期，利用基本 PSO 快速收敛的特点，暂不引入混沌变量，改善引入混沌前粒子位置的初值；

在迭代中后期，当粒子稳定时，引入混沌变量，避免早熟；粒子运动时，撤去混沌变量，同时让粒子位于个体历史最优位置，结合极值变异因子，加速向最优收敛。

为判定粒子稳定与否，引入标志

$$S_{id}^k = \left| p_{id}^k - z_{id}^k \right| \tag{7-33}$$

式中，z_{id}^k 为第 i 个粒子在第 d 维搜索空间、第 k 次迭代中粒子的当前位置；p_{id}^k 为第 i 个粒子在第 d 维搜索空间、第 k 次迭代中个体历史的最优位置。

则混沌变量的确定过程如图 7-17。

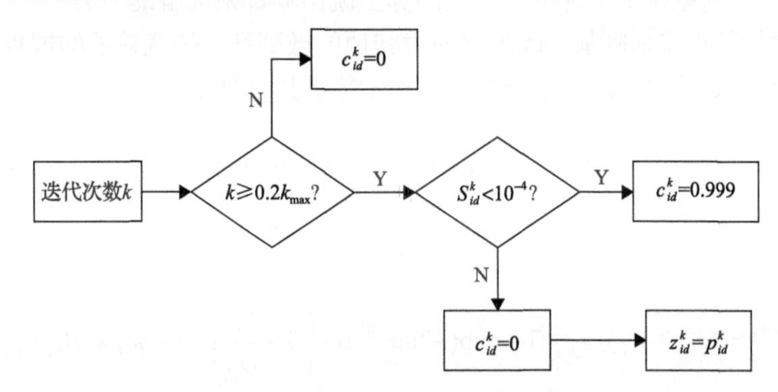

图 7-17　混沌变量确定方法流程图

3. *超参数优化求解*

将上述的 MCPSO 算法应用至 GPR 模型的超参数优化问题的求解，具体过程如下。

(1) 以和方差(SSE)作为适应度，根据超参数约束条件，初始化粒子群信息，如飞行速度，当前位置等。

(2) 将超参数速度及位置信息、训练样本及影响因素的测试样本输入至 GPR 模型，依据式(7-23)对负荷值的测试样本进行滚动预测，并计算粒子的适应度。

(3) 更新粒子个体位置最优及群体位置最优，并判断群体最优适应度是否满足要求。若满足，则迭代结束，否则转(4)。

(4) 更新粒子的速度及位置信息，转步骤(2)。

具体算法流程如图 7-18 中的③所示。

确定 GPR 模型的超参数后，在考虑未来影响因素不确定性的基础上，结合饱和判据，可建立 MCPSO-GPR 饱和电量概率预测模型。

具体步骤如图 7-19 所示。

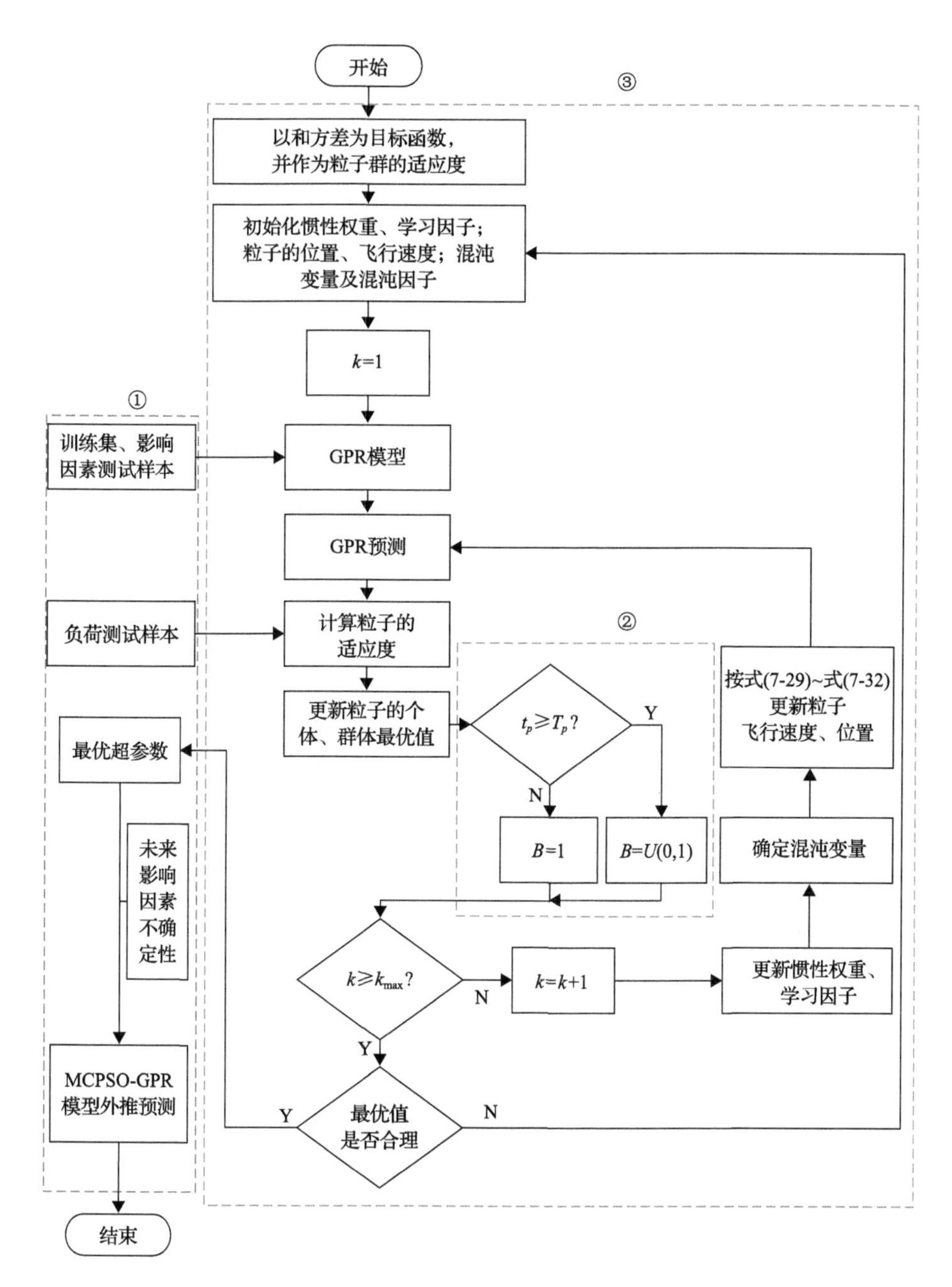

①MCPSO-GPR模型　②极值变异　③MCPSO算法

图 7-18　MCPSO-GPR 预测模型流程图

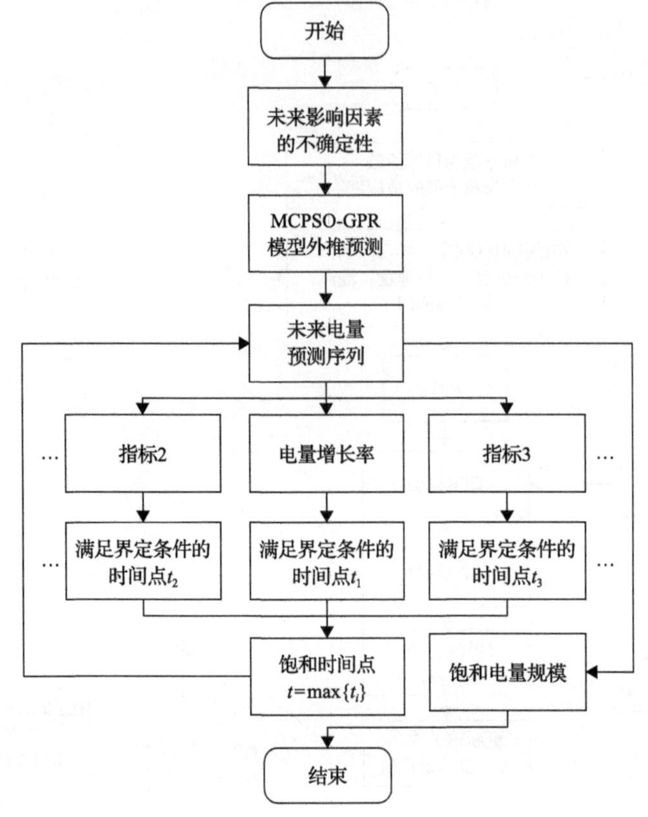

图 7-19　饱和电量形态演变预测基本步骤

7.3.3 典型案例分析

参考国内对中长期电力需求发展主要因素的分析成果，选取 GDP（2010 年可比价，下同）、人口规模及三产占比作为电量的影响因素整体考虑。将 MCPSO-GPR 模型应用于我国南方某城市饱和电量预测，通过对比，从预测精度及收敛性两个角度验证模型的有效性；其次，对未来影响因素进行不确定性建模，并结合饱和判据在多情景下实现对该市饱和电量概率预测。

1. MCPSO-GPR 预测模型有效性验证

选取我国南方某城市 1978～2010 年电量及上述影响因素的历史数据构成训练样本，将 2011～2015 年的相关数据作为测试样本。首先对各影响因素按最大值归一化处理，以消除量纲差异，便于将多个影响因素作为整体设置情景；其次通过 MCPSO 算法求解优化问题，获得 GPR 模型的超参数。由于超参数在远景负荷预测中主要起控制相关性的作用，因此范围的选取要合理，本节中启发式的设置 a, b, c 分别为 400、5 和 100；并以相对误差（Relative Error，RE）及均方误差（Mean

Square Error，MSE)作为评价模型预测精度的标准。

$$\mathrm{RE}=\frac{(\overline{y}_i^*-y_i^*)}{y_i^*}\times 100\% \tag{7-34}$$

$$\mathrm{MSE}=\frac{1}{m}\sum_{i=1}^{m}(y_i^*-\overline{y}_i^*)^2 \tag{7-35}$$

式中，y_i^* 为测试样本电量的实际值；$\overline{y}_i^*$ 为 GPR 模型的电量预测值；m 为测试样本数，此处等于 5。

根据上述预测精度评价标准，将训练样本及影响因素的测试样本作为 MCPSO-GPR 模型的输入，得到 2011～2015 年该市电量的预测值，并对比文献[8]提出的 LS-SVM-Verhulst 模型及 PSO-GPR 模型，得到 2011～2015 年上海市电量预测结果比较如图 7-20 和表 7-26。

2. 多情景下饱和电量形态的概率预测

利用 MCPSO-GPR 模型对该市电量进入饱和阶段的时间及规模进行概率预测，需要结合未来年份影响因素的规划值。但由于未来影响因素的规划数值不完整，且未来影响因素具有较大的随机性，因此需要对影响电量的主要因素的规划值进行数据补全及不确定性处理。

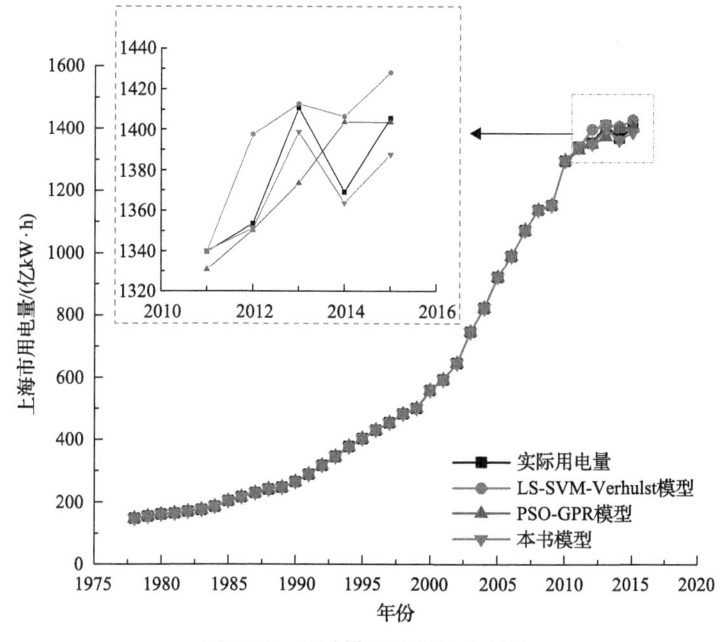

图 7-20　三种模型预测结果对比

表 7-26　三种模型的预测精度比较

年份	实际值/亿 kW·h	LS-SVM-Verhulst		PSO-GPR		ACPSO-GPR	
		预测值/亿 kW·h	相对误差/%	预测值/亿 kW·h	相对误差/%	预测值/亿 kW·h	相对误差/%
2011	1339.6	1339.6	0	1329.0	–0.66	1340.1	–0.04
2012	1353.5	1397.4	3.25	1352.3	–0.24	1351.0	0.18
2013	1410.6	1412.6	0.14	1390.8	–2.64	1398.6	–0.85
2014	1369.0	1406.5	2.73	1392.6	2.53	1363.6	0.40
2015	1405.6	1428.0	1.60	1412.2	0.14	1387.5	1.28
MSE		767.9		535.5		101.0	

1) 数据补全

取区间间隔为 1 年，将已有的影响因素历史数值及附录表 4 的规划数值，以边界年增长率作为一阶导数，利用三次样条插值法对 2016～2030 年的未来影响因素的规划数值进行补全，记为 $\tilde{X}=(\tilde{x}^1,\cdots,\tilde{x}^{15})^{\mathrm{T}}$。

2) 未来影响因素不确定性的建模

由于影响因素的规划值无法反映其未来发展的随机性，因而需要对未来影响因素进行不确定性处理。

首先通过 HP 滤波，提取影响因素历史数据的波动序列，记为 $X_{\mathrm{HP}}=(x_{\mathrm{HP}}^1, x_{\mathrm{HP}}^2,\cdots,x_{\mathrm{HP}}^n)^{\mathrm{T}}$，求解各影响因素的最大相对波动率 γ_d。

$$\gamma_d=\max_{1\leqslant i\leqslant n}\left\{\left|\frac{x_{\mathrm{HP},d}^i}{x_d^i}\right|\right\}\times 100\% \tag{7-36}$$

式中，下标 d 具体表示某个特定的影响因素，如人口、GDP 或三产占比。

其次，以三次样条插值法得到的未来影响因素的规划值为中心，最大相对波动率作为未来各年电量影响因素的波动率，得到未来影响因素可能的变化范围为

$$[\tilde{x}_d^i(1-\gamma_d),\tilde{x}_d^i(1+\gamma_d)],\qquad i=1,\cdots,15 \tag{7-37}$$

式中，$\tilde{x}_d^i$ 为从三次样条插值法得到的第 i 年未见影响因素的规划值。

此外，结合历史波动序列间的演变规律，可知人口及 GDP 对电量发展起促进作用，而三产占比的提高则会减缓电量的发展。将影响因素作为一个整体考虑，设定以下三个情景。

情景 1：未来各年的人口及 GDP 达到可能变化范围的最大值、三产占比处于变化范围的最小值。

情景 2：GDP、人口及三产占比按规划值平稳发展。

情景 3：未来各年的人口及 GDP 达到可能变化范围的最小值、三产占比处于变化范围的最大值。

在三种情景下对该市饱和电量进行概率预测。饱和时间点的分析结果如表 7-27 所示，未来该市的电量规模的概率预测结果如图 7-21 所示。

表 7-27　多情景下上海市电量饱和时间点分析

		指标	电量年增长率	产业结构	人均用电量	人口增长率	单位 GDP 电耗	人均 GDP
情景	饱和年份	各指标判据	＜2%	三产占比＞65%	＞5500 (kW·h/人·年)	＜0.65%	＜0.4 (kW·h/$)	＞19838 ($/人)
情景 1	2027	相应年份	2027	2015	2011	1979	2014	2015
情景 2	2026	相应年份	2026	2015	2011	1979	2014	2015
情景 3	2026	相应年份	2026	2015	2011	1979	2014	2015

(a)

(b)

(c)

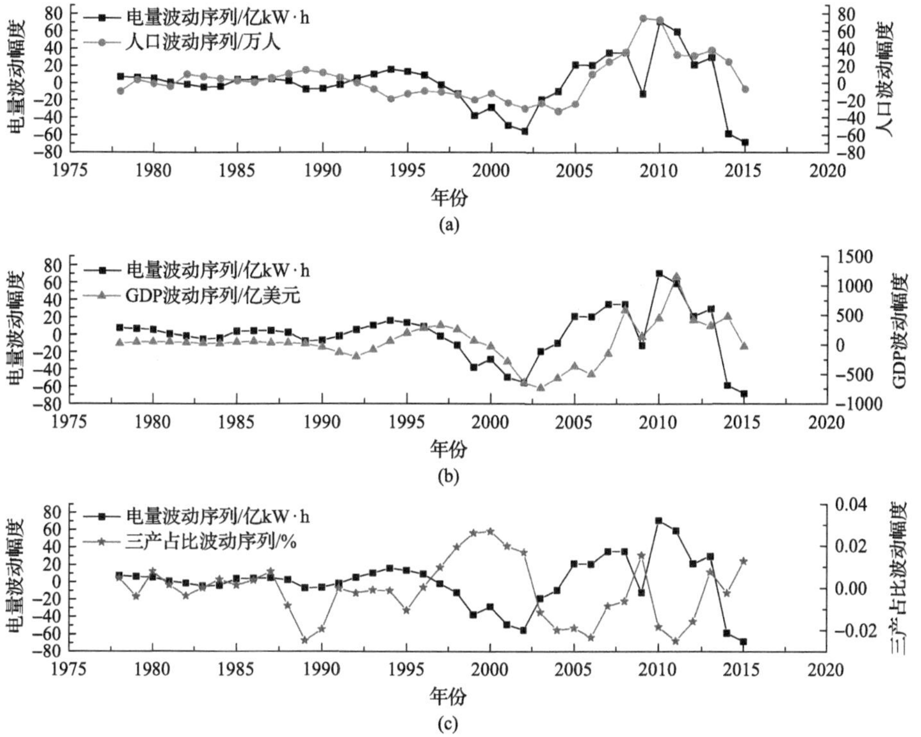

图 7-21　我国南方某城市电量及其主要影响因素波动序列

结果表明，在按规划值平稳发展的情景下，99.73%概率下该地区的饱和电量规模将在[1790, 1842]（亿 kW·h）区间内；在各影响因素最大程度促进电量增长的情景下，饱和电量规模预计将达到 1957（亿 kW·h），99.73%置信区间为[1919,

1996](亿 kW·h)，高于平稳发展情景下的饱和电量规模；若在未来影响因素最大程度减缓电量增长的情景下，饱和电量规模的期望值将只能达到 1696(亿 kW·h)，99.73%置信区间为[1669, 1723](亿 kW·h)，低于平稳情景下的饱和电量规模。各情景下的概率预测结果如表 7-28 所示。

表 7-28　多情景下我国南方某城市饱和电量规模的概率预测结果

情景	99.73%置信区间下界饱和电量 /亿 kW·h	饱和电量期望值 /亿 kW·h	99.73%置信区间上界饱和电量 /亿 kW·h
情景 1	1918.8	1957.4	1995.9
情景 2	1789.8	1816.0	1842.1
情景 3	1668.5	1695.6	1722.7

参 考 文 献

[1] Chen T. A collaborative fuzzy-neural approach for long-term load forecasting in Taiwan[J]. Computers & Industrial Engineering, 2012, 63(3): 663-670.

[2] 吉兴全, 傅荣荣, 文福拴, 等. 饱和负荷预测中的多级聚类分析和改进 Logistic 模型[J]. 电力系统及其自动化学报, 2017, 29(8): 138-144.

[3] Hyndman R J, Fan S. Density forecasting for long-term peak electricity demand[J]. IEEE Transactions on Power Systems, 2010, 25(2): 1142-1153.

[4] Nowotarski J, Liu B, Weron R, et al. Improving short term load forecast accuracy via combining sister forecasts[J]. Energy, 2016(98): 40-49.

[5] Genre V, Kenny G, Meyler A, et al. Combining expert forecasts: can anything beat the simple average[J]. International Journal of Forecasting, 2013, 29(1): 108-121.

[6] Xie J, Hong T. GEFCom 2014 probabilistic electric load forecasting: an integrated solution with forecast combination and residual simulation[J]. International Journal of Forecasting, 2016, 32(3): 1012-1016.

[7] 彭虹桥, 顾洁, 胡玉, 等. 基于混沌粒子群-高斯过程回归的饱和负荷概率预测模型[J]. 电力系统自动化, 2017, 41(21): 25-32, 155.

[8] 周德强. 改进的灰色 Verhulst 模型在中长期负荷预测中的应用[J]. 电网技术, 2009, 33(18): 124-127.

第三篇　高比例可再生能源接入的输配电网结构形态及演化模式

第 8 章　未来输配电系统结构形态的关键影响因素分析

8.1　输电网发展历程及相关因素

8.1.1　输电网发展历程

1. 数据收集与统计

本节首先对电网发展的历史统计数据及相关社会、经济发展数据进行收集，在此基础上进行关键因素的辨识和影响作用分析。

所调研的电力行业发展发展数据，主要来源于中国电力企业联合会[1]、中国电力年鉴[2]和国家电网公司年鉴[3]。统计指标分为 3 个维度，分别是产业和技术维度、时间维度和空间维度。数据统计情况如表 8-1。

表 8-1　电力发展数据统计概况

环节	指标	产业和技术	时间	空间
电源	装机，发电量，利用小时，厂用电率，发供电煤耗，供热量，供热煤耗，能源电力弹性系数	水电，火电，核电，风电，光伏	1994～2014 年	31 个省
电网	变电站座数，变压器台数，变电容量，架空线路长度，电缆线路长度，线损率	AC：1000，750，500，330，220，110，66，35kV DC：±800，±660，±500，±400，±400kV 以下	1994～2015 年	国家电网公司服务的 25 个省
负荷	用电量，用电设备容量，最高负荷	居民，一产，二产，三产	1994～2015 年（部分指标的数据跨度为 2005～2015 年）	国家电网公司服务的 25 个省

由于数据较多，这里以具有代表性的各大区电源装机占比和发电量占比为例，展示其随时间的发展进程。图 8-1～图 8-5 为五大区域的装机结构随时间的演变规律，可以看出：长期以来，我国各地区均以火电装机为主导，水电装机次之；近年来风电、光伏发展迅速，其装机占比由高到低依次为西北、东北、华北、华东、华中地区。

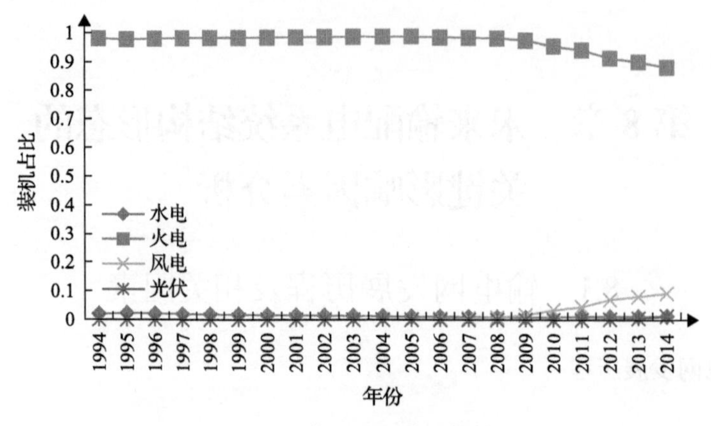

图 8-1　华北地区装机结构

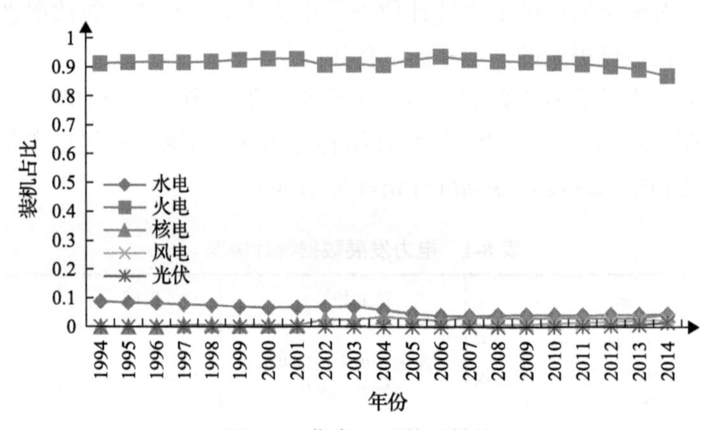

图 8-2　华东地区装机结构

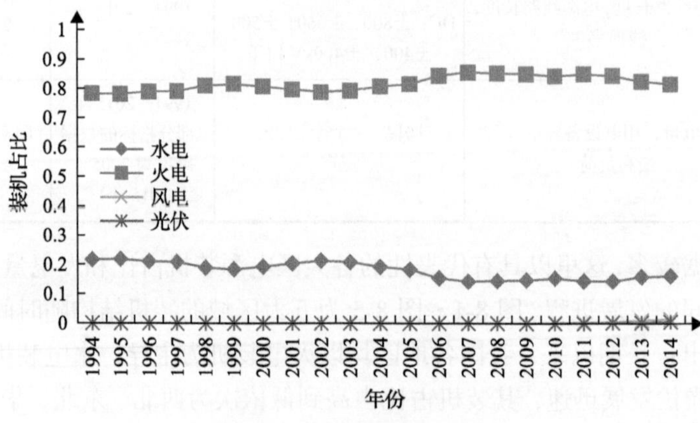

图 8-3　华中地区装机结构

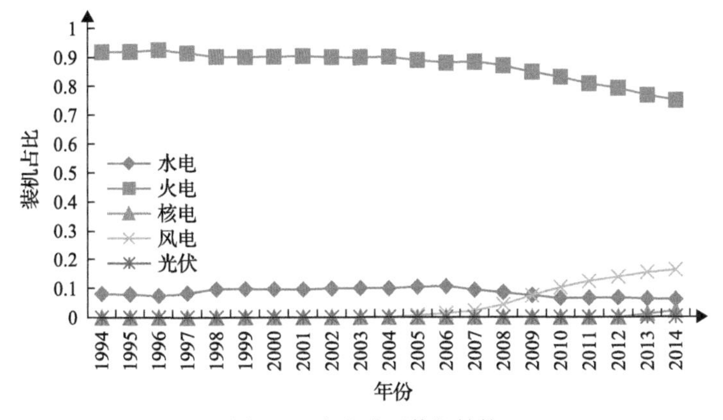

图 8-4　东北地区装机结构

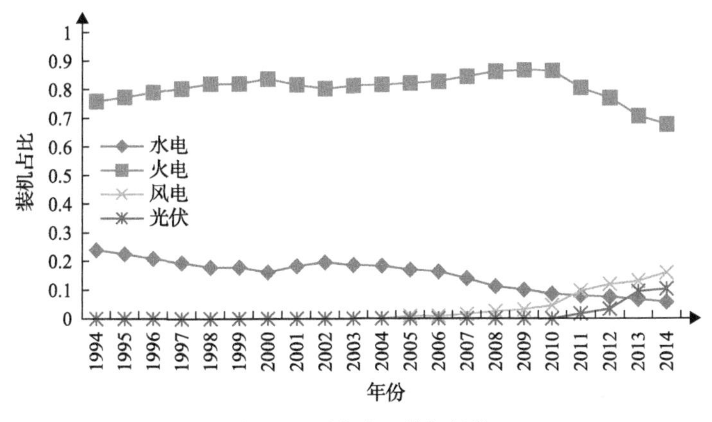

图 8-5　西北地区装机结构

图 8-6～图 8-10 为五大区域的发电量结构随时间的演变规律，可以看出：①在发电结构方面，长期以来，我国各地区同样以火电为主导，华中地区、西北地区水电发电量占比也十分可观；②近年来风电、光伏发展迅速，但发电量占比仍然很低，最高的地区也未超过 10%，可再生能源仍有很大的发展空间。

2. 电网结构形态指标体系

为描述电网的结构形态，从以下几个角度提出相关指标。

1) 集中式电网 vs 分布式电网

集中式和分布式电网的形态特点如表 8-2。在集中式电网形态下，大量可再生能源接入输电网并通过远距离输送实现大范围调配，配电网大量受入外部电力，整体调度模式为分层分级调度。而在分布式电网形态下，可再生能源在配电网中大量接入，配电网内大量负荷由本地电源满足，输电网的远距离传输作用相较集中式形态有所下降，整体调度模式呈现局部电网自组织的平行结构。

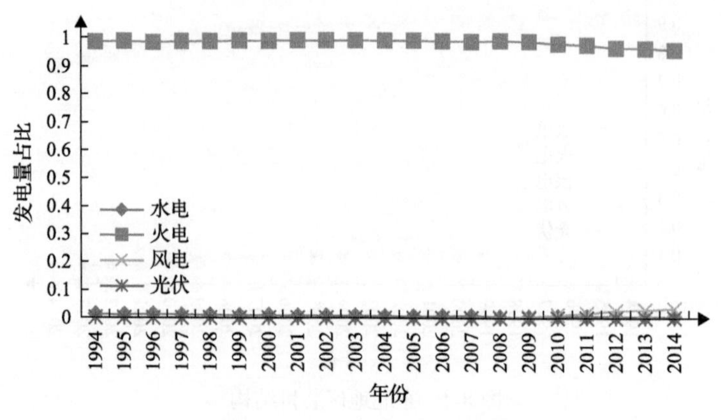

图 8-6　华北地区发电量结构

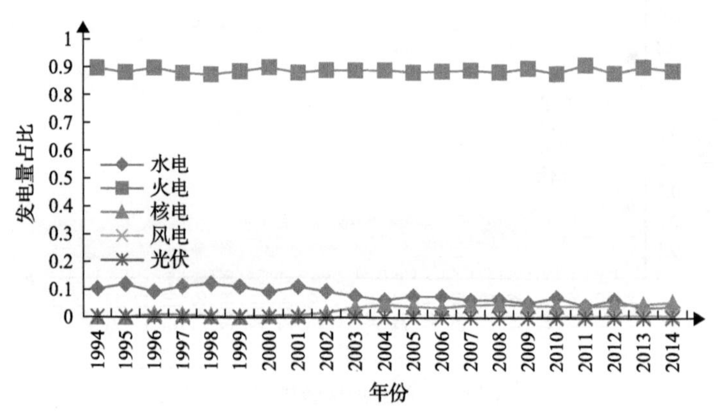

图 8-7　华东地区发电量结构

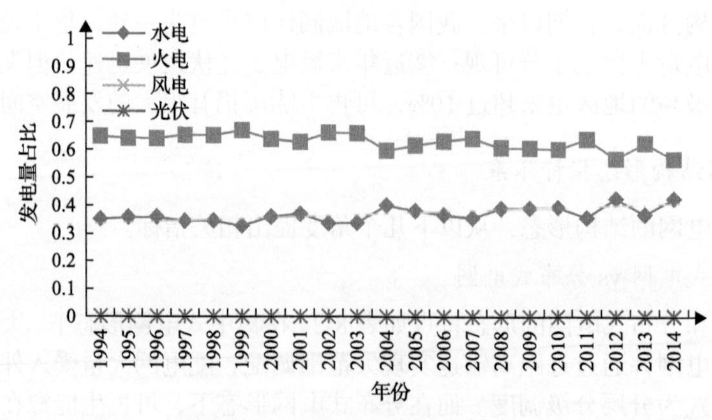

图 8-8　华中地区发电量结构

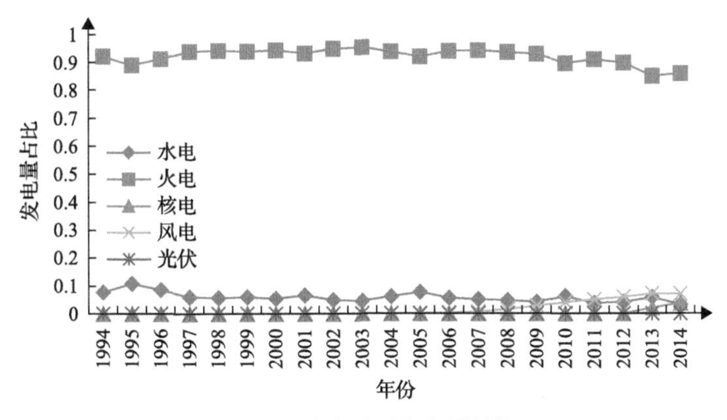

图 8-9　东北地区发电量结构

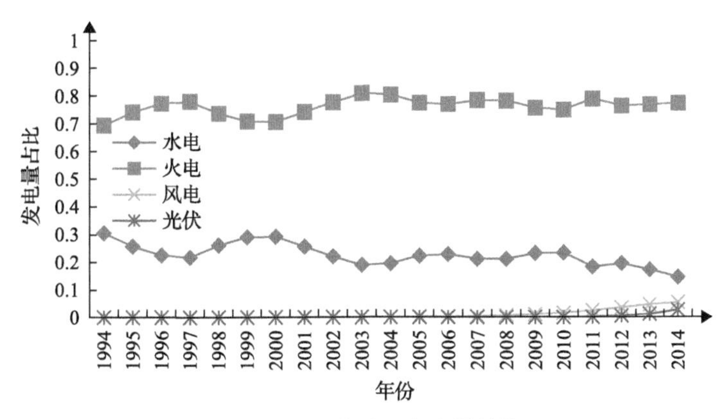

图 8-10　西北地区发电量结构

表 8-2　集中式、分布式电网的形态特点

形态	输电网	配电网	调度
集中式	大量可再生能源接入，远距离输送，大范围调配	大量受入外部电力	分层分级
分布式	部分能源远距离输送	大量负荷由本地能源满足	局部电网自组织，平行结构

基于以上分析，提出描述集中式、分布式电网形态的指标体系如表 8-3，指标体系由核心指标和重要指标组成。

其中，P_{dis}、L_{dis} 分别为配电网的变电容量和线路长度；P_{trans}、L_{trans} 分别为输电网的变电容量和线路长度；P_{out} 为送端电网的外送功率或受端电网的馈入功率；E_{out} 为送端电网的外送电量或受端电网的馈入电量；P_{load} 为本地负荷功率；E_{load} 为本地用电量；P_{gen}、E_{gen} 为本地发电功率与发电量。

表 8-3　集中式、分布式电网的指标体系

核心指标	配网和输网变电容量之比 $I_1 = P_{dis}/P_{trans}$	受端电网馈入电力与本地负荷之比 $I_2 = P_{out}/P_{load}$	微电网能量管理系统负荷量与标准值之比 $I_3 = P_{DM} / P_0$
重要指标	配电网与输电网线路长度之比 L_{dis} / L_{trans}	受端电网馈入电量与本地用电量之比 E_{out} / E_{load} 送端电网外送功率与总发电功率之比 P_{out} / P_{gen} 送端电网外送电量与总发电量之比 E_{out} / E_{gen}	—

2) 交流主导电网 vs 直流主导电网

交流和直流主导的电网形态特点如表 8-4 所示。这里将电网分为可再生能源汇集网络、输送网络和配用电网络，其中可再生能源汇集网络是指可再生能源场站到主干电网之间的网络。在交流主导的电网形态下，交流汇集网络会与本地供电网络产生耦合，即汇集网络的状态会影响本地供电网络；输送网络较可能为特高压交流互联的同步大电网，以实现能源的广域供需平衡；配用电网络以交流接口为主。在直流电网主导的电网形态下，直流汇集网络具有较强的控制能力，与本地供电网络基本解耦；输送网络则以特高压直流技术进行异步联网；配用电网络以直流接口为主。

表 8-4　交流、直流主导电网的形态特点

形态	汇集网络	输送网络	配用电网络
交流主导	与本地供电网络有耦合	特高压交流，同步大电网	交流接口为主
直流主导	与本地供电网络无耦合	异步联网	直流接口为主

基于以上分析，提出描述交流、直流主导的电网形态的指标体系如表 8-5，指标体系由核心指标和重要指标组成。

表 8-5　交流、直流主导电网的指标体系

核心指标	直流输电线路容量与总输电线路容量之比 $I_1 = P_{T\text{-}DC} / (P_{T\text{-}DC} + P_{T\text{-}AC})$	直流接口容量与总接口容量之比 $I_2 = P_{I\text{-}DC} / (P_{I\text{-}DC} + P_{I\text{-}AC})$	汇集变压器容量与同母线上配电变压器容量之比 $I_3 - P_C / P_D$
重要指标	直流换电容量占比 $P_{TF\text{-}DC} / (P_{TF\text{-}DC} + P_{TF\text{-}AC})$ 省网负荷与所在同步电网总负荷之比 P_{pload} / P_{sload}	直流配电线路容量与总配电线路容量之比 $P_{D\text{-}DC} / (P_{D\text{-}DC} + P_{D\text{-}AC})$	—

指标体系中，$P_{T\text{-}DC}$、$P_{T\text{-}AC}$ 分别为直流输电线路容量和交流输电线路容量；$P_{I\text{-}DC}$、$P_{I\text{-}AC}$ 分别为配电网中直流接口容量和交流接口容量；P_C、P_D 分别为汇集

变压器容量和同母线上配电变压器容量；$P_{TF\text{-}DC}$、$P_{TF\text{-}AC}$ 分别为直流换流站容量和交流变压器容量；P_{pload}、P_{sload} 分别为省网最大负荷与其所在的同步电网的最大负荷；$P_{D\text{-}DC}$、$P_{D\text{-}AC}$ 分别为直流配电线路容量和交流配电线路容量。

为了充分挖掘历史统计数据的信息价值，筛选上述指标体系中的典型指标并细化分析，得到如下几个指标。

①集中式和分布式：

输配容量比(输配比)=500kV 及以上变电容量/330kV 及以下变电容量

外送率=(DC500kV 及以上+AC1000kV 变电容量)/500kV 及以上变电容量

②交流和直流：

直流容量比(直流率)=DC500kV 及以上/500kV 及以上变电容量

由统计数据可以计算出上述指标，其随时间的演变规律如图 8-11～图 8-13 所示。可以看出，全国输电容量较配电容量增长更快，外送容量占比稳步提升，直流技术的应用稳中有升。

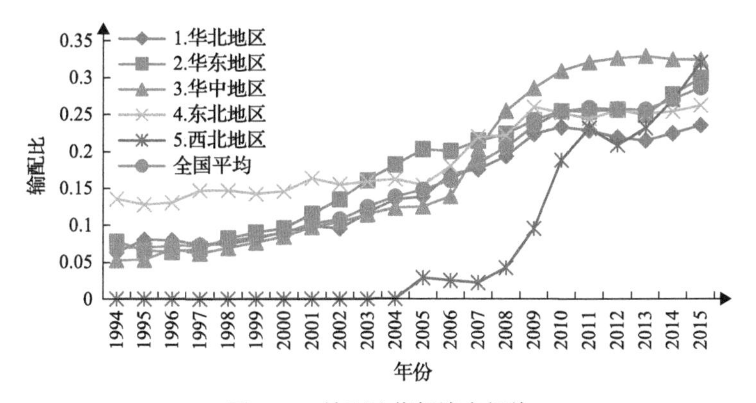

图 8-11　输配比指标演变规律

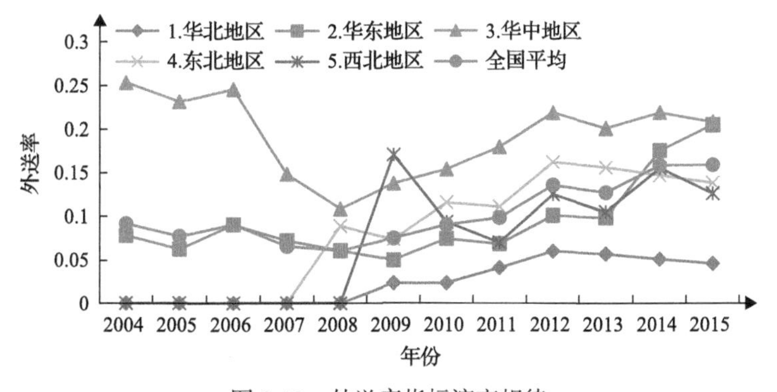

图 8-12　外送率指标演变规律

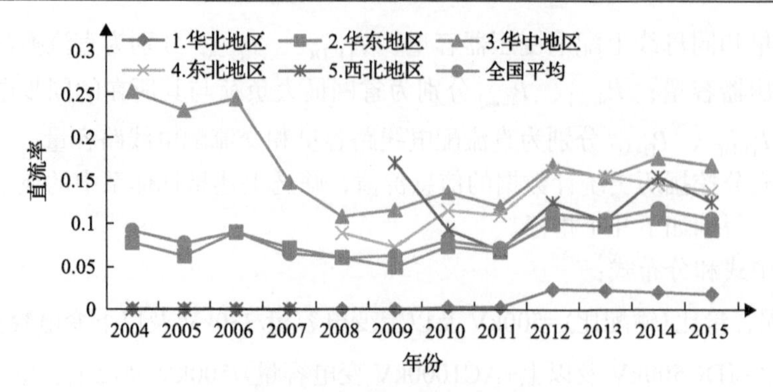

图 8-13　直流率指标演变规律

8.1.2　影响电网形态的关键因素分析

针对电网的多种形态结构，本节提出其相关的影响因素。在上节的统计指标基础上进一步扩展和提升，从集中式与分布式结合、交直流结合、电网与信息网结合、电网与热网及气网结合、电网与可再生能源协调 5 个方面描述电网形态，并考虑社会、经济、技术等因素，本节提出了对电网形态产生影响的相关因素，包括调度控制、城市发展、电力市场、产业结构等。以形态描述作为内圈，以相关影响因素作为外圈，形态及相关影响因素之间连线表示其之间具有影响关系，此处构建电网形态影响因素图谱，如图 8-14。

在图 8-14 中，重点关注交直流形态及集中分布形态，并考虑指标的可统计特性，得到影响因素的具体表征指标如图 8-15，图中 LCOE 表示标准化成本，CSP 表示光热发电，RE 表示可再生能源。

对上述影响因素表征指标的历史数据进行收集[4]，共得到 10 年的数据，采用主成分分析法[5]对指标降维以消除指标之间的相关性，得到结果如表 8-6，表中后两列表示每个指标对主成分的贡献情况，最后一行表示主成分对总体数据的表征程度。

由表 8-6 看出，前两个主成分即可以表示 90%的原始数据信息，对这两个主成分作图，分析其趋势，如图 8-16。

可见，主成分 1 主要反映单调上升趋势，主成分 2 主要反映波动上升后下降的趋势。以上述主成分对电网形态指标进行线性回归，得到各指标和主成分系数之间的关系，各系数可表示主成分对特征指标的解释率，如图 8-17 所示。

将上述关系列表分析，如表 8-7。

由表 8-7 可知，在集中、分布式电网形态方面，两种主成分的相关因素对电网结构形态均有影响；而在交直流形态方面，城镇化、可再生能源发展等因素的影响占主导作用。

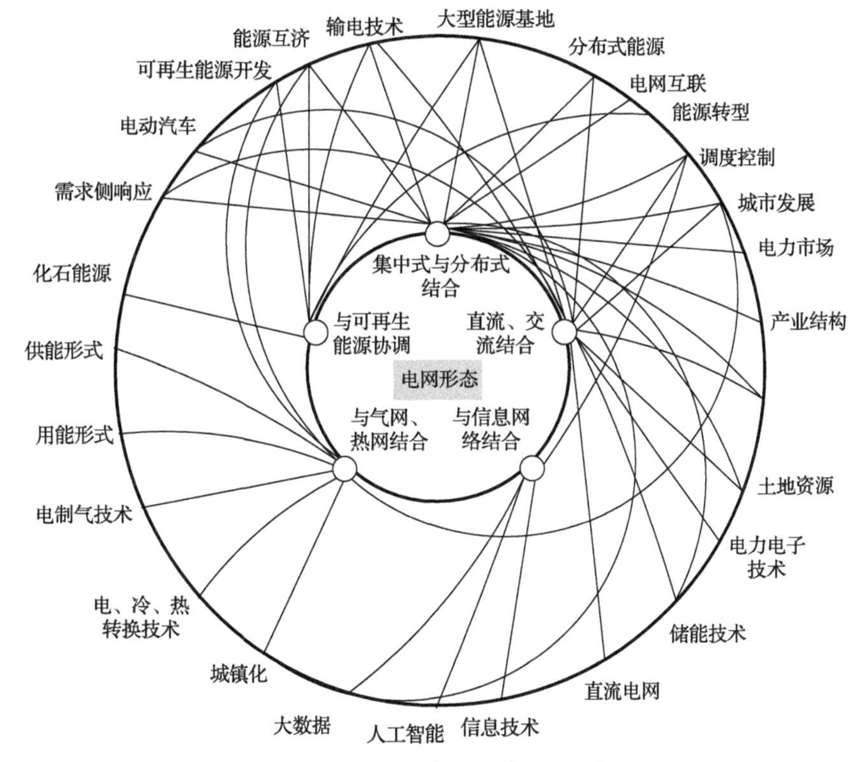

图 8-14　电网形态及相关影响因素

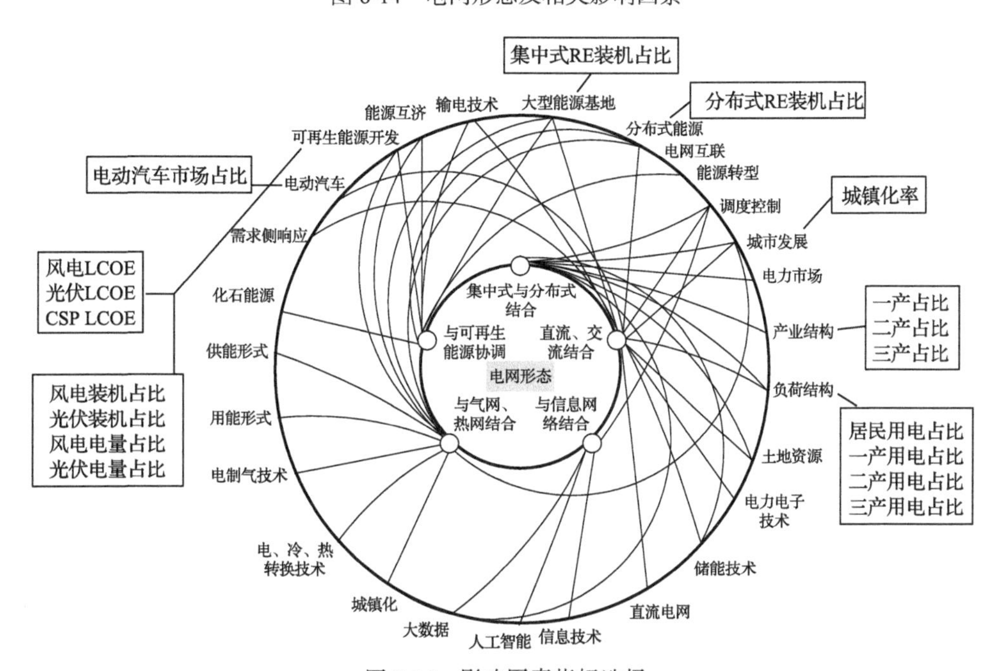

图 8-15　影响因素指标选择

表 8-6　影响因素指标主成分分析结果

指标	主成分 1 对应的特征向量	主成分 2 对应的特征向量
城镇人口占比	0.244	0.221
一产占比	−0.227	−0.243
二产占比	−0.212	0.326
三产占比	0.257	−0.104
风电 LCOE	−0.250	−0.151
光伏 LCOE	−0.256	−0.070
CSP LCOE	−0.236	0.003
风电装机占比	0.256	0.158
光伏装机占比	0.257	−0.133
风电电量占比	0.258	0.144
光伏电量占比	0.242	−0.276
集中式 RE 装机占比	−0.225	0.337
分布式 RE 装机占比	0.225	−0.337
居民用电占比	0.226	0.177
一产用电占比	−0.239	−0.241
二产用电占比	0.101	0.448
三产用电占比	0.249	0.118
电动汽车市场占比	0.236	−0.276
累计贡献率/%	78.9	90.3

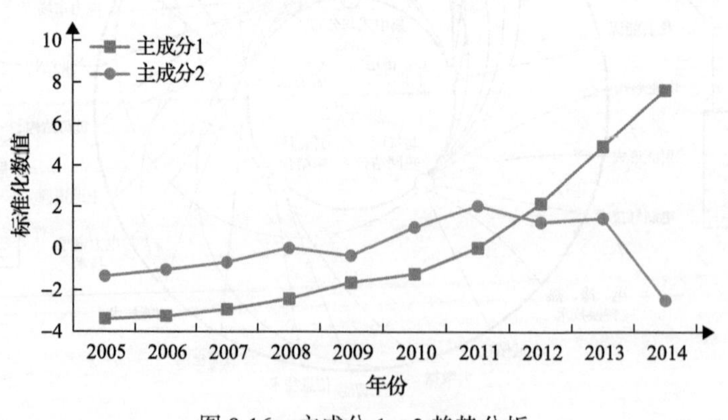

图 8-16　主成分 1、2 趋势分析

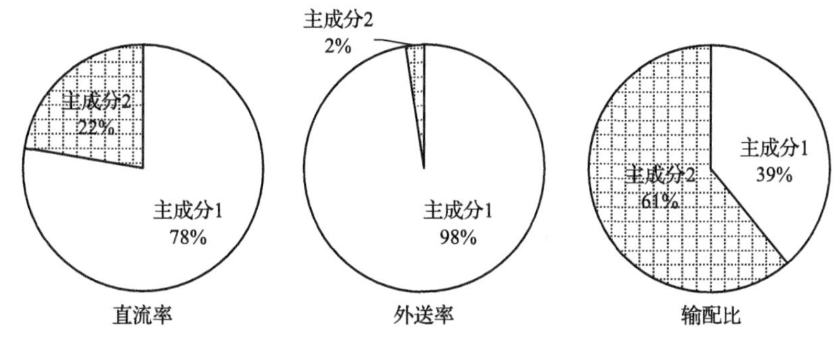

图 8-17　主成分对特征指标的解释率

表 8-7　电网形态与影响因素关系分析

主成分	主要组成因素	集中式 vs 分布式形态		直流 vs 交流形态
		外送率	输配比	直流率
主成分 1	城镇化 三产占比 RE 占比 RE 技术成熟度 居民用电占比 电动汽车占比	影响较大约 80%正相关	影响较小约 40%正相关	影响很大 98%正相关
主成分 2	二产占比 二产用电占比	影响较小约 20%负相关	影响较大约 60%正相关	影响很小 2%负相关

8.2　配电网发展历程及相关因素分析

8.2.1　配电网发展历程

配电网是指从输电网或地区发电厂接受电能，通过配电设施就地分配或按电压逐级分配给各类用户的电力网。配电网由架空线路、电缆、杆塔、配电变压器、隔离开关、无功补偿器及一些附属设施等组成。

在配电网规划建设方面，早在 1998 年，我国便启动了城市和农村配电网改造工程，电网规划建设中存在的“重发、轻供、不管用”的局面得到改善；2002 年国家电网公司开始进行 10kV 配电网工程的典型设计，分三个阶段从总结经验到构建技术体系再到顶层设计，系统地进行了工程规范设计。2007 年，国网北京市电力公司完成配电开关站、配电室、架空线路和电缆作为配电网技术标准(含规划、设计、设备选用、施工验收、运行维护 5 个环节)中规划设计分册的设计篇；2010 年，国网山东省电力公司完成直供中低压配电网工程典型设计，包括变电工程和线路工程(含架空和电缆 2 部分)2 个分册，国网甘肃省电力公司完成甘肃省电力公司农网工程典型设计，包含 10kV 变电和架空线路 2 部分。2012 年国网湖南省电力公司完成湖南省电力公司 10kV 及以下配电网工程标准化设计成果，包含 10kV 配电、架空线路、电缆、配电台区 0.4kV 和 10kV 配电自动化 5 个部分；国网上海市电力公司完成新建住宅区供电配套工程通用设计图集、非居民电力用户业扩工程通用设计图集。2013 年国网江苏省电力公司完成了 10kV 和 20kV 配电工程施工图标准化设计、新建居住区供配电设施标准化设计、中低压电力用户业扩接入工程标准化设计；国网浙江省电力公司完成 10kV 和 20kV 配电工程、10kV 架空配电线路(含丘陵、山区、沿海和平原、湖沼 4 种设计场景)、电缆线路和 380/220V 配电线路 4 个分册。2015 年我国启动了《配电网建设改造行动计划(2015—2020 年)》，提出了“加强统一规划，健全标准体系”等十大重点任务和建设“城乡统筹、安全可靠、经济高效、技术先进、环境友好”的配电网络设施的发展目标，为未来配电网规划建设指明了方向。

在配电网自动化方面，我国配电自动化起步于 20 世纪 90 年代，经历了起步阶段、反思阶段及发展阶段。在起步阶段，基于当时对配电自动化的认识不到位、配电网架和设备不完善、技术和产品不成熟、管理措施跟不上等原因，许多早期建设的配电自动化系统没有发挥应有的作用。但这个阶段对配电自动化的探索，为下一步工作的开展打下了基础。这段时期比较有典型代表性的项目有：1996 年，在上海浦东金藤工业区建成基于全电缆线络的馈线自动化系统，是国内第一套投入实际运行的配电自动化系统；1999 年，在江苏镇江试点以架空和电缆混合线路为主的配电自动化系统，并以此为主要应用实践起草了我国第一个配电自动化系统功能规范；2002～2003 年，世界银行贷款的配电网项目——杭州、宁波配电自动化系统和南京城区配网调度自动化系统，是当时投资规模最大的配电自动化项目；2003 年，青岛配电自动化系统通过了国家电力公司的配电自动化实用化现场验收。

随后进入反思阶段。从 2004 年开始，国内许多省市电力公司和供电企业都对前一轮的配电自动化进行反思和观望，慎重推进配电自动化工作的开展。2005 年，国家电网公司生技部委托上海市电力公司牵头研究适合城市配电网自动化的建设模式，该项目于 2008 年通过验收；国家电网公司还委托中国电力科学研究院的配用电与农电研究所牵头研究适合县城配电网自动化的建设模式。全国电力系统管理及信息交换标准化委员会的配网工作组，积极进行 IEC61968 的翻译工作和相应行业标准 DL/T1080《电力企业应用集成配电管理的系统接口》的制定，以规范配电自动化系统与各个系统之间的接口和信息集成。

与此同时，相关自动化企业对配电一次设备、配电自动化终端和配电自动化主站系统的制造水平也在快速提高，为配电自动化的建设奠定了良好的设备基础；相关研究单位与高校对配电网分析与优化理论的研究也取得了长足的进展，为配电自动化的建设奠定了良好的理论基础；城乡配电网的建设与改造也取得了丰硕成果，网架结构趋于合理，这为进一步发挥配电自动化系统的作用提供了条件。

下一步进入发展阶段。2009 年国家电网公司开始全面建设智能电网，提出了“在考虑现有网架基础和利用现有设备资源基础上，建设满足配电网实时监控与信息交互、支持分布式电源和电动汽车充电站接入与控制，具备与主网和用户良好互动的开放式配电自动化系统，适应坚强智能配电网建设与发展”的配电自动化总体要求，并积极开展试点工程建设。第一批配电自动化试点建设项目从 2009 年开始启动，包括北京城区、杭州、厦门和银川 4 个基础较好的供电公司，在 2011 年又安排部署了上海、南京、天津、西安等 19 个重点城市作为第二批配电自动化试点。截至 2016 年，国家电网公司已经批复配电自动化项目 65 个(其中 12 家单位已经通过实用化验收，18 家单位通过工程验收，其余项目正在陆续验收)，共改造配电线路 6186 条。第一批试点单位利用配电自动化系统共减少停电 16402.15 时户，平均配网故障处理时间由 68.25min 降低至 9.5min，这进一步加强了配网生产专业化、精益化管理，提升了供电可靠性和优质服务水平。

总体来说，虽然早于 1998 年我国便开始了配电网方面的建设，但我国早期的电网发展理念长期处于“重输轻配”的状态，导致配电网建设大大滞后于社会经济发展，配电网问题矛盾突出，表现在配电电源布点不足、配电网架薄弱、转供电能力不强、配网自动化水平低等方面。

8.2.2　未来配电网形态发展的相关因素分析

在能源改革和社会经济发展的大背景下，我国的配电网发展需紧扣时代主题，着眼未来发展需求，积极研发、应用新技术，提升配电系统的供电能力和配电设备的智能化水平。

分布式资源(Distributed Energy Resource，DER)的广泛应用，将促使配电网兼容高渗透率的可再生能源，形成多维、非线性、随机的复杂系统，然而传统配电网供方主导、单向辐射状供电的运行模式已无法适应上述要求，其设计理念和运行方式正受到严重挑战。因此，分布式能源的消纳将是影响配电网形态发展的一个关键因素。

社会和经济的发展状态直接反映并指导配电网规划及建设，在此以新型城镇化建设增速、人均年生活用电量这两项宏观指标进行分析。在新型城镇化建设增速方面，我国当前常住人口城镇化率为 52.57%。根据世界城市化一般规律，城市人口的比重接近或超过 65%以后，中心城区的人口开始向郊区扩散。据此推测，我国城镇化空间较大，城镇配电网规划及建设有较大潜力。此外，在人均年生活用电量方面，以 2011 年为例，美国、加拿大人均用电量均超过 4400kW·h，法国、日本超过 2000kW·h，而我国人均年生活用电量为 417kW·h，约为美国的 1/10 左右。我国人均用电量依然有较大增长空间，配电网规模化发展仍有较大潜力。

配电网电压序列与其结构复杂性密切相关。经过长期发展，我国当前配电电压序列主要为 110\35\10\0.4kV（主要大城市如北京、上海已有 500kV 进入市区）。而国外的主要趋势是对电压层级进行简化。以巴黎电网为例，其在 20 世纪 60 年代开始进行 20kV 电网升级改造，经过 20 多年发展，形成了 400\225\20\0.4kV 的四级电压等级序列。长期实践经验表明，与 10kV 中压配网相比，20kV 电压等级具有节省安装空间、降低电缆温度、延长电缆寿命等多方面的经济效益，电压序列的优化也利于电网结构的优化。因此，有必要借鉴国外先进电网的有益经验，统一技术标准、推广典型设计，加快电压序列和电网结构优化步伐。

配电网结构决定了网络运行的可靠性、灵活性。国外先进网架结构的基本趋势是呈现“哑铃状”发展，核心原则是“强化两头、简化中间”，既保证可靠性、安全性，又避免重复建设。目前，我国北京市高压配电网与国际先进配网相似，以环网、放射状运行（即“手拉手”网格结构）为主，然而其中压配电网仅相当于国际一流城市电网 80 年代的水平，电网结构相对薄弱，网络接线模式复杂，难以形成标准化。因此，在配电网结构升级方面，当前一大要务是借鉴国外先进水平，做出符合本地发展实际的调整。

配电网自动化是实现智能配电网建设的基础性工作，从实际情况来看，我国部分一线城市初步实现了配电网可观可控，其他区域的运行监测、自动化控制能力欠缺，仍有大幅度提升的潜力。

电动汽车的发展，将对配网造成重大影响。应着重考虑充电设施与其他市政基础设施规划协调发展、合理布局，避免不合理建设和投资浪费。此外，应该研发能够根据配电网运行状况主动控制充放电的智能电动汽车充换电装置。

参 考 文 献

[1] 中国电力企业联合会. 行业统计分析[EB/OL]. [2021.08.12]. https://cec.org.cn/template2/index.html?177.

[2] 中国知网. 国家电网公司年鉴[EB/OL]. [2021.08.12]. http://cnki.gpic.gd.cn/CSYDMirror/area/Yearbook/Single/N2017010033?z=D21.

[3] 中国知网. 中国电力年鉴[EB/OL]. [2021.08.02]. https://navi.cnki.net/knavi/yearbooks/YZGDL/detail?uniplatform=NZKPT.

[4] 国家统计局. 国家数据[EB/OL]. [2021.08.02]. https: //data. stats. gov. cn/index. htm.

[5] 周志华. 机器学习[M]. 北京: 清华大学出版社, 2016.

第9章　高比例可再生能源集群送出的输电网结构形态

9.1　输电网典型结构形态及对可再生能源的适应性分析

9.1.1　输电网典型结构

1. 交流输电网典型结构

本节以500kV电压等级为代表介绍交流输电网典型网架结构。500kV输电线路的技术经济合理输电距离为200～800km，每回线路输电能力为80～150万kW。在1000kV输电网络建立起来以前，部分500kV线路输电距离超过其技术经济合理输电距离，而在1000kV输电网络建立起来以后，500kV线路每年新增线路长度呈现出减小的趋势。500kV电网在结构上主要作为省网主干和区域主干网架，同时也作为区域电网电源的送出端。按结构类型特点来分，500kV交流电网之间的连接方式可分为单通道式、通道互联式、网对网式和密集式等结构[1]。

1) 单通道式

单通道式结构是一种多个电源通过各自的输电通道分别向受端电网送电的结构。这种结构往往是送端电网初期的形式，通常适用于距受端电网较远，但开发需求迫切，经济效益较大的大型电源直接向受端电网送电。由于送电距离较远，一般需要安装串联补偿装置来提高系统的稳定性。单通道式结构具有不发生故障潮流转移、对送端系统暂态失稳的分析和控制较为容易、受端系统的稳定性较高等优点，其结构示意如图9-1所示[1]。

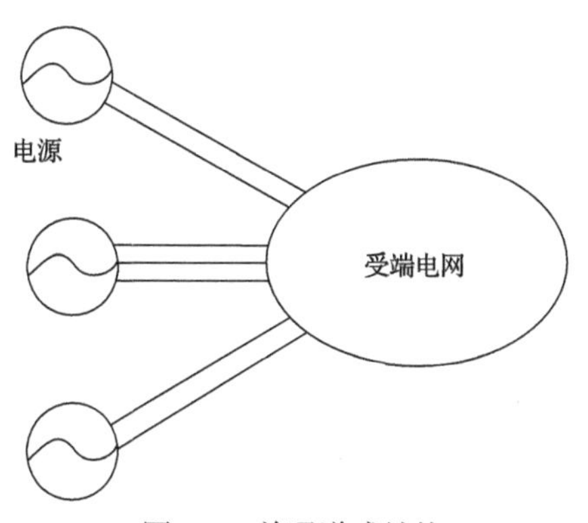

图9-1　单通道式结构

2) 通道互联式

通道互联式结构是对单通道式结构的扩充，增加了输电通道之间的横向联系，这种联系的位置可能是一点到多点不等。输电通道互联能够有效减少送端系统的等值阻抗，减小某一线路故障对送受端电网间联系阻抗(联结发电厂、变电所的线路阻抗)的影响。通道互联式结构充分发挥线路输电能力，经济性较好。同时，由于输电通道之间互有支援，可靠性高，送端系统暂态稳定性好，因此成为今后 500kV 送端电网发展的雏形。其结构示意如图 9-2 所示[1]。

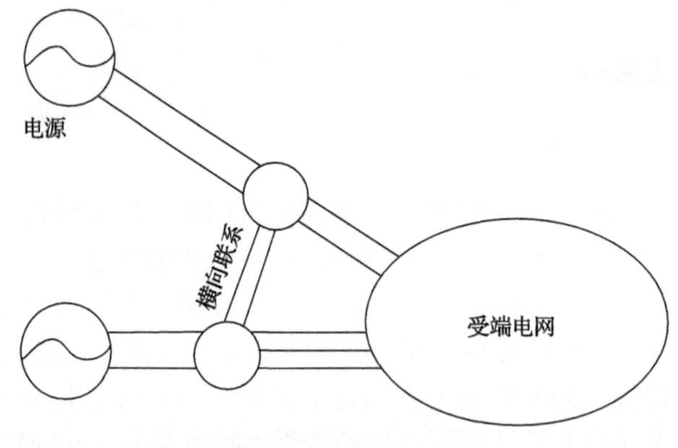

图 9-2 通道互联式结构

3) 网对网式

当送端电源的规模逐渐扩大，会受到地理位置和输电走廊的限制，以及负荷增长等多种因素的影响，输送容量难以得到满足，这时就需要采用网对网式输电结构。这种结构考虑到输送容量的需求，先建立一个送端电网，送端电源接入这个送端电网，再通过送端电网与受端电网之间的联络线路进行输电。由于电源不再直接与受端电网相连，而是形成了网架较强的送端电网结构，所以网对网式结构具有较高的可靠性、较高的暂态稳定水平和更灵活的运行方式，其结构示意如图 9-3 所示[1]。

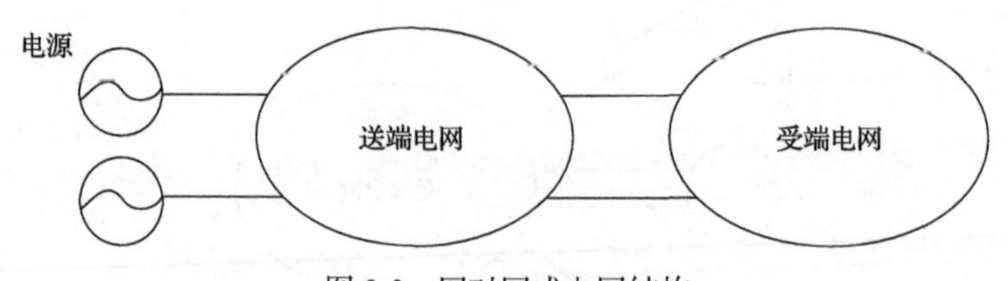

图 9-3 网对网式电网结构

若网内存在大电源的送出需求，可形成依托大电源送出工程的送端电网结构。在建设初期，这种电网结构只存在于一些孤立且距受端电网较近、开发需求迫切同时技术经济性能较好的大型电源点对网送电，后来为了满足输送容量的需求，必须采取网对网的输电方式。这种结构的主网架依托大电源的送出工程，网内有着清晰的大电源送出通道，因此电网结构相对较弱，暂态稳定和热稳定性较差，其结构示意如图 9-4 所示。

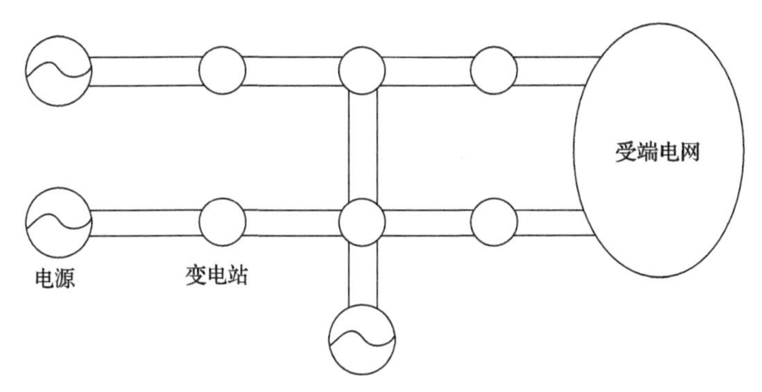

图 9-4　依托大电源送出工程的送端电网对受端电网结构

此外，为满足网内大电源的送出需求也可以形成主网架相对较强的枢纽送端电网。这种结构发展较为成熟，在建设初期已经存在一定规模的送端电网，后来随着临近大型电源基地电厂群的开发，考虑本身地理位置以及送端电网所在地负荷增长等多种因素的影响，采用环网大框架对电源进行汇总和分配，其结构示意如图 9-5 所示。

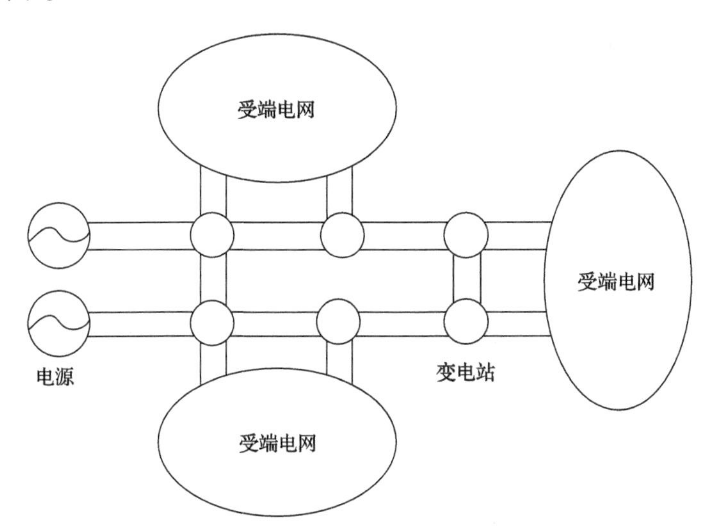

图 9-5　主网架相对较强的枢纽送端电网对受端电网结构

若电源分布呈链状或存在地形的限制，可形成因地制宜的链式送端电网。这种结构一般先修建一条类似于汇集母线的大通道，然后沿途的电厂就近接入此通道，同时连入较近的枢纽点上。这样一来接入方案得到简化，线路走廊能被充分利用，也可减少电网投资，同时避免大型电站群接入对电网产生的不利影响。形成大通道基本网架后，送端电网和受端电网间的输电线路可由汇集大通道垂直向外构建，从而形成多个网对网式输电结构，不仅能够满足当地用电需求，同时还可以将多余的电力向外区输送，其结构示意如图 9-6。

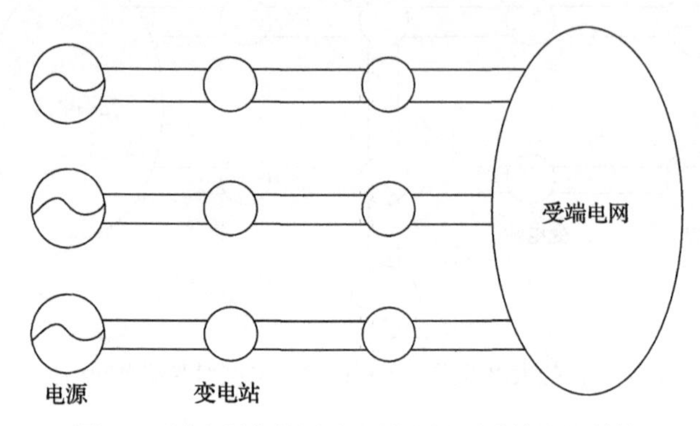

图 9-6　因地制宜的链式送端电网对受端电网结构

4) 密集式

密集式输电结构是在网对网式结构的基础上，进一步增加网间联络线路的数目和联络线之间的横向联系。同时，为了更多电源的便捷接入和送端负荷的灵活需求，送端电网的内部也不断加强。这种类型的电网结构淡化了送受端电网的界限，使网间的联系更加紧密，是输电网结构发展的高阶形式。密集式输电结构的优点在于网架坚强，可靠性和暂态稳定性高，能够较好地适应负荷增长和电源外送的需求。结构示意如图 9-7 所示[1]。

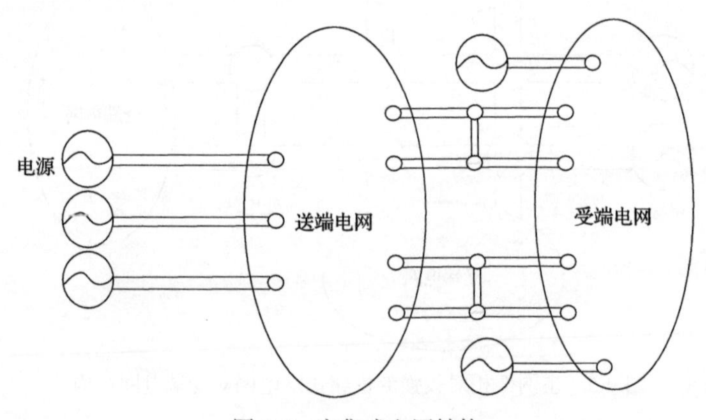

图 9-7　密集式电网结构

表 9-1 对以上几种结构的特点进行了总结。

表 9-1　几种交流输电网的特点

结构类型	优点	缺点
单通道式	不会发生故障潮流转移，送端系统分析和控制较易，受端系统稳定性较高	可靠性低，暂态稳定水平低，经济性差，存在次同步谐振问题
通道互联式	可靠性高，送端系统暂态稳定性高，线路输电能力发挥充分且经济性较好	会发生故障潮流转移，将引起送端系统暂态或热稳定破坏
网对网式	送端网架较强，可靠性较高，暂态稳定水平较高，运行方式灵活	会发生故障潮流转移，后备保护和稳定控制难度较大，短路电流较大
密集式	网架坚强，可靠性高，能够适应负荷增长和电源外送需求且运行方式灵活	事故时解列难度较大，失稳模式复杂，短路电流水平不易控制

上面几种典型结构主要按照送受端电网之间的连接方式进行分类，从送受端电网的内部结构来看，还存在环型结构和网格型结构两种主要形式。其中，环型结构的特点是环网上变电站间相互支援能力强，便于从多个方向受入电力和采取解环或扩大环网的方式调整结构。网格型结构的优点是线路短、相互支援能力更强、网架坚固，便于多点受入电力，其缺点是短路电流难以控制且很难通过采取解列电网的措施控制事故范围。环型结构在形态上可分为单环网、C(U)环网(半环网)和双环网，其结构如图 9-8 所示，分别对应城市电网发展的不同阶段，单环网和半环网可以很容易地过渡到双环网。网格结构从形态上可分为日字型、目字型、田字型和网络型，其结构如图 9-9 和图 9-10 所示，由围绕城市多个中心区或多个城市的 500kV 环网叠加而成。日字型、目字型、田字型和网络型对应城市扩展的不同阶段，过渡方式为双环网-日字型-目字型-田字型-网络型。

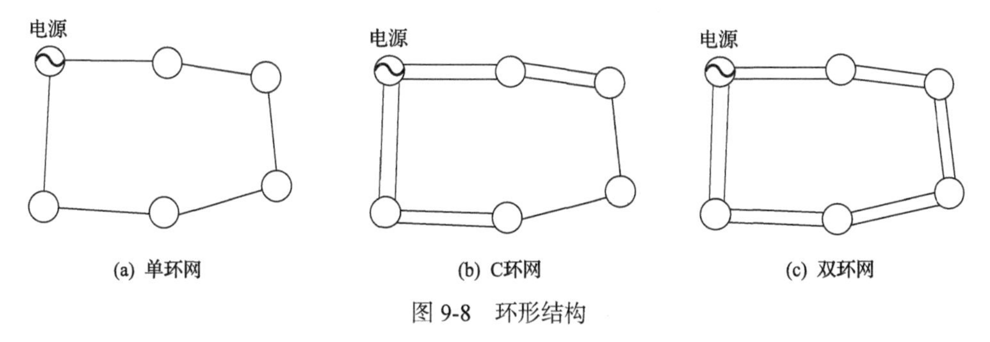

图 9-8　环形结构

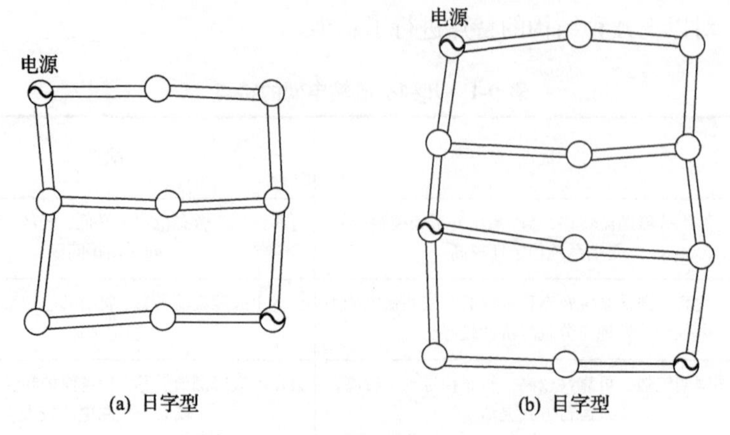

图 9-9　日字型和目字型电网结构

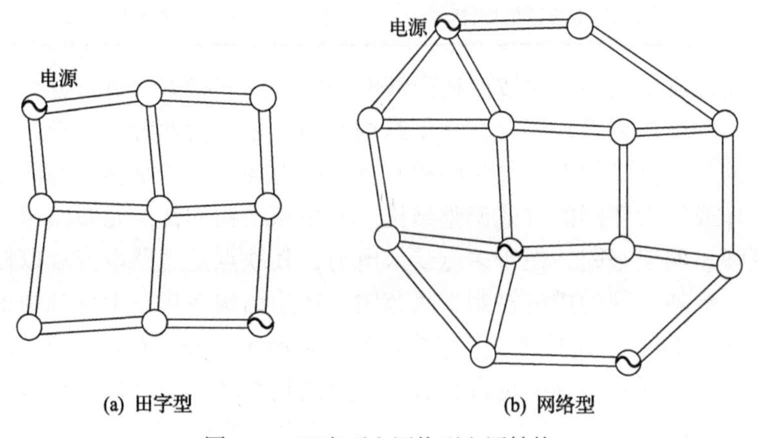

图 9-10　田字型和网络型电网结构

2. 直流输电系统典型结构

1) 两端直流输电系统结构

交流输电技术日益成熟的同时，高压直流输电(high voltage direct current, HVDC)技术也随着大功率电力电子器件、高压换流技术的发展而发展。根据换流阀的不同，HVDC 技术先后经历了汞弧阀换流阶段—晶闸管换流阶段—可关断器件换流阶段三个重要的发展阶段[2]。

传统基于电网换相的电流源换流器(line commutated converter, LCC)的 HVDC 系统采用晶闸管换流阀，经过 40 多年的发展，已经非常成熟。目前 LCC-HVDC 输电系统广泛应用于远距离大容量输电、异步电网互联等场合，我国已经建成的特高压直流输电线路有十条。其中，于 2018 年 12 月底成功启动全压送电的昌吉—古泉±1100 千伏特高压直流输电工程是世界上电压等级最高、输送容量最大、输送距离最远、技术水平最先进的特高压输电工程。但 LCC-HVDC 输电系统由于换相对所连交流电网要求较高，存在逆变侧换相失败，无法对弱交流系统供电，无法实现无源运行，运行过程中需消耗大量无功等缺陷，在一定程度上制约了其进一步发展[3]。LCC-HVDC 的典型主接线形式如图 9-11 所示。

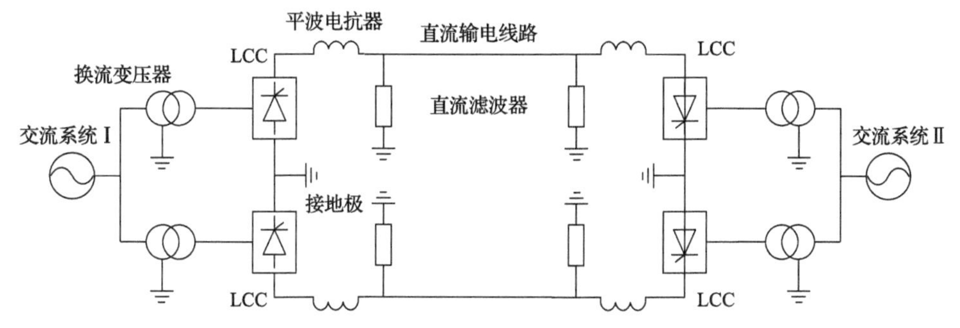

图 9-11　基于电流源换流器的典型直流输电系统主接线图

随着功率半导体器件技术的进步、大功率绝缘栅双极型晶体管的出现及脉宽调制技术和多电平控制技术的发展，基于自换相的电压源换流器(voltage source converter，VSC)技术的 HVDC 近十年得到了迅猛发展，在我国一般被称为柔性直流输电。VSC-HVDC 通过控制 VSC 中的全控器件的开断，改变输出电压的相角和幅值，从而实现对交流有功和无功功率的解耦控制。目前已投运的两电平或三电平 VSC-HVDC 系统主接线方式大多如图 9-12[4]。

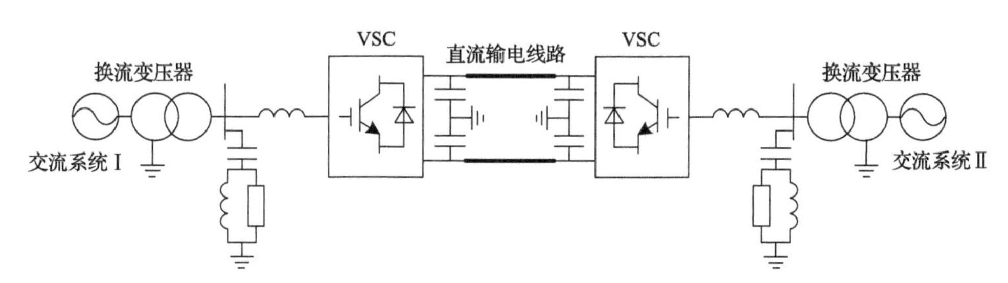

图 9-12　基于电压源换流器的典型直流输电系统主接线图

VSC-HVDC 系统结构紧凑、占地面积小，无须无功补偿和交流电网的短路容量支持换相，不存在换相失败，从而解决了直流输电向弱系统或无源电网供电的问题，得到学术界和工业界的广泛青睐，因此 VSC 更适合构建多端直流输电及直流电网。然而 VSC-HVDC 输电系统也存在造价昂贵、运行损耗大、传输容量有限和无法有效抑制直流侧的故障电流等缺点。

混合直流输电技术(hybrid HVDC)是常规直流输电和柔性直流输电的结合，即输电线路的一端是 LCC，另一端是 VSC。如图 9-13 所示的系统[5]，其正极采用传统 12 脉动 LCC-HVDC 系统，负极采用 VSC-HVDC 系统。该系统不但可以保留柔性直流输电技术的特点，还可以降低工程造价。混合型高压直流输电对于海上电网相连具有很大优势：紧凑的电压源型换流器适用于海上平台并且可与电气孤岛相连；电流源型换流器端可以放置于对换流站体积要求不高的陆上，同时可接入陆上强电网。由于电压源型换流器电压极性固定，电流源型换流器电流流向固定，因此功率潮流不能直接反转。为了避免潮流反转，混合直流输电系统在规划的时候可以只考虑单向功率潮流。

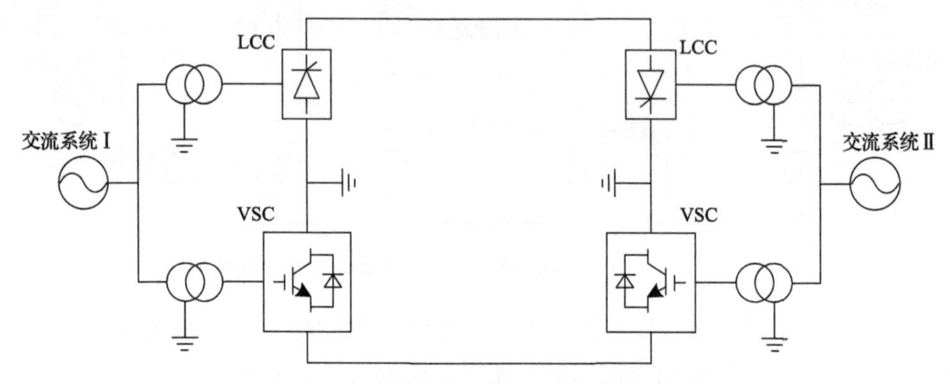

图 9-13　混合直流输电系统结构

与交流输电相比，HVDC 技术具有无稳定性问题、输电效率高、调节快速可靠、节省输电走廊等优势。由于换流站设备造价昂贵，通常当输电距离大于 800km 时具有技术经济性优势，而目前由于缺少高压直流断路器和 DC/DC 变压器等因素，多端直流输电及直流电网技术的发展受到限制。

2) 多端直流输电系统结构

多端直流输电(multi-terminal HVDC)是直流电网发展的初级阶段，是由 3 个以上换流站，通过串联、并联或混联方式连接起来的输电系统，能够实现多电源供电和多落点受电。其串联、混联、放射式并联和环网式并联的拓扑结构如图 9-14 所示。

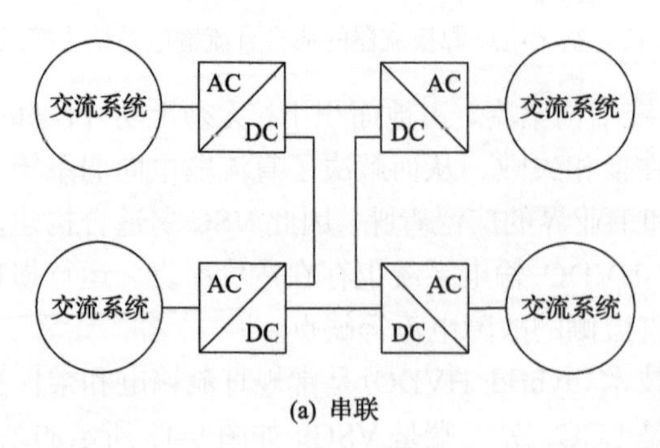

(a) 串联

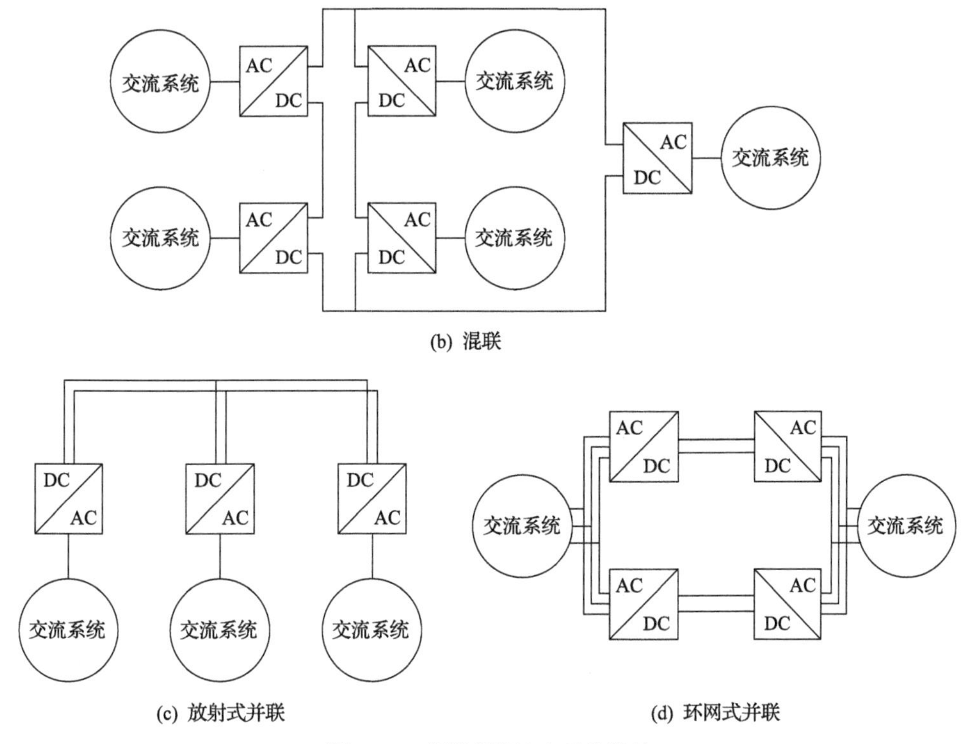

图 9-14　多端直流输电系统结构

并联式结构的换流站间以同等级直流电压运行，功率分配通过改变各换流站的电流来实现；串联式结构的换流站间以同等级直流电流运行，功率分配通过改变直流电压来实现；混合式结构则增加了多端直流接线方式的灵活性。与串联式相比，并联式结构扩建方式的线路损耗更小，调节范围更大，绝缘配合更易实现，同时具有灵活的扩建方式及突出的经济性。

极联式多端直流结构是我国电力工作者结合我国实际提出的一种多端直流拓扑结构[6]，其结构如图 9-15 所示。该结构将同一极的换流器组合分布于不同的物理点，整个系统控制方式与一条含多换流器组的特高压直流线路类似，不同地点的阀组投退运行可以进行灵活安排。这种结构的优点包括：减少从交流电源到送端换流站的输变电工程投资费用；减轻单一换流端无功功率的压力，便于无功合理就地平衡；通过分区消纳电力，各换流站出线大大减少，短路电流水平降低；交流系统潮流回转问题得到有效解决且受端系统压力得到减轻。

3) 直流输电网结构

直流输电网是多端直流结构的扩展，它是具有先进能源管理系统的交直流混合广域传输网络，能够整合多个电源，并以较小损耗和较大效率在一定范围内对

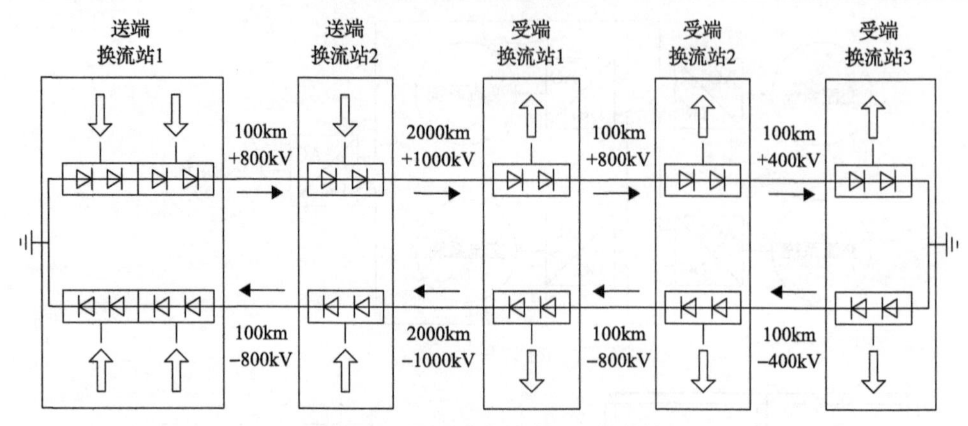

图 9-15　极联式多端直流拓扑结构

电能进行传输和分配[7]，其结构示意如图 9-16。直流输电网是一种具有“网孔”的输电系统，每个换流站之间存在多条传输线，每个换流站可以单独进行功率控制而不影响其他换流站的工作。直流电网拥有很多的冗余，若其中一条线路停止运行，其他的线路还可以继续进行输电，可靠性高，这是它与多端直流系统最根本的区别。因此，直流输电网将是未来多端直流的重要发展方向。

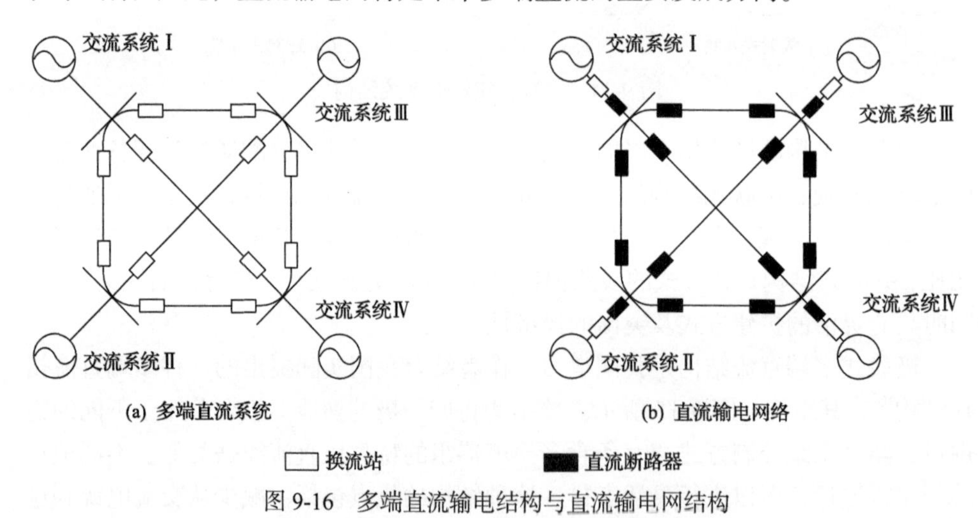

图 9-16　多端直流输电结构与直流输电网结构

3. 交直流输电系统典型结构

随着直流工程数量的增加，交直流系统间关系越来越复杂，从形式简单的单回直流连接两个非同步电网到交直流并联联网，从单直流馈入到多直流馈入，从单回直流送出到多回直流送出，从送端交流系统联网送电方式到送端交流系统孤岛送电方式，甚至还出现了几种方式组合的复杂交直流大系统。由于连接方式复杂，因此交直流电网存在多种联网结构，目前主要存在单直流联网、多直流送出、多直流馈入、多送出多馈入等典型结构[1]，详细说明如下。

1) 单直流联网结构

单直流联网结构是指一个交流系统通过直流向另一非同步交流系统送电的结构，这种送电结构可以避免两个交流电网间的同步问题，同时可以减小因交流故障对直流系统及另一端交流系统的影响。这种结构形式较为典型，在各国输电系统中较为常见，其结构如图 9-17 所示。

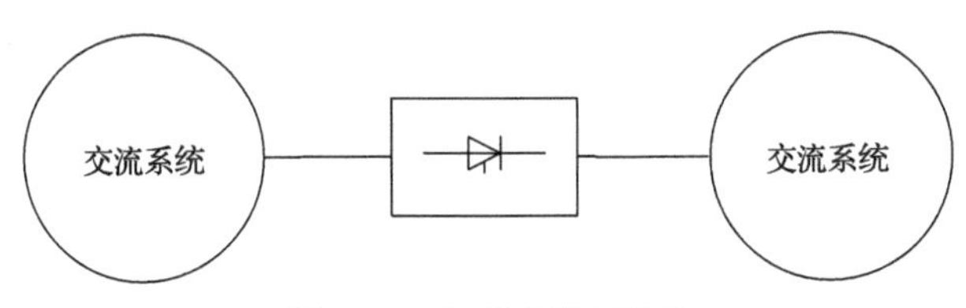

图 9-17　单直流联网结构

2) 多直流送出结构

多直流送出结构是指多回直流系统的整流站位于相同地区且电气距离接近的直流送电方式，这种结构一般出现在特大型能源基地，可通过多回直流系统集中送出，缺点是受端系统落点不一致，其结构如图 9-18 所示。

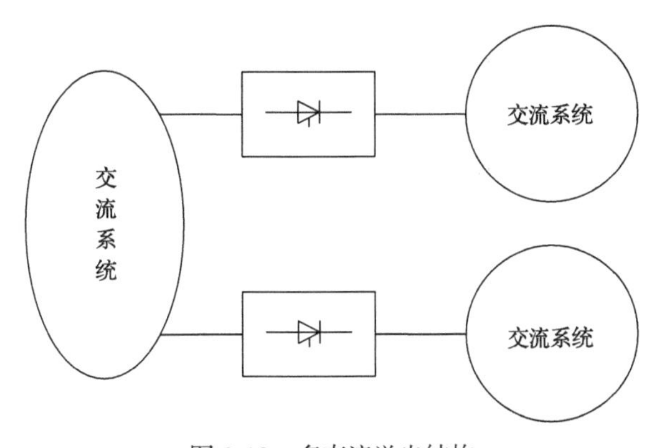

图 9-18　多直流送出结构

3) 多直流馈入结构

多直流馈入结构是指多回直流系统的逆变站落点相同且电气距离接近的直流送电结构。其结构如图 9-19。

4) 多送出多馈入结构

多送出多馈入结构是指系统的整流站和逆变站分别落点相同地区，电气距离接近、存在紧密耦合的交直流系统。这种结构的送受端系统可以是两个非同步区

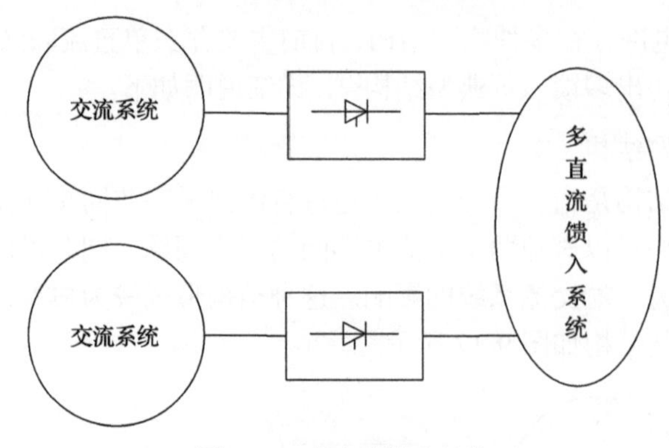

图 9-19　多直流馈入结构

域电网，也可以是结构更为复杂、含有交流联系的大区同步电网，除多馈入直流系统典型特征外，这种结构也存在许多新的特点和问题，例如送端电网基本只由若干巨型电站与整流站群结构连接构成多直流送出系统，这种结构的电源形式单一、网架结构薄弱且送端交直流系统相互影响程度远大于受端，其结构如图 9-20 所示。

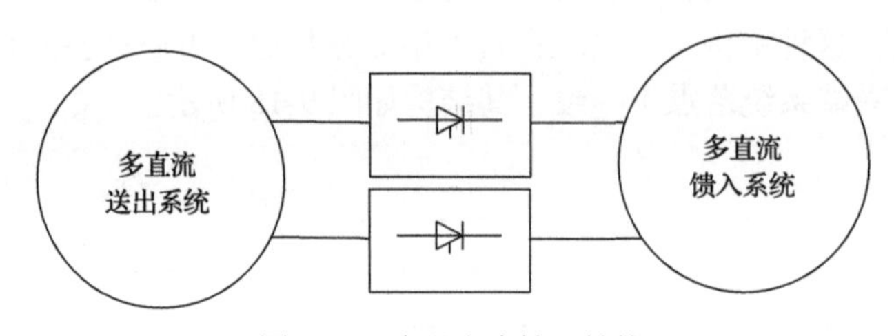

图 9-20　多送出多馈入结构

9.1.2　典型结构对可再生能源的适应性分析

1. 输电网结构适应性指标

本节定义输电网结构适应性为，面对源—荷随机波动和多时空分布特性等不确定性因素，电网能够利用自身结构特性达到抵抗不确定扰动而保证电力系统安全、经济、协调、灵活运行的能力[8]。

1) 经济适应性指标 I_{LROB}

经济适应性可由支路负载率期望值衡量，其物理意义为所有支路负载率的期望值，该指标可反映高比例可再生能源接入后输电网传输线路在随机场景中的综合利用情况。由于这里的经济适应性针对运行评估阶段，线路投资费用不予考虑，仅考虑线路的利用情况，利用率越高，可认为其经济性适应性较好。采用线路概率密度函数来计算线路传输功率期望值，然后在与线路最大传输功率进行比值后

得到支路负载率，最终对所有支路负载率求期望值后求得经济适应性指标值，具体计算公式如式(9-1)所示。其中，$\int_{-\infty}^{+\infty}|x_i\varphi(x_i)|\mathrm{d}x_i$ 为通过线路传输功率概率密度以及积分函数求得支路传输功率期望值。只要已知线路概率密度函数，该方法可实现快速计算，避免大量采样而使计算时间大大增加。

$$I_{\mathrm{LROB}}=\frac{1}{N}\sum_{i=1}^{N}\frac{\int_{-\infty}^{+\infty}|x_i\varphi(x_i)|\mathrm{d}x_i}{S_{i,\max}},\qquad i=1,2,\cdots,N \tag{9-1}$$

式中，x_i 为第 i 条支路传输功率值；$\varphi(x_i)$ 为第 i 条支路传输功率概率密度函数；$S_{i,\max}$ 为第 i 条支路最大传输功率；N 为电网传输线路总条数；I_{LROB} 为支路传输功率期望值指标。

2) 波动适应性指标 I_{TPFB}

波动适应性指标可由支路传输功率波动率衡量，其物理意义是支路传输功率波动量总和与所有支路传输功率最大波动量总和的比值，该指标可反映电网在随机场景下的抗潮流波动能力。该指标越小，说明电网结构在面对源-荷随机场景时可保持潮流平稳，不发生剧烈波动，可认为该结构具有良好的波动适应性。该指标仍然采用概率密度函数和积分函数来计算支路传输功率期望值，具体计算公式如式(9-2)～式(9-4)所示，其中 $\sum_{i=1}^{N}|E_l(x_i^2)-[E_l(x_i)]^2|$ 表示线路实际波动量总和，$\sum_{i=1}^{N}\max\{|S_{i,\max}-E_l(x_i)|^2,|E_l(x_i)|^2\}$ 表示线路的最大波动量，由线路额定容量以及线路实际传输功率直接决定。

$$I_{\mathrm{TPFB}}=\frac{\sum_{i=1}^{N}|E_l(x_i^2)-[E_l(x_i)]^2|}{\sum_{i=1}^{N}\max\{|S_{i,\max}-E_l(x_i)|^2,|E_l(x_i)|^2\}},\qquad i=1,2,\cdots,N \tag{9-2}$$

$$E_l(x_i^2)=\int_{-\infty}^{+\infty}x_i^2\varphi_i(x_i)\mathrm{d}x_i \tag{9-3}$$

$$E_l(x_i)=\int_{-\infty}^{+\infty}x_i\varphi_i(x_i)\mathrm{d}x_i \tag{9-4}$$

式中，$E_l(x_i)$ 为第 i 条支路传输功率期望值；$E_l(x_i^2)$ 为第 i 条支路传输功率平方的期望值；I_{TPFB} 为支路传输功率波动率。

3) 故障适应性指标 I_{ELBP}

故障适应性指标可由支路功率故障越限概率衡量，其物理意义是电网在发生元件故障时支路传输功率的越限概率，该指标可用来衡量电网在高比例可再生能源接入背景下对严重故障的适应性。该指标值越小，电网结构面对严重故障时支路越限概率越小，可认为该电网结构对严重故障的适应性较强。在选取故障类型方面可按电网多年统计情况来设定，采用多支路开断分布因子[9]快速计算故障潮流，该方法针对目前电力系统相继开断所带来的维数灾和交流潮流计算瓶颈，采用分布因子法减少计算量。该指标比较了实际线路传输功率与最大传输功率，若在故障以后线路传输功率大于额定容量，则认为发生功率越限。该指标值越小，说明在严重故障情况下支路功率发生越限概率越小，该电网结构对故障的适应性越好。该指标具体计算公式如式(9-5)所示。

$$I_{\mathrm{ELBP}}=\frac{1}{N}\sum_{i=1}^{N}\int_{S_{i,\max}}^{+\infty}\varphi_i(x_i)\mathrm{d}x_i \tag{9-5}$$

4) 输电适应性指标 I_{ACRE}

输电适应性由可再生能源消纳不足概率来衡量，其物理意义是高比例可再生能源接入后电网结构限制导致的可再生能源消纳不足概率值，该指标可反映电网结构对于高比例可再生能源的消纳能力。该指标值可由一段时间内总可再生能源弃能电量与可再生能源最大可发电量的比值进行衡量，其计算式如(9-6)所示。

$$I_{\mathrm{ACRE}}=\frac{\sum_{s\in\Omega^S}\sum_{t\in\Omega^T}\sum_{j\in\Omega^R}R_{r,j,t,s}\Delta t}{\sum_{s\in\Omega^S}\sum_{t\in\Omega^T}\sum_{j\in\Omega^R}R_{r,j,t,\max}\Delta t} \tag{9-6}$$

式中，Ω^R 为可再生能源机组集合；Ω^S 为评估所选取的典型日集合；Ω^T 为典型日中所有时刻(24 小时)集合；$R_{r,j,t,s}$ 为可再生能源机组 j 在典型日 s 中 t 时刻的弃能功率；$R_{r,j,t,\max}$ 为可再生能源机组 j 在 t 时刻的最大可出力功率值；Δt 为相邻两个时刻之间的时间间隔。

在电网结构限制下，不同场景的可再生能源弃能功率值可以通过两阶段模型进行计算，第一阶段以最优切负荷为目标，第二阶段以最大消纳可再生能源为目标，该两阶段模型旨在保证负荷供电的基础上最大消纳可再生能源。两阶段模型分别针对于不同典型日下的所有连续时刻场景，需要计及相邻时刻的连续约束条件，该两阶段模型计算过程如下。

步骤 1：最优切负荷模型目标在于最大化系统供电能力，减小切负荷值，以保证电网结构正常供应电能。

$$\min \sum_{s \in \Omega^S} \sum_{t \in \Omega^T} \sum_{i \in \Omega^N} d_{i,t,s} \tag{9-7}$$

$$\begin{aligned} \text{s.t.} & \sum_{k \in \Omega_i^G} P_{g,k,t,s} + \sum_{j \in \Omega_i^R} P_{r,j,t,s} - \sum_{l \in \Omega_i^{L_1}} f_{l,t,s} + \sum_{l \in \Omega_i^{L_2}} f_{l,t,s} = P_{d,i,t,s} \\ & - d_{i,t,s}, \quad i \in \Omega^N, t \in \Omega^T, s \in \Omega^S \end{aligned} \tag{9-8}$$

$$f_{l,t,s} = b_l(\theta_{l_1,t,s} - \theta_{l_2,t,s}), \quad l \in \Omega^L, t \in \Omega^T, s \in \Omega^S \tag{9-9}$$

$$f_{l,\min} \leqslant f_{l,t,s} \leqslant f_{l,\max}, \quad l \in \Omega^L, t \in \Omega^T, s \in \Omega^S \tag{9-10}$$

$$P_{g,k,\min} \leqslant P_{g,k,t,s} \leqslant P_{g,k,\max}, \quad k \in \Omega^G, t \in \Omega^T, s \in \Omega^S \tag{9-11}$$

$$\delta^{\text{down}} P_{g,k,\max} \leqslant P_{g,k,t,s} - P_{g,k,t-1,s} \leqslant \delta^{\text{up}} P_{g,k,\max}, \quad k \in \Omega^G, t \in \Omega^T, s \in \Omega^S \tag{9-12}$$

$$0 \leqslant d_{i,t,s} \leqslant d_{i,s,\max}, \quad i \in \Omega^N, t \in \Omega^T, s \in \Omega^S \tag{9-13}$$

式(9-7)为模型目标函数，表征最大化系统供电能力，即系统总切负荷值最小。式(9-8)为输电网节点功率平衡方程，Ω_i^G 为 i 节点上的常规机组集合；Ω_i^R 为节点 i 的可再生能源机组集合；$\Omega_i^{L_1}$ 为以 i 节点为始端的线路集合；$\Omega_i^{L_2}$ 为以 i 节点为末端的线路集合；Ω^N 为节点集合；$P_{g,k,t,s}$ 为常规机组出力；$P_{r,j,t,s}$ 为可再生能源机组出力；$f_{l,t,s}$ 为线路潮流；$P_{d,i,t,s}$ 为节点负荷；$d_{i,t,s}$ 为节点切负荷功率。式(9-9)为输电网线路潮流方程，Ω^L 为所有线路集合。$\theta_{l_1,t,s}$ 和 $\theta_{l_2,t,s}$ 分别为线路始端节点相角和末端节点相角，b_l 为线路 l 的电纳。式(9-10)为输电网线路容量约束，$f_{l,\max}$ 与 $f_{l,\min}$ 分别为线路 l 的传输功率上下限。式(9-11)为输电网常规机组出力约束，$P_{g,k,\min}$ 与 $P_{g,k,\max}$ 分别表示常规机组出力上下限。式(9-12)为输电网常规机组爬坡约束，δ^{up} 和 δ^{down} 为单位时间间隔内发电机出力的最大变化范围，以机组容量的百分比表示。式(9-13)为输电网切负荷约束，$d_{i,s,\max}$ 为允许的最大切负荷值。

步骤 2：在第一阶段最优切负荷值 $d_{i,t,s}^*$ 基础上，第二阶段目标主要为系统弃能值最小，本阶段模型可以使系统充分消纳可再生能源，并求出充分考虑负荷供电和电网结构特性下的最小弃能量。与第一阶段最小切负荷模型类似，第二阶段模型可表示如下。

$$\min \sum_{s \in \Omega^S} \sum_{j \in \Omega^R} R_{r,j,t,s} \tag{9-14}$$

$$\text{s.t.} \sum_{k\in\Omega_i^G} P_{g,k,t,s} + \sum_{j\in\Omega_i^R} (P_{r,j,t,s} - R_{r,j,t,s}) - \sum_{l\in\Omega_i^{L1}} f_{l,t,s} + \sum_{l\in\Omega_i^{L2}} f_{l,t,s} = P_{d,i,t,s} - d_{i,t,s}^*,$$
$$i\in\Omega^N, t\in\Omega^T, s\in\Omega^S \tag{9-15}$$

$$f_{l,t,s} = b_l(\theta_{l_1,t,s} - \theta_{l_2,t,s}), \quad l\in\Omega^L, t\in\Omega^T, s\in\Omega^S \tag{9-16}$$

$$f_{l,\min} \leqslant f_{l,t,s} \leqslant f_{l,\max}, \quad l\in\Omega^L, t\in\Omega^T, s\in\Omega^S \tag{9-17}$$

$$P_{g,k,\min} \leqslant P_{g,k,t,s} \leqslant P_{g,k,\max}, \quad k\in\Omega^G, t\in\Omega^T, s\in\Omega^S \tag{9-18}$$

$$\delta^{\text{down}} P_{g,k,\max} \leqslant P_{g,k,t,s} - P_{g,k,t-1,s-1} \leqslant \delta^{\text{up}} P_{g,k,\max}, \quad k\in\Omega^G, t\in\Omega^T, s\in\Omega^S \tag{9-19}$$

$$0 \leqslant R_{r,j,t,s} \leqslant R_{r,j,s,\max}, \quad j\in\Omega^R, t\in\Omega^T, s\in\Omega^S \tag{9-20}$$

式(9-14)为模型目标函数，表征最大化可再生能源消纳量，即系统总弃能值最小；式(9-15)为基于最优切负荷与可再生能源弃能的节点功率平衡方程式，$R_{r,j,t,s}$为可再生能源机组j在典型日s中t时刻的弃能值；式(9-16)为输电网线路潮流方程；式(9-17)为输电网线路容量约束；式(9-18)为输电网常规机组出力约束；式(9-19)为输电网常规机组爬坡约束；式(9-20)为弃能功率约束。

2. 输电网结构适应性评估方法

针对上述输电网结构适应性指标的实用计算方法步骤如下。

步骤 1：输入系统初始参数，确定可再生能源装机容量及接入位置，初始化模拟计数k=0。

步骤 2：根据区域可再生能源和负荷的历史数据确定可再生能源有功功率分布函数$F_{re}(x)$和负荷有功功率分布函数$F_{ld}(x)$，根据区域历史故障统计数据设定模拟的故障类型。

步骤 3：采用蒙特卡罗方法生成源-荷随机出力场景Ψ^{S}以及元件随机故障场景Ψ^{C}。

步骤 4：通过式(9-21)～式(9-28)的电网最优经济运行模型求各场景下的最优经济运行方式，基于输电网正常运行潮流利用文献[9]中的多支路开断分布因子快速计算故障潮流。

$$\min \sum_{s\in\Omega^S} \sum_{t\in\Omega^T} \Big(\sum_{k\in\Omega_i^G} C_{g,k} P_{g,k,t,s} + \sum_{j\in\Omega^R} C_{r,j,t,s} R_{r,j,t,s} + \sum_{i\in\Omega^N} C_{d,i,t,s} d_{i,t,s} \Big) \tag{9-21}$$

$$\text{s.t.} \sum_{k\in\Omega_i^G} P_{g,k,t,s} + \sum_{j\in\Omega_i^R} (\tilde{P}_{r,j,t,s} - R_{r,j,t,s}) - \sum_{l\in\Omega_i^{L1}} f_{l,t,s} + \sum_{l\in\Omega_i^{L2}} f_{l,t,s} = \tilde{P}_{d,i,t,s} - d_{i,t,s},$$
$$i \in \Omega^N, t \in \Omega^T, s \in \Omega^S \tag{9-22}$$

$$f_{l,t,s} = b_l(\theta_{l_1,t,s} - \theta_{l_2,t,s}), \quad l \in \Omega^L, t \in \Omega^T, s \in \Omega^S \tag{9-23}$$

$$f_{l,\min} \leqslant f_{l,t,s} \leqslant f_{l,\max}, \quad l \in \Omega^L, t \in \Omega^T, s \in \Omega^S \tag{9-24}$$

$$P_{g,k,\min} \leqslant P_{g,k,t,s} \leqslant P_{g,k,\max}, \quad k \in \Omega^G, t \in \Omega^T, s \in \Omega^S \tag{9-25}$$

$$\delta^{\text{down}} P_{g,k,\max} \leqslant P_{g,k,t,s} - P_{g,k,t-1,s-1} \leqslant \delta^{\text{up}} P_{g,k,\max}, \quad k \in \Omega^G, t \in \Omega^T, s \in \Omega^S \tag{9-26}$$

$$0 \leqslant R_{r,j,t,s} \leqslant R_{r,j,s,\max}, \quad j \in \Omega^R, t \in \Omega^T, s \in \Omega^S \tag{9-27}$$

$$0 \leqslant d_{i,t,s} \leqslant d_{i,s,\max}, \quad i \in \Omega^N, t \in \Omega^T, s \in \Omega^S \tag{9-28}$$

式(9-21)表示该模型目标为使输电网综合运行成本最小，该综合运行成本包括常规火电机组燃料费用、弃能惩罚费用和切负荷惩罚费用；$C_{g,k}$ 为常规机组 k 燃料成本；$C_{r,j,s}$ 为可再生能源机组 j 弃能惩罚成本；$C_{d,i,s}$ 为节点 i 切负荷成本；$\tilde{P}_{d,i,s}$ 和 $\tilde{P}_{r,j,s}$ 分别为通过蒙特卡罗模拟方法采样生成的负荷波动值和可再生能源出力波动值。式(9-22)～式(9-28)中各约束式以及变量含义与 9.1.2 中两阶段模型类似，在此不再赘述。

步骤 5：根据所得到的潮流数据样本计算指标中所涉及的正常状态和故障状态下的线路传输功率概率密度函数 $\varphi(x_l)$ 和 $\varphi'(x_l)$，通过式(9-1)～式(9-6)分别计算经济适应性、波动适应性和故障适应性指标值。同时，利用所提出的可再生能源最大消纳两阶段模型计算第 k 次迭代的输电适应性指标值。

步骤 6：利用式(9-29)计算前 k 次迭代的指标期望值。

$$E_k = \frac{\sum_i^k P_{\text{adapt},i}}{k} \tag{9-29}$$

式中，E_k 为前 k 次模拟的适应性指标期望值；$P_{\text{adapt},i}$ 为第 i 次模拟的适应性指标值，分别包括 R_{LROB}、P_{TPFB}、P_{ELBP} 和 P_{ACRE}。

步骤 7：判断各指标期望值是否收敛，判据如下。

$$V_{\sigma}=\sqrt{\sum_{n}(E_k-E_{\text{avg}})^2/(k-1)}\Big/E_{\text{avg}} \tag{9-30}$$

式中，V_{σ} 为期望数组 $\{E_k\}$ 的标准差系数；E_{avg} 为数组 $\{E_k\}$ 的平均数。

设置阈值 ε，当 $\max\{V_{\text{LROB}},V_{\text{TPFB}},V_{\text{ELBP}},V_{\text{AVRE}}\}\leqslant\varepsilon$ 时停止蒙特卡罗模拟并转至步骤 8，否则令 $k=k+1$ 并返回步骤 3。V_{LROB}、V_{TPFB}、V_{ELBP}、V_{ACRE} 分别表示经济适应性指标、波动适应性指标、故障适应性指标、输电适应性指标期望数组的标准差系数。

步骤 8：根据计算得到的电网适应性指标对电网结构做出适应性评价。

3. 输电网结构适应性评估算例分析

1) IEEE 30 节点系统适应性评估结果

本节对不同输电网结构进行适应性评估。为形成交直流混联电网结构，先将标准 IEEE30 节点网架进行分区，再将各分区之间交流联络线以直流输电线代替，形成的交直流混联电网如图 9-21 所示。以风电接入为例，计算不同电网结构适应性指标，风电机组有功功率和系统负荷满足如下条件：风速服从 Weibull 分布，其比例参数和形状参数分别为 11 和 2。为体现高比例可再生能源接入的特点，分

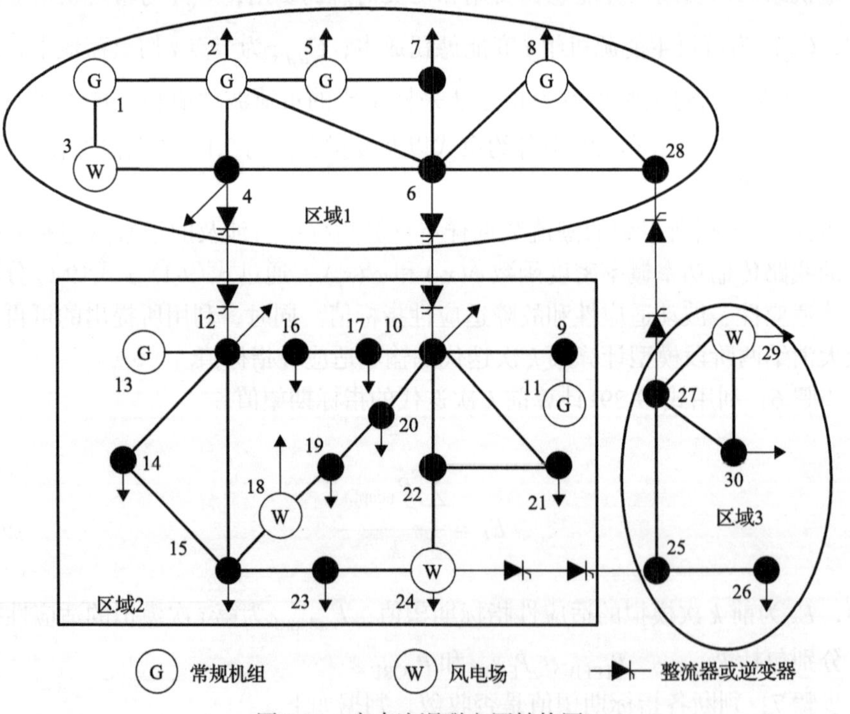

图 9-21　交直流混联电网结构图

别在 3、18、24 和 29 节点接入 120MW 集群风电场；负荷作为随机变量，系统总接入负荷额定容量增加到 600MW，同时有功功率服从期望为额定有功功率、标准差为期望 15%的正态分布。

直流输电系统主要采用两端直流输电模型，换流器控制方式设置为三种，交直流电网潮流计算主要采用顺序解法，此类算法将交流系统和直流系统割裂开来进行处理，交流潮流解的迭代和直流潮流解的迭代是顺序进行的，从单个换流器出发来考虑直流系统和交流系统间的相互关系[10]。顺序解法基本思想是[11]：迭代计算过程中，将交流潮流方程和直流系统潮流方程分别单独进行求解。在求解交流系统方程组时，将直流系统换流站处理成接在相应交流节点上的一个等效 P、Q 负荷，而在求解直流系统方程时，将交流系统模拟成加在换流站交流母线上的一个恒定电压。在每次迭代中，交流系统方程的求解为随后的直流系统方程的求解建立起换流站交流母线的电压值，而直流系统方程的求解又为后面的交流系统方程的求解提供了换流站的等效 P、Q 值。

(1)可再生能源接入比例对电网结构适应性的影响。

为研究可再生能源接入比例对电网结构适应性的影响，在总发电机等效装机容量保持 750MW 前提下，根据一定置信度用风电机组来替代常规机组容量，设置可再生能源接入比例从 0%一直增加到 100%，风电置信度取为 20%，得到不同电网结构适应性指标随可再生能源比例上升变化趋势，如图 9-22 和图 9-23 所示。在此定义：可再生能源接入比例=可再生能源装机容量/总负荷容量。

对于电网结构经济适应性来说，该指标将随可再生能源比例升高而降低，这是由于电网结构自身对潮流分布存在约束作用，即需满足特定结构下的电气连接。

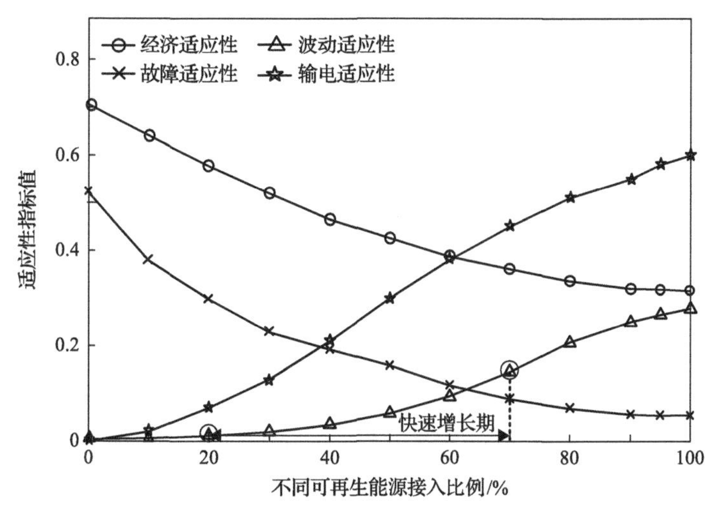

图 9-22　不同可再生能源接入比例下纯交流电网结构适应性指标

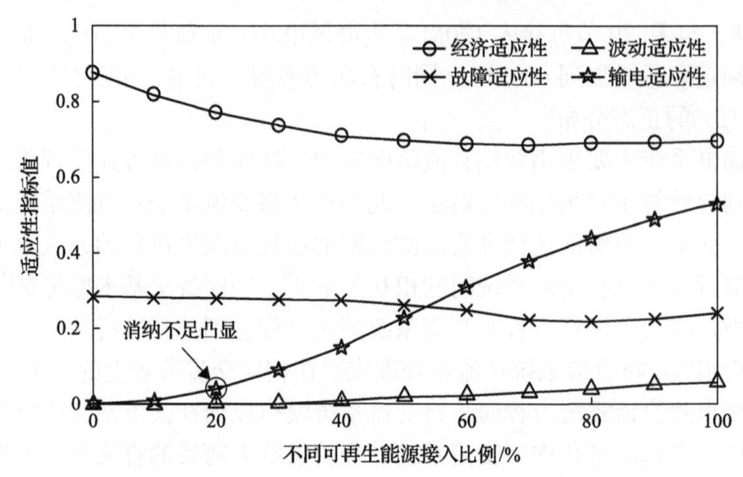

图 9-23　不同可再生能源接入比例下交直流电网结构适应性指标

接入可再生能源比例越高，约束力将越大，结构作用也越凸显，导致存在阈值使其维持不变，且由于交直流电网结构作用更强，故其阈值将比纯交流电网提前到达。同时，电网结构作用将使波动存在快速增长期，超过该时期则电网结构抑制作用增强从而使波动增长趋于平缓，对于本算例中的纯交流电网结构来说快速增长期为 20%～70%(图 9-22 已标出)。可再生能源消纳不足概率将随比例提高不断增加，对于该系统来说，当比例达到 20%时，可再生能源消纳不足现象将凸显(图 9-23 已标出)。从总体趋势来看，交流电网随可再生能源接入比例提高适应性指标的波动较大，而交直流混联电网适应性能则保持相对平稳。

(2)交直流混联电网不同结构的适应性比较。

为研究不同典型联网形式对电网结构适应性的影响，本节将同样采取直流替换交流的方式形成单直流联网、多直流送出、多直流馈入及多送出多馈入 4 种不同结构，分别计算出电网结构适应性指标。4 种联网结构示意如图 9-24 所示，得到的电网结构适应性指标如表 9-2 所示。

从表 9-2 可以看出，与纯交流电网相比，直流输电线仅作为联络线的不同交直流电网结构具有普遍良好的抗波动性能和潮流平抑性能，针对高比例可再生能源接入可采取适当直流替换交流联络线的方式以减弱系统随机性带来的影响。多送出多馈入直流联网结构相较于其他三种结构经济适应性不强，综合利用率较低，实际情况中需对其进行利用率的优化，但是它的故障适应性较强，适于故障风险较高的地区。

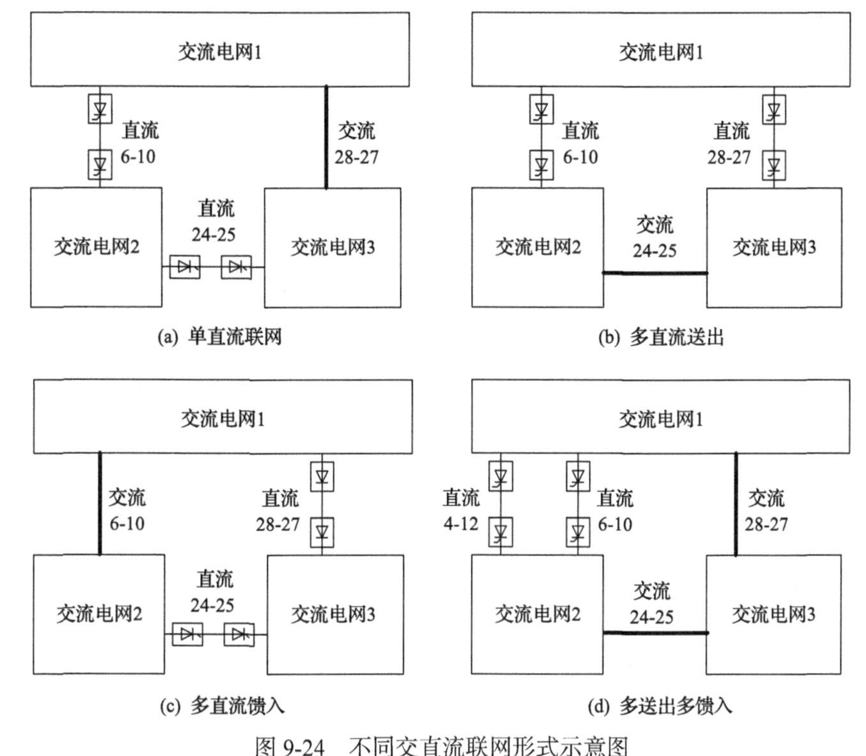

图 9-24 不同交直流联网形式示意图

表 9-2 不同交直流混联电网结构适应性指标计算结果

结构类型	经济适应性	波动适应性	故障适应性	输电适应性
单直流联网	0.525	0.067	0.133	0.236
多直流送出	0.608	0.073	0.169	0.197
多直流馈入	0.632	0.065	0.209	0.183
多送出多馈入	0.367	0.090	0.090	0.143

2) 西北电网算例系统适应性评估结果

本节将所提适应性指标以及适应性指标计算方法应用于西北电网算例系统。该算例系统结构如图 9-25 所示，基于西部五个地区(新疆、青海、甘肃、宁夏、陕西)规划数据得到，包含 38 个输电网节点，143 台发电机组，166 条交流线路和 2 条直流线路，系统年最高负荷为 300GW，总装机达到 622.9GW，其中火电、水电、风电以及光伏机组分别占 41.9%、10.7%、17.7%及 29.7%。该电网不同区域之间除用交流联络线进行连接外，区域 2 和区域 3 以及区域 2 和区域 5 之间分别存在 1 条直流联络线，因此该电网结构属于交直流混联电网结构。不同可再生能源装机占比下的适应性指标计算结果如表 9-3 所示，变化趋势如图 9-26 所示。表 9-3 给出了接入可再生比例处于 37%～77%，以 10%为增长步长的适应性指标计算结果。

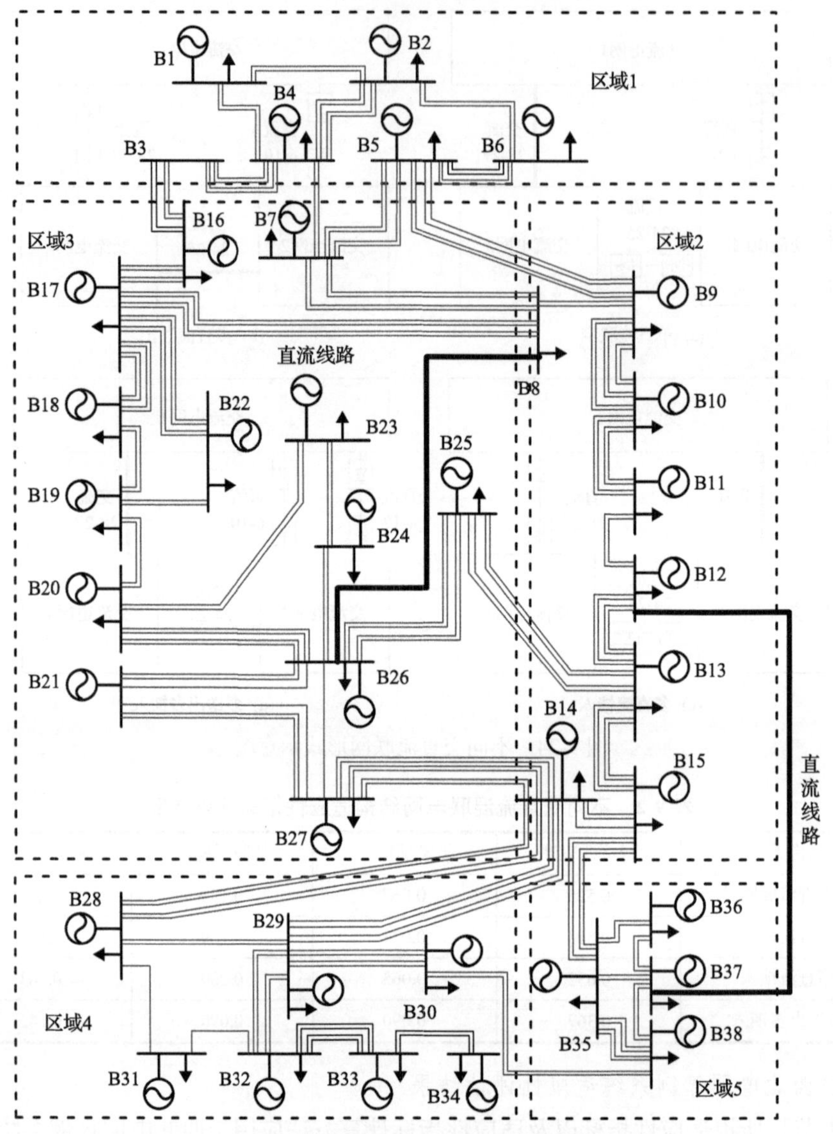

图 9-25　西北电网系统交直流混联电网结构示意图

表 9-3　西北电网结构适应性指标计算结果

可再生能源接入比例/%	经济适应性	波动适应性	故障适应性	输电适应性
37	0.5242	0.2066	0.0402	0.0271
47	0.5118	0.2854	0.0386	0.0825
57	0.4996	0.3792	0.0225	0.1588
67	0.4900	0.4601	0.0199	0.2481
77	0.4803	0.5169	0.0113	0.3405

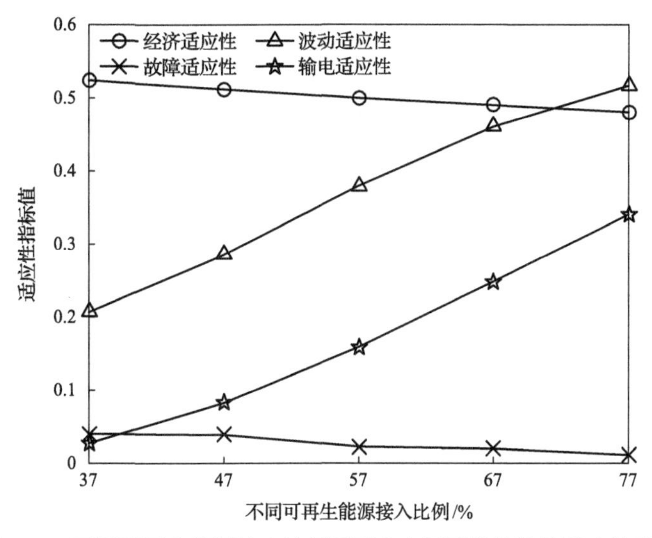

图 9-26　不同可再生能源接入比例下西北电网系统的结构适应性指标

从表 9-3 可以看出，与之前 IEEE30 节点算例结果类似，随着可再生能源比例升高，西北电网经济适应性指标呈现下降趋势，说明随着可再生能源不断替代常规机组，其随机性、间歇性将更为明显，导致线路平均利用率有所下降，表现为经济适应性指标不断减小。同时，由于可再生能源波动性随比例升高将呈现加剧趋势，波动适应性指标能够定量描述系统波动大小，可为运行人员直观了解该电网结构抵抗波动能力提供参考。该波动性指标在可再生能源比例升高前期存在快速增长趋势，系统波动大幅度上升，表现为从 37%～57%时，波动性指标增长幅度大于 57%～77%阶段，该阶段需要重点关注由于波动性所引起的安全问题。对于故障适应性，西北电网面对 N-1 故障时均能保持较低的支路功率越限概率，其变化范围在 1%～4%之间变化，且随着可再生能源比例升高，故障适应性指标将呈现下降的趋势，这主要是和经济适应性指标下降所导致的线路裕度上升有关。对于输电适应性指标来说，随着可再生能源接入比例不断提升，西北电网消纳不足概率将逐渐凸显，在比例为 77%时将达到 34.5%，与 37%接入比例相比，消纳不足概率将扩大约 17 倍，在 4 个指标中需要重点关注。

9.2　未来输电网结构形态分析

9.2.1　高比例可再生能源下输电网问题现状

1. 可再生能源与本地电力系统的耦合

1) 耦合的概念

在含有大规模新能源的电网中，新能源需要满足本地部分负荷，同时将富余的电力送到外部电力系统，以实现高效消纳。源端电网具有本地供电和电力外送两重功能。由于环境、政策等因素制约，新能源基地电力直接送往外部系统的通道建设较缓或难以建设，部分新能源电力借助本地电网向外送出。同时，新能源基地往往缺乏足够的灵活性电源以平抑新能源的波动性，导致本地电网中的常规电源在供给本地负荷的同时，需要与外送的新能源互动协调，以保证外送电力的平稳性。

从电网结构角度来看，上述问题是由于本地供电网络与电力外送网络存在部分重合，导致可再生能源的波动特性与本地电网的运行状态互相影响，相互制约。可再生能源的波动特性会使电网运行状态更接近安全稳定极限，而电网为保证运行状态的相对平稳，在必要时将舍弃部分可再生能源，削弱其波动特性。这种相互影响、相互制约的关系，本节称之为“耦合”。耦合过大，则可再生能源将会引起全网潮流大幅度、大范围波动，进而导致系统运行状态趋近边界，表现为线路潮流接近极限传输容量的概率增加，网络电压波动较大，整个系统运行复杂，且系统会牺牲一定的经济性以保证运行的平稳。因此，分辨本地供电网络与电力外送网络将会对耦合的理解与分析有重要作用。

2) 网络区分

源端电网的两层功能主要以送电的用途进行区分，若线路上所传输的电力用于外送，则该线路属于电力外送层，反之则属于本地用电层。本文基于潮流跟踪法实现功能层的辨别和区分。

潮流跟踪法依据比例分配原则，通过对有功潮流的追踪，确定不同负荷对电网的使用程度。依据此方法，若忽略网损，则节点上流过的功率与节点负荷功率之间的关系如式(9-31)。

$$A_d P = P_L \tag{9-31}$$

式中，P 为节点流过功率矢量；P_L 为节点负荷功率矢量，如式(9-32)、(9-33)。

$$P = [P_1, P_2, \cdots, P_n]^{\mathrm{T}} \tag{9-32}$$

$$P_L = [P_{L1}, P_{L2}, \cdots, P_{Ln}]^{\mathrm{T}} \tag{9-33}$$

A_d 是下游分布矩阵，矩阵中的元素计算方法如式(9-34)。

$$[A_d]_{ij} = \begin{cases} 1, & j = i \\ -\left|P_{ij}\right| / P_j, & j \in \Omega_i \\ 0, & \text{其他} \end{cases} \tag{9-34}$$

式中，Ω_i 为节点 i 的下游节点组成的集合。

依据比例分配原则，连接节点 i 与上游节点 h 的线路上的潮流 $\left|P_{hi}\right|$ 对节点 i 及下游负荷的贡献可表示如式(9-35)。

$$\left|P_{hi}\right| = \frac{\left|P_{hi}\right|}{P_i} P_i = \frac{\left|P_{hi}\right|}{P_i} e_i^{\mathrm{T}} P = \frac{\left|P_{hi}\right|}{P_i} e_i^{\mathrm{T}} A_d^{-1} P_L \tag{9-35}$$

式中，e_i 为第 i 个分量为 1，其余分量为 0 的单位列向量。

则 $\left|P_{hi}\right|$ 对节点 k 上的负荷的贡献如式(9-36)。

$$\left|P_{hi}^{\mathrm{L}k}\right| = \frac{\left|P_{hi}\right|}{P_i} P_k e_i^{\mathrm{T}} A_d^{-1} e_k \tag{9-36}$$

设所有连有本地负荷的节点组成的集合为 $\Omega_{\mathrm{Node}}^{\mathrm{local}}$，所有连有外送负荷的节点组成的集合为 $\Omega_{\mathrm{Node}}^{\mathrm{out}}$，则在每个时刻 t，承担本地供电和承担外送电力功能的线路可分别组成不同的集合，如式(9-37)、(9-38)。

$$\mathrm{Line}_{ij,t} \in \Omega_{\mathrm{Line,t}}^{\mathrm{local}}, \text{若} \left|P_{ij,t}^{\mathrm{L}k}\right| \neq 0, \quad \mathrm{Node}_k \in \Omega_{\mathrm{Node}}^{\mathrm{local}} \tag{9-37}$$

$$\mathrm{Line}_{ij,t} \in \Omega_{\mathrm{Line,t}}^{\mathrm{out}}, \text{若} \left|P_{ij,t}^{\mathrm{L}k}\right| \neq 0, \quad \mathrm{Node}_k \in \Omega_{\mathrm{Node}}^{\mathrm{out}} \tag{9-38}$$

由于新能源的波动性，不同时刻下线路的功能不同，则在时段 T 内，本地供电层和外送电力层分别为各时刻功能层的并集，如式(9-39)、(9-40)。

$$\mathrm{Line}_{ij,t} \in \Omega_{\mathrm{Line,t}}^{\mathrm{local}}, \text{若} \left|P_{ij,t}^{\mathrm{L}k}\right| \neq 0, \quad \mathrm{Node}_k \in \Omega_{\mathrm{Node}}^{\mathrm{local}} \tag{9-39}$$

$$\mathrm{Line}_{ij,t} \in \Omega_{\mathrm{Line},t}^{\mathrm{out}}, \text{若} \left|P_{ij,t}^{\mathrm{L}k}\right| \neq 0, \quad \mathrm{Node}_k \in \Omega_{\mathrm{Node}}^{\mathrm{out}} \tag{9-40}$$

2. 耦合的评价

基于上一节对网络的区分，结合耦合状态下系统在潮流、电压方面的表现，本节从耦合范围及耦合深度两个角度对系统的耦合特性进行评价。

1) 评价指标

(1) 耦合范围 RoC。该指标主要评价同时属于本地用电层和电力外送层的节点数量占比，如式(9-41)、式(9-42)。

$$\mathrm{RoC} = n(\Omega_{\mathrm{Node}}^{\mathrm{C}}) / n(\Omega_{\mathrm{Node}}) \tag{9-41}$$

$$\text{Node}_i \in \Omega_{\text{Node}}^{\text{C}}, \text{若}\ \text{Line}_{ij} \in (\Omega_{\text{Line,T}}^{\text{local}} \cap \Omega_{\text{Line,T}}^{\text{out}}) \tag{9-42}$$

式中，$n()$为集合中元素的个数；$\Omega_{\text{Node}}^{\text{C}}$为同时属于本地用电层和电力外送层的线路两端节点组成的集合。该比值越大，说明两个功能层的耦合范围越大。

(2)耦合深度。从系统状态与安全稳定边界之间的距离角度评价系统的耦合深度。

①线路重载事件率RoHLI：

$$\text{RoHLI} = \sum_{t\in T} n(\Omega_{\text{Line},t}^{\text{HL}}) \Big/ \left[n(\Omega_{\text{Line}}) \cdot n(T)\right] \tag{9-43}$$

式中，$\Omega_{\text{Line},t}^{\text{HL}}$为时刻$t$重载线路集合，如式(9-44)。

$$\text{Line}_{ij} \in \Omega_{\text{Line},t}^{\text{HL}}, \text{若} \left|P_{ij}\right| \geqslant 0.7 P_{ij}^{\max} \tag{9-44}$$

该指标反映了在时段T内发生线路重载的事件频率，该指标越大，表明系统越接近稳定极限。

②电压越限事件率RoVLI：

$$\text{RoVLI} = \sum_{t\in T} n(\Omega_{\text{Node},t}^{\text{VL}}) \Big/ \left[n(\Omega_{\text{Node}}) \cdot n(T)\right] \tag{9-45}$$

式中，$\Omega_{\text{Node},t}^{\text{VL}}$为时刻$t$电压越限的节点集合，如式(9-46)。

$$\text{Node}_{ij} \in \Omega_{\text{Node},t}^{\text{VL}}, \quad U_i \geqslant 1.05\text{p.u.},\ U_i \leqslant 0.95\text{p.u.} \tag{9-46}$$

③潮流越限均值MPE：

$$\text{MPE} = \sum_{t\in T} \sum_{\text{Line}_{ij} \in \Omega_{\text{Line},t}^{\text{HL}}} \left(\left|P_{ij,t}\right| - 0.7 P_{ij}^{\max}\right) \Big/ \sum_{t\in T} n(\Omega_{\text{Line},t}^{\text{HL}}) \tag{9-47}$$

该指标表示在整个时段中所有重载线路的平均潮流越限情况，该指标越大，表示由可再生能源引起的系统波动越大。

④极端电压越限值EVV：

$$\text{EVV} = \max\left\{\max(V) - 1.05, 0.95 - \min(V)\right\} \tag{9-48}$$

式中，V为节点电压向量；EVV为整个时段内节点电压距离限值的最大偏差，该指标越大，表示由可再生能源引起的系统波动越大。

2) 评价方法

为准确评价耦合特性，需要对系统进行详细的生产模拟。考虑到实际系统会调动相关资源以平抑过大的波动，故采用考虑系统平抑波动作用的经济调度模型，以模拟实际电网的运行情况。同时考虑到直流输电的灵活调节特性及其在应对新能源波动性方面的优势，在模型中将直流输电纳入考虑。为评价系统电压分布情况，采用文献[12]的方法基于直流潮流结果计算各节点电压。

(1) 交直流电网中考虑平抑波动性的经济调度模型。

①目标函数。模型的目标函数除系统总发电成本最低之外，还考虑系统调动各种资源对波动性的平抑作用，如式(9-49)～式(9-51)。

$$\min F = f(\mathrm{OC}) + \lambda \cdot \mathrm{RoHLI} \tag{9-49}$$

$$\mathrm{OC} = \sum_{t \in T} \sum_{i \in \Omega_{\mathrm{G}}} c_i P_{\mathrm{G},\ i,t} \tag{9-50}$$

$$f\,(\mathrm{OC}) = \frac{\mathrm{OC}}{C^{\mathrm{REF}}} \tag{9-51}$$

式中，OC 为系统的发电总成本；$P_{\mathrm{G},i,t}$ 为节点 i 上发电机在 t 时刻的出力；函数 $f\,()$ 实现对发电成本的标准化；C^{REF} 为发电成本的参考值；λ 为权重参数，取值越大，对波动的平抑要求在系统运行中的地位越重要。

②约束条件。发电机出力及爬坡约束如式(9-52)、式(9-53)。

$$P_{\mathrm{G},i}^{\min} \leqslant P_{\mathrm{G},i,t} \leqslant P_{\mathrm{G},i}^{\max} \tag{9-52}$$

$$P_{\mathrm{G},i,t-1} - RR_{\mathrm{G},i}^{-} \cdot \tau \leqslant P_{\mathrm{G},i,t} \leqslant P_{\mathrm{G},i,t-1} + RR_{\mathrm{G},i}^{+} \cdot \tau \tag{9-53}$$

式中，$P_{\mathrm{G},i}^{\min}$、$P_{\mathrm{G},i}^{\max}$ 为其出力的最小值和最大值；$RR_{\mathrm{G},i}^{-}$、$RR_{\mathrm{G},i}^{+}$ 分别为其单位时间的上、下爬坡功率；τ 为时间步长。

可再生能源出力约束如式(9-54)。

$$0 \leqslant P_{\mathrm{RE},i,t} \leqslant P_{\mathrm{RE},i,t}^{\max} \tag{9-54}$$

式中，$P_{\mathrm{RE},i,t}$ 为节点 i 上发电机在 t 时刻的出力，$P_{\mathrm{RE},i,t}^{\max}$ 为该时刻最大可发出力。

直流线路容量约束如式(9-55)。

$$-P_{ij}^{\mathrm{DCmax}} \leqslant P_{ij,t}^{\mathrm{DC}} \leqslant P_{ij}^{\mathrm{DCmax}} \quad \forall t \tag{9-55}$$

式中，$P_{ij,t}^{\mathrm{DC}}$ 为节点 i 、j 之间直流线路在 t 时刻传输的功率；P_{ij}^{DCmax} 为直流线路容量。

交流线路容量约束如式(9-56)。

$$-P_{ij}^{\mathrm{ACmax}} \leqslant P_{ij,t}^{\mathrm{AC}} \leqslant P_{ij}^{\mathrm{ACmax}} \quad \forall t \tag{9-56}$$

式中，$P_{ij,t}^{\mathrm{AC}}$ 为节点 i 、j 之间交流线路在 t 时刻传输的功率；P_{ij}^{ACmax} 为交流线路容量。

潮流方程约束如式(9-57)。

$$P_{ij,t}^{\mathrm{AC}} = \frac{\theta_{i,t} - \theta_{j,t}}{x_{ij}} \tag{9-57}$$

式中，$\theta_{i,t}$ 、$\theta_{j,t}$ 分别为节点 i 、j 在 t 时刻的相角；x_{ij} 为节点 i 、j 之间交流线路的阻抗。

节点功率平衡约束如式(9-58)。

$$\begin{aligned} & P_{\mathrm{G},i,t} + P_{\mathrm{RE},i,t} - P_{\mathrm{L},i,t} = \\ & \sum_{\mathrm{Line}_{ij} \in \Omega_{\mathrm{Line}}^{\mathrm{from},i}} P_{ij,t}^{\mathrm{AC}} + \sum_{\mathrm{Line}_{ij} \in \Omega_{\mathrm{Line}}^{\mathrm{from},i}} P_{ij,t}^{\mathrm{DC}} - \sum_{\mathrm{Line}_{ij} \in \Omega_{\mathrm{Line}}^{\mathrm{to},i}} P_{ij,t}^{\mathrm{AC}} - \sum_{\mathrm{Line}_{ij} \in \Omega_{\mathrm{Line}}^{\mathrm{to},i}} P_{ij,t}^{\mathrm{DC}} \end{aligned} \tag{9-58}$$

式中，$P_{\mathrm{L},i,t}$ 为节点 i 在 t 时刻的负荷功率；$\mathrm{Line}_{ij} \in \Omega_{\mathrm{Line}}^{\mathrm{from},i}$ 为以 i 为起始节点的线路；$\mathrm{Line}_{ij} \in \Omega_{\mathrm{Line}}^{\mathrm{to},i}$ 为以 i 为终止节点的线路。

节点相角约束如式(9-59)。

$$\theta_i^{\min} \leqslant \theta_{i,t} \leqslant \theta_i^{\max} \tag{9-59}$$

式中，$\theta_i^{\min}$ 、$\theta_i^{\max}$ 分别为允许的节点相角的最小值和最大值。

线路重载率指标计算如式(9-60)、式(9-61)。

$$n\left(\Omega_{\mathrm{Line},t}^{\mathrm{HL}}\right) = \sum_{\mathrm{Line}_{ij} \in \Omega_{\mathrm{Line}}^{\mathrm{AC}}} I_{ij,t}^{\mathrm{HL}} \tag{9-60}$$

$$I_{ij,t}^{\mathrm{HL}} = \begin{cases} 1, & \left|P_{ij,t}^{\mathrm{AC}}\right| \geqslant 0.7 P_{ij}^{\mathrm{AC\,max}} \\ 0, & \text{其他} \end{cases} \tag{9-61}$$

式中，$I_{ij,t}^{\mathrm{HL}}$ 为线路重载的指示变量，当线路负载率大于等于 0.7 时该指标是 1，否则为 0。

③线性化。由于RoHLI的计算中引入了非线性函数，故引入辅助变量以将模型线性化。

引入辅助变量 0-1 辅助变量 $u_{ij,t}^{\mathrm{I}}$ 、$u_{ij,t}^{\mathrm{II}}$ 、$u_{ij,t}^{\mathrm{III}}$ ，则式(9-61)可以写成式(9-62)～式(9-68)。

$$P_{ij,t}^{\mathrm{AC}} = u_{ij,t}^{\mathrm{I}} P_{ij,t}^{\mathrm{AC,I}} + u_{ij,t}^{\mathrm{II}} P_{ij,t}^{\mathrm{AC,II}} + u_{ij,t}^{\mathrm{III}} P_{ij,t}^{\mathrm{AC,III}} \tag{9-62}$$

$$-u_{ij,t}^{\mathrm{I}} P_{ij}^{\mathrm{AC,max}} \leqslant P_{ij,t}^{\mathrm{AC,I}} < -0.7 u_{ij,t}^{\mathrm{I}} P_{ij}^{\mathrm{AC,max}} \tag{9-63}$$

$$-0.7 u_{ij,t}^{\mathrm{II}} P_{ij}^{\mathrm{AC,max}} \leqslant P_{ij,t}^{\mathrm{AC,II}} \leqslant 0.7 u_{ij,t}^{\mathrm{II}} P_{ij}^{\mathrm{AC,max}} \tag{9-64}$$

$$0.7 u_{ij,t}^{\mathrm{III}} P_{ij}^{\mathrm{AC,max}} < P_{ij,t}^{\mathrm{AC,II}} \leqslant u_{ij,t}^{\mathrm{III}} P_{ij}^{\mathrm{AC,max}} \tag{9-65}$$

$$u_{ij,t}^{\mathrm{I}} + u_{ij,t}^{\mathrm{II}} + u_{ij,t}^{\mathrm{III}} = 1 \tag{9-66}$$

$$u_{ij,t}^{\mathrm{I}}, u_{ij,t}^{\mathrm{II}}, u_{ij,t}^{\mathrm{III}} \in \{0,1\} \tag{9-67}$$

$$I_{ij,t}^{\mathrm{HL}} = u_{ij,t}^{\mathrm{I}} + u_{ij,t}^{\mathrm{III}} \tag{9-68}$$

由此，模型便转化成了混合整数线性规划问题(MILP)，方便借助商业软件(CPLEX)求解。

(2)电压计算。本书采用文献[12]中的方法，由直流潮流结果方便地计算出系统的电压分布。

首先由直流潮流结果，计算向量 $c,d \in R^{n\left(\Omega_{\mathrm{Node}}^{\mathrm{PQ}}\right)\times 1}$ ，如式(9-69)、式(9-70)。

$$c_i = S_i^* e^{j\theta_i}, \qquad i \in \Omega_{\mathrm{Node}}^{\mathrm{PQ}} \tag{9-69}$$

$$d_i = \sum_{k \in \Omega_{\mathrm{Node}}^{\mathrm{PV,V\theta}}} Y_{ik} U_k e^{j\theta_k}, \qquad i \in \Omega_{\mathrm{Node}}^{\mathrm{PQ}} \tag{9-70}$$

式中，S_i 为 PQ 节点注入的复功率；Y_{ik} 为节点导纳矩阵中的元素。定义⊗为向量之间的点除运算，对于长度相等的两个向量 x 、y ，其中 y 不含 0 元素，若 $x \otimes y = z$ ，则有式(9-71)。

$$z_m = x_m / y_m, \qquad \forall m \tag{9-71}$$

式中，下标 m 为向量中第 m 个元素。

由式(9-72)可求得系统中 PQ 节点的电压大小。

$$U_{\mathrm{PQ}}=\left|Y_{\mathrm{PQ}}^{-1}\left(c\otimes\left|Y_{\mathrm{PQ}}^{-1}(c-d)\right|\right)-d\right| \tag{9-72}$$

式中，Y_{PQ} 为由 PQ 节点组成的节点导纳矩阵；U_{PQ} 为 PQ 节点的电压幅值向量。

3) 算例分析

(1) 系统介绍。图 9-27 所示为中国西北某省的电网简化图，具有含大规模新能源接入电网的典型特征。系统中共有 47 个节点，104 条线路，其中 3 个节点连有外送负荷，在图中以 OUT 标出，系统概况如表 9-4。系统中风电装机占比大约为 50%，部分风电需要通过本地电网进行外送。

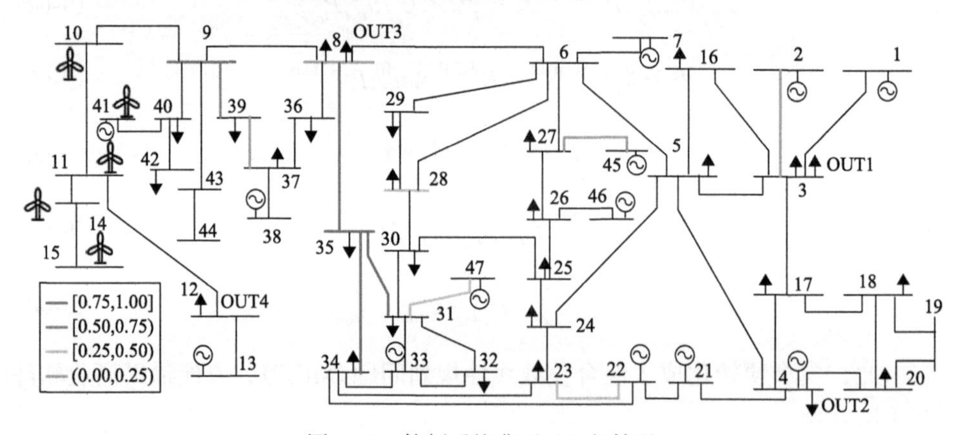

图 9-27　算例系统典型日运行情况

表 9-4　算例系统概况

风电总装机/MW	12300
常规电源总装机/MW	12800
本地总负荷/MW	11011
外送总负荷/MW	6800

(2) 典型日分析。对风电典型日的电网运行状态及耦合特征进行分析，分析时将权重系数 λ 设为 1。为直观反映可再生能源的波动性带来的问题，分析时不考虑节点的无功补偿情况，节点电压将会有较大波动。

由图 9-27 可以看出，系统潮流和电压越限的情况较为明显，潮流越限的线路集中在与新能源送出网络相连的本地电网线路以及本地电网中与发电机相连的线路。这是由于风电大幅出力时在本地电网的外送功率很大，而风电出力降低后本地电网中的发电机需要大幅增加出力以满足本地负荷及外送需求。计算该典型日系统的耦合指标如表 9-5，可见，耦合区域占整个系统的 74%左右，平均潮流越限的线路约占 5%，节点电压越限的节点约占 9%，越限线路的越限潮流大约为额定容量的 20%，节点最低电压标幺值低于限值 0.065，系统耦合情况十分显著。

表 9-5　耦合指标计算结果

RoC	RoHLI	RoVOI	MPE	EVV
0.7447	5.4%	9.3%	20.2%	0.065

(3) λ 对结果的影响。记前述分析时所设 λ 为 λ_0，分别增加或减小 λ，分析系统运行情况，结果如图 9-28 所示。

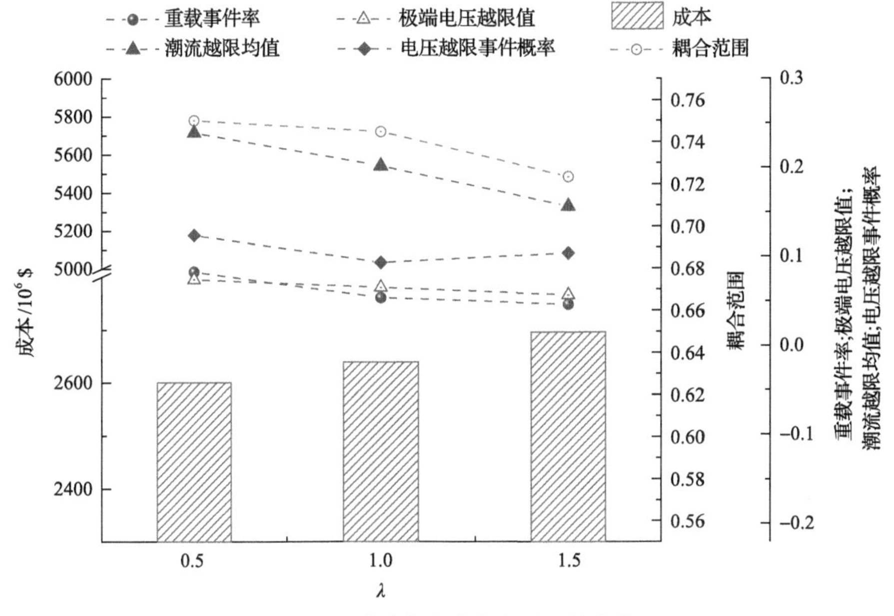

图 9-28　成本与耦合指标随 λ 的变化

图 9-28 中，成本为由一天折算到全年的运行成本，单位$。由图 9-28 可以看出，$\lambda$ 越大，经济性越差，耦合性指标越好。图 9-28 反映出系统为了调动发电资源平抑可再生能源带来的波动，需要牺牲一定的经济性。对波动的平抑作用越大，系统经济性越差。

(4) 可再生能源占比对耦合的影响。前述系统中可再生能源占比大约为 50%，逐步降低可再生能源比例，并对同一典型日的系统运行情况进行分析，结果如图 9-29。可以看出，随着可再生能源占比的上升，系统的耦合范围和耦合深度指标都呈现上升趋势。具体来看，耦合范围呈现阶跃式上升，并在一定的可再生能源占比范围保持不变，这是由于当可再生能源占比上升超过一定阈值时，有更多的常规机组参加到对其的调节中，响应的耦合线路的比例也有所上升。而当可再生能源占比在 40%～50%范围内时，参与调节的机组并未增加，故耦合范围不会改变。而随着可再生能源占比提高，线路上的潮流波动更加剧烈，重载线路增加、重载情况加深，电压越限事件频率增加、电压越限更加明显，耦合深度显著增加。

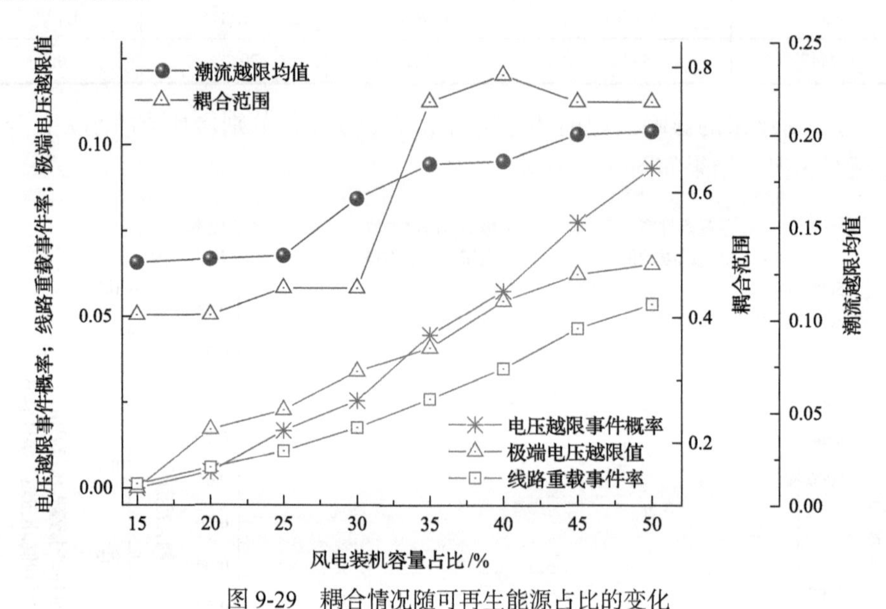

图 9-29　耦合情况随可再生能源占比的变化

9.2.2　电网形态发展分析方法

1. 基本假设

电网作为连接电源和负荷的电力汇集、传输、分配平台，其发展变化与电源和负荷的发展密切相关，然而未来电源和负荷的发展本身具有较大不确定性，因而电网的发展分析将十分复杂。本节提出如下基本假设，以适当降低复杂度，实现对电网发展的科学、合理分析。

(1) 电源和负荷发展作为电网发展的边界条件输入，电网发展分析中暂不考虑源-网-荷的协同优化。

(2) 灵活性是未来高比例可再生能源电力系统的本征特性，电网的发展分析主要从电力系统灵活性角度进行考虑。

(3) 为对电网发展形态进行全链条的完整分析，将电源、负荷、储能等环节的灵活调节能力和灵活性约束作为可调边界条件，对电网发展进行敏感性分析。

2. 分析方法

1) 基于探索性建模的研究框架

电源和负荷发展具有强不确定性，包括总量、结构和布局等诸多方面，在电网发展分析时难以确定源、荷的具体发展状态，故采用可以对强不确定性条件进行分析的探索性建模方法，通过对海量不确定性场景的计算机仿真实验与统计分析，得到强不确定性条件下可能的发展方向与形态。本节考虑可再生能源电源装机比例确定的情况下新增部分的电源结构和布局的不确定性，对新增电源的结构和布局进行场景生成和随机抽样，考察不同场景下的电网发展情况，最后对海量场景下的电网发展结果进行统计分析，得到电网发展形态的相关结论。其研究流程如图 9-30。抽样次数需要设置为足够大，以确保尽可能覆盖所有可能情景。

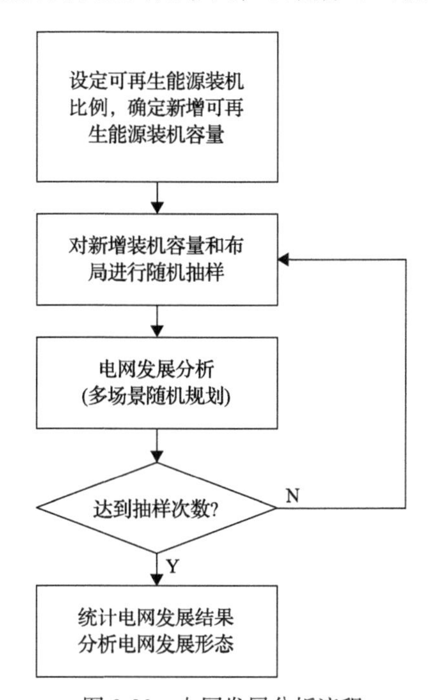

图 9-30　电网发展分析流程

2) 电网发展分析模型

如图 9-30 所示，在每次抽样下，需要分析电网在该边界条件下的发展情况。为确保分析结果的科学、合理，在每个场景下的电网发展分析模型应能够反映电力系统的运行机理，同时能够反映系统的灵活性供需特征。在此建立适用于可再生能源系统发展分析的多场景随机规划模型进行电网规划，规划结果即该场景下电网的发展结果。该模型中的“多场景”是指可再生能源出力的场景，由于可再生能源出力具有不确定性而导致场景数量众多，故选择若干典型场景代表其出力特性纳入规划模型，从而简化计算。该模型如下。

目标函数为电网建设成本和系统的运行成本期望之和最小。

$$\min \frac{w(1+w)^{N_{\text{life}}}}{(1+w)^{N_{\text{life}}}} \sum_{k \in K_{\text{C}}} z_k \cdot CI_k + \sum_{s=1}^{N_{\text{S}}} Y \rho_s \sum_{t=1}^{N_{\text{T}}} \left(\sum_{g=1}^{N_{\text{G}}} C_g^{\text{G}} P_{g,t,s}^{\text{G}} + \sum_{n=1}^{N_{\text{N}}} \theta^{\text{L}} P_{n,t,s}^{\text{L,C}} \right) \tag{9-73}$$

式中，w 为贴现率；N_{life} 为设备的运行寿命；k 为线路编号；K_{C} 为待选线路集；z_k 为线路建设决策 0-1 变量(1 表示建设对应线路)；CI_k 为对应线路的建设成本；s 为可再生能源出力场景编号；N_{S} 为可再生能源出力场景数；Y 为一年中的天数(Y=365)；ρ_s 为对应可再生能源出力场景的概率；t 为时段；N_{T} 为时段数；g 为发电机编号；N_{G} 为发电机数；C_g^{G} 为发电机的单位运行成本；$P_{g,t,s}^{\text{G}}$ 为发电机的出力；n 为节点编号；N_{N} 为节点数；θ^{L} 为单位切负荷惩罚成本；$P_{n,t,s}^{\text{L,C}}$ 为切负荷功率。

约束条件如下。

线路建设决策变量约束：

$$z_k \in \{0,1\}, \qquad \forall k \in K_{\text{C}} \tag{9-74}$$

传统发电机约束：

$$P_g^{\text{G,min}} \leqslant P_{g,t,s}^{\text{G}} \leqslant P_g^{\text{G,max}}, \qquad \forall g, \forall t, \forall s \tag{9-75}$$

$$P_{g,t}^{\text{G}} - P_{g,t-1}^{\text{G}} \leqslant \Delta P_g^{\text{G,Ru}}, \qquad \forall g, \forall t > 1, \forall s \tag{9-76}$$

$$P_{g,t-1}^{\text{G}} - P_{g,t}^{\text{G}} \leqslant \Delta P_g^{\text{G,Rd}}, \qquad \forall g, \forall t > 1, \forall s \tag{9-77}$$

式中，$P_g^{\text{G,min}}$ 和 $P_g^{\text{G,max}}$ 为发电机允许出力的最小值和最大值；$\Delta P_g^{\text{G,Ru}}$ 和 $\Delta P_g^{\text{G,Rd}}$ 为发电机在单位时间内的上爬坡和下爬坡能力。式(9-75)表示传统发电机的出力上下限约束，式(9-76)、式(9-77)表示发电机出力的上爬坡和下爬坡约束。

可再生能源出力约束：

$$0 \leqslant P_{w,t,s}^{\text{W}} \leqslant P_{w,t,s}^{\text{W,F}}, \qquad \forall w, \forall t, \forall s \tag{9-78}$$

式中，$P_{w,t,s}^{\text{W}}$ $P_{w,t,s}^{\text{W,F}}$ 为可再生能源的实际出力和预测出力。式(9-78)表示可再生能源的实际出力小于预测出力。

储能约束：

$$-P_e^{\text{ES,max}} \leqslant P_{e,t,s}^{\text{ES}} \leqslant P_e^{\text{ES,max}}, \qquad \forall e, \forall t, \forall s \tag{9-79}$$

$$E_{e,t,s}^{\mathrm{ES}} = E_{e,t-1,s}^{\mathrm{ES}} - P_{e,t,s}^{\mathrm{ES}} \Delta t, \qquad \forall e, \forall t > 1, \forall s \tag{9-80}$$

$$E^{\mathrm{ES,min}} \leqslant E_{e,t,s}^{\mathrm{ES}} \leqslant E^{\mathrm{ES,max}}, \qquad \forall e, \forall t, \forall s \tag{9-81}$$

$$E_{e,t=1,s}^{\mathrm{ES}} = E_{e,t=N_{\mathrm{T}},s}^{\mathrm{ES}}, \qquad \forall e, \forall s \tag{9-82}$$

式中，e 为储能装置的编号；$P_{e,t,s}^{\mathrm{ES}}$ 为储能装置的输出功率(正值表示放电，负值表示充电)；$P_e^{\mathrm{ES,max}}$ 为储能装置的容量；$E_{e,t,s}^{\mathrm{ES}}$ 为储能装置存储的能量；Δt 为单位时段的长度；$E^{\mathrm{ES,min}}$ 和 $E^{\mathrm{ES,max}}$ 为储能能量的最小值和最大值。式(9-79)表示储能的输出功率范围约束，式(9-80)表示储能的能量和输出功率之间的关系，式(9-81)表示储能能量的上下限约束，式(9-82)表示储能在开始和结束时的能量需要相同。

需求侧响应约束：

$$-\lambda P_{n,t,s}^{\mathrm{L}} \leqslant P_{n,t,s}^{\mathrm{DR}} \leqslant \lambda P_{n,t,s}^{\mathrm{L}}, \qquad \forall n, \forall t, \forall s \tag{9-83}$$

$$\sum_{t=1}^{N_{\mathrm{T}}} P_{n,t,s}^{\mathrm{DR}} = 0, \qquad \forall n, \forall t, \forall s \tag{9-84}$$

式中，$P_{n,t,s}^{\mathrm{DR}}$ 为需求侧响应的功率(正值表示削减负荷，负值表示增加负荷)；$P_{n,t,s}^{\mathrm{L}}$ 为节点 n 上的负荷功率；λ 为最大需求侧响应功率占当时负荷的比例。式(9-83)表示需求侧响应功率约束，式(9-84)表示需求侧响应的能量约束，即在整个时段需求侧响不改变负荷用电量。

电力平衡约束：

$$\begin{aligned}&\sum_{g\in\Omega_n^{\mathrm{G}}} P_{g,t,s}^{\mathrm{G}} + \sum_{w\in\Omega_n^{\mathrm{W}}} P_{w,t,s}^{\mathrm{W}} + \sum_{e\in\Omega_n^{\mathrm{ES}}} P_{e,t,s}^{\mathrm{ES}} - P_{n,t,s}^{\mathrm{L}} + P_{n,t,s}^{\mathrm{DR}} \\ &\quad = \sum_{k\in K_n^{\mathrm{fr}}} F_{k,t,s} - \sum_{k\in K_n^{\mathrm{to}}} F_{k,t,s}, \qquad \forall n, \forall t, \forall s\end{aligned} \tag{9-85}$$

式中，$F_{k,t,s}$ 为线路功率；K_n^{fr} 和 K_n^{to} 为分别以节点 n 为始端节点和末端节点的线路集合。式(9-85)表示节点的净注入功率等于净流出功率。

已建线路潮流约束：

$$\left(\theta_{k,t,s}^{\mathrm{fr}} - \theta_{k,t,s}^{\mathrm{to}}\right)/x_k - F_{k,t,s} = 0, \qquad \forall k \in K_0, \forall t, \forall s \tag{9-86}$$

$$-F_k^{\max} \leqslant F_{k,t,s} \leqslant F_k^{\max}, \qquad \forall k \in K_0, \forall t, \forall s \tag{9-87}$$

式中，$\theta_{k,t,s}^{\mathrm{fr}}$、$\theta_{k,t,s}^{\mathrm{to}}$ 分别为线路 k 的始端节点和末端节点的电压相角；x_k 为线路电

抗；K_0 为已建线路集合；$F_k^{\max}$ 为线路的容量。式(9-86)表示线路的潮流和节点相角之间的关系，式(9-87)表示线路潮流上下限约束。

待建交流线路潮流约束：

$$-(1-z_k)M \leqslant (\theta_{k,t,s}^{\mathrm{fr}} - \theta_{k,t,s}^{\mathrm{to}})/x_k - F_{k,t,s} \leqslant (1-z_k)M, \quad \forall k \in K_{\mathrm{cand}}^{\mathrm{AC}}, \forall t, \forall s \tag{9-88}$$

$$-z_k F_k^{\max} \leqslant F_{k,t,s} \leqslant z_k F_k^{\max}, \quad \forall k \in K_{\mathrm{cand}}^{\mathrm{AC}}, \forall t, \forall s \tag{9-89}$$

式中，M 为一个足够大的数；$K_{\mathrm{cand}}^{\mathrm{AC}}$ 为待选交流线路集合。式(9-88)中，若线路 k 建设，则该线路和节点相角的关系需要成立，反之，则该约束被松弛。式(9-89)表示待建交流线路的潮流上下限约束。

待建直流线路潮流约束：

$$-z_k F_k^{\max} \leqslant F_{k,t,s} \leqslant z_k F_k^{\max}, \quad \forall k \in K_{\mathrm{cand}}^{\mathrm{DC}}, \forall t, \forall s \tag{9-90}$$

式中，$K_{\mathrm{cand}}^{\mathrm{DC}}$ 为待选直流线路集合。式(9-90)表示待建直流线路的潮流上下限约束。

相角约束：

$$-\pi \leqslant \theta_{n,t,s} \leqslant \pi, \quad \forall n, \forall t, \forall s \tag{9-91}$$

式中，$\theta_{n,t,s}$ 为节点电压相角。式(9-91)表示节点电压相角上下限约束。

备用约束：

$$\sum_{g=1}^{N_{\mathrm{G}}} (P_g^{\mathrm{G,max}} - P_{g,t,s}^{\mathrm{G}}) + \sum_{e=1}^{N_{\mathrm{ES}}} (P_e^{\mathrm{ES,max}} - P_{e,t,s}^{\mathrm{ES}}) \geqslant \gamma_{\mathrm{D}} \sum_{n=1}^{N_{\mathrm{N}}} P_{n,t,s}^{\mathrm{L}} + \gamma_{\mathrm{W}} \sum_{w=1}^{N_{\mathrm{W}}} P_{w,t,s}^{\mathrm{W}}, \quad \forall t, \forall s \tag{9-92}$$

式中，γ_{D} 和 γ_{W} 分别为负荷和可再生能源的备用系数，式(9-92)表示系统的上调能力应能够满足负荷和可再生能源电源不确定性带来的上调需求。

9.3　输电网结构典型案例

9.3.1　西北电网标准算例系统

为了研究高比例可再生能源接入后源-网-荷的形态特点，测试各种新技术、新算法、新控制策略的有效性和特性等，本节提出了一套基于灵活性的电网形态结构演化标准算例系统。

在高比例可再生能源接入的背景下，电力系统在各时间尺度下应对源、荷侧不确定性和波动性的能力，即灵活性，已经成为全球电力系统共同关注的问题。传统以火电为主提供灵活性的模式已难以满足随着可再生能源接入而日益增长的灵活性需求，源、网、荷、储全环节协同提供灵活性已成为必然选择。然而国内外已有的算例系统，难以在这一新特点之下进行可再生能源消纳的研究，为此，我们提出了一套面向可再生能源消纳的电力系统灵活性标准算例系统(FTS-213)。此系统可以应用于机组组合、经济调度、阻塞管理、灵活性资源优化配置等领域，为高比例可再生能源接入电力系统的研究提供标准平台。

1. 系统特点

此算例系统基于中国西北地区电网构建，由 5 个区域构成，共 213 个节点，具有如下特点。

(1)提供全年 8760 小时风电、光伏出力的实际数据，数据分辨率为 1 小时。不同区域具有不同的可再生能源出力数据，系统采用的数据来源于基本没有弃风、弃光的风、光场站或区域。

(2)提供包含源、网、荷、储及电力市场等全环节灵活性因素及资源，可以支撑面向可再生能源消纳的综合性分析和研究。图 9-31 给出了灵活性供需的基本平衡关系，其中带标号的条目为在所提标准算例系统中考虑的灵活性因素及灵活性资源。

图 9-31　灵活性供需基本关系

(3)包含可再生能源消纳的全环节网络，即可再生能源汇集网络、区域内输送网络和跨区联络线，电压等级覆盖交流 110kV～750kV 及直流±400kV 及 800kV，涵盖了可再生能源接入、传输和消纳的全部环节。

表 9-6 比较了本系统与目前普遍使用及最新提出的算例系统，可以看出本系统考虑的因素更全、更细致，可以支撑面向可再生能源消纳的综合研究。

表 9-6　本系统与现有系统的比较

算例系统	可再生能源时序数据	灵活性因素						
		传统机组（水、火电）	可再生能源接入网络	区域输电网	跨区联络线	需求侧响应	储能	市场
RTS-79325[13]		√		√				
RTS-96[14]		√		√	√			
NREL-118[15]	√ 仿真数据	√		√	√			
XJTU-ROTS2017[16]	√ 典型周	√		√	√			
HRP-38[17]	√ 仿真数据	√		√	√			
本系统 FTS-213	√ 实际数据	√	√	√	√	√	√	√

2. 系统概况

系统共包含 5 个区域，由 213 个节点组成。图 9-32 为算例系统拓扑结构图，母线旁的数字代表母线编号，字母 A～E 分别表示 5 个分区。带箭头的线路表示直流外送线路，在旁边标有编号。表 9-7 给出了本系统的基本参数，其中可再生能源包含风电、光伏和光热发电。系统含有充足的可再生能源装机，总电源装机

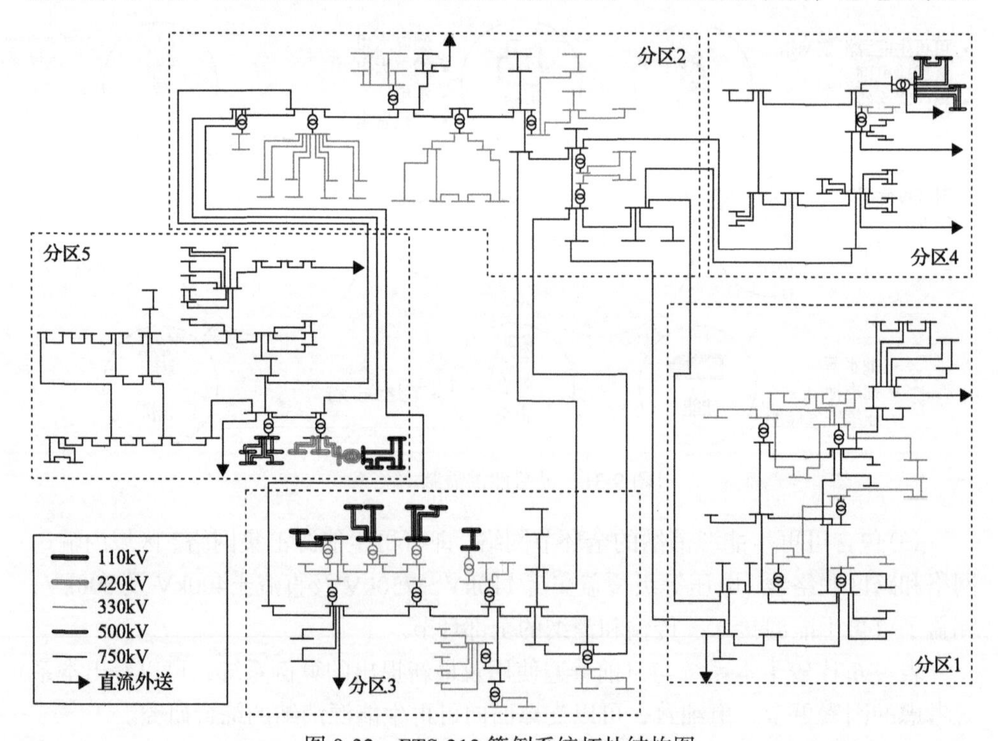

图 9-32　FTS-213 算例系统拓扑结构图

表 9-7　算例系统基本参数

参数	值
水、火电机组数	367
支路数	422
电压等级/kV	AC:110, 220, 330, 500, 750 DC: ±400, ±800
本地峰值负荷/GW	122.47
外送峰值负荷/GW	45.30
水、火电机组装机/GW	187.84
可再生能源装机/GW	116.12

303.96GW，其中可再生能源装机占比 38.20%。系统总负荷 167.77GW，包含 45.30GW 的外送负荷。系统中共有 422 条支路(包括线路和变压器)。系统内可再生能源接入网络、区域输电网络和跨区联络线包含了交流 110 至 750kV 及直流±400 及 800kV。

3. 网络情况

系统的网络拓扑结构如图 9-32 所示，有如下特点。

(1)系统包含了可再生能源汇集网络，区域输电网和跨区联络线，电压等级覆盖交流 110kV～750kV 及直流±400kV 及 800kV。由于可再生能源分布广，能量密度低，需要接入网络进行汇集并上送至高电压等级网络，之后再通过区域输电网和跨区联络线实现可再生能源多区域的消纳。负荷侧的配电网络聚合等效为节点。

(2)典型的可再生能源汇集网络在图 9-32 中分区 2 和分区 3 中体现。在分区 2 中，辐射状的汇集网络接入节点 B31 和 B40，环状的汇集网络接入节点 B24；在分区 3 中，汇集网络接入节点 C22 和 C34。

(3)区域输电网由部分 330kV 和 750kV 支路构成，在不同分区有不同拓扑特点。分区 1 中 750kV 线路形成环网；分区 2 中 750kV 网络为链状；分区 3 与分区 2 的节点电压等级情况相同，网络结构相似；分区 4 中 750kV 线路形成环网，其上连接 500kV 和 330kV 的环网或辐射状网络；分区 5 中 750kV 线路形成多个环网。

(4)在所有分区中，分区 2 与其余分区均有互联，所有跨区联络线均为 750kV。

(5)所有分区均有外送线路，这些线路在图中以箭头表示，箭头上的标号为“aW-b”，其中“a”表示分区编号，“b”表示分区内外送线路编号。所有外送线路为±400kV 及±800kV，在系统计算中以外送负荷考虑。

支路的始末节点，长度/km，电抗/p.u.，电阻/p.u.，充电电容/p.u.，支路容量/MW，故障率/(outages/year)和故障时间/h 等参数也在系统中提供。基准容量是 100MW，

110kV, 220kV, 330kV, 500kV 和 750kV 的基准电压分别为 115kV, 230kV, 345kV, 525kV 和 788kV。

此外，系统还提供了交流候选线路(含变压器)及直流候选线路。交流和直流待选支路都包含可再生能源汇集网络、区域输电网络和跨区联络线。假设所有直流候选线路均采用 VSC-HVDC，可以灵活地控制有功功率，从而为系统提供灵活性。待选支路的情况如表 9-8。

表 9-8　待选支路数据

待选支路		投资成本 /M$
交流	线路	19～571
	变压器	5～31.5
直流	线路	862～1018(含变流器)

4. 负荷情况

系统包含 122.47GW 的本地负荷和 45.30GW 的外送负荷。各分区的负荷情况总结如表 9-9，其中负荷系数指分区内各节点负荷占本地负荷的比例。

表 9-9　各分区负荷情况

分区	1	2	3	4	5
本地负荷 /GW	33.95	20.96	10.39	15.10	42.07
负荷系数	0.2%～13.6%	0.1%～17.9%	0.6%～20.9%	0.6%～26.4%	0.2%～11.6%
外送负荷/GW	11.00	4.00	0.45	20.00	20.00

各分区的负荷特性如图 9-33，均呈现双峰特性，在 9～11 点和 18～22 点之间出现负荷高峰，但出现负荷高峰的时间略有差别，负荷形状也略有区别。

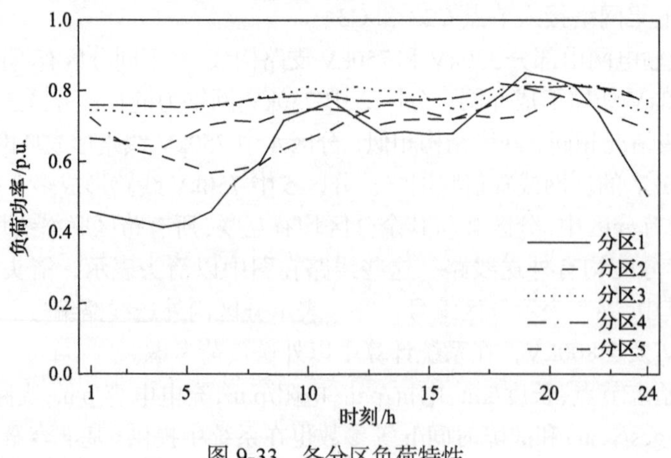

图 9-33　各分区负荷特性

根据实际运行情况，各节点所连的外送负荷情况如图 9-34 所示。可以看出，在 7 月～12 月之间，外送负荷有显著下降，这是因为系统中占主导的风电在这段时期内出力较低。

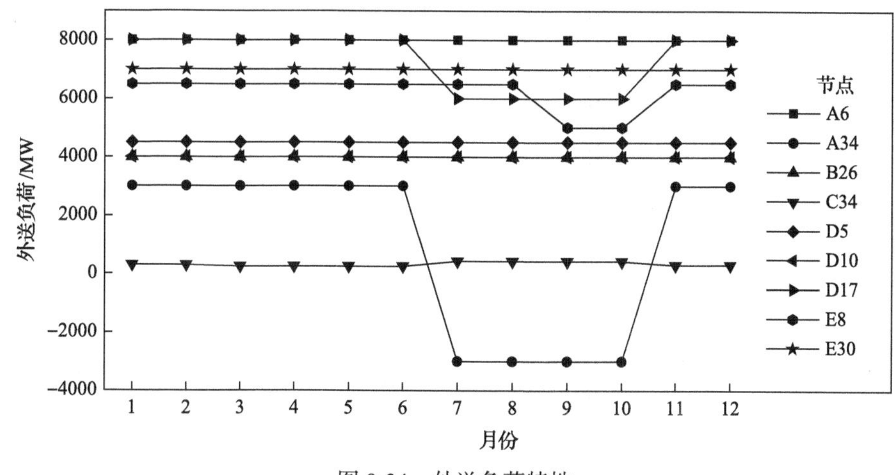

图 9-34　外送负荷特性

5. 电源情况

系统中主要的电源类型共有水电、燃煤火电、燃气火电、风电、光伏、光热 6 种。全系统电源装机情况如表 9-10，各分区电源装机、结构及与负荷的比较情况如图 9-35，可以看出各分区电源装机相对于负荷均较为充裕，且各分区装机容量和结构均有明显差异。

表 9-10　算例系统装机情况　（单位：MW）

电源类型	分区 1	分区 2	分区 3	分区 4	分区 5	合计
水电	4000	9500	16500	400	10500	40900
燃煤火电	34040	19000	1350	22300	46250	122940
燃气火电	6000	1200	2400	4200	10200	24000
光伏	8950	10500	11920	9600	11450	52420
风电	7950	16100	2700	12150	24000	62900
光热	0	0	800	0	0	800
合计	60940	56300	35670	48650	102400	303960

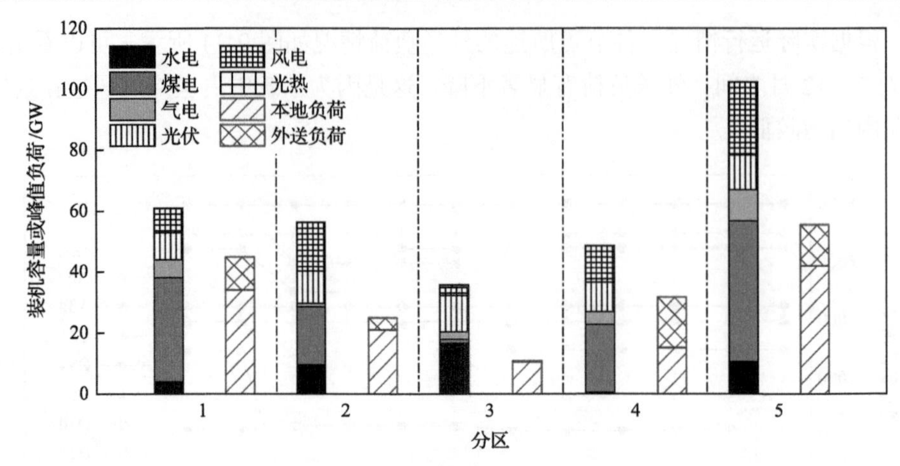

图 9-35　各分区源荷特性比较

系统提供各种电源的以下技术经济参数：单机容量/MW，最小技术出力比例/%，最大上爬坡速率/(MW/min)，最大下爬坡速率/(MW/min)，最小开机时间/h，最小关机时间/h，强迫停运率/%，平均正常运行时间/MTTF,h，平均故障检修时间/(MTTR,h)，计划检修时间/(weeks/year)，开机成本(M$)，固定成本(M$/(MW·year))，边际发电成本/($/MW·h)。

对于水电机组，由于其出力与水文条件相关，以“三段式”出力，即强迫出力、月平均出力和期望出力指标描述其出力特性。其中，强迫出力为最小出力，期望出力为最大出力，月平均出力约束其月发电量。

光热发电机组由聚光集热环节、储热环节和发电环节 3 部分组成。集热环节集热场面积的大小通常采用“太阳倍数”(SM)指标进行描述。SM 是指在设计的最大太阳直射辐射强度下，集热环节输出的集热功率与发电环节额定运行时所需热功率之比。储热环节的容量大小通常采用“储热时长”进行描述，是指储热环节的额定储热容量能够支撑发电环节以额定功率运行的时间长度。本文设置 SM 为 2.4，储热时长为 10 小时[18]。

火电、水电和光热发电机组的调节能力在表 9-11 中给出。最大上/下爬坡率等于机组最大爬坡速率与机组容量之间的比例。由于水电以“三段式”出力指标进行描述，故假设其全年均处于开机状态。

表 9-11　机组调节能力

参数	值			
	燃煤火电	燃气火电	水电	光热
最小技术出力比例/%	50～55	40	—	40
最大上/下爬坡速率/%	1.5～2	4	12.5	1
最小启动/停机时间/h	8～12	3	—	2

为了反映可再生能源多时间尺度的波动性，系统按分区提供了全年 8760 小时的可再生能源出力数据。这些数据来源于甘肃、宁夏省内的相关区域和场站，这些区域和场站几乎没有可再生能源弃能，故可以反映可再生能源出力的实际波动情况。

图 9-36 展示了典型日下风电和光伏的小时级波动情况，这些典型日由 k-medoids 聚类算法对全年风电、光伏、负荷数据聚类得到。可以看出可再生能源出力的小时级波动量可以达到装机容量的 50%，如图中黑线所示。日内峰谷差也十分显著，尤其是光伏出力，其日内峰谷差可以达到装机容量的 80%。图 9-37 展示了可再生能源的日级出力波动情况。可以看出其在相邻两日之间出力可以从接近年最大出力跌落至接近于零，如图中虚线框所示。图 9-38 展示了可再生能源月平均出力的波动情况，可以看出，风电和光伏均有明显的季节特性，风电在春季和冬季出力更大，而光伏在冬季出力较小。

6. 灵活性因素和资源

根据文献[19]，电力系统灵活性来源于发电厂、电网、需求侧响应(DSR)、储能和电力市场。相关的灵活性资源投资和补偿成本如表 9-12。

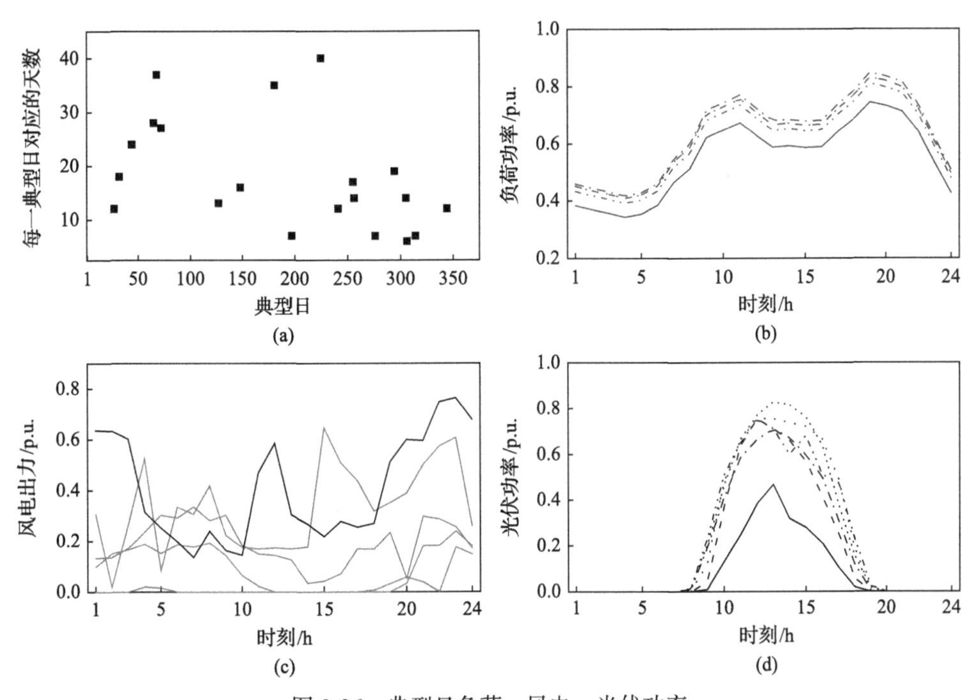

图 9-36　典型日负荷、风电、光伏功率

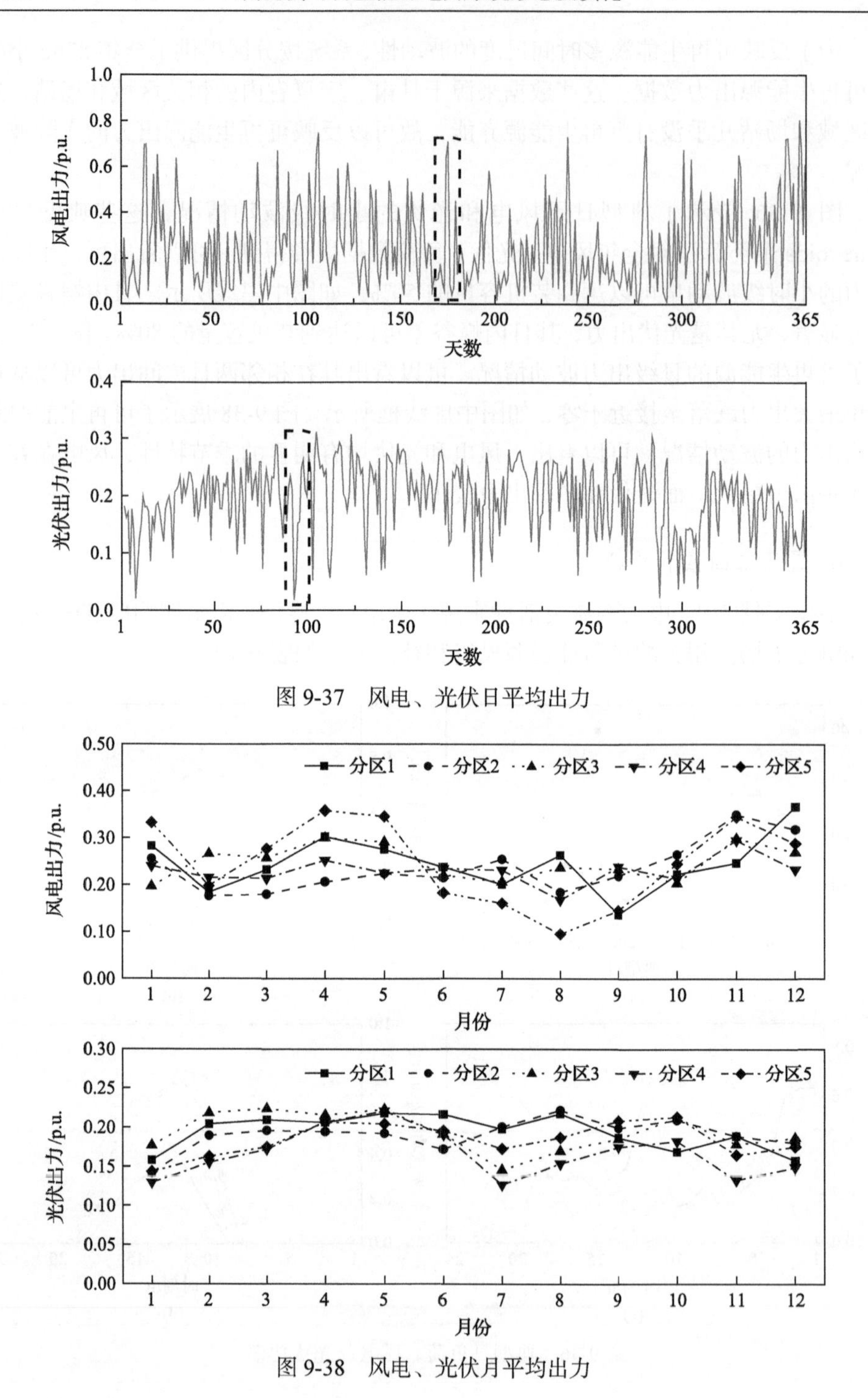

图 9-37　风电、光伏日平均出力

图 9-38　风电、光伏月平均出力

表 9-12　灵活性资源投资和补偿成本[20-22]

灵活性资源	投资成本/(k$/MW)	补偿成本/($/MW·h)
燃煤火电机组灵活性改造*	30.0	—
燃气火电机组灵活性改造*	200.0	—
负荷削减型 DSR	14.3	64.3
负荷转移型 DSR	11.4	50.0
抽水蓄能**	2638.0	—
锂电池储能**	828.0	—
压缩空气储能**	2544.0	—

*灵活性改造方案仅考虑降低最小技术出力水平，依据文献[20]，在机组灵活性改造手段中降低火电机组最小技术出力水平对系统产生的影响最大。

**抽水蓄能，电池存储和压缩空气储能的能量与容量的比例分别为 16h，4h 和 16h，即它们能够分别以额定功率放电 16h、4h 和 16h。

促进区域之间的交易是提高灵活性的重要手段。目前由于利益主体之间的壁垒，区域之间的电力交换相对薄弱，联络线功率在调度时被设置为固定值或预设曲线。在进行区域电力调度时，联络线功率被视为边界条件，称为“联络线运行约束”。图 9-39 根据区域实际运行方式报告展示了测试系统中各区域之间每月的电力交换。如果可以促进区域之间的交易，在区域之间进行经济调度，则可以放宽这种约束。

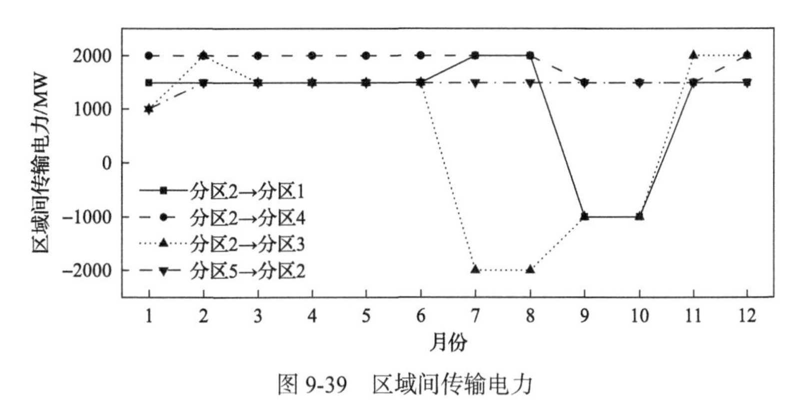

图 9-39　区域间传输电力

7. 算例分析

在本节中，基于机组组合模型(UC)对系统进行灵活性评估，并根据协调的灵活性资源规划提出灵活性优化方案。

1) 模型构建

采用基于机组组合的运行模拟模型分析系统的灵活性。由于系统中有将近400台火电机组，为了提高计算效率，采用基于单变量组的UC模型，仅使用一组变量来描述机组的开机状态及启停操作。基于文献[24]，将目标函数和启动成本约束修改如下：

$$\min F_s = \sum_{t=1}^{T}\sum_{g\in\Omega^{\mathrm{G}}} c_g^{\mathrm{G}} P_{g,t,s}^{\mathrm{G}} + \sum_{t=2}^{T}\sum_{g\in\Omega^{\mathrm{G}}} C_{g,t,s}^{\mathrm{ST}} + \sum_{t=1}^{T}\sum_{n\in\Omega^{\mathrm{N}}} \theta^{\mathrm{L}} P_{n,t,s}^{\mathrm{L,C}} \tag{9-93}$$

$$\begin{cases} C_{g,t,s}^{\mathrm{ST}} \geqslant (u_{g,t,s} - u_{g,t-1,s}) c_g^{\mathrm{ST}} \\ C_{g,t,s}^{\mathrm{ST}} \geqslant 0 \end{cases} \tag{9-94}$$

式中，s、g、t、n分别为所选日、传统发电机组(水电和火电)、时间和节点；T为一日内的总时间断面；Ω^{G}为传统发电机组集合；c_g^{G}和$P_{g,t,s}^{\mathrm{G}}$分别为机组的单位发电成本和发电功率；$C_{g,t,s}^{\mathrm{ST}}$为机组启动成本；$P_{n,t,s}^{\mathrm{L,C}}$和θ^{L}分别为失负荷功率和对应的单位惩罚成本；$u_{g,t,s}$为机组的启停机状态；c_g^{ST}为机组的单位启动成本。

对于水电机组，水电月发电量根据日平均负荷分解到日；光热机组按文献[7]进行建模。最后，年度指标由典型日结果加权求和得到。

同时，本节通过灵活性协调资源规划模型探寻最优的灵活性资源配置。所考虑的灵活性资源包括源、网、荷、储各个环节。目标函数是年化投资成本和年度运行成本之和：

$$\min \sum_{i\in\Omega^{\mathrm{F}}} C_i^{\mathrm{INV}} + \sum_{s=1}^{N^{\mathrm{S}}} \rho_s C_s^{\mathrm{OPE}} \tag{9-95}$$

式中，i为某种灵活性资源；Ω^{F}为灵活性资源的集合；N^{S}为典型日的数量；ρ_s为每个典型日对应的天数；C_i^{INV}为灵活性资源的投资成本；C_s^{OPE}为典型日的运行成本，包括发电成本、失负荷成本、可再生能源弃能惩罚成本和需求侧响应补偿成本。

假设联络线运行约束被松弛，以保证新的联络线可以被建设。储能采用文献[25]的模型，两种需求侧响应的建模如下：

$$P_{n,t,s}^{\mathrm{L}} = P_{n,t,s}^{\mathrm{L0}} - P_{n,t,s}^{\mathrm{SHED}} - P_{n,t,s}^{\mathrm{SHIFT}} \tag{9-96}$$

$$0 \leqslant P_{n,t,s}^{\mathrm{SHED}} \leqslant \overline{P}_n^{\mathrm{SHED}} \tag{9-97}$$

$$\underline{P}_n^{\mathrm{SHIFT}} \leqslant P_{n,t,s}^{\mathrm{SHIFT}} \leqslant \overline{P}_n^{\mathrm{SHIFT}} \tag{9-98}$$

$$\sum_{t=1}^{T} P_{n,t,s}^{\mathrm{SHIFT}} = 0 \tag{9-99}$$

式中，$P_{n,t,s}^{\mathrm{L0}}$ 和 $P_{n,t,s}^{\mathrm{L}}$ 分别为需求响应前后的负荷；$P_{n,t,s}^{\mathrm{SHED}}$ 和 $\overline{P}_n^{\mathrm{SHED}}$ 分别为负荷削减功率和其最大值；$P_{n,t,s}^{\mathrm{SHIFT}}$、$\overline{P}_n^{\mathrm{SHIFT}}$ 和 $\underline{P}_n^{\mathrm{SHIFT}}$ 分别为负荷转移功率以及其最大值和最小值。

2) 灵活性分析

本节分析各种灵活性因素对系统的影响，所考虑的灵活性因素包括：传统机组的爬坡率、最小技术出力、最小启停机时间、可再生能源汇集网络容量、区域输电网容量、跨区联络线容量及跨区交换功率。基本思路是松弛以上一个或多个约束并分析其影响。由于联络线交换功率(联络线运行约束)只和市场有关，我们将算例按是否考虑联络线运行约束进行划分。

在灵活性分析中共设置 12 个算例，可以分为两组。第一组中的 6 个算例按可再生能源装机占比和是否考虑联络线运行约束进行划分，如表 9-13。每个算例下依次对逐个灵活性因素对应的因素进行松弛并考察对应结果。为了表示松弛某一约束对可再生能源消纳的效果，提出可再生能源消纳提升率(VRE accommodation improvement ratio，VAI)指标：

$$\mathrm{VAI} = (E_{\mathrm{consume}}^{\mathrm{VRE}} / E_{0\,\mathrm{consume}}^{\mathrm{VRE}} - 1) \times 100\% \tag{9-100}$$

式中，$E_{0\,\mathrm{consume}}^{\mathrm{VRE}}$ 和 $E_{\mathrm{consume}}^{\mathrm{VRE}}$ 分别为灵活性约束松弛前后的可再生能源消纳量。

表 9-13　第一组灵活性分析算例设置

可再生能源装机占比	38.20%	55.28%	64.97%
是否考虑联络线运行约束	是	是	是
	否	否	否

第二组中的 6 个算例对应的可再生能源装机占比均为 64.97%，每个算例下同时松弛两个灵活性约束，其中一个约束被指定为传统机组最小出力、可再生能源汇集网络容量或区域输电网容量如表 9-14。为了评价多个灵活性约束同时松弛带来的额外效益，这里提出合作效益(Collaboration Benefit，CB)指标来进行评价，该指标定义为

$$CB = [(E^{VRE}_{consume,i,j} - E^{VRE}_{consume,i} - E^{VRE}_{consume,j}) / E^{VRE}_{0\ consume} - 1] \times 100\% \qquad (9\text{-}101)$$

式中，$E^{VRE}_{consume,i}$ 为灵活性约束 i 被松弛后的可再生能源消纳量；$E^{VRE}_{consume,i,j}$ 为灵活性约束 i 和 j 同时被松弛后的可再生能源消纳量。

表 9-14　第二组灵活性分析算例设置

可再生能源装机占比=64.97%	其中一个灵活性约束为		
	最小技术出力约束	可再生能源汇集网络约束	区域输电网约束
是否考虑联络线运行约束	是	是	是
	否	否	否

图 9-40 展示了第一组灵活性分析算例结果，带“*”的表示不考虑联络线运行约束。可以看出，随着可再生能源渗透率上升，松弛灵活性约束带来的影响逐渐增加。对可再生能源消纳提升最大的因素为联络线传输功率、可再生能源汇集网络、传统机组最小技术出力约束和区域输电网。

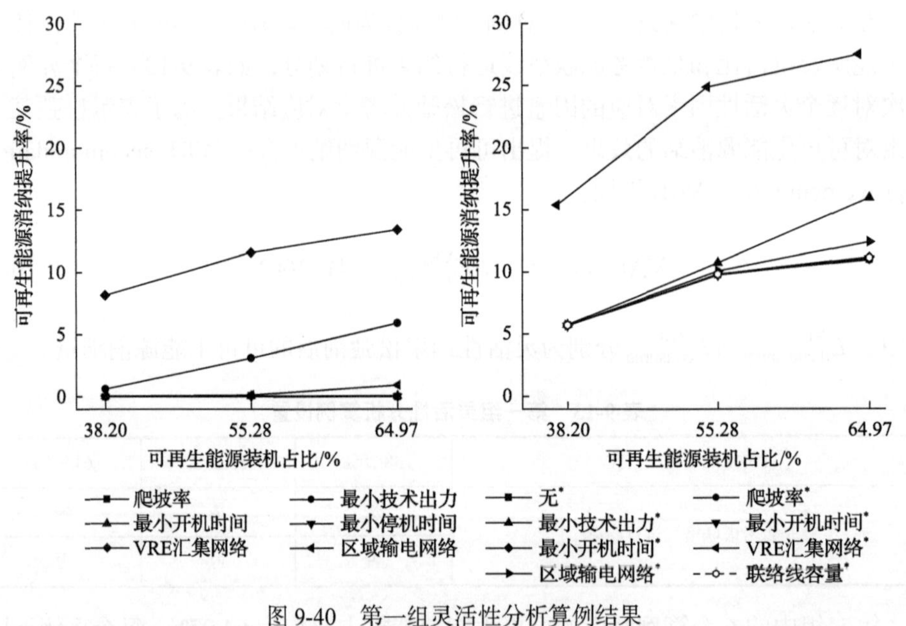

图 9-40　第一组灵活性分析算例结果

图 9-41 展示了第二组灵活性分析算例的结果。从图 9-41(a)可看出，提升可再生能源消纳的最有效的方法对应于可再生能源汇集网络和传统机组最小技术出力的组合，以及可再生能源汇集网络和区域输电网的组合。只有这两种组合具有明显的正面的合作效益。从图 9-41(b)中看出，当不考虑联络线运行约束时，分析

结果基本相同。值得注意的是，当不考虑联络线运行约束时，灵活性约束组合的负面合作效益将显著下降，这反映了促进联络线功率交换的潜在效益。

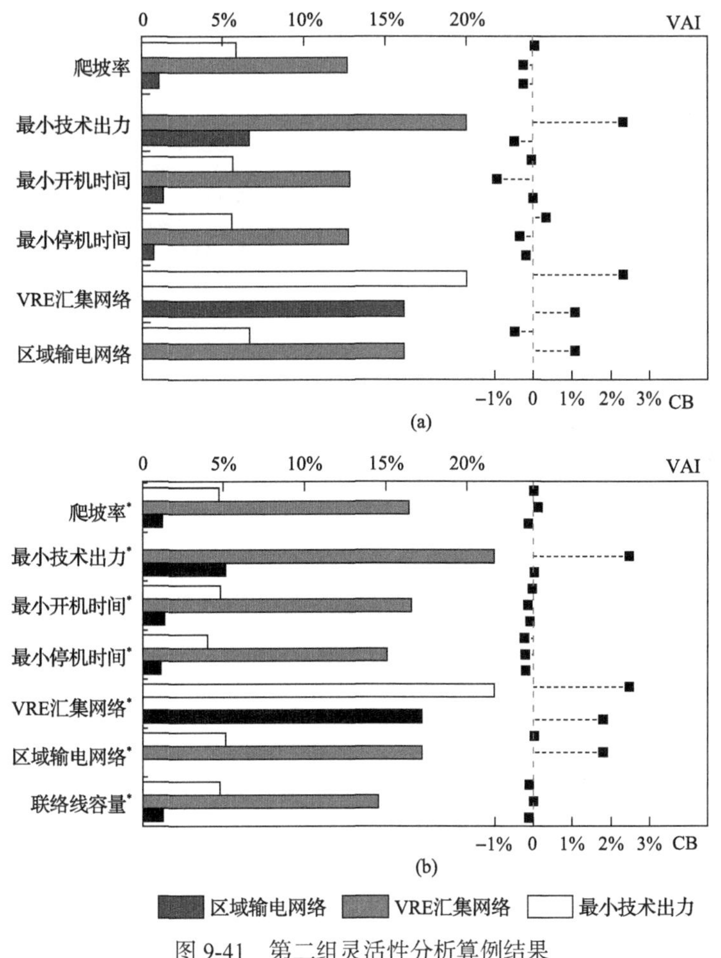

图 9-41　第二组灵活性分析算例结果

3) 灵活性资源规划

本节通过三个算例探究最优的灵活性配置。第一个算例中可再生能源装机占比分别设置为 38.20%和 64.97%；第二个算例中电池和压缩空气储能的单位投资成本分别设置为基准值的 80%和 120%；第三个算例中需求侧响应的补偿成本分别设置为基准值的 80%和 120%。后两个算例中的可再生能源占比固定为 64.97%。

算例分析结果如图 9-42。从图 9-42(a)可看出，在高比例可再生能源系统中，灵活性资源最优配置下，源、网、荷、储和市场各环节均有参与。当可再生能源渗透率相对较低时，火电机组灵活性改造容量占比最大，紧随其后的是交、直流可再生能源汇集网络。当可再生能源渗透率上升至 64.97%，直流跨区联络线、电池储能和需求侧响应参与到系统的最优配置中。在成本方面，当可再生能源渗透率相对较低时，灵活性改造成本和线路建设成本占主导，而渗透率上升后，这部分成本被储能的成本远远超越，由此反映出为消纳高比例可再生能源，系统的成本将会显著上升。

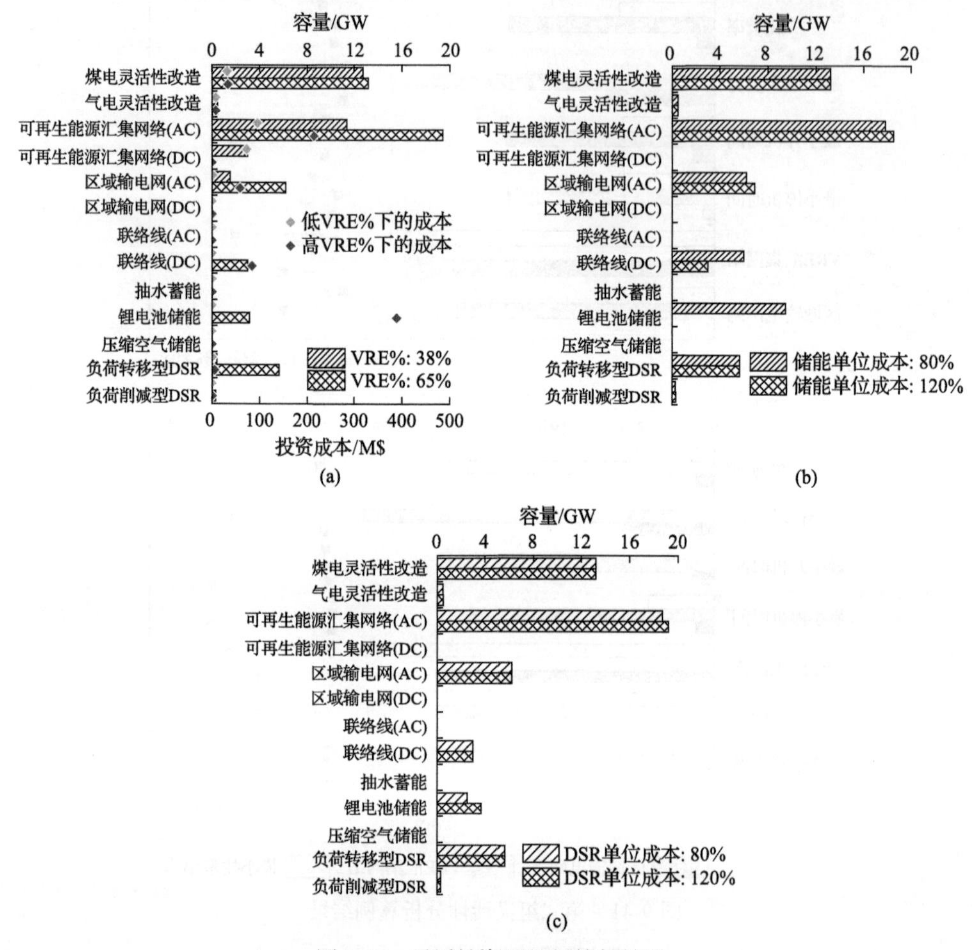

图 9-42　灵活性资源规划算例结果

图 9-42(b)展示了储能的配置容量和其单位投资成本之间的关系。如果单位投资成本下降 20%，则储能容量将翻一番至 9.5GW(图 9-42(a))，而单位成本上升 20%，储能容量将降为零。由于压缩空气储能成本较高，抽水蓄能机组的建设与水文条件密切相关，它们并未出现在最优配置结果中。

图 9-42(c)显示了需求侧响应的配置容量对其补偿成本较低的敏感性。当补偿成本由基准值 80%上升至基准值 120%时，需求侧响应的配置容量并未发生变化，而储能的容量则有所增加，这可能是由于储能和需求侧响应都具有调整负荷形状的能力，当需求侧响应补偿成本上升时，储能则更受青睐。

9.3.2　典型场景：交直流电网形态

1. 断面设定及形态构建

人为设定可再生能源装机占比，采用 9.2.2 节的分析方法对新增可再生能源的结构及布局进行场景生成与随机抽样，统计特定可再生能源装机占比下的电网发展情况及相关参数。这里暂不考虑储能和需求侧响应资源，并假定负荷总量和分布固定不变，主要考察可再生能源与电网发展之间的关系。这里设定 3 个断面进行分析，断面情况如表 9-15。原始系统的可再生能源装机占比为 38.20%，设定 3 个断面的可再生能源装机占比分别为 55.13%、71.07%和 83.09%。通过对大量抽样场景的运行模拟统计得到可再生能源的电量占比，在 3 个断面下分别为 34.30%、54.09%和 66.43%，含水电、可再生能源电量占比分别为 49.05%、66.84%和 81.13%。

表 9-15　原始系统及断面情况

指标	原始系统	断面 1	断面 2	断面 3
可再生能源装机占比/%	38.20	55.13	71.07	83.09
可再生能源电量占比/%	18.88	34.30	54.09	66.43
含水电、可再生能源电量占比/%	33.62	49.05	68.84	81.13

对这 3 个断面下的电网发展结果进行统计，统计结果如图 9-43～图 9-45。从图中可以看出，随着可再生能源比例的上升，交流和直流建设的数目将会增加，同时直流线路的建设概率也逐步上升。为了直观反映线路建设情况，将此 3 个断面下的线路建设情况在拓扑图中进行标识，如图 9-46～图 9-48，图中原有线路以

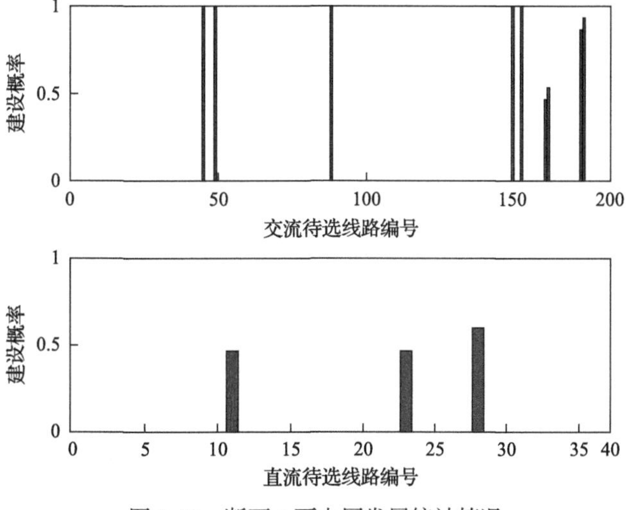

图 9-43　断面 1 下电网发展统计情况

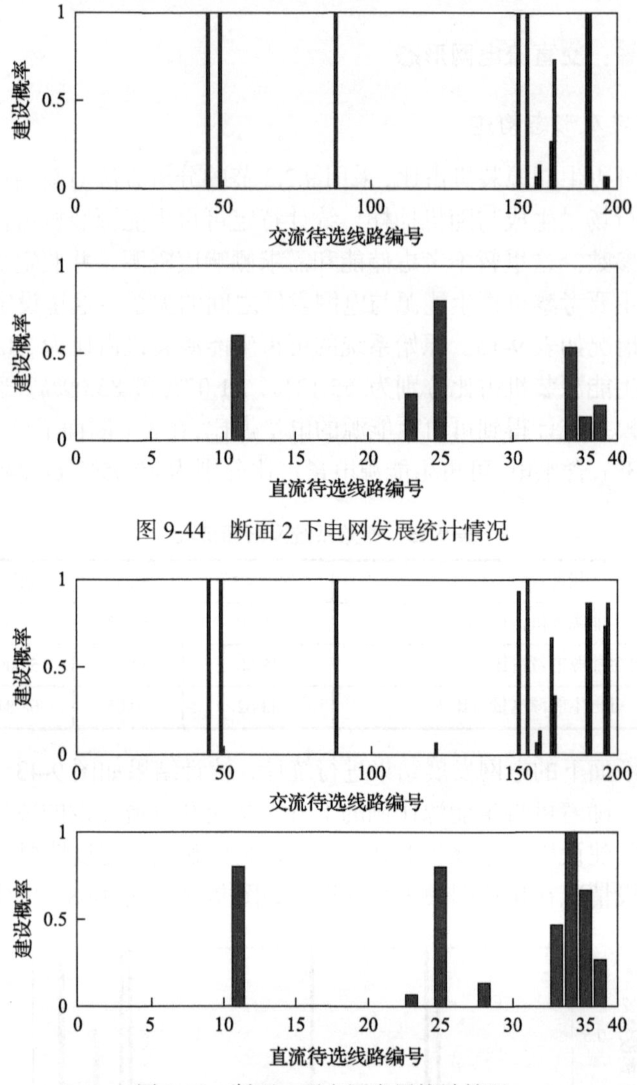

图 9-44　断面 2 下电网发展统计情况

图 9-45　断面 3 下电网发展统计情况

灰色表示，新建线路以黑色表示，线条的粗细表示建设概率的相对大小，新建交流变压器以灰色方块表示。由图中可以直观地看出交流和直流线路(或变电站)随着可再生能源渗透率上升的变化趋势。可以看到，交流网络的加强主要是变电站的扩容，这是因为可再生能源的装机增加需要有更大的汇集上送容量促进其并网消纳；而直流线路则在可再生能源汇集网络扩展，区域骨干网架加强和跨区联络输送方面均作出贡献。同时可以看出，随着可再生能源占比的提高，直流线路的加强更为显著，可见直流输电将在高比例可再生能源系统中发挥显著作用。

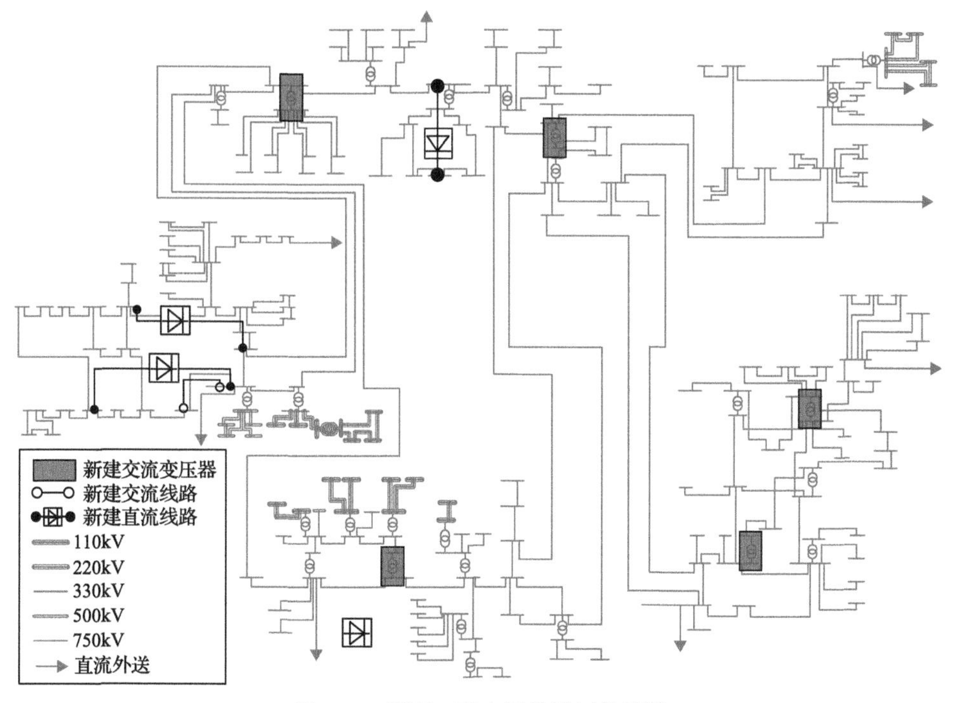

图 9-46　断面 1 下电网发展拓扑情况

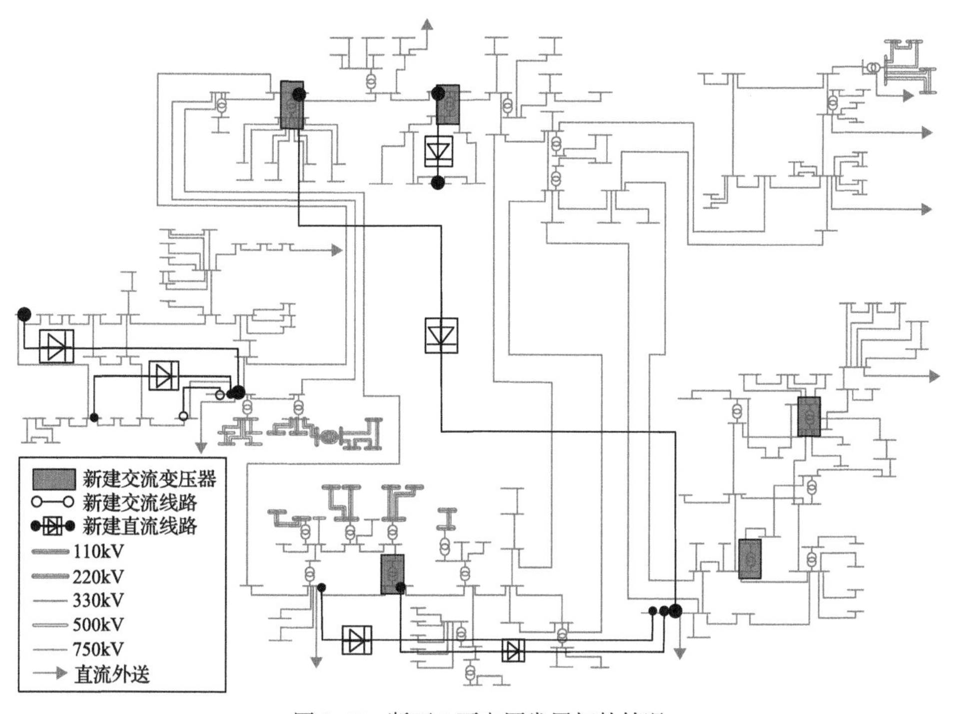

图 9-47　断面 2 下电网发展拓扑情况

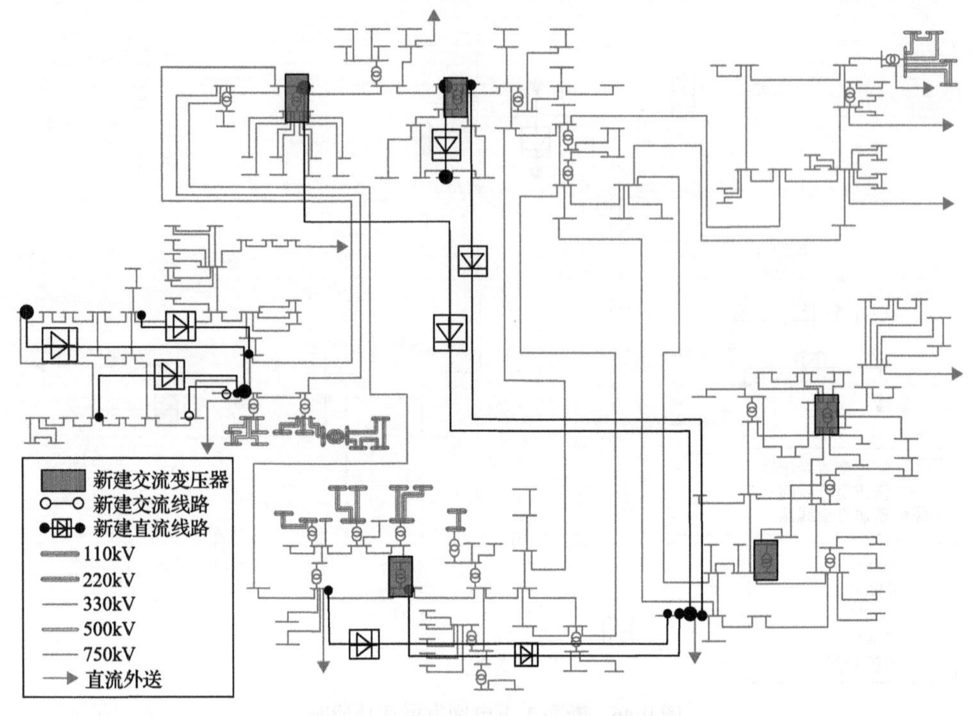

图 9-48　断面 3 下电网发展拓扑情况

2. 特征指标统计分析

将断面数目增加至 5 个，并分析随着可再生能源渗透率的上升，相关特征指标的变化情况。

1) 交直流建设容量指标

对交、直流建设容量及相对比例进行统计分析，得到结果如图 9-49～图 9-51，图中浅色横线表示该电量占比下的平均值。可以看出，随着可再生能源电量占比上升，新增交流容量的平均值基本不变，而变化范围增加；新增直流容量的平均值逐步上升；直流容量与交流容量的比例也随之上升。可见，随着可再生能源渗透率的上升，直流在系统中的比重将逐步提升。

2) 成本指标

对电网建设成本、运行成本和总成本进行统计分析，得到结果如图 9-52，图中黑色实线表示该电量占比下的平均值。可以看出，随着可再生能源电量占比上升，系统的建设成本逐步上升。

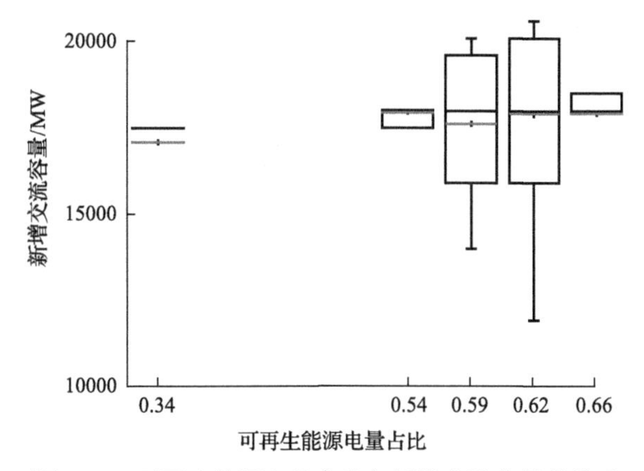

图 9-49　可再生能源电量占比与新增交流容量的关系

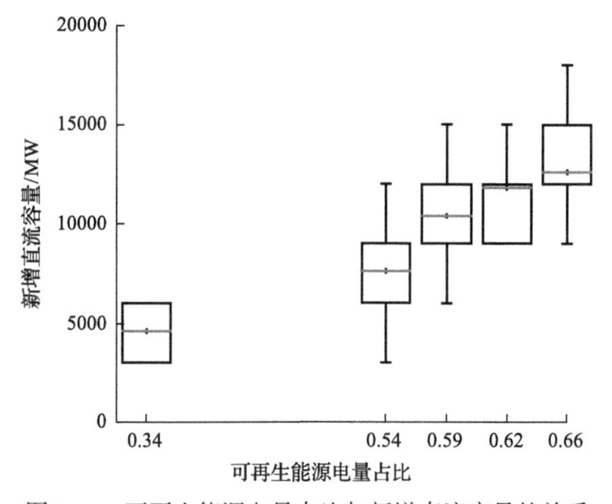

图 9-50　可再生能源电量占比与新增直流容量的关系

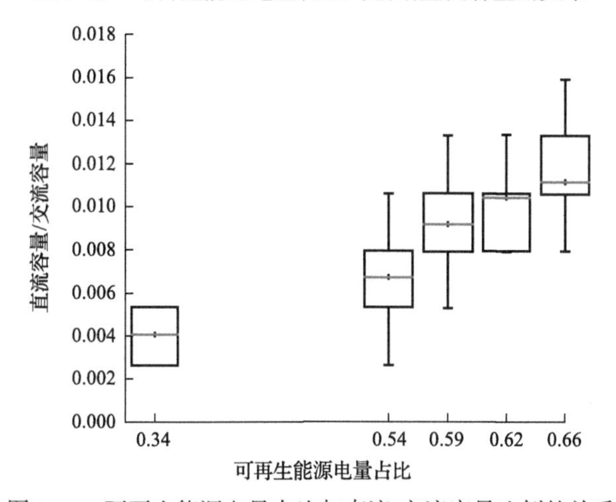

图 9-51　可再生能源电量占比与直流-交流容量比例的关系

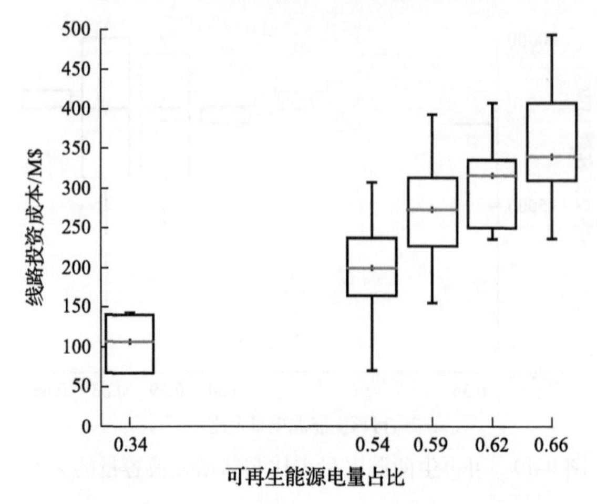

图 9-52　可再生能源电量占比与电网建设成本的关系

3）可再生能源消纳指标

考察不同断面下的可再生能源消纳情况，如图 9-53 和图 9-54，图中的每个点表示该断面下的一个抽样场景。可以看出，随着可再生能源容量占比提高，其电

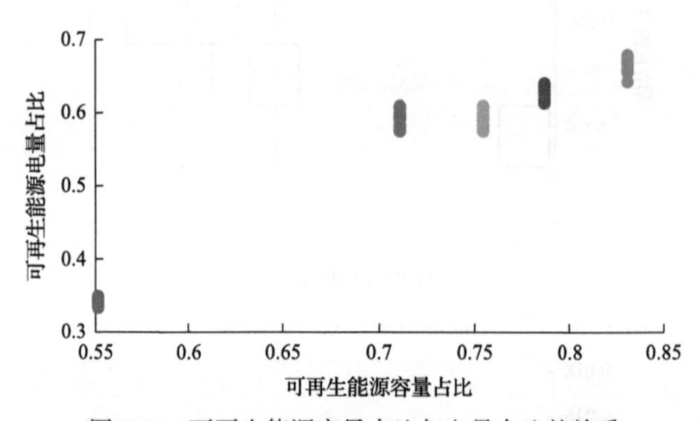

图 9-53　可再生能源容量占比与电量占比的关系

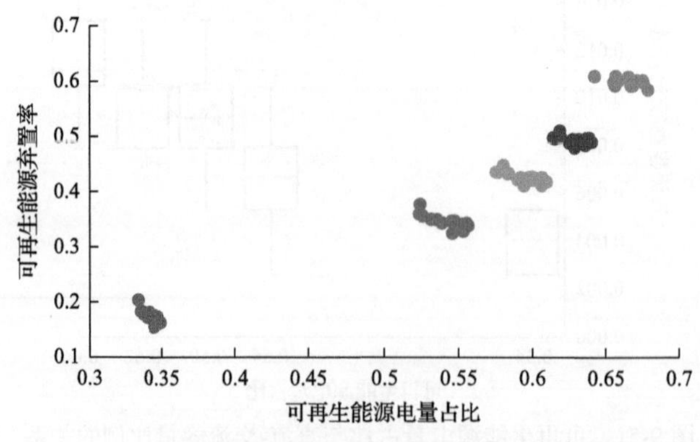

图 9-54　可再生能源电量占比与可再生能源弃置率的关系

量占比也随之提高，但提升趋势放缓，可再生能源弃置率上升。这是由于系统中可用灵活性资源不足，需要引入储能、需求侧响应等新型灵活性资源，以提高系统灵活性，促进可再生能源消纳。

参考文献

[1] 宋云亭, 郑超, 秦晓辉. 大电网结构规划[M]. 北京：中国电力出版社, 2012.

[2] 汤广福, 罗湘, 魏晓光. 多端直流输电与直流电网技术[J]. 中国电机工程学报, 2013, 33(10): 8-17.

[3] 王永平, 赵文强, 杨建明, 等. 混合直流输电技术及发展分析[J]. 电力系统自动化, 2017, 41(7): 156-167.

[4] 蒋冠前, 李志勇, 杨慧霞, 等. 柔性直流输电系统拓扑结构研究综述[J]. 电力系统保护与控制, 2015, 43(15): 145-153.

[5] 郭春义, 赵成勇, 肖湘宁, 等. 混合双极高压直流输电系统的特性研究[J]. 中国电机工程学报, 2012, 32(10): 98-104.

[6] 梁旭明, 张平, 常勇. 高压直流输电技术现状及发展前景[J]. 电网技术, 2012, 36(4): 1-9.

[7] 汤广福, 贺之渊, 庞辉. 柔性直流输电工程技术研究、应用及发展[J]. 电力系统自动化, 2013, 37(15): 3-14.

[8] 张程铭, 程浩忠, 柳璐, 等. 高比例可再生能源接入的输电网结构适应性指标及评估方法[J]. 电力系统自动化, 2017(21): 55-61.

[9] 薛禹胜, 戴元煜, 于继来, 等. 可信度控制下的相继开断潮流快速计算[J]. 电力系统自动化, 2015(22): 37-45.

[10] 邱革非, 束洪春, 于继来. 一种交直流电力系统潮流计算实用新算法[J]. 中国电机工程学报, 2008, 28(13): 53-57.

[11] 刘天琪. 现代电力系统分析理论与方法[M]. 北京：中国电力出版社, 2007.

[12] 刘盾盾, 程浩忠, 方斯顿. 计及电压与无功功率的直流潮流算法[J]. 电力系统自动化, 2017, 41(08): 58-62, 90.

[13] Subcommittee P M. IEEE reliability test system[J]. IEEE Transactions on power apparatus and systems, 1979 (6): 2047-2054.

[14] Grigg C, Wong P, Albrecht P, et al. The IEEE reliability test system-1996. A report prepared by the reliability test system task force of the application of probability methods subcommittee[J]. IEEE Transactions on power systems, 1999, 14(3): 1010-1020.

[15] Pena I, Martinez-Anido C B, Hodge B M. An extended IEEE 118-bus test system with high renewable penetration[J]. IEEE Transactions on Power Systems, 2017, 33(1): 281-289.

[16] Wang J, Wei J, Zhu Y, et al. The reliability and operation test system of power grid with large-scale renewable integration[J]. CSEE Journal of power and energy systems, 2019, 6(3): 704-711.

[17] Zhuo Z, Zhang N, Yang J, et al. Transmission Expansion Planning Test System for AC/DC Hybrid Grid With High Variable Renewable Energy Penetration[J]. IEEE Transactions on Power Systems, 2019, 35(4): 2597-2608.

[18] Du E, Zhang N, Hodge B M, et al. Economic justification of concentrating solar power in high renewable energy penetrated power systems[J]. Applied Energy, 2018, 222: 649-661.

[19] IEA (2018). World Energy Outlook 2018, IEA, Paris https://www.iea.org/reports/world-energy-outlook-2018.

[20] Venkataraman S, Jordan G, O'Connor M, et al. Cost-Benefit Analysis of Flexibility Retrofits for Coal and Gas-Fueled Power Plants: August 2012-December 2013[R]. National Renewable Energy Lab. (NREL), Golden, CO (United States), 2013.

[21] 张宁, 代红才, 胡兆光, 等. 考虑系统灵活性约束与需求响应的源网荷协调规划模型[J]. 中国电力, 2019, 52(2): 61-69.

[22] Mongird K, Fotedar V, Viswanathan V, et al. Report covers costs of various storage technologies, including pumped storage hydro Renewable Energy World, 2019. [Online]. https://www.renewableenergyworld.com/2019/08/08/report-covers-costs-of-various-storage-technologies-including-pumped-storage-hydro/#gref.

[23] Yang L, Zhang C, Jian J, et al. A novel projected two-binary-variable formulation for unit commitment in power systems[J]. Applied Energy, 2017, 187: 732-745.

[24] Hemmati R, Saboori H, Jirdehi M A. Stochastic planning and scheduling of energy storage systems for congestion management in electric power systems including renewable energy resources[J]. Energy, 2017, 133: 380-387.

第 10 章　高渗透率可再生能源和储能灵活接入的配电网形态特性

10.1　配电网典型形态及对比分析

10.1.1　典型拓扑结构形态与对比分析

配电网拓扑结构即按照一定的连接规则,在区域范围内某电压等级的电源点及本级用户(下级变/配电站或用户接入点)之间，通过配电线路连接成的网络连接方式。

我国配电网大致划分为三个等级：高压配电网、中压配电网以及低压配电网。高压配电网包括电压等级 35～110kV 的网络，中压配电网电压等级为 6～10kV，低压配电网为 380V。不同电压等级配电网的连接方式有所差异，以下按电压等级分类对传统配电网的拓扑连接进行阐述。

高压配电网主要有两种典型连接方式——链型接线和 T 型接线,如表 10-1 所示。

表 10-1　高压配电网典型连接方式

接线方式	运行特点	工程价值
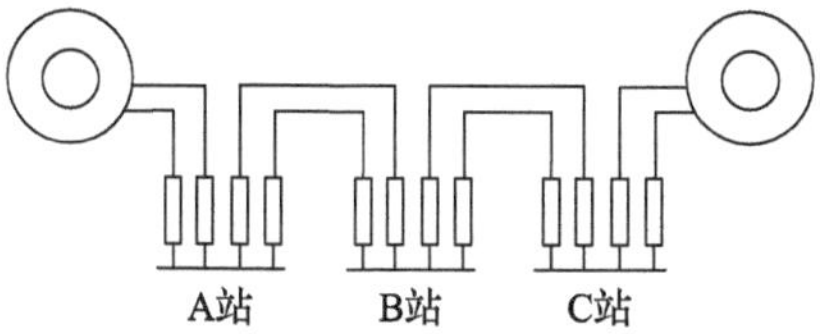 A站　B站　C站 (链式接线)	1. 正常运行时，断开 B 站任一侧双回线 2. 正常方式下，线路 N-1 不影响供电，但注意线路不能过载	1. 110kV 变电站占地：较大 2. 110kV 变电站扩建难度：较小 3. 维修、转供难度：简单 4. 调度运行的灵活性与方便性：较好 5. 继电保护与自动装置的配置难度：复杂
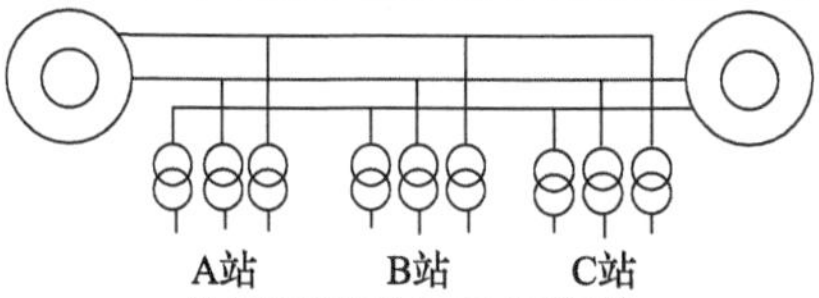 A站　B站　C站 (辐射/链型混合 3T 型接线) 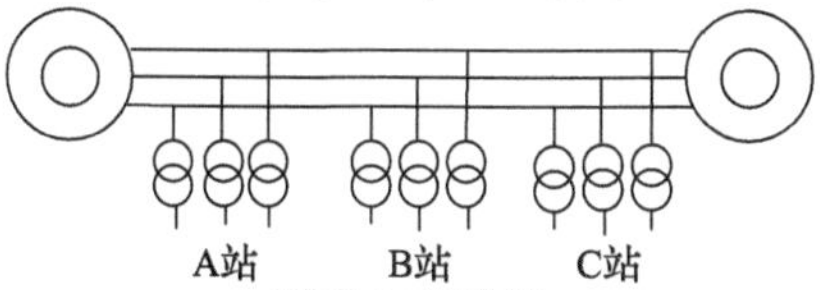 A站　B站　C站 (链型 3T 型接线)	1. 正常运行时，双侧电源需断开一侧断路器 2. 完全接线(链型 3T)在两座 220kV 站间转移负荷的能力更强 3. 线路 N-1 时,所 T 接的 110kV 主变一定会失压(引起 3 个 110kV 主变 N-1 事件)，需要通过变电站低压母线的备自投和倒闸操作，将失压主变的负荷转到同站的正常运行主变	1. 110kV 变电站占地：较小 2. 110kV 变电站扩建难度：较大 3. 维修、转供难度：复杂 4. 调度运行的灵活性与方便性：较差 5. 继电保护与自动装置的配置难度：简单

续表

接线方式	运行特点	工程价值
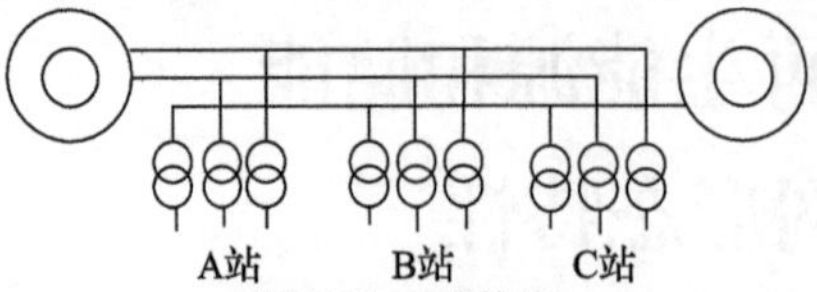 A站　B站　C站 （辐射型 3T 型接线）		

中压配电网主要有三种典型接线方式：单电源辐射接线、双电源手拉手接线、分段联络接线，如表 10-2 所示。

低压配电网主要是单电源辐射状接线，不再赘述。

10.1.2　典型微网组建形态与对比分析

微电网将发电机、负荷、储能装置及控制装置等结合，形成一个单一可控的单元，同时向用户供给电能和热能。微电网中的电源多为微电源，亦即含有电力电子

表 10-2　中压配电网典型接线方式

接线方式	运行特点	工程价值
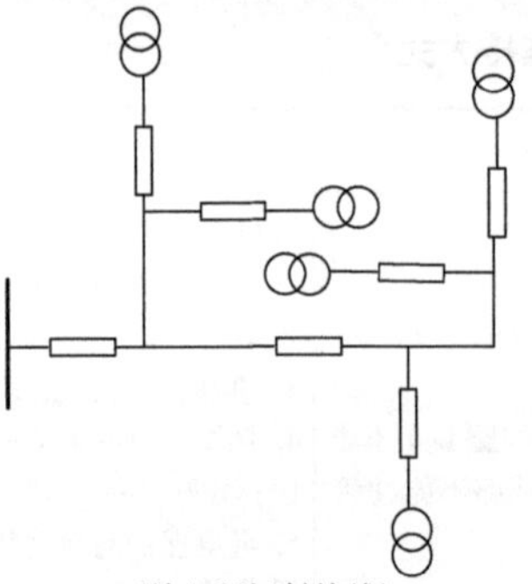 （单电源辐射接线）	1. 适用于城市非重要负荷和郊区季节性用户 干线可以分段，其原则是：一般主干线分为 2～3 段，负荷较密集地区 1km 分 1 段，远郊区和农村地区按所接配电变压器容量每 2～3MVA 分 1 段，以缩小事故和检修停电范围 2. 对于这种简单接线模式，由于不存在线路故障后的负荷转供，可以不考虑线路备用容量，即每条出线均可满载运行	1. 配电线路和高压开关柜数量少，投资小 2. 新增负荷比较方便 3. 故障影响范围大 4. 供电可靠性差，当线路故障时，部分线路段或全线将停电；电源故障时，全线停电
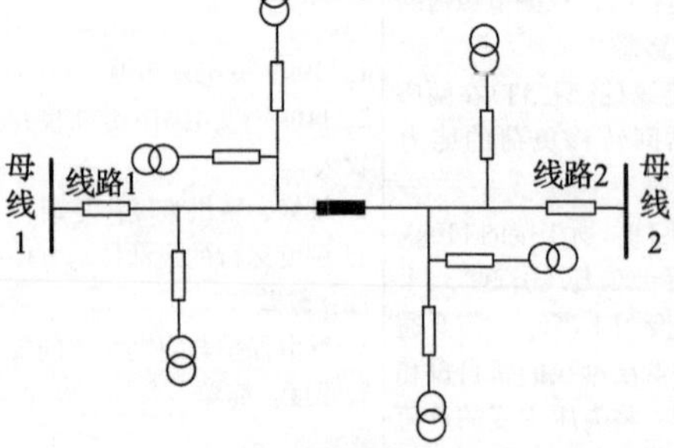 母线1　线路1　线路2　母线2 （双电源手拉手接线）	1. 适用于负荷密度较大且供电可靠性较高的城区供电，运行方式一般采用开环运行 2. 线路备用容量 50%，即正常运行时，每条线路最大负荷只能达到允许载流量的 1/2	1. 供电可靠性高 2. 接线清晰 3. 运行灵活 4. 考虑线路备用容量，线路投资有所增加

续表

接线方式	运行特点	工程价值
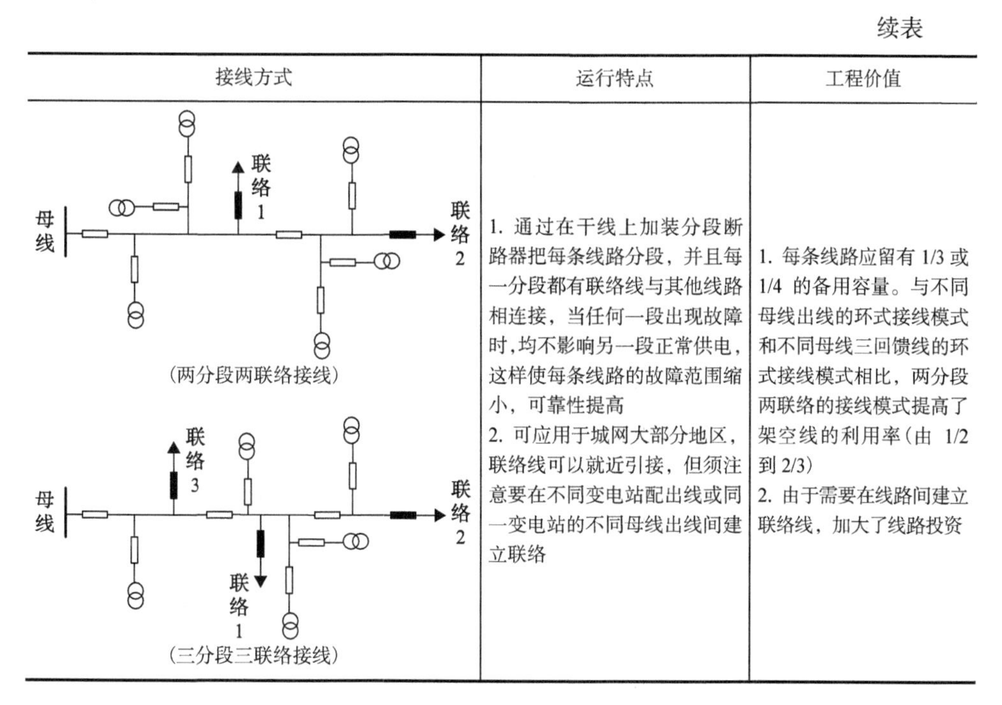 （两分段两联络接线） （三分段三联络接线）	1. 通过在干线上加装分段断路器把每条线路分段，并且每一分段都有联络线与其他线路相连接，当任何一段出现故障时，均不影响另一段正常供电，这样使每条线路的故障范围缩小，可靠性提高 2. 可应用于城网大部分地区，联络线可以就近引接，但须注意要在不同变电站配出线或同一变电站的不同母线出线间建立联络	1. 每条线路应留有 1/3 或 1/4 的备用容量。与不同母线出线的环式接线模式和不同母线三回馈线的环式接线模式相比，两分段两联络的接线模式提高了架空线的利用率（由 1/2 到 2/3） 2. 由于需要在线路间建立联络线，加大了线路投资

界面的小型机组，包括微型燃气轮机、燃料电池、光伏电池、超级电容器、飞轮、蓄电池等储能装置。它们接在用户侧，具有低成本、低电压、低污染等特点。微电网既可与大电网联网运行，也可在电网故障或需要时与主网断开单独运行[1]。

典型微电网结构如图 10-1 所示。

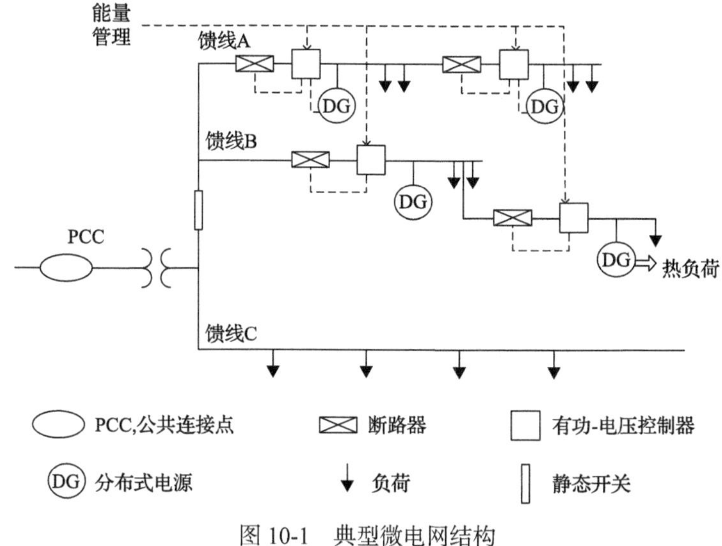

图 10-1　典型微电网结构

图中包括 A、B、C 三条馈线以及一条母线，馈线 A、B 含敏感性负荷，根据用户的负荷需求，微电源安装在馈线的不同位置，馈线 B 所带微电源可实现热电联供。微电网通过并网点 PCC 的分隔设备与上级配电网相互连接，可实现并网与孤岛运行模式的平滑切换。微电网中配置了能量管理器和潮流控制器，可以实现对微电网能源的综合分析控制以及分布式电源的就地控制。

分布式电源控制方面，主要有有功、无功控制、下垂控制和电压频率控制[2,3]。

有功、无功控制可使分布式电源(distributed generation，DG)输出功率与指定有功和无功功率一致；有功、电压控制可使 DG 输出的有功功率和出口电压与指定有功和电压一致。其中 P 通过微电网能量管理系统给定或跟踪间歇性 DG 的最大输出功率，Q 和 V 可通过能量管理系统给定或电压无功下垂方法确定。当微网系统并网运行或有维持电压和频率的 DG 时，光伏和风电等间歇性 DG 可采用该类控制方法，实现能源的最大化利用。

下垂控制是通过解耦进行电压和频率调节的方式，主要有两类：一种与传统同步发电机调节相似，为有功—频率和无功—电压正调差方式；另一种为有功—电压和无功—频率反调差方式。此两种下垂控制的原理相同，采用何种调差方式不仅受线路阻抗、滤波器参数的影响，还与控制器参数密切相关。但一般情况下，由于反调差下垂控制存在诸多限制，在微电网中采用正调差下垂控制比采用反调差下垂控制会取得更好的效果。下垂控制根据局部测量实现控制，在微电网采用对等控制策略时，各 DG 一般采用该控制方法。

负荷变化导致频率和电压波动，波动幅值取决于负荷的电压/频率敏感度和下垂特性。微电网的频率控制通过调节 DG 的有功输出使微电网频率恢复到额定值，类似于传统发电机的二次调频功能。电压控制通过调节 DG 的无功输出使电压幅值保持在指定值。微电网采用主从控制策略时，主控 DG 一般采用该控制方法，孤网运行时可提供电压和频率支撑，相当于平衡节点。燃气轮机、燃料电池及储能装置输出功率稳定，且可根据负荷需求调整发电量，可采用该类控制策略。

对微电网研究现状与示范工程案例进行总结，其控制策略可分为三大类：集中控制、分散控制和混合控制。

微电网集中控制类似于传统电力系统或大规模分布式发电系统的集中控制，设立中央控制单元，所有的信息都流入该单元，实时处理后下达控制指令，控制信号通过高速的通信网络传送至微电网内各单元。分层控制和基于多代理技术的分层控制一般均通过中央控制单元对逆变器发出控制命令并参与动态调节，可看作集中控制。

微电网分散控制策略与集中控制相反，一般不设中央控制单元，不同信息流入不同控制中心，不同控制指令由不同控制中心发出。全部控制功能分散在各子模块完成，各模块的输出、输入信号及系统信号相互关联，对于通信系统的依赖较弱。“主从控制”和“对等控制”均可看做分散控制。

微电网混合控制通常也设置中央控制单元，但其功能是根据 DG 的输出功率和微电网内的负荷变化调节 DG 的稳态设置点和切并负荷，不参与微电网动态调节，DG 动态调节仅需本地机端信息即可作出合理响应，部分情况下 DG 与中央控制单元间仍需通信联系但依赖较弱。

10.2　未来配电网形态分析

10.2.1　高比例新能源与电力电子化背景下配电网的适应性转变

结构形态上，随着新能源技术的革新与发展，分布式电源大量渗透到配电网是未来配电网发展的趋势。在电力电子技术的推动作用下，直流负荷的比重也在不断提高，传统的交流配电网在许多方面表现出对新场景的不适应，例如，分布式电源大多是直流电源(或不稳定的交流电转换为直流)，需经换流器接入交流配电网，大量的直流负荷亦是如此。相比交流配电网，直流配电技术更能适应未来配电网场景的演化趋势。随着直流控制与保护技术的发展，传统配电网中引入直流部分将带来许多传统交流无法比拟的优势。研究表明，直流线路具有传输容量更大、线路损耗更低、直流系统电能质量更优、可靠性更高、直流配电网潮流可调度性更强等优点[4]。考虑到当前电网主体成分还是交流形式，纯直流拓扑改造将带来巨大的投资费用，目前来说，纯直流改造并不可行，配电网的拓扑形态应该能够适应配电网实际发展需求。基于此，不少学者提出了交直流混联配电网系统[5]。文献[6-8]定性地提出某种特定场景下的交直流配电网的拓扑形态，未考虑配电网发展过程的形态演化[9]；文献[10]简单地将直流部分构建为低压直流微电网，交直流部分实际只通过并网点进行能量交换，随着直流部分往中压甚至高压纵向发展[11]，未来配电网趋向于交直流相互渗透，优势互补；通过确定配电网中交流与直流的体量，并进行合理的拓扑连接，可以满足未来高渗透率新能源与新型负荷场景的需求，优化系统运行。已有文献也有部分考虑新能源接入的配电网最优拓扑形态[12,13]，但并未引入直流部分或只是初步提出交直流配电网的升级改造方案[14]，优化系统拓扑结构，然而所采用的潮流模型为交直流前推回代模型，未考虑系统优化运行，仅进行稳态潮流计算，且前推回代方法只适用于辐射状网络，在拓扑搜索上限制了寻优过程[15]。

运行形态上，高比例新能源渗透率下，新能源具有随机性与波动性的特点，导致配电网中出现电压越限、线路阻塞、潮流转供控制能力不足等缺点，限制了新能源的消纳，给配电网运行控制带来了许多新的问题。为有效提高配电网安全可靠供电能力，传统配电网中逐步配置了相当比例的灵活调节资源，用以应对高比例新能源背景下配电网潮流的灵活控制，提高新能源的消纳能力。

传统配电网为无源网络，潮流单向流动，从变电站流向终端用户，因此，调度模式较为简单，一般为满足电网安全约束的条件下，通过变压器抽头、无功补偿电容器组等传统无功调节手段，实现配电网运行损耗最小化。随着电力电子技术的发展，配电网中出现储能装置、换流器设备、分布式静止无功补偿器(static var compensator，SVC)等灵活调节手段，使得配电网潮流控制不再局限于对无功的离散调节，更能实现无功的连续调节以及有功的灵活调度。此类灵活调节资源在高比例新能源接入的背景下，对电网优化调度运行具有更加重要的实际意义。高比例新能源的接入，导致配电网潮流双向流动，潮流分布更加复杂多变，馈线潮流波动性增强，源荷峰谷差增大，缺乏配套的灵活调节资源，将影响配电网的经济运行，甚至威胁配电网的安全可靠供电。

10.2.2 交流、直流与交直流混联配电网投资与运行对比分析

1. 交直流配电网潮流计算

交直流潮流计算与传统交流潮流计算相比，主要差异在换流器环节的处理上，换流器连接方式如图 10-2 所示[16]。

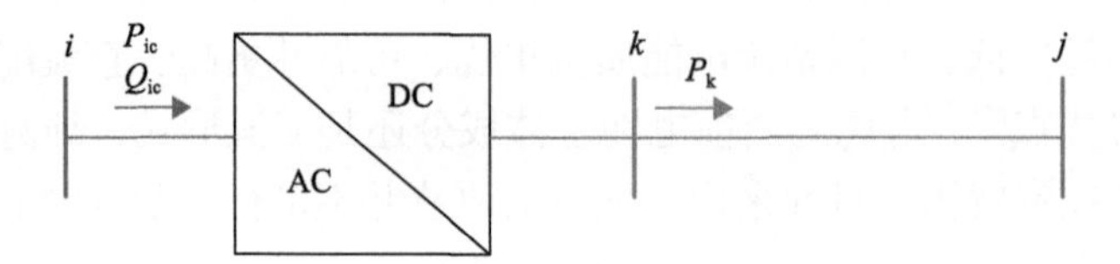

图 10-2 换流器连接方式图

换流器方程可以表述为

$$\begin{cases} V_i^{\mathrm{ac}} = K \cdot M \cdot V_k^{\mathrm{dc}} \\ P_k = V_k^{\mathrm{dc}} \dfrac{V_k^{\mathrm{dc}} - V_j^{\mathrm{dc}}}{R_{ij}^{\mathrm{dc}}} \\ P_{ic} = \eta P_k \end{cases} \tag{10-1}$$

式中，V_i^{ac} 为交流母线 i 的线电压有效值；V_k^{dc} 和 V_j^{dc} 为直流母线 k 和 j 的直流电压；P_k 和 P_{ic} 分别为换流器输出与输入端的有功功率；K 为常数，与调制方式有关，M 为换流器调制系数；R_{ij}^{dc} 为母线 i 和 j 之间直流线路的电阻；η 为换流器效率。

由于引入直流成分，母线以及线路均有直流形式和交流形式两种可能，所以潮流计算中应分别进行考虑[17]。以 PQ 控制为例[18]，为建立交直流系统潮流计算模型的统一计算模型，假设 M_{nm} 为 n、m 母线之间的换流器调制系数，V_n、θ_{nm}

分别为n号母线电压和n号母线与m号母线的电压相角差，G_{nm}、B_{nm}分别为n号母线与m号母线之间线路的电导与电纳，P_{nm}和Q_{nm}分别为从母线n注入母线m的有功和无功功率；Q_{VSC}为换流器功率；对五种可能的线路潮流方程进行逐一列写。

1) 两端为交流母线的交流线路

$$\begin{cases} P_{nm} = {V_n}^2 G_{nm} - V_n V_m (G_{nm}\cos\theta_{nm} + B_{nm}\sin\theta_{nm}) \\ Q_{nm} = -{V_n}^2 B_{nm} - V_n V_m (G_{nm}\sin\theta_{nm} - B_{nm}\sin\theta_{nm}) \end{cases} \tag{10-2}$$

2) 两端为直流母线的直流线路

$$\begin{cases} P_{nm} = G_{nm}(V_n^2 - V_n V_m) \\ Q_{nm} = 0 \end{cases} \tag{10-3}$$

3) 两端为交流母线的直流线路

$$\begin{cases} P_{nm} = G_{nm}(M_{nm}^{-2} V_n^2 - M_{nm}^{-1} V_n M_{mn}^{-1} V_m)\eta \\ Q_{nm} = Q_{\mathrm{VSC}} \end{cases} \tag{10-4}$$

4) n号母线为直流母线，m号母线为交流母线的直流线路

$$\begin{cases} P_{nm} = G_{nm}^{\mathrm{dc}}(V_n^2 - M_{mn}^{-1} V_n V_m) \\ Q_{nm} = 0 \end{cases} \tag{10-5}$$

5) n号母线为交流母线，m号母线为直流母线的直流线路

$$\begin{cases} P_{nm} = G_{nm}^{\mathrm{dc}}(M_{nm}^{-2} V_n^2 - M_{nm}^{-1} V_n V_m)\eta \\ Q_{nm} = Q_{\mathrm{VSC}} \end{cases} \tag{10-6}$$

由此，可得到统一交直流系统潮流计算公式

$$\begin{cases} P_n^{\mathrm{inj}} = \sum\limits_{\substack{m=1 \\ m\neq n}}^{N} P_{nm} \\ Q_n^{\mathrm{inj}} = \sum\limits_{\substack{m=1 \\ m\neq n}}^{N} Q_{nm} + Q_{\mathrm{VSC}} \end{cases} \tag{10-7}$$

式中，P_n^{inj}和Q_n^{inj}分别为外部发电机与负荷注入母线n的有功和无功功率。

2. 交直流配电网拓扑双层优化模型

为论证新能源接入下，配电网引入直流成分可以带来收益，以下利用双层优

化方法建立配电网拓扑寻优模型，通过对比交流形态与交直流混联形态在规划周期内的投资与运行成本之和，论证交直流混联形式的优越性。

双层优化模型[19,20]将大规模复杂规划问题转化为相互解耦的主子优化问题，可有效降低模型求解难度。配网投资与配网运行费用存在天然的解耦关系，因此，本章的双层规划模型数学形式为

$$\begin{cases} C(y) = \text{Min}(I_{\text{tol}}(y) + K(y)) \\ K(y^*) = \text{Min}(F(y^*, x)) \end{cases} \tag{10-8}$$

式中，y为网架拓扑信息；y^*为给定的一种网络拓扑；x为控制变量与状态变量，如电压、相角、无功出力等；I_{tol}为总投资费用；C为主优化目标函数；K为子优化目标函数；F为配电网运行费用。

将配电网在一个规划周期内的投资与运行费用之和最小作为主优化问题，交直流配电网投资费用主要包括换流器和线路的投资，运行费用主要是网络损耗，考虑新能源的最大利用，运行费用设定为传统机组出力最小。具体数学模型表述如下：

$$\text{Min}：C = I_{\text{tol}} + K \tag{10-9}$$

式中，I_{tol}为总投资费用，$I_{\text{tol}} = I_{\text{line}} + I_{\text{VSC}}$，$I_{\text{line}}$为线路投资费用；$I_{\text{VSC}}$为 VSC 换流器投资费用，$I_{\text{VSC}} = E \cdot S$；$E$为换流器的单位容量投资，$S$为换流器容量之和；$K$为运行费用，$K = \sum_{t=1}^{N_y} \frac{8760 \cdot z \cdot L_{\text{op}}}{(1+d)^t}$；$z$为单位电价；$d$为贴现率；$t$为年份；$N_y$为一个规划年限时间；$L_{\text{op}}$为传统机组出力，也即下面子优化问题的目标函数值。

以运行费用最小作为子优化问题，也即最优潮流模型[21]。对于主优化给定的网络拓扑结构，子优化过程通过优化该拓扑下的交直流配电网运行参数，如无功、电压、相角等变量，得出在该拓扑形态下的最优运行指标，将运行指标传递到主优化问题中，实现主子问题的交替迭代。子优化模型具体如下。

目标函数：$\text{Min}: \sum_{t}\sum_{\text{DG}} P_{\text{DG},t} + \sum_{t} P_{\text{inj},t}^{0}$。

约束条件：(1)交直流系统潮流方程。

(2)线路、换流器容量约束为

$$\begin{cases} S_{nm} \leqslant S_{nm}^{\max} \\ S_{\text{VSC}} \leqslant S_{\text{VSC}}^{\max} \\ S_{nm} = \sqrt{P_{nm}^2 + Q_{nm}^2} \\ S_{\text{VSC}} = \sqrt{P_{\text{VSC}}^2 + Q_{\text{VSC}}^2} \end{cases}。$$

(3) 电压幅值相角约束为

$$\begin{cases} V_n^{\min} \leqslant V_n \leqslant V_n^{\max} \\ \theta_n^{\min} \leqslant \theta_n \leqslant \theta_n^{\max} \end{cases}。$$

(4) 换流器调制系数约束为

$$M_{nm}^{\min} \leqslant M_{nm} \leqslant M_{nm}^{\max}。$$

式中，$P_{\mathrm{DG},t}$ 为 t 时刻可控分布式机组 DG 的有功出力；$P_{\mathrm{inj},t}^{0}$ 为 t 时刻上级电网的馈入有功功率；S_{nm} 与 $S_{nm}^{\max}$ 分别为支路潮流视在功率及其上限；S_{VSC} 与 $S_{\mathrm{VSC}}^{\max}$ 分别为换流器视在功率及其上限；P_{VSC} 与 Q_{VSC} 分别为换流器发出的有功、无功功率；$V_n^{\max}$ 与 $V_n^{\min}$ 分别为 n 号母线电压幅值上下限；$\theta_n^{\max}$ 与 $\theta_n^{\min}$ 分别为 n 号母线电压相角上下限；$M_{nm}^{\max}$ 与 $M_{nm}^{\min}$ 分别为 n-m 支路换流器调制系数上下限。

以国外某地区 13 节点配电网为例，具体场景如表 10-3 所示。

表 10-3　算例场景

母线	交流负荷		直流负荷	能源类型	能源容量/MV·A
	有功功率/MW	无功功率/Mvar	有功功率/MW		
1	—	—	—	上级电网	—
2	1.00	0.45	—	—	—
3	1.25	—	—	—	—
4	0.50	0.25	—	光伏	1.50
5	1.00	0.25	—	—	—
6	1.50	0.35	—	—	—
7	0.50	0.25	—	光伏	1.50
8	1.75	0.25	—	—	—
9	0.85	—	—	风电	1.00
10	1.00	0.25	—	—	—
11	—	—	—	光伏	1.50
12	1.25	—	—	—	—
13	0.75	0.35	—	柴油机组	2.00

通过遗传算法求解双层优化模型[22,23]，进行拓扑寻优，结果如图 10-3 所示。

由于拓扑寻优过程中考虑了纯交流与纯直流的形态，优化结果说明交直流混联形态是新能源接入背景下的最优拓扑形态。

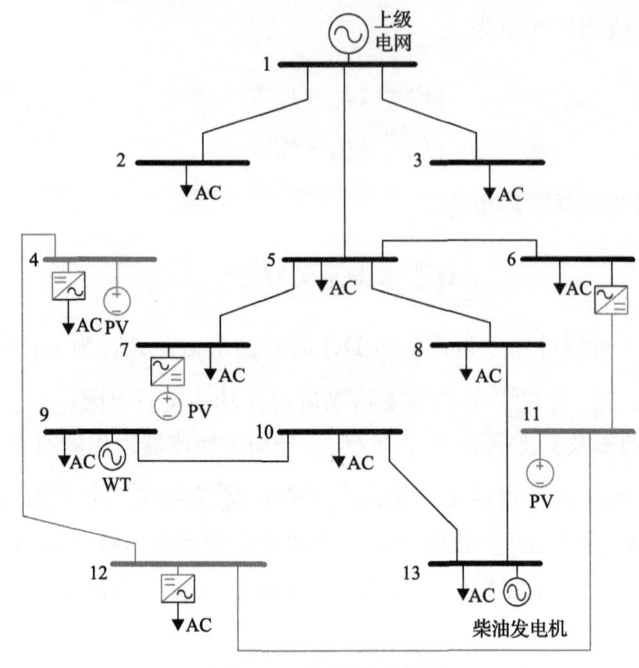

图 10-3 拓扑优化结果

同时，在上述最优拓扑形态中，改为纯交流拓扑形态，如图 10-4 所示。

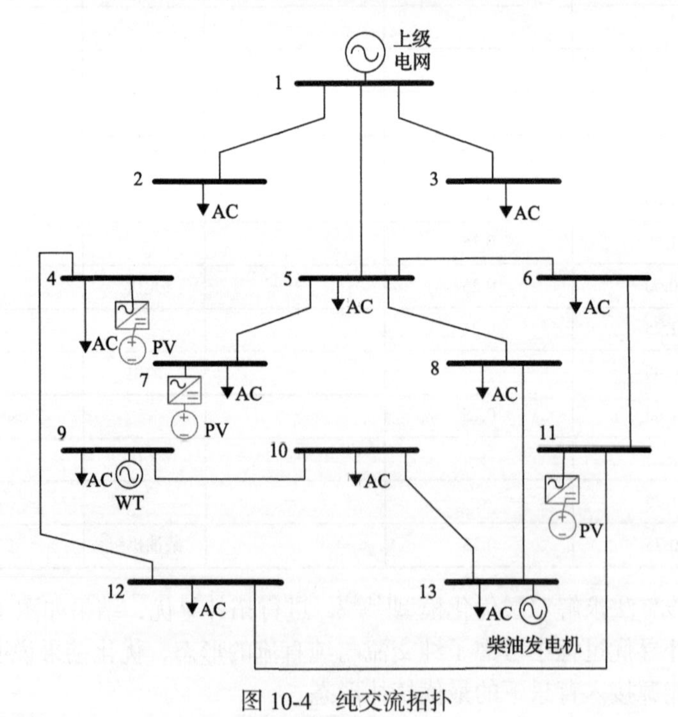

图 10-4 纯交流拓扑

由于尚未考虑直流型负荷，因此实际上纯交流形式的换流器投资成本并不一定大于交直流混联形式，甚至小于交直流混联的形式，所以致使最优拓扑结构为交直流混联形式的关键因素为运行损耗的大小，通过交直流系统最优潮流计算，得到交直流混联目标函数为 0.616，纯交流目标函数为 0.624，其他结果如表 10-4 所示。

表 10-4　(a) 最优潮流 PQ 对比

	交直流混联	纯交流
上级电网 P	0.313	0.315
上级电网 Q	0.051	0.052
新能源 P	0.303	0.309
新能源 Q	0.090	0.097

表 10-4　(b) 最优潮流电压、相角对比

连接方式	交直流混联		纯交流	
物理量	电压/p.u.	相角/rad	电压/p.u.	相角/rad
节点 1	1	0	1	0
节点 2	0.953	−0.032	0.953	−0.032
节点 3	0.965	−0.054	0.965	−0.054
节点 4	1.050	DC	1.050	−0.045
节点 5	0.976	−0.051	0.975	−0.052
节点 6	0.973	−0.076	0.958	−0.075
节点 7	1.011	−0.015	1.015	−0.020
节点 8	0.966	−0.069	0.969	−0.070
节点 9	1.019	−0.027	1.027	−0.026
节点 10	1.007	−0.031	1.015	−0.031
节点 11	1.035	DC	1.021	−0.021
节点 12	1.028	DC	0.994	−0.048
节点 13	1.035	-2.72×10^{-4}	1.043	-1.57×10^{-5}

由此可见纯交流形式的运行损耗大于交直流混联形式的运行损耗。

需要指出的是，在未来分布式新能源以及大量直流负荷接入配电网时，交直流混联配电网将不仅在运行损耗上优于交流配电网，而且在换流器投资与运行两方面均优于交流配电网。因此，交直流混联配电网将成为传统配电网转型的一个重要方向。

10.2.3　多种灵活调节资源的协调优化调度

本节构建包含有载调压变压器、投切电容器组、静态无功补偿装置 SVC、分布式发电机组、储能装置以及配电网重构的配电网优化调度模型。为便于高效求解优化模型的全局最优解，配电网潮流计算模型采用 Distflow 支路潮流法，经二阶锥松弛转化得到凸优化模型。

1. 灵活调节资源建模

1) 有载调压变压器 OLTC

有载调压变压器通常用于输配边界点的电压转换，作为一种在线电压调整与无功控制的手段，参与配电网的优化调度。变电站低压侧电压 V 可以表示为

$$V = V_{\min} + k \cdot a \tag{10-10}$$

式中，$V_{\min}$ 为变电站低压母线的电压下限；k 为有载调压变压器的档位标志；a 为每档的电压调节量。

考虑与支路潮流模型中电压平方形式的变量相一致，有载调压变压器的数学模型可以表示为

$$\begin{cases} V_t^2 = \sum_k (V_{\min} + k \cdot a)^2 \cdot T_{k,t} \\ \sum_k T_{k,t} = 1 \end{cases} \tag{10-11}$$

式中，V_t 为变电站低压侧电压在 t 时刻的幅值；$T_{k,t}$ 为有载调压变压器的档位信息标志变量，如果 t 时刻 OLTC 档位位于第 k 档，则 $T_{k,t} = 1$，否则 $T_{k,t} = 0$。

由于频繁调节 OLTC 会增大设备的损耗，导致变压器寿命减少，所以一般在日内优化调度中，限制了 OLTC 的调节次数，可在模型中增加调节次数约束

$$\sum_t \sum_k \frac{1}{2} \left| T_{k,t} - T_{k,t-1} \right| \leqslant N_T \tag{10-12}$$

式中，N_T 为日内 OLTC 允许调整的次数限制。

为保证模型为线性模型，对绝对值运算进行等效替换，最终得到的 OLTC 数学模型为

$$\begin{cases} V_t^2 = \sum_k (V_{\min} + k \cdot a)^2 \cdot T_{k,t} \\ \sum_k T_{k,t} = 1 \\ T'_{k,t} \geqslant T_{k,t} - T_{k,t-1} \\ T'_{k,t} \geqslant T_{k,t-1} - T_{k,t} \\ \sum_t \sum_k \frac{1}{2} T'_{k,t} \leqslant N_T \end{cases} \tag{10-13}$$

式中，$T'_{k,t}$ 为 OLTC 在 t 时刻第 k 档的变化信息。

2)投切电容器组

投切电容器组作为一种传统的无功补偿装置,利用分组电容器的投入与退出,调节节点的无功注入量，进而达到局部电压支撑的作用。在潮流模型中，电容器组作为节点离散形式无功注入量考虑，电容器补偿无功功率 $Q_{C,t}$ 可表示为

$$Q_{C,t} = \sum_{k} C_{k,t} \cdot Q_{\text{cap}} \tag{10-14}$$

式中，$C_{k,t}$ 为电容器组的投切状态标志变量，如果 t 时刻第 k 组电容器处于投入状态，则 $C_{k,t} = 1$，否则 $C_{k,t} = 0$；Q_{cap} 为单个电容器组的额定无功补偿量。

同理，加入日内投切次数限制：

$$\sum_{t} \left| C_{k,t} - C_{k,t-1} \right| \leqslant N_C, \quad \forall k \tag{10-15}$$

式中，N_C 为日内任一组电容器组允许调整的次数限制。

绝对值运算线性化后，得到电容器组数学模型如下：

$$\begin{cases} Q_{C,t} = \sum\limits_{k} C_{k,t} \cdot Q_{\text{cap}} \\ C'_{k,t} \geqslant C_{k,t} - C_{k,t-1} \\ \sum\limits_{t} C'_{k,t} \leqslant N_C, \quad \forall k \end{cases} \tag{10-16}$$

式中，$C'_{k,t}$ 为 t 时刻第 k 组电容器投切状态变化量。

3)静态无功补偿装置 SVC

SVC 采用电力电子器件控制电容器与电抗器的投切，可以实现平滑、快速的无功动态调整。在潮流计算模型中，SVC 作为节点连续形式的无功补偿注入量进行考虑，SVC 无功注入量 $Q_{\text{SVC},t}$ 只需满足上下限约束即可。

$$Q_{\text{SVC}}^{\min} \leqslant Q_{\text{SVC},t} \leqslant Q_{\text{SVC}}^{\max} \tag{10-17}$$

式中，$Q_{\text{SVC}}^{\min}$ 与 $Q_{\text{SVC}}^{\max}$ 分别为 SVC 无功补偿容量的上下限。

4)分布式电源 DG

分布式电源主要指配电网中接入分布式中小型容量发电机组，通过提供局部有功无功支撑，改善配电网潮流分布，延缓配电网投资扩建。

分布式电源包含两种类型的发电机组，一是可控的燃气轮机、柴油发电机等传统发电机组,该类发电机组受到并网功率因数限制,DG 发出的有功功率 $P_{\text{DG},t}$ 与无功功率 $Q_{\text{DG},t}$ 满足以下约束：

$$\begin{cases} P_{\mathrm{DG}}^{\min} \leqslant P_{\mathrm{DG},t} \leqslant P_{\mathrm{DG}}^{\max} \\ \cos\alpha \geqslant \lambda_0 \end{cases} \tag{10-18}$$

式中，$P_{\mathrm{DG}}^{\min}$、$P_{\mathrm{DG}}^{\max}$分别为分布式电源有功出力的上下限；α为功率因数角；λ_0为符合并网要求的最小功率因数。

为得到线性形式的分布式电源数学模型，进一步对功率因数约束进行分析，由于

$$\cos\alpha = \sqrt{\frac{P_{\mathrm{DG},t}{}^2}{P_{\mathrm{DG},t}{}^2 + Q_{\mathrm{DG},t}{}^2}} \tag{10-19}$$

于是，可得到线性形式的分布式电源数学模型为

$$\begin{cases} P_{\mathrm{DG}}^{\min} \leqslant P_{\mathrm{DG},t} \leqslant P_{\mathrm{DG}}^{\max} \\ -\dfrac{P_{\mathrm{DG},t}\sqrt{1-\lambda_0{}^2}}{\lambda_0} \leqslant Q_{\mathrm{DG},t} \leqslant \dfrac{P_{\mathrm{DG},t}\sqrt{1-\lambda_0{}^2}}{\lambda_0} \end{cases} \tag{10-20}$$

另一类分布式电源为间歇性分布式电源，主要包括风电光伏等新能源发电机组。此类机组发电出力受气候的影响较大，有功出力表现出一定的随机性与波动性。目前的控制方式主要是最大功率跟踪控制，为保证新能源最大程度消纳，调度模式一般为优先消纳模式。因此，此类机组发电出力通过日前风光预测值确定，仅需考虑换流器的容量约束

$$\left(P_{\mathrm{DG},t}\right)^2 + \left(Q_{\mathrm{DG},t}\right)^2 \leqslant \left(S_{\mathrm{VSC}}^{\mathrm{DG}}\right)^2 \tag{10-21}$$

式中，$S_{\mathrm{VSC}}^{\mathrm{DG}}$为分布式电源并网换流器额定视在功率。

5) 储能装置

储能装置在配电网中既能吸收有功功率，又能发出有功功率，是灵活性资源中主动调节能力最为全面的设备，在配电网实际运行中，起着平抑峰谷差、消除局部阻塞与电压越限、与间歇性分布式电源协调互补运行的作用。

储能装置受储能最大充放电功率、储能容量、换流器容量等约束，数学模型可以表示如下：

$$\begin{cases} P_S^{\mathrm{charge,min}} \leqslant P_{S,t}^{\mathrm{charge}} \leqslant P_S^{\mathrm{charge,max}} \\ P_S^{\mathrm{discharge,min}} \leqslant P_{S,t}^{\mathrm{discharge}} \leqslant P_S^{\mathrm{discharge,max}} \\ \mathrm{SOC}_t = \mathrm{SOC}_{t-1} + \eta_S P_{S,t}^{\mathrm{charge}} - (1/\eta_S) P_{S,t}^{\mathrm{discharge}} \\ \mathrm{SOC}^{\min} \leqslant \mathrm{SOC}_t \leqslant \mathrm{SOC}^{\max} \\ (P_{S,t}^{\mathrm{charge}} - P_{S,t}^{\mathrm{discharge}})^2 + Q_{S,t}{}^2 \leqslant S_{\mathrm{VSC}}^S \end{cases} \tag{10-22}$$

式中，$P_{S,t}^{\text{charge}}$ 和 $P_{S,t}^{\text{discharge}}$ 分别为 t 时刻储能装置的充电与放电有功功率；$P_{S}^{\text{charge,min}}$ 和 $P_{S}^{\text{charge,max}}$ 分别受充电功率的上下限约束；$P_{S}^{\text{discharge,min}}$ 和 $P_{S}^{\text{discharge,max}}$ 分别为放电功率的上下限约束；SOC_t 为 t 时刻储能装置的剩余电量，受最大与最小电量的限制；$\text{SOC}^{\min}$ 和 $\text{SOC}^{\max}$ 分别为储能装置剩余电量的上下限约束；η_S 为充放电的效率系数；S_{VSC}^{S} 为储能装置并网换流器额定视在功率；$Q_{S,t}$ 为 t 时刻储能装置并网换流器的无功补偿量。

6) 网络重构

配电网重构指的是通过控制联络开关的开合状态，改变配网供电网络拓扑，实现潮流转供、优化潮流分布的一种调节手段。

配电网重构的数学模型，主要考虑配电网拓扑的连通性与辐射状约束。为满足这两方面的约束，配电网络需满足以下两个条件：①配电网支路数比节点数少 1；②不存在末端节点相同的支路。

这两个条件的抽象化数学表述如下：

$$\begin{cases} \sum\limits_{l_{ij,t}\in Br} l_{ij,t} = N_{\text{Bus}} - 1, & \forall t \\ \sum\limits_{l_{ij,t}\in Br(j)} l_{ij,t} = 1, & \forall i, \forall t \end{cases} \tag{10-23}$$

式中，$l_{ij,t}$ 为支路开断标志位，1 表示线路闭合投运，0 表示线路断开退出运行；N_{Bus} 为配电网节点数；Br 为所有支路的集合，$Br(j)$ 为以 j 节点为末端节点的支路的集合。

同时应该注意到，配电网中并非所有支路都安装了联络开关，一般只有有限的几条关键支路安装了联络开关，因此，应将未配置联络开关的支路开断标志变量置 1，也即配电网重构的数学模型可表述为

$$\begin{cases} \sum\limits_{l_{ij,t}\in Br} l_{ij,t} = N_{\text{Bus}} - 1, & \forall t \\ \sum\limits_{l_{ij,t}\in Br(j)} l_{ij,t} = 1, & \forall i, \forall t \\ l_{ij,t} = 1, & \forall l_{ij,t} \in Br_0 \end{cases} \tag{10-24}$$

式中，Br_0 为未配置联络开关的配网支路的集合。

2. 二阶锥优化模型

由于配电网中电阻电抗比较大，直流潮流法不再适用，而传统的交流潮流计算方法由于非凸非线性的性质，常导致优化算法收敛困难且无法保证收敛于全局

最优解。本节在支路潮流法的基础上，基于锥松弛的配电网潮流计算，构建具有二阶锥的凸模型，给优化问题求解带来极大的便利。

根据欧姆定律与基尔霍夫电流电压定律，有

$$\begin{cases} V_j = V_i - z_{ij} I_{ij} \\ S_{ij} = V_i I_{ij}^* \\ \sum\limits_{l_{jk} \in Br'(j)} S_{jk} - \sum\limits_{l_{ij} \in Br(j)} \left(S_{ij} - z_{ij} \left| I_{ij} \right|^2 \right) = s_j^{\text{inj}} \\ S_{ij} = P_{ij} + jQ_{ij} \end{cases} \tag{10-25}$$

式中，V_i、V_j 为节点 i、j 的电压相量；I_{ij} 为由节点 i 流向节点 j 的电流相量；I_{ij}^* 为 I_{ij} 的共轭相量；z_{ij} 为由节点 i 与节点 j 之间支路的阻抗值；S_{ij} 为节点 i 与节点 j 之间支路潮流的复功率；s_j^{inj} 为外部注入节点 j 的视在功率；l_{ij} 为节点 i、j 之间的支路集合；$Br(j)$ 为 j 节点末端节点支路的集合；$Br'(j)$ 为以 j 节点为始端节点的支路的集合。

此时的潮流计算模型包含了功率向量、电流向量与电压向量，可进一步推导得到仅包含功率向量的数学模型，以减少变量个数。

联立上式第一与第二个方程，可得

$$V_j = V_i - z_{ij} S_{ij}^* / V_i^* \tag{10-26}$$

两边同乘以 V_j^*，得到

$$\left| V_j \right|^2 = \left| V_i \right|^2 + \left| z_{ij} \right|^2 \left| I_{ij} \right|^2 - (z_{ij} S_{ij}^* + z_{ij}^* S_{ij}) \tag{10-27}$$

进行变量替换，将电压与电流向量的模值平方作为新的变量替换原来的电压电流向量，并将功率向量实部与虚部分开列写，可得到最终实数形式的支路潮流计算模型，如下式所示：

$$\begin{cases} v_j = \left| V_j \right|^2, v_i = \left| V_i \right|^2, i_{ij} = \left| I_{ij} \right|^2 \\ v_j = v_i - 2(r_{ij} P_{ij} + x_{ij} Q_{ij}) + (r_{ij}^2 + x_{ij}^2) i_{ij} \\ p_j^{\text{inj}} = \sum\limits_{l_{jk} \in Br'(j)} P_{jk} - \sum\limits_{l_{ij} \in Br(j)} (P_{ij} - r_{ij} i_{ij}) \\ q_j^{\text{inj}} = \sum\limits_{l_{jk} \in Br'(j)} Q_{jk} - \sum\limits_{l_{ij} \in Br(j)} (Q_{ij} - x_{ij} i_{ij}) \\ v_i i_{ij} = P_{ij}^2 + Q_{ij}^2 \end{cases} \tag{10-28}$$

式中，v_i、v_j 与 i_{ij} 为引入的新变量；r_{ij} 与 x_{ij} 分别为节点 i 与节点 j 之间支路的电

阻与电抗值；P_{ij} 与 Q_{ij} 分别为节点 i 与节点 j 之间支路潮流的有功功率与无功功率；p_j^{inj} 与 q_j^{inj} 分别表示外部注入节点 j 的有功功率与无功功率。

配电网最优潮流计算模型可用于协调优化各种灵活调节资源的运行，实现配电网的经济调度。在前述支路潮流计算方法的基础上，构建配电网最优潮流计算框架，并基于锥松弛理论，将配电网最优潮流模型构造成具有二阶锥性质的凸优化模型，且相关变量均添加下角标 t，表示 t 时刻的值：

目标函数：$\text{Min}:\sum_{t}\sum_{Br} r_{ij} i_{ij,t}$。

约束条件：

(1) 功率平衡约束如下，其中 $p_{j,t}^{\text{inj}}$、$q_{j,t}^{\text{inj}}$ 为外部注入节点 j 的有功和无功功率；$P_{ij,t}$、$Q_{ij,t}$ 为节点 j、k 间支路的有功、无功功率。

$$
\begin{cases}
v_{j,t}=\left|V_{j,t}\right|^2, v_{i,t}=\left|V_{i,t}\right|^2, i_{ij,t}=\left|I_{ij,t}\right|^2 \\
-M\cdot(1-l_{ij,t})\leqslant v_{j,t}-v_{i,t}+2(r_{ij}P_{ij,t}+x_{ij}Q_{ij,t})-(r_{ij}^2+x_{ij}^2)i_{ij,t}\leqslant M\cdot(1-l_{ij,t}) \\
p_{j,t}^{\text{inj}}=\sum\limits_{Br'(j)} P_{jk,t}-\sum\limits_{Br(j)}(P_{ij,t}-r_{ij}i_{ij,t}) \\
q_{j,t}^{\text{inj}}=\sum\limits_{Br'(j)} Q_{jk,t}-\sum\limits_{Br(j)}(Q_{ij,t}-x_{ij}i_{ij,t}) \\
\left\|\begin{matrix} 2P_{ij,t} \\ 2Q_{ij,t} \\ v_{i,t}-i_{ij,t} \end{matrix}\right\|_2 \leqslant \left\|v_{i,t}+i_{ij,t}\right\|_2 。
\end{cases}
$$

(2) 电压上下限约束为 $V_{\min}^2\leqslant u_{i,t}\leqslant V_{\max}^2\quad \forall i,t$。

(3) 电流上下限约束为 $0\leqslant i_{ij,t}\leqslant l_{ij,t}\cdot I_{\max}^2\quad \forall(i,j)\in Br,\forall t$。

(4) 支路容量约束为 $P_{ij,t}^2+Q_{ij,t}^2\leqslant S_{ij,\max}^2\quad \forall(i,j)\in Br,\forall t$。

(5) 各种灵活调节资源出力特性约束。

10.3　配电网形态研究典型案例

10.3.1　交直流配电网拓扑形态演化案例

为展示配电网形态演化过程，本节设计了在直流负荷不断渗透的场景下，配电网的最优拓扑形态的连续演化算例，初始场景所述的直流负荷渗透率 0%，假设每个规划周期 15 年，每个规划周期直流负荷渗透率增长 10%。算例结果显示，直流负荷渗透率为 0%、10%、20%、30%和 40%时，得出的最优拓扑网架均为图 10-5(a)；当渗透率为 50%、60%时，得出的最优拓扑网架如图 10-5(b)所示；渗透率达到 70%

时，得出的最优拓扑网架如图 10-5(c)所示；当渗透率为 80%时，得出的最优拓扑网架如图 10-5(d)所示；最优潮流对比见表 10-5。

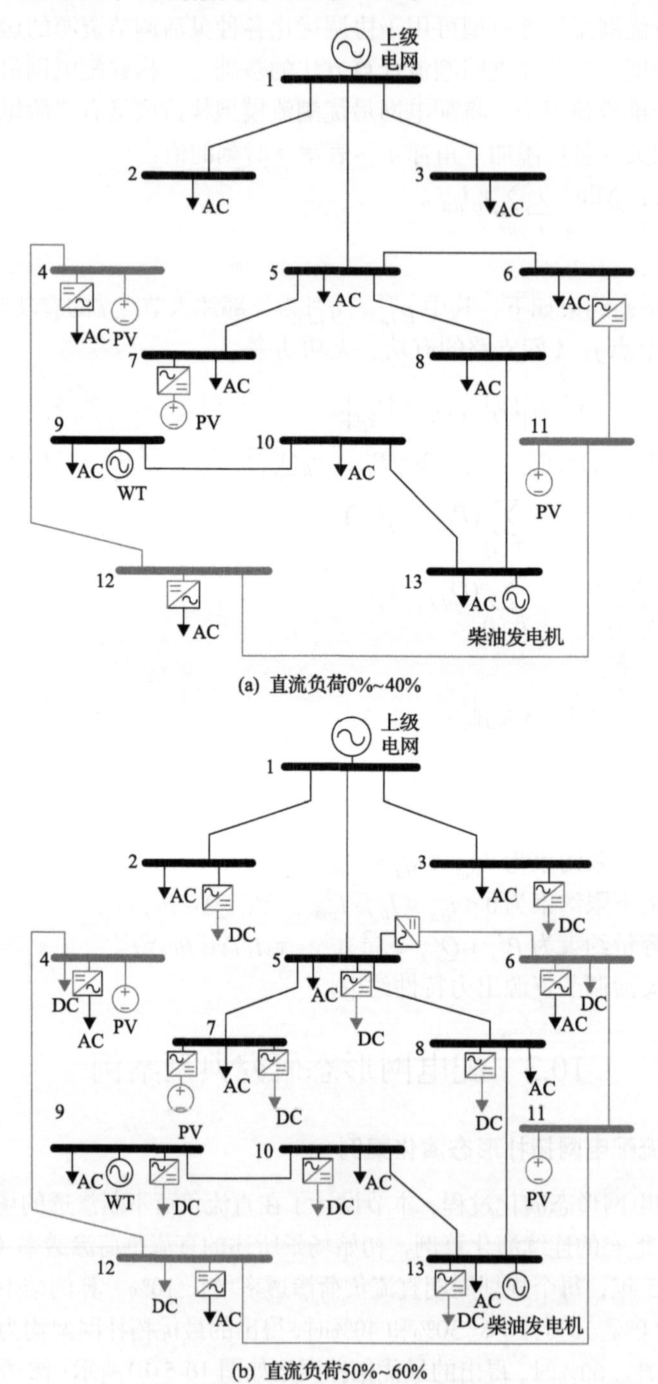

(a) 直流负荷0%~40%

(b) 直流负荷50%~60%

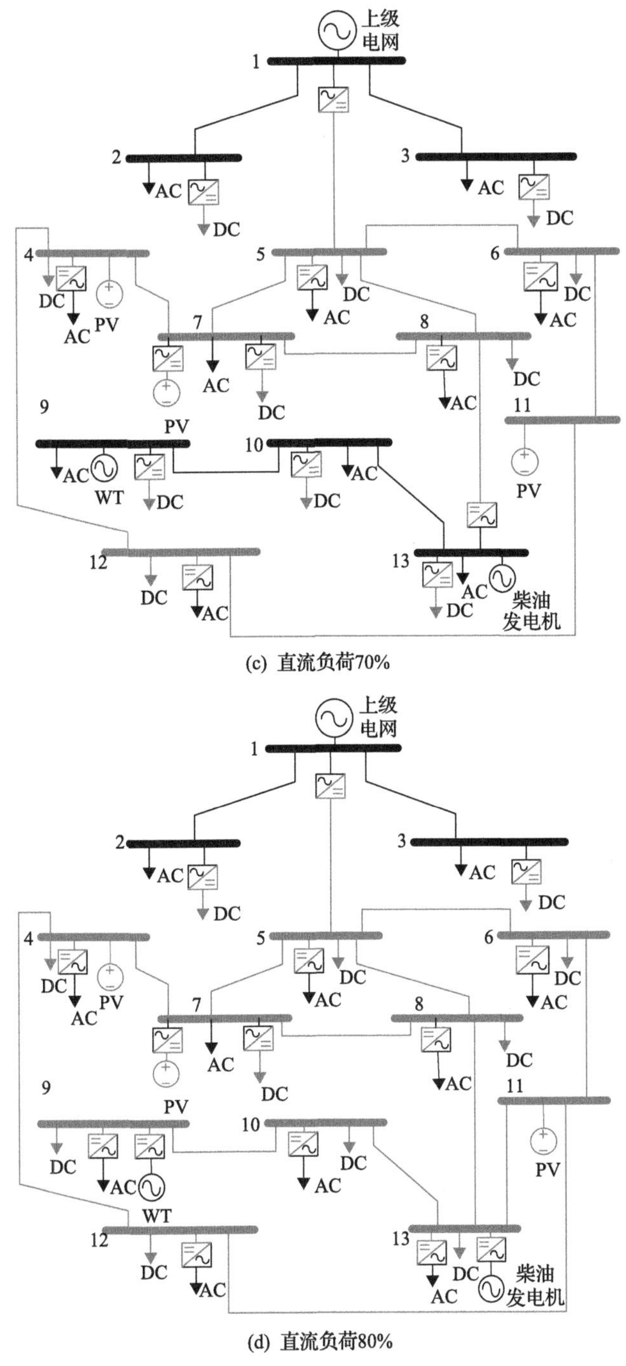

(c) 直流负荷70%

(d) 直流负荷80%

图 10-5　最优拓扑演化

表 10-5 最优潮流对比

	直流负荷渗透率	母线直流改造	线路直流改造	新建线路
第一阶段	0、10%、20% 30%、40%	无	无	无
第二阶段	50%、60%	Bus6	5-6	无
第三阶段	70%	Bus5、Bus7、Bus8	1-5、5-7、5-8	4-7(DC)、7-8(DC)
第四阶段	80%	Bus9、Bus10、Bus13	9-10、10-13	11-13(DC)

由上述动态演化优化结果可见，随着直流负荷渗透率的提高，配电网最优形态中直流成分也在不断提升。由图 10-5 可知，直流负荷渗透率在 40%以下时，维持原有的网络拓扑可使规划年限内的运行与投资成本最低；当渗透率达到 50%以上时，拓扑形态需进行一定调整，包括原有线路或母线的直流改造和新建馈线，含大容量交流发电机组的母线及与大容量交流发电机组母线有电气连接的母线更倾向于采用交流模式；当渗透率达到 70%以上时，除上级电网并网点 1 母线及与之有电气连接的 2、3 母线外，配电网其余部分完全升级为直流模式，原因在于并网点换流器容量过大带来的成本过高问题。综上，在交流负荷所占比例较高的阶段，大规模的直流改造不能有效降低规划期内的总投资成本，主要是由于换流器的投资费用过高，直流改造带来的运行收益不足以弥补投资费用。因此，直流改造必须随着负荷成分的改变分阶段有序进行。

10.3.2 灵活调节资源协调运行案例

算例采用 IEEE 33 节点配电系统，具体拓扑与灵活调节资源配置如图 10-6 所示。

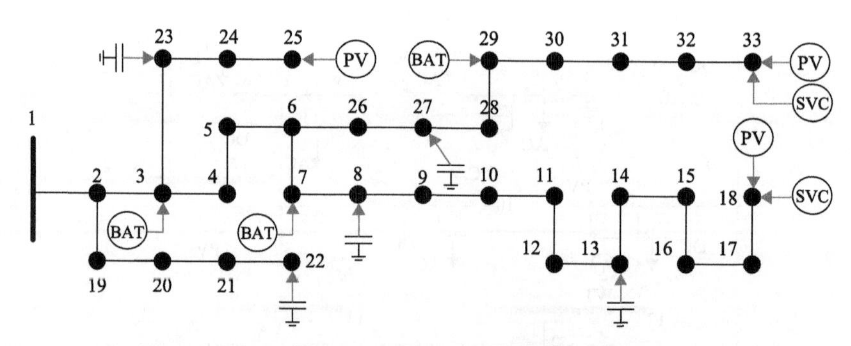

图 10-6 IEEE 33 节点系统

负荷与光伏典型功率曲线取自美国某地区的实际数据，如图 10-7 所示。3 台光伏发电机组分别接入 18、25 和 33 节点，储能装置设置在 3、7 和 29 节点，静态无功补偿装置 SVC 接入 18 与 33 节点，5 组电容器组分布在 8、13、22、23 及 27 节点。

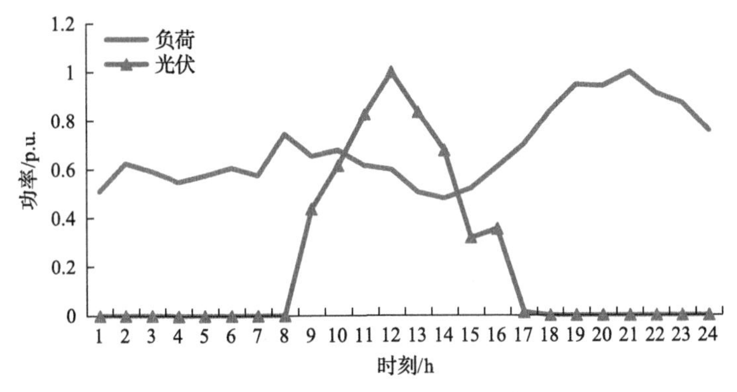

图 10-7　负荷与光伏日内出力曲线

1. 灵活调节资源效用对比

为说明本章提出的优化调度模型在不同分布式新能源渗透率背景下的优化效果，设计以下两个运行场景。

场景 a：仅考虑传统的变压器抽头与电容器无功补偿，不考虑其他灵活调节资源；

场景 b：考虑储能、换流器、SVC 以及配网重构等灵活调节资源的协调调度。

目标函数，也即网损的求解结果如表 10-6 所示，不同的新能源渗透率下，场景 b 的网损均比场景 a 小，可见通过灵活调节资源的协调调度，可以使电网运行在更加高效的运行工况。同时可以看出，随着分布式新能源渗透率的提高，网损先下降后提升，降损效果先增大后减小，可知新能源在一定比例时能优化系统运行，但当渗透率超过某一个临界点时，为保证新能源的优先消纳，可能导致系统的运行工况恶化。

表 10-6　网损优化结果

新能源渗透率	场景 a	场景 b	降损百分比
10%	1.594	1.2105	24.06%
50%	1.459	1.0163	30.34%
70%	1.511	1.1205	25.84%

以时刻“13”为例，电压分布曲线如图 10-8 所示。可以看出，随着分布式光伏比例的提升，总体电压水平有所上升；在 18、25、33 节点处，由于光伏机组的接入，出现明显的电压尖峰，随着光伏占比的提升，尖峰越趋明显。同一渗透率水平下，场景 a 在光伏接入点处的电压水平始终比场景 b 高，可见灵活调节资源可以有效抑制新能源接入点的电压尖峰，使系统整体电压波动较小，更趋于标准额定电压。

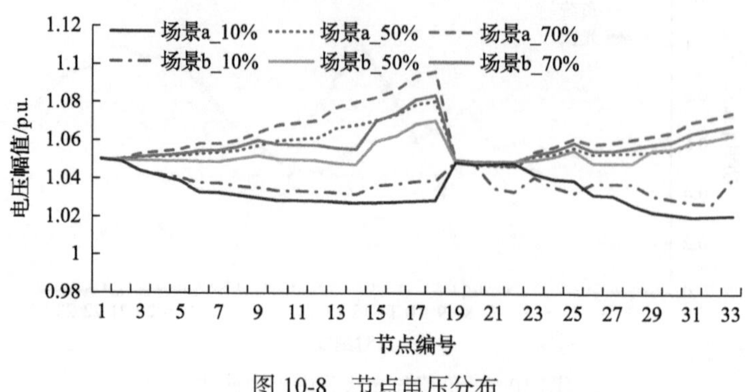

图 10-8　节点电压分布

以光伏渗透率 70%时，3 号节点处的储能装置为例，储能装置充放电功率曲线与储能装置剩余电量百分数曲线如图 10-9 所示。可以明显看出，在时刻“7～9”与时刻“19～22”期间，放电功率曲线出现两个放电高峰，在时刻“10～14”，充电功率曲线出现一个充电高峰，结合图 10-6 的负荷与光伏日内出力曲线，可分析得出：储能装置在负荷早高峰与晚高峰两个时段进行放电，以提供高峰负荷的电能需求，而在中午光伏满发且负荷较低的阶段，则进行充电，储存系统富余电量，供负荷高峰时刻供电之需。此外储能装置也平抑了系统净负荷的功率波动，缓解输配边界点的调峰压力。

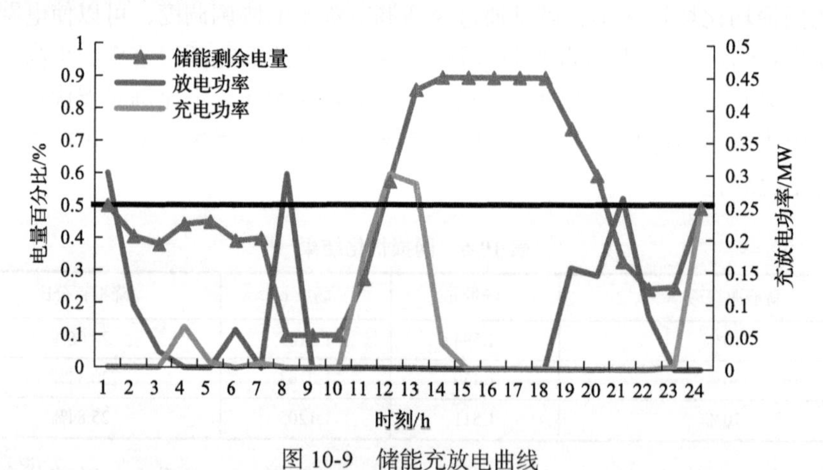

图 10-9　储能充放电曲线

配网重构方案如表 10-7 所示。在时刻 8、时刻 13 与时刻 15 处，发生了配网重构，对应于光伏出力曲线的始发、满发与减发三个阶段。可以看出，配网重构将使高比例新能源接入的配电网系统能够在应对新能源出力波动的问题时，具备更加灵活的可调属性。

表 10-7　配网重构方案

时刻	重构方案
T1～T7	—
T8	“9-15”开关闭合；“14-15”开关断开
T8～T12	—
T13	“9-15”开关断开；“14-15”开关闭合 “25-29”开关闭合；“28-29”开关断开
T13～T14	—
T15	“25-29”开关断开；“28-29”开关闭合
T15～T24	—

2. 储能优化配置

高渗透率分布式可再生能源的波动特性，给主网调峰能力带来新的挑战。国外高比例光伏分布式接入导致日内净负荷曲线呈现“鸭型曲线”分布，在中午光伏满发与傍晚光伏降至零出力两个时段陡峭的爬坡曲线，需要主网提供相应的调峰能力支撑。储能装置能通过在时段间负荷平移，一定程度上平抑净负荷曲线波动，缓解主网的调峰压力。

本算例通过在原二阶锥模型中添加输配边界点的调峰能力约束，展示不同分布式新能源渗透率下的最优储能配置方案。

首先定义调峰能力的数学表达式，本算例以输配边界点相邻时段间的有功功率变化量作为主网调峰能力的表达式，即 $d_t = P_{0,t} - P_{0,t-1}\ \forall t \in [2,24]$。其中，$d_t$ 为主网调峰能力指标；$P_{0,t}$ 为 t 时刻主网注入输配边界点的有功功率。

由于储能装置的关键参数有两个，一是最大功率，另一个是储能容量。考虑不同的储能功率与容量配置，在一定的主网调峰能力约束下，对上述模型进行优化，得到不同新能源渗透率下的优化结果，如图 10-10～图 10-12 所示。

可见，储能装置的功率与容量配置均存在一个饱和点，容量低于饱和点或最大功率低于饱和点时，随着容量和最大功率的增大，网络损耗逐渐降低；容量超过饱和点或功率超过饱和点，将不能继续获得明显的降损效益。例如，在新能源渗透率 70%的场景下，沿着储能配置容量横切面，网损随最大功率限制的变化曲线如图 10-13 所示。容量饱和点在 2MW·h 附近，低于 2MW·h 时，曲线随着配置容量的上升而向下平移；容量高于 2MW·h 时，曲线基本不变，维持在容量饱和点的边界线。沿着最大功率横切面，网损随储能配置容量的变化曲线如图 10-14 所示。最大功率饱和点在 0.3MW 附近，最大功率低于 0.3MW 时，曲线拐点随着最大功率的提升而向右移动；最大功率在 0.3MW 附近时，曲线拐点基本稳定在容量 2MW·h 左右。同时也能看出，储能装置的配置容量与配置的最大功率应进行匹配，如图 10-14 所示，最大功率 0.1MW 时，容量应配置大约 1.1MW·h，以使储能装置达到尽可能多地降低网损的目的；相应地，最大功率 0.2MW 时，应配置大约 1.8MW·h 容量的储能装置，最大功率 0.3MW 时应配置 2MW·h 容量的储能装置。

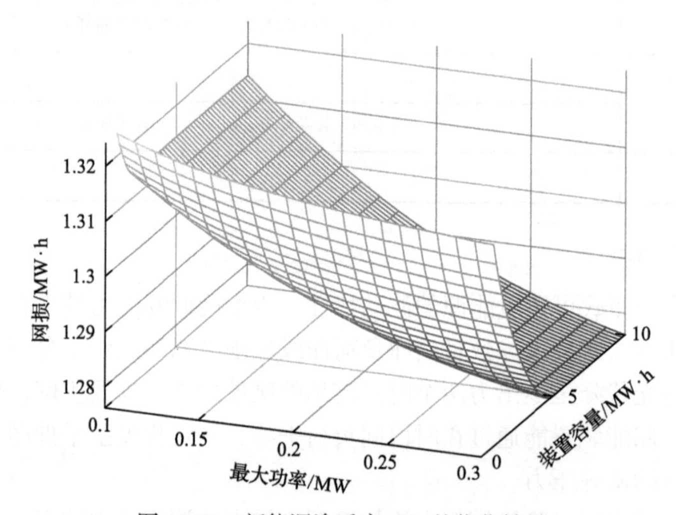

图 10-10　新能源渗透率 10%的优化结果

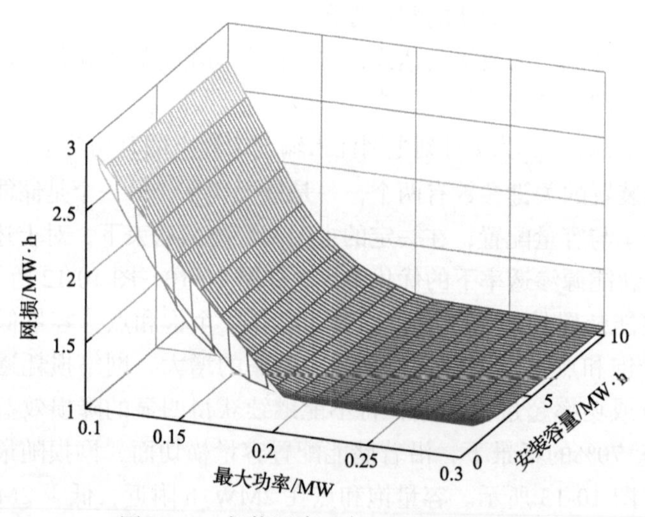

图 10-11　新能源渗透率 50%的优化结果

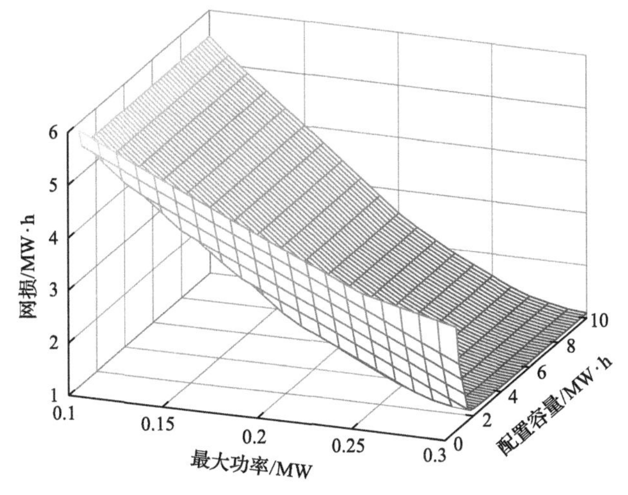

图 10-12　新能源渗透率 70%的优化结果

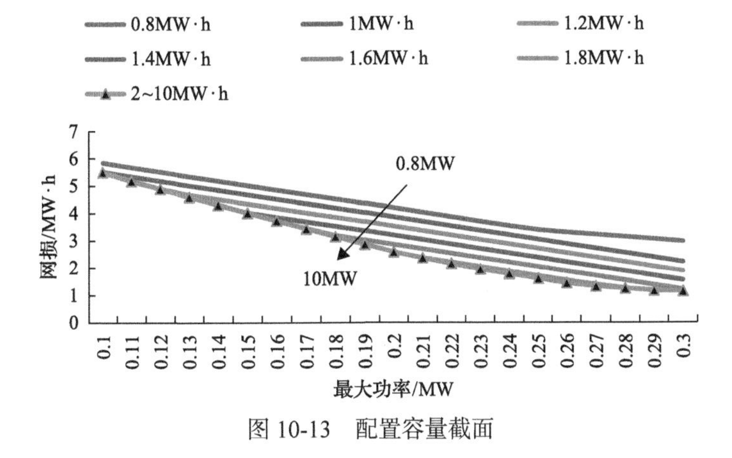

图 10-13　配置容量截面

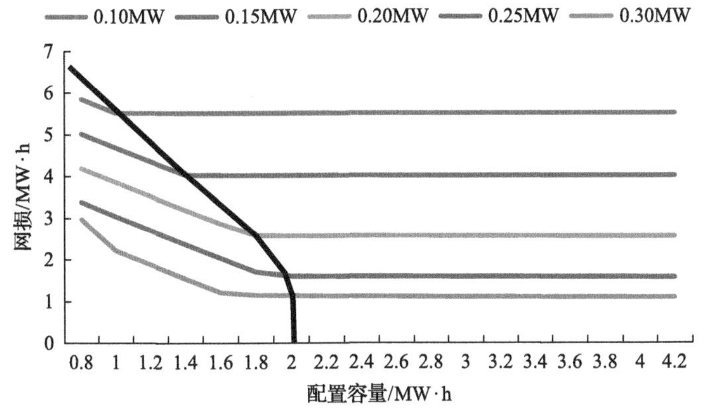

图 10-14　最大功率截面

从图 10-10～图 10-12 也能看出，随着新能源渗透率的提升，储能的最优容量与最大功率配置逐渐提升。例如，光伏渗透率 10%时，基本不需要储能装置，储能装置降损效果不明显；光伏渗透率 50%时，储能装置容量饱和点为 1MW·h，最大功率饱和点为 0.2MW；光伏渗透率 70%时，储能装置容量饱和点为 2MW·h，最大功率饱和点为 0.3MW。

参 考 文 献

[1] 鲁宗相, 王彩霞, 闵勇, 等. 微电网研究综述[J]. 电力系统自动化, 2007, 31(19): 100-107.
[2] 陈永淑, 周雒维, 杜雄. 微电网控制研究综述[J]. 中国电力, 2009, 42(7): 31-35.
[3] 苏玲, 周翔, 季良, 等. 微电网控制策略综述[J]. 华东电力, 2014, 42(11): 2249-2253.
[4] 林嘉麟. 含分布式能源的直流配电网优化调度研究[D]. 北京: 华北电力大学, 2016.
[5] 孙国萌, 齐琛, 韩蓓, 等. 交直流混合配电网规划运行关键技术研究[J]. 供用电, 2016, 33(8): 7-17.
[6] 张璐, 唐巍, 梁军, 等. 基于 VSC 的交直流混合中压配电网功率-电压协调控制[J]. 中国电机工程学报, 2016, 36(22): 6067-6075.
[7] 马钊, 焦在滨, 李蕊. 直流配电网络架构与关键技术[J]. 电网技术, 2017, 41(10): 3348-3357.
[8] 刘涤尘, 彭思成, 廖清芬, 等. 面向能源互联网的未来综合配电系统形态展望[J]. 电网技术, 2015, 39(11): 3023-3034.
[9] 肖猛, 严居斌, 汪小明, 等. 适用于工业园区的柔性直流配电网系统研究[J]. 电气应用, 2017, 36(10): 63-67.
[10] 李霞林, 郭力, 王成山, 等. 直流微电网关键技术研究综述[J]. 中国电机工程学报, 2016, 36(1): 2-17.
[11] 宋强, 赵彪, 刘文华, 等. 智能直流配电网研究综述[J]. 中国电机工程学报, 2013, 33(25): 5, 9-19.
[12] 欧阳武. 含分布式发电的配电网规划研究[D]. 上海: 上海交通大学, 2009.
[13] 杨文宇. 基于最小生成树算法的配电网架优化规划[D]. 西安: 西安理工大学, 2005.
[14] 胡晓博. 含分布式能源的交直流混合配电网规划[D]. 保定: 华北电力大学, 2017.
[15] 蒋智化. 格式网模式直流配电网及电压控制策略研究[D]. 北京: 华北电力大学, 2016.
[16] Ahmed HMA, Eltantawy AB, Salama MMA. A Planning Approach for the Network Configuration of AC-DC Hybrid Distribution Systems[J]. IEEE Transactions on Smart Grid, 2018, 9(3): 2203-2213.
[17] 吴志远, 殷正刚, 唐西胜. 混合电网的交直流解耦潮流算法[J]. 中国电机工程学报, 2016, 36(4): 937-944.
[18] 叶学顺, 刘科研, 孟晓丽. 含分布式电源的交直流混合配电网潮流计算[J]. 供用电, 2016, 33(8): 23-26, 49.
[19] 祁永福. 含分布式电源的配电网双层优化规划研究[D]. 北京: 华北电力大学, 2011.
[20] 黄伟. 双层规划理论在电力系统中的应用研究[D]. 杭州: 浙江大学, 2007.
[21] 王守相, 陈思佳, 谢颂果. 考虑安全约束的交直流配电网储能与换流站协调经济调度[J]. 电力系统自动化, 2017, 41(11): 85-91.
[22] 麻秀范, 崔换君. 改进遗传算法在含分布式电源的配电网规划中的应用[J]. 电工技术学报, 2011, 26(3): 175-181.
[23] Ghadiri A, Haghifam M R, Larimi S M M. Comprehensive approach for hybrid AC/DC distribution network planning using genetic algorithm[J]. Iet Generation Transmission & Distribution, 2017, 11(16): 3892-3902.

第 11 章　高比例可再生能源的输配电网协同接入及优化配比

11.1　可再生能源优化配比模型

可再生能源在输配电网中接入的比例，或者说可再生能源的并网电压等级，是一个需要综合考虑可再生能源容量、远期规划、当地电网网架、电源、负荷的实际情况等因素的决策过程。依据我国国情，国家电网有限公司已经出台了《风电场电气系统典型设计》《分散式风电接入电网技术规定》(Q/GDW1866—2012)《分布式电源接入电网技术规定》(Q/GDW1480-2015)《光伏发电站接入电网技术规定》(Q/GDW1617-2015)等一系列相关设计原则、规定。以风电为例，装机容量50～100MW 接入电压等级 110(66)kV；装机容量 100～600MW 接入电压等级220(330)kV；装机容量 600～1000MW 接入电压等级 500、220(330)kV；装机容量 1000～5000MW 接入电压等级 750(550)kV；装机容量 5000MW 以上接入电压等级 1000kV、750kV 或直流输电方式。可见，可再生能源的装机容量是接入输电网还是配电网的一个关键因素。

如果不考虑地理条件等限制，在可再生能源开发总量上限一定的前提下，存在接入输电网还是配电网的可再生能源最优配比问题。在未来高比例可再生能源和高度电力电子化电力系统中，输配电网的耦合性进一步增加，可再生能源配比方案将直接影响电网实际运行效果。可再生能源的最优配比，应能充分挖掘可再生能源在输配电网的协同消纳潜力，以应对高比例可再生能源接入所带来的随机性、间歇性、波动性等强不确定性因素，避免因可再生能源机组不合理投建行为引起的大规模弃能现象，为实际可再生能源机组投建提供重要参考。

在上述背景下，本章重点研究可再生能源在输配电网协同背景下的优化投建问题，其本质为电源规划，输配电网网架结构相对固定。但与输配电网中的电源独立规划不同，高比例可再生能源接入下需要考虑输配电网之间的双向潮流，特别是配电网中可再生能源出力大于负荷需求时所产生的反向潮流，如何在考虑双向潮流的基础上实现可再生能源机组容量的最优分配是本章所要解决的问题。

目前，在学术界仅有少量文献涉及输配电网协同的相关问题；文献[1]和[2]首先研究了输配协同潮流计算方法，该方法通过分析输配全局潮流问题中的非线性潮流方程组的特点，提出了主从分裂理论；文献[3]研究了输配协同机组组合问题，通过大系统分解理论中的分析目标级联算法将原问题分解为输电网机组组合子问题和配电网机组组合子问题；文献[4]研究了基于主从分裂理论的输配全局潮流分析；文献[5]提出了协同输配电网的最优潮流模型。对于输配电网协同背景下的可再生能源容量最优分配，目前暂无文献报道。

输配电网的主要连接结构分为输电、变电和配电三个部分，以变电站出口母线作为输配分界。输配电网协同背景下的可再生能源容量分配模型需要充分考虑输配电网所具有的大规模、差异化和分布式的特点。其中，大规模是指由于输配电网节点众多，当同时考虑多个电压等级的输配电网时，模型规模将大大增加，模型求解将存在较大困难。差异化主要是指输配电网存在结构差异、网络参数差异和模型差异三个主要特点。其中，结构差异主要针对配电网闭环设计开环运行以及输电网设计和运行时都为环状的特点；网络参数差异是指输电网阻抗值大，阻抗比小，而配电网阻抗值小，阻抗比大；模型差异指配电网存在三相不平衡的运行状态，而输电网则可近似等效为单相模型。输配电网分布式特征主要指输配电网由分布在不同区域的不同部门管理，其职责与管辖范围各不相同。根据此特点，输配协同优化模型不会建立在集中式计算环境中，而需要充分支持分布式计算环境。因此，分布式优化方法将是解决输配电网协同优化问题的主要方法之一。

11.1.1 可再生能源优化配比模型概述

对于非协同方式下的可再生能源优化配比，在可再生能源投建总容量上限一定情况下，一般不考虑输配电网间的双向潮流，而是规定了输配电网间的单一潮流方向(输电网传送电量至配电网)，在实际求解过程中，输电网侧将配电网等效为等值负荷，而配电网则将输电网等效为等值电源接入。在此，首先介绍传统非协同方式下的可再生能源优化配比模型。该模型目标函数如式(11-1)，该目标函数只考虑输配电网中的可再生能源机组投资成本、常规机组发电成本及可再生能源机组运行维护成本。该模型约束条件如式(11-3)～式(11-7)，包括节点功率平衡约束、线路潮流约束、常规机组出力约束以及可再生能源机组投建容量约束。

$$\begin{aligned}\min\ F = &\sum_{i\in B^T} C_i x_i + \sum_{j\in B^D} C_j x_j + T\Big(\sum_{i\in B^T} C_{q,i}P_{q,i} + C_{y,i}P_{rw,i} \\ &+ \sum_{i\in B^D} C_{q,i}P_{q,i} + C_{y,i}P_{rw,i}\Big)\end{aligned} \tag{11-1}$$

式中，F 为输配电源规划总费用值；C_i 、x_i 分别表示输电网可再生能源机组 i 的单位容量投资费用和投建容量；C_j 和 x_j 分别表示配电网可再生能源机组 j 的单位容量投资费用和投建容量；$C_{q,i}$ 和 $P_{q,i}$ 分别为常规机组 i 的单位发电成本以及发电功率；$C_{y,i}$ 和 $P_{rw,i}$ 分别为可再生能源机组 i 的单位运行维护成本和实际发电功率；

B^T 为输电网节点集合；B^D 为配电网节点集合；T 为规划年所包含的等效小时数，传统模型只考虑最高负荷值，该值取为 8760h。该模型主要目的在于求解得到最优输配电网可再生能源机组投建容量 x_i^* 和 x_j^*，并根据最优投建方案计算输配电网最优容量配比 η，其计算式如下：

$$\eta = \frac{\sum_{i \in B^T} x_i^*}{\sum_{j \in B^D} x_j^*} \tag{11-2}$$

约束条件主要有以下几个。

1) 节点功率平衡约束

$$\sum_{j \in \Omega_i^G} P_{q,j} + \sum_{j \in \Omega_i^R} P_{rw,j} - \sum_{l \in \Omega_i^{L1}} f_l + \sum_{l \in \Omega_i^{L2}} f_l = d_i + \hat{P}_{b,i}^D, \quad \forall i \in B^T \tag{11-3}$$

$$\sum_{j \in \Omega_i^G} P_{q,j} + \sum_{j \in \Omega_i^R} P_{rw,j} - \sum_{l \in \Omega_i^{L1}} f_l + \sum_{l \in \Omega_i^{L2}} f_l + \hat{P}_{b,i}^T = d_i, \quad \forall i \in B^D \tag{11-4}$$

式(11-3)、式(11-4)分别表示输配电网节点功率平衡方程。式中，$P_{rw,j}$ 为可再生能源机组 j 的实际发电功率；f_l 为线路 l 的传输功率值；d_i 为节点 i 的负荷值；$\hat{P}_{b,i}^D$ 为配电网接入输电网的等效负荷值，一般取配电网总负荷值作为等效负荷值进行考虑；$\hat{P}_{b,i}^T$ 为输电网接入配电网的等效电源值，一般以输电网中电源与负荷差值进行考虑；Ω_i^R 为节点 i 处的可再生能源机组集合；Ω_i^G 为节点 i 处的常规机组集合；Ω_i^{L1} 为以节点 i 为始端的线路集合；Ω_i^{L2} 为以节点 i 为末端的线路集合。

2) 线路潮流约束

$$\begin{cases} f_l = b_l(\theta_{l_1} - \theta_{l_2}), & \forall l \in L_T, L_D \\ f_{l,\min} \leqslant f_l \leqslant f_{l,\max}, & \forall l \in L_T, L_D \end{cases} \tag{11-5}$$

式(11-5)表示输配电网线路潮流方程以及线路传输容量约束。式中，θ_{l_1}、θ_{l_2} 分别为线路始端节点电压相角和末端节点电压相角；b_l 为线路 l 的电纳值；$f_{l,\max}$ 与 $f_{l,\min}$ 分别为线路 l 的传输功率上下限；L_D 为配电网线路集合；L_T 为输电网线路集合。

3) 常规机组出力约束

$$P_{q,i,\min} \leqslant P_{q,i} \leqslant P_{q,i,\max}, \quad \forall i \in \Omega^G, \forall i \in B^T \cup B^D \tag{11-6}$$

式(11-6)表示常规机组出力必须满足的技术出力限制。式中，$P_{q,i,\min}$ 和 $P_{q,i,\max}$ 分别表示常规机组 i 的最小技术出力值与最大技术出力值。

4)可再生能源机组投建容量约束

$$\begin{cases} 0 \leqslant x_k \leqslant x_{k,\max}, \quad k \in B^T \cup B^D \\ \sum\limits_{i \in B^T} x_i + \sum\limits_{j \in B^D} x_j \leqslant C_r \end{cases} \tag{11-7}$$

式(11-7)表示可再生能源机组 k 的允许投建容量范围及输配电网总投建容量限制。式中，$x_{k,\max}$ 为待建可再生能源机组 k 的最大允许投建容量；C_r 为最大总投建容量值。

11.1.2　输配电网协同背景下的可再生能源优化配比模型

11.1.1 节中的模型不考虑输配电网间的双向潮流，无法做到输配电网资源互补，不能充分挖掘输配电网的可再生能源消纳潜力，且不涉及切负荷，可再生能源分配方案的实际运行效果较差。因此，本节提出输配电网协同背景下的可再生能源优化配比模型，该模型主要优化目标为输配电网总费用 F 最小，总费用主要包括可再生能源总投资费用 f_{inv}、输电网运行费用 f_{tran} 和配电网运行费用 f_{dist}，运行费用则分别包含输配电网中的常规机组燃料成本、可再生能源机组运行维护成本以及切负荷成本。具体来说，该模型目标函数可见式(11-8)～式(11-11)。该模型约束条件分别如式(11-12)～式(11-20)，除了传统可再生能源优化配比模型中的节点功率平衡约束、线路潮流约束、常规机组出力约束及可再生能源机组投建容量约束外，该协同模型中还加入了切负荷功率约束和变电站约束。从约束条件可以看出，对于节点功率平衡等式，输配电网将不再以等值电源或者等值负荷的形式接入，而是通过引入输配电网与变电站之间的交换功率变量 $P_{b,i,s}$ 来表征输配电网间的双向潮流。若规定功率从输电网流向配电网为正方向，则该优化变量取正值时表明输配电网间为正向潮流，取负值时表明输配电网间为反向潮流，同时该优化变量须满足相应的变电站约束条件。除此之外，在模型中加入切负荷操作来提高系统灵活性，但该切负荷值仍需满足相应的切负荷功率约束。

$$\min F = f_{\text{inv}} + f_{\text{tran}} + f_{\text{dist}} \tag{11-8}$$

其中，各目标函数表达式如下。

$$f_{\text{inv}} = \sum_{i \in B^T} C_i x_i + \sum_{j \in B^D} C_j x_j \tag{11-9}$$

$$f_{\text{tran}} = T \sum_{i \in B^T} (C_{q,i}P_{q,i} + C_{y,i}P_{rw,i} + C_{d,i}P_{d,i}) \tag{11-10}$$

$$f_{\text{dist}} = T \sum_{i \in B^D} (C_{q,i}P_{q,i} + C_{y,i}P_{rw,i} + C_{d,i}P_{d,i}) \tag{11-11}$$

式中，$C_{d,i}$和$P_{d,i}$分别为节点i的单位切负荷成本以及切负荷功率。

约束条件主要有以下几个。

1）节点功率平衡约束

$$\sum_{j \in \Omega_i^G} P_{q,j} + \sum_{j \in \Omega_i^R} P_{rw,j} - \sum_{l \in \Omega_i^{L1}} f_l + \sum_{l \in \Omega_i^{L2}} f_l = d_i - P_{d,i} + P_{b,i}, \quad \forall i \in B^T \tag{11-12}$$

$$\sum_{j \in \Omega_i^G} P_{q,j} + \sum_{j \in \Omega_i^R} P_{rw,j} - \sum_{l \in \Omega_i^{L1}} f_l + \sum_{l \in \Omega_i^{L2}} f_l + P_{b,i} = d_i - P_{d,i}, \quad \forall i \in B^D \tag{11-13}$$

式(11-12)～式(11-13)分别表示输配电网节点功率平衡。式中，$P_{b,i}$为输配电网与变电站节点i的交换功率值；d_i为变电站节点i的负荷。

2）线路潮流约束

$$\begin{cases} f_l = b_l(\theta_{l_1} - \theta_{l_2}), & \forall l \in L_T, L_D \\ f_{l,\min} \leqslant f_l \leqslant f_{l,\max}, & \forall l \in L_T, L_D \end{cases} \tag{11-14}$$

式(11-14)表示输配电网线路潮流方程及线路传输容量约束。

3）常规机组出力约束

$$P_{q,i,\min} \leqslant P_{q,i} \leqslant P_{q,i,\max}, \quad \forall i \in \Omega^G, \quad \forall i \in B^T \cup B^D \tag{11-15}$$

4）切负荷功率约束

$$0 \leqslant P_{d,i} \leqslant d_i, \quad \forall i \in B^T \cup B^D \tag{11-16}$$

5）变电站约束条件

$$\sum_{j \in \Omega_i^G} P_{b,j} + \sum_{l \in \Omega_i^{L1}} f_l - \sum_{l \in \Omega_i^{L2}} f_l = d_i - P_{d,i}, \quad \forall i \in \Omega^{\text{sub}} \tag{11-17}$$

$$P_{b,i,\min} \leqslant P_{b,i} \leqslant P_{b,i,\max}, \quad \forall i \in \Omega^{\text{sub}} \tag{11-18}$$

$$0 \leqslant P_{d,i} \leqslant d_i, \quad i \in \Omega^{\text{sub}} \tag{11-19}$$

式中，Ω^{sub}为变电站节点集合。式(11-17)为变电站节点功率平衡方程，式(11-18)为变电站本地功率注入约束，式(11-19)为变电站本地切负荷约束。

6)可再生能源机组投建容量约束

$$\begin{cases} 0 \leqslant x_k \leqslant x_{k,\max}, & k \in B^T \cup B^D \\ \sum\limits_{i \in B^T} x_i + \sum\limits_{j \in B^D} x_j \leqslant C_r \end{cases} \tag{11-20}$$

11.1.3　高比例可再生能源并网及输配电网协同背景下的可再生能源优化配比模型

根据国家能源局的统计数据，截至 2018 年年底，我国可再生能源发电装机达到7.28 亿 kW，同比增长 12%；其中风电装机 1.84 亿 kW、光伏发电装机 1.74 亿 kW、生物质发电装机 1781 万 kW，分别同比增长 2.5%，12.4%，34%和 20.7%。可再生能源发电装机约占全部电力装机的 38.3%，同比上升 1.7 个百分点，可再生能源的替代作用日益凸显。同时，截至 2018 年年底，全国可再生能源发电量达到 1.87 万亿 kW·h，增长约 1700 亿 kW·h，可再生能源发电量占全部发电量比重为 26.7%。其中，风电3660 亿 kW·h，同比增长 20%；光伏发电 1775 亿 kW·h，同比增长 50%。全年弃水电量约 691 亿 kW·h，全国平均水能利用率达到 95%左右；弃风电量 277 亿 kW·h，全国平均弃风率为 7%左右；弃光电量 54.9 亿 kW·h，全国平均弃光率为 3%。风电、光伏发电在装机总量和发电量大幅提升的同时，均实现弃电量和弃电率“双降”。

国家能源局于 2018 年 10 月 30 日印发《清洁能源消纳行动计划(2018—2020年)》，该《行动计划》按照“2018 年清洁能源消纳取得显著成效，2020 年基本解决清洁能源消纳问题”的总体工作目标，科学测算并细化分解风电、光伏等各能源品种逐年的具体目标：2018 年，确保全国平均风电利用率高于 88%(力争达到90%以上)，弃风率低于 12%(力争控制在 10%以内)；光伏发电利用率高于 95%，弃光率低于 5%，确保弃风、弃光电量比 2017 年进一步下降。2019 年，确保全国平均风电利用率高于 90%(力争达到 92%左右)，弃风率低于 10%(力争控制在 8%左右)；光伏发电利用率高于 95%，弃光率低于 5%。2020 年，确保全国平均风电利用率达到国际先进水平(力争达到 95%左右)，弃风率控制在合理水平(力争控制在 5%左右)；光伏发电利用率高于 95%，弃光率低于 5%。

尽管全国可再生能源弃能率呈下降趋势，但高比例可再生能源接入的西北地区等的弃能现象仍然较为严重。根据国家能源局的统计数据，预计 2020 年西北区域各省(区)依然会存在较为严重的弃风弃光现象，西北各省的弃风弃光率仍然偏高，其中甘肃和新疆在考虑新建直流工程后，弃风弃光率预计仍将超过 20%，消纳压力较大；宁夏、青海弃风弃光率在 10%左右，还存在部分消纳的压力；陕西在新建陕北-关中二通道后，弃风弃光率将维持较低水平。因此，在高比例可再生能源系统中，降低弃能率是需要重点考虑的问题之一，而将可再生能源弃能限制作为约束条件引入到规划模型中，有利于提升规划方案在实际运行中的可再生能源消纳量。此外，传统模型只考虑最高负荷值，在高比例可再生能源接入背景下需要考虑强不确定性，因此通过聚类等方法引入典型场景和极端场景进行综合分析，这也是本模型与传统模型的第二点区别。

本节建立高比例可再生能源并网及输配电网协同背景下的可再生能源优化配比模型，与 11.1.2 节建立的模型类似，本节所建立的优化模型目标为输配电网总费用 F 最小，其中，总费用主要包括可再生能源总投资费用 f_{inv}、输电网运行费用 f_{tran} 和配电网运行费用 f_{dist}，运行费用则分别包含输配电网中的常规机组燃料成本、可再生能源机组运行维护成本、切负荷成本以及弃能成本。该模型目标函数可见式(11-21)～式(11-24)。除 11.1.2 节模型中所包含的约束条件以外，本节模型纳入弃能的相关因素，将弃能电量以惩罚费用的形式加入到目标函数当中，同时弃能功率需要满足最大弃能值的限制，具体见式(11-30)～式(11-31)，该约束将同时作用于已建可再生能源机组及待建可再生能源机组。除此之外，为提高可再生能源消纳量，该模型将加入可再生能源电量占比约束，即要求可再生能源发电量达到总发电量的一定比例以上。

$$\min F = f_{\text{inv}} + f_{\text{tran}} + f_{\text{dist}} \tag{11-21}$$

其中，各目标函数表达式如下：

$$f_{\text{inv}} = \sum_{i \in B^T} C_i x_i + \sum_{j \in B^D} C_j x_j \tag{11-22}$$

$$f_{\text{tran}} = \sum_{s \in \Omega^S} \left[T_s \sum_{i \in B^T} (C_{q,i} P_{q,i,s} + C_{y,i} P_{rw,i,s} + C_{r,i} P_{rs,i,s} + C_{d,i} P_{d,i,s}) \right] \tag{11-23}$$

$$f_{\text{dist}} = \sum_{s \in \Omega^S} \left[T_s \sum_{i \in B^D} (C_{q,i} P_{q,i,s} + C_{y,i} P_{rw,i,s} + C_{r,i} P_{rs,i,s} + C_{d,i} P_{d,i,s}) \right] \tag{11-24}$$

式中，T_s 为场景 s 的持续时间；$P_{rs,i,s}$ 为可再生能源机组 i 在场景 s 中的弃能功率值；Ω^S 为随机场景集合。

约束条件如下。

1）节点功率平衡方程

$$\begin{aligned} &\sum_{j \in \Omega_i^G} P_{q,j,s} + \sum_{j \in \Omega_i^R} (P_{r,j,s} - P_{rs,j,s}) - \sum_{l \in \Omega_i^{L1}} f_{l,s} + \sum_{l \in \Omega_i^{L2}} f_{l,s} \\ &= d_{i,s} - P_{d,i,s} + P_{b,i,s}, \quad \forall i \in B^T, \forall s \in S \end{aligned} \tag{11-25}$$

$$\sum_{j\in\Omega_i^G}P_{q,j,s}+\sum_{j\in\Omega_i^R}(P_{r,j,s}-P_{rs,j,s})-\sum_{l\in\Omega_i^{L1}}f_{l,s}+\sum_{l\in\Omega_i^{L2}}f_{l,s}+P_{b,i,s}=d_{i,s}-P_{d,i,s},\quad\forall i\in B^D,\forall s\in S \tag{11-26}$$

式(11-25)和式(11-26)分别表示输配电网节点功率平衡方程。式中，$P_{r,j,s}$ 为可再生能源机组 j 在场景 s 中的预测出力值；$f_{l,s}$ 为线路 l 在场景 s 中的传输功率值；$d_{i,s}$ 为节点 i 的负荷值；$P_{b,i,s}$ 为输配电网与变电站节点 i 的交换功率值；Ω_i^R 为节点 i 处的可再生能源机组集合；Ω_i^G 为节点 i 处的常规机组集合；Ω_i^{L1} 为以节点 i 为始端的线路集合；Ω_i^{L2} 为以 i 节点为末端的线路集合。

2)线路潮流约束

$$\begin{cases}f_{l,s}=b_l(\theta_{l_1,s}-\theta_{l_2,s}), & \forall l\in L_T,L_D\\ f_{l,\min}\leqslant f_{l,s}\leqslant f_{l,\max}, & \forall l\in L_T,L_D\end{cases} \tag{11-27}$$

式(11-27)表示输配电网线路潮流方程以及线路传输容量约束。由文献[7]可知，虽然配电网潮流一般利用交流潮流方法计算，但直流潮流方法仍可应用于部分均一或辐射状配电网，且文献[8]证明了直流潮流应用于配电网中的精度在允许范围之内。因此本节为统一输配电网潮流模型，均采用直流潮流方法进行计算。

3)常规机组出力约束

$$P_{q,i,\min}\leqslant P_{q,i,s}\leqslant P_{q,i,\max},\quad\forall i\in\Omega^G,\forall i\in B^T\cup B^D,\forall s\in S \tag{11-28}$$

4)切负荷功率约束

$$0\leqslant P_{d,i,s}\leqslant d_{i,s},\quad\forall i\in B^T\cup B^D,\forall s\in S \tag{11-29}$$

5)待建可再生能源机组弃能功率约束

$$0\leqslant P_{rs,i,s}\leqslant P_{r,i,s},\quad\forall i\in\Omega^{RN},\forall s\in S \tag{11-30}$$

式中，Ω^{RN} 为待建可再生能源机组集合。

6)已建可再生能源机组弃能功率约束

$$0\leqslant P_{rs,i,s}\leqslant P_{r,i,s},\quad\forall i\in\Omega^{RE},\forall s\in S \tag{11-31}$$

式中，Ω^{RE} 为已建可再生能源机组集合。

7)电压幅值约束

$$U_{\min}\leqslant H\theta_{\mathcal{N},s}+F\theta_{\mathcal{M},s}+h\leqslant U_{\max},\quad\forall s\in S \tag{11-32}$$

在此利用文献[7]中的扩展直流潮流算法计算输配电网电压幅值，该方法建立了 PQ 节点电压幅值与电压相角的线性关系，通过计算相角可近似得到 PQ 节点电压幅值大小。式中，$\mathcal{N}$ 为 PQ 节点；$\mathcal{M}$ 为 PV 节点和平衡节点；θ 为节点相角向量；$U_{\min}$ 和 $U_{\max}$ 为电压幅值向量，分别表示电压幅值上下限值。

8) 变电站约束条件

$$\sum_{j\in\Omega_i^G} P_{b,j,s} + \sum_{l\in\Omega_i^{L1}} f_{l,s} - \sum_{l\in\Omega_i^{L2}} f_{l,s} = d_{i,s} - P_{d,i,s}, \quad \forall i\in\Omega^{\text{sub}}, \forall s\in S \tag{11-33}$$

$$P_{b,i,\min} \leqslant P_{b,i,s} \leqslant P_{b,i,\max}, \quad \forall i\in\Omega^{\text{sub}}, \forall s\in S \tag{11-34}$$

$$0 \leqslant P_{d,i,s} \leqslant d_{i,s}, \quad i\in\Omega^{\text{sub}}, \forall s\in S \tag{11-35}$$

9) 可再生能源机组投建容量约束

$$\begin{cases} 0 \leqslant x_k \leqslant x_{k,\max}, & k\in B^T \cup B^D \\ \sum_{i\in B^T} x_i + \sum_{j\in B^D} x_j \leqslant C_r \end{cases} \tag{11-36}$$

本章将采用基于谱聚类的场景削减方法获得上述模型中所涉及的随机场景。谱聚类是根据点之间权值进行划分的方法，其特点是通过降维运算可保留原始数据信息并加快聚类速度，特别适用于稀疏数据点集合[9]。该方法需求取数据之间的相似矩阵 W 和度矩阵 D，一般可基于高斯核函数的全连接方法和邻接权值相加方法分别获得，计算式如下：

$$w_{ij} = \exp\left(-\frac{\|x_i - x_j\|_2^2}{2\sigma^2}\right) \tag{11-37}$$

$$d_i = \sum_{j\in\Omega_i^n} w_{ij} \tag{11-38}$$

式中，w_{ij} 为数据点 i 和 j 之间的相似系数；$\|.\|_2$ 为欧拉距离；σ 为函数宽度参数；d_i 为数据点 i 的度值；Ω_i^n 为与数据点 i 相邻的数据点集合。

利用相似矩阵和度矩阵计算拉普拉斯矩阵 L 如下：

$$L = D - W \tag{11-39}$$

式中，相似矩阵 W 为对角元素为零的对称矩阵；度矩阵 D 为仅有对角元素大于零的稀疏矩阵。

基于谱聚类的场景削减方法步骤如下。

步骤 1：根据每个负荷点最高负荷与风电场容量对时序数据标准化处理。

步骤 2：形成相似度矩阵 W 和度矩阵 D，并计算拉普拉斯矩阵 L。

步骤 3：通过对 L 标准化处理得到矩阵 L'，并计算对应的特征值 λ 和特征向量 $V_e=\{v_{e1},v_{e2},\cdots,v_{en}\}$。其中

$$L'=D^{-\frac{1}{2}}LD^{-\frac{1}{2}} \tag{11-40}$$

步骤 4：取出前 k 小的特征值所对应的特征向量作为列向量形成向量矩阵 V_k，通过 k-means 方法对特征向量聚类得到聚类中心 $C=\{x_1^c,x_2^c,\cdots,x_m^c\}$。该聚类结果即为原数据点聚类结果。此步骤将原来高维的数据降维得到新低维数据，并能保留原数据信息，低维数据点聚类结果与高维数据点相同。

步骤 5：利用概率再分配方法计算各典型场景概率，计算式如下：

$$\begin{gathered} p(x_i^c)=\sum_{x\in\Omega_i} p(x) \\ x_i^c \in C, \quad i=1,2,\cdots,m \end{gathered} \tag{11-41}$$

式中，$p(x_i^c)$ 为典型场景 x_i^c 的再分配概率；$p(x)$ 为场景 x 发生的概率；Ω_i 为第 i 类场景集合。

11.2　基于 Benders 分解的优化配比模型求解方法

基于 11.1 节输配电网协同背景下的可再生能源容量优化分配模型，求得最优可再生能源机组规划方案，规划模型为连续变量的大规模分布式优化模型，在此采用 Benders 分解混合异质分解算法进行求解；模型求解思路如图 11-1 所示。异质分解算法是一种交替迭代算法，输配各自计算子问题收敛后，再交互各自的边

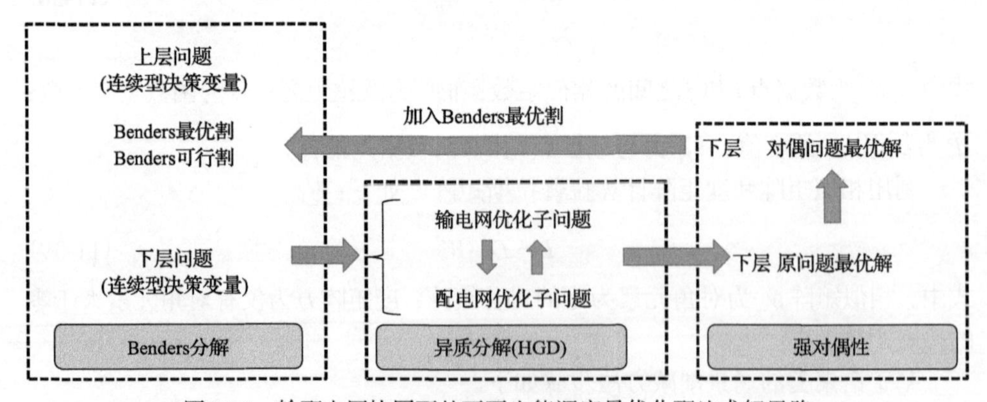

图 11-1　输配电网协同下的可再生能源容量优化配比求解思路

界变量。根据主问题连续型变量与子问题连续型变量，将原问题分为上下两层问题，上层为输配电网电源规划问题，下层为输配协同优化运行问题。再将下层问题分解为输电网优化子问题和配电网优化子问题，并采用异质分解算法求解。得到下层原问题最优解后，根据强对偶性，得到下层对偶问题最优解，形成 Benders 最优割，最终形成 Benders 分解加异质分解的求解框架。

11.2.1　Benders 分解算法简介

Benders 分解算法[10-11]是 Benders 在 1962 年首先提出的，用于解决混合整数线性规划问题，即连续变量与整数变量同时出现的极值问题。该算法将具有复杂变量的规划问题分解为线性规划和整数规划，用割平面的方法分解出主问题与子问题，通过迭代法求解出最优值。1972 年 Geoffrion 将其推广，用于求解混合整数非线性规划问题。

Benders 分解法是利用给定问题的可分解结构，将复杂问题的约束和变量进行分开处理，即形成规模较小且容易求解的主问题和子问题，然后通过逐次交替迭代这两个问题来达到目的。该类方法中的初始主问题通常是原复杂问题的一个松弛，仅包含原复杂问题的部分变量和约束，子问题则由余下的约束优化组成，并且主问题中已涉及的变量值固定。利用原复杂问题的可行解可得到其目标函数值的一个上界，而通过求解主问题可得到原目标函数值一个下界，整个算法在逐次交替迭代求解主问题与子问题的过程中不断修正上下界，最终逼近原复杂问题的最优解。

以如下形式的混合整数线性规划问题(MILP)为例简单介绍 Benders 分解法。

$$\begin{aligned}&\min\ b^{\mathrm{T}}x+d^{\mathrm{T}}y\\&\text{s.t.}\ \ Ax+By\geqslant c\\&\qquad x\geqslant 0,y\in Y\text{且为整数}\end{aligned}\tag{11-42}$$

式中，x、y 为待决策变量；A、B、b、c、d 均为系数矩阵；Y 为决策变量集合。

根据对偶理论，可将原子问题转化成对偶子问题，如式(11-43)所示。

$$\begin{aligned}&\max\ [c-By]^{\mathrm{T}}u\\&\text{s.t.}\ \ A^{\mathrm{T}}u\leqslant b\\&\qquad u\geqslant 0\end{aligned}\tag{11-43}$$

式中，u 为对偶变量。

同时，通过引入一个辅助变量 z，式(11-42)中主问题又可等价表示为式(11-44)。

$$
\begin{aligned}
&\min d^{\mathrm{T}} y + z \\
&\text{s.t. } [c-By]^{\mathrm{T}} u_P \leqslant z, u_P \in H^P \quad (\mathrm{I}) \\
&\quad [c-By]^{\mathrm{T}} u_R \leqslant 0, u_R \in H^R \quad (\mathrm{II}) \\
&\quad y \in Y \text{且为整数}
\end{aligned}
\tag{11-44}
$$

式中，u_P 为最优割平面的对偶变量；u_R 为可行割平面的对偶变量；H^P 为最优割平面集合；H^R 为可行割平面集合。

通常称(11-44)为 Benders 主问题，（Ⅰ）、（Ⅱ）分别称为 Benders 最优性割平面和 Benders 可行性割平面。在 Benders 算法的具体实施过程中，通常是 H^P 和 H^R 均从空集开始，然后在迭代过程中不断更新这两个集合。算法中 Benders 最优性割平面可通过求解对偶子问题(11-43)产生，如果(11-43)无界，则通过求解下述辅助性子问题(11-45)来产生 Benders 可行性割平面。

$$
\begin{aligned}
&\text{s.t.}[c-By]^{\mathrm{T}} u = 1 \\
&\quad Au \leqslant 0 \\
&\quad u \geqslant 0
\end{aligned}
\tag{11-45}
$$

下面是求解 MILP 的基本步骤。

步骤 1：选定 y 的初始值 $\hat{y}$，令上界 $UB=+\infty$，下界 $LB=-\infty$，给定允许误差 ε 值。

步骤 2：求解给定 $\hat{y}$ 后的对偶子问题(11-43)。如果问题有界，找到对应的极值点 u_P，增加最优性割平面(I)到主问题；如果问题无界，找到对应的极方向 u_R，增加可行性割平面(II)到主问题。在有界的情况下更新上界信息，$UB_k = \min\{UB_{k-1}, d^{\mathrm{T}} y + [c-By]^{\mathrm{T}} u_P\}$。

步骤 3：求解主问题(11-44)，如果问题可行有界，那么找到最优解 $(\hat{y},\hat{z})$，其中 $\hat{y}$ 为新一轮迭代中 y 的取值，而 $\hat{z}$ 为新的下界。

步骤 4：当 $UB-LB<\varepsilon$ 时算法终止，否则返回步骤 2 继续求解。

在迭代过程中，随着最优性割平面和可行性割平面增加，可行域从很大的区域逐步被削成(11-42)要求的范围(等价于最优解 z 的下界被逐渐提高)，最优解 z 的上界也一点点下降，最终两者小于允许误差(充分接近)时，可得到最优解。

11.2.2　Benders 分解内嵌异质分解算法

本节提出一种 Benders 分解内嵌异质分解算法，并将其应用到输配协同优化问题中。异质分解算法[11-12]是一种交替迭代算法，将下层优化问题分为输电网优化子问题和配电网优化子问题，两者进行独立计算并交换边界优化变量值。其本质是基于最优性条件的分解算法。对于输配协同优化子问题，可以列写 Karush-

Kuhn-Tucker (KKT) 条件，包括原问题约束、拉格朗日函数梯度等于 0、互补松弛条件及等式、不等式约束对应的乘子约束。当优化问题为凸优化时，原问题与 KKT 条件完全等价。对于异质分解算法，需要先将下层优化子问题 (11-46) ～问题 (11-52) 分解为输电网优化子问题和配电网优化子问题。

$$\min f_{\text{tran}}(x_T)+f_{\text{dist}}(x_D) \tag{11-46}$$

$$\text{s.t. } h(x_T,x_B,x_D)=0 \tag{11-47}$$

$$g(x_B)\leqslant 0 \tag{11-48}$$

$$h(x_T)=0 \tag{11-49}$$

$$g(x_T)\leqslant 0 \tag{11-50}$$

$$h(x_D)=0 \tag{11-51}$$

$$g(x_D)\leqslant 0 \tag{11-52}$$

式 (11-46) 为输配电网优化目标函数，包括输电网综合运行费用与配电网综合运行费用，分别对应式 (11-23) 和式 (11-24)；式 (11-47) 和式 (11-48) 为变电站等式和不等式约束条件，对应式 (11-33) ～式 (11-35)；式 (11-49) 和式 (11-50) 为输电网内部约束条件；式 (11-51) ～式 (11-52) 为配电网内部约束条件。$f_{\text{tran}}(\cdot)$ 为输电网优化问题的目标函数，包括输电网机组投资成本及运行成本，分别对应于式 (11-22) 和式 (11-23)，x_T 为输电网待优化决策变量。

1. 输电网优化子问题

该子问题中目标函数对应输电网综合运行成本，约束条件包含输配电网耦合约束条件和输电网内部约束条件，其中耦合约束条件为变电站约束条件 (11-33) ～ (11-35)，输电网内部约束条件包括式 (11-25) 和式 (11-27) ～式 (11-32)。$x_B=\hat{x}_B^{(v)}$ 表示在求解第 v 次迭代的输电网子问题时，需将第 v 次迭代的变电站传输功率变量 $\hat{x}_B^{(v)}$ 代入模型。在求解完输电网优化子问题后，需要将输电网边界节点注入变电站的有功功率、电压幅值、电压相角及最优拉格朗日乘子 λ_T^* 传递给配电网优化子问题。

$$\min f_{\text{tran}}(x_T) \tag{11-53}$$

$$\text{s.t. } h(x_T,x_B)=0:\lambda_T \tag{11-54}$$

$$h(x_T) = 0 \tag{11-55}$$

$$g(x_T) \leqslant 0 \tag{11-56}$$

$$x_B = \hat{x}_B^{(v)} \tag{11-57}$$

在式(11-54)中，$h(x_T, x_B) = 0$ 为与输电网耦合的变电站等式约束关系，对应于约束条件(11-33)，λ_T 值为等式(11-54)所对应的拉格朗日乘子；式(11-55)为输电网内部所需要满足的等式关系；式(11-56)为输电网内部需要满足的不等式约束关系；式(11-57)为变电站功率,在输电网优化子问题中是固定值，其值将由配电网优化子问题所决定。

输电网优化子问题具体形式如下，各表达式以及符号含义已在 11.1 小节进行说明，在此不再赘述。

$$f_{\text{tran}} = \sum_{s\in\Omega^S}\left[T_s\sum_{i\in B^T}(C_{q,i}P_{q,i,s} + C_{y,i}P_{rw,i,s} + C_{r,i}P_{rs,i,s} + C_{d,i}P_{d,i,s})\right] \tag{11-58}$$

s.t.

$$\begin{aligned}&\sum_{j\in\Omega_i^G}P_{q,j,s} + \sum_{j\in\Omega_i^R}(P_{r,j,s} - P_{rs,j,s}) - \sum_{l\in\Omega_i^{L1}}f_{l,s} + \sum_{l\in\Omega_i^{L2}}f_{l,s}\\ &= d_{i,s} - P_{d,i,s} + P_{b,i,s}:(\lambda_{b,i,s}), \quad \forall i\in B^T, \forall s\in S\end{aligned} \tag{11-59}$$

$$\begin{cases}f_{l,s} = b_l(\theta_{l_1,s} - \theta_{l_2,s}), & \forall l\in L_T, L_D\\ f_{l,\min} \leqslant f_{l,s} \leqslant f_{l,\max}, & \forall l\in L_T, L_D\end{cases} \tag{11-60}$$

$$P_{q,i,\min} \leqslant P_{q,i,s} \leqslant P_{q,i,\max}, \quad \forall i\in\Omega^G, \forall i\in B^T\cup B^D, \forall s\in S \tag{11-61}$$

$$0 \leqslant P_{d,i,s} \leqslant d_{i,s}, \quad \forall i\in B^T\cup B^D, \forall s\in S \tag{11-62}$$

$$0 \leqslant P_{rs,i,s} \leqslant P_{r,i,s}, \quad \forall i\in\Omega^{RN} \tag{11-63}$$

$$0 \leqslant P_{rs,i,s} \leqslant P_{r,i,s}, \quad \forall i\in\Omega^{RE} \tag{11-64}$$

$$U_{\min} \leqslant H\theta_{\mathcal{N},s} + F\theta_{\mathcal{M},s} + h \leqslant U_{\max}, \quad \forall s\in S \tag{11-65}$$

$$P_{b,i,s} = P_{b,i,s}^{(v)}, \quad \forall i\in\Omega^{\text{sub}}, \forall s\in S \tag{11-66}$$

2. 配电网优化子问题

该子问题的目标函数为配电网综合运行成本最小化，式(11-67)中 $\hat{\lambda}^{(v)}$ 表示第 v 次迭代时输电网传递给配电网的最优拉格朗日乘子。与前述同理，基于输电网子问题传递的边界节点注入有功功率、电压幅值、电压相角以及最优拉格朗日乘

子 $\hat{\lambda}^{(v)}$，此时配电网子问题只是关于其内部优化变量 x_D 及变电站注入配电网功率 x_B 的优化问题。在求解完配电网优化子问题后，同样需要将配电网边界节点的有功功率、节点电压幅值、电压相角传递给输电网优化子问题，以体现此时的配电网状态。

$$\min f_{\text{dist}}(x_D)+\hat{\lambda}^{(v)}x_B \tag{11-67}$$

$$\text{s.t. } h(x_D,x_B)=0 \tag{11-68}$$

$$g(x_B)\leqslant 0 \tag{11-69}$$

$$h(x_D)=0 \tag{11-70}$$

$$g(x_D)\leqslant 0 \tag{11-71}$$

式(11-67)为配电网优化子问题的目标函数，变电站输入配电网的功率 x_B 是待决策变量之一；式(11-68)为配电网与变电站耦合等式约束条件；式(11-69)为配电网与变电站耦合不等式约束条件；式(11-70)和式(11-71)为配电网内部等式和不等式约束条件。配电网优化子问题具体形式如下，各表达式以及符号含义已在 11.1 节进行说明，在此不再赘述。

$$f_{\text{inv}}=\sum_{s\in\Omega^S}\left[T_s\sum_{i\in B^D}(C_{q,i}P_{q,i,s}+C_{y,i}P_{rw,i,s}+C_{r,i}P_{rs,i,s}+C_{d,i}P_{d,i,s})\right]+\sum_{i\in\Omega^{\text{sub}}}\lambda_{i,s}^{(v)}P_{b,i,s} \tag{11-72}$$

s.t.

$$\begin{aligned}&\sum_{j\in\Omega_i^G}P_{q,j,s}+\sum_{j\in\Omega_i^R}(P_{r,j,s}-P_{rs,j,s})-\sum_{l\in\Omega_i^{L1}}f_{l,s}\\&+\sum_{l\in\Omega_i^{L2}}f_{l,s}+P_{b,i,s}=d_{i,s}-P_{d,i,s},\qquad \forall i\in B^D,\forall s\in S\end{aligned} \tag{11-73}$$

$$\begin{cases}f_{l,s}=b_l(\theta_{l_1,s}-\theta_{l_2,s}), & \forall l\in L_T,L_D\\ f_{l,\min}\leqslant f_{l,s}\leqslant f_{l,\max}, & \forall l\in L_T,L_D\end{cases} \tag{11-74}$$

$$P_{q,i,\min}\leqslant P_{q,i,s}\leqslant P_{q,i,\max},\qquad \forall i\in\Omega^G,\forall i\in B^T\cup B^D,\forall s\in S \tag{11-75}$$

$$0\leqslant P_{d,i,s}\leqslant d_{i,s},\qquad \forall i\in B^T\cup B^D,\forall s\in S \tag{11-76}$$

$$0\leqslant P_{rs,i,s}\leqslant P_{r,i,s},\qquad \forall i\in\Omega^{RN} \tag{11-77}$$

$$0\leqslant P_{rs,i,s}\leqslant P_{r,i,s},\qquad \forall i\in\Omega^{RE} \tag{11-78}$$

$$U_{\min} \leqslant H\theta_{\mathcal{N},s} + F\theta_{\mathcal{M},s} + h \leqslant U_{\max}, \quad \forall s \in S \tag{11-79}$$

$$P_{b,i,\min} \leqslant P_{b,i,s} \leqslant P_{b,i,\max}, \quad \forall i \in \Omega^{\text{sub}}, \forall s \in S \tag{11-80}$$

异质分解算法的基本步骤如下。

步骤 1：设定算法收敛精度为ε，对变电站节点处的状态变量x_B及变电站节点等式约束的拉格朗日乘子λ_T赋初值。

步骤 2：设置迭代次数$k=1$。

步骤 3：进入第k次迭代，求解配电网优化子问题。

步骤 4：根据优化结果计算配电网优化子问题反馈的功率值x_B^*，传递配电网边界节点的有功功率、节点电压幅值及电压相角给输电网优化子问题。

步骤 5：求解输电网优化子问题。

步骤 6：根据优化结果更新最优拉格朗日乘子$\lambda_T^{(k)}$，传递输电网边界节点的有功功率、节点电压幅值、电压相角及最优拉格朗日乘子给配电网优化子问题。

步骤 7：若$|\lambda_T^{(k)} - \lambda_T^{(k-1)}| \leqslant \varepsilon$，则迭代收敛；否则令$k=k+1$，并返回步骤 3。

步骤 8：输出输配优化运行结果。

基于 Benders 基本框架及异质分解算法，本节所提出的容量最优配比模型求解步骤如下。

步骤 1：初始化。

设定迭代次数$v=1$，系统目标函数下边界$F_{\text{down}}^{(1)}=-\infty$，系统目标函数上边界$F_{\text{up}}^{(1)}=+\infty$，基于上层可再生能源机组投建容量的可行域，给定输配电网投建容量初始值$x_i^{(1)}=x_0$。

步骤 2：输配电网优化子问题求解。

$$\begin{cases} \min F(x,y) \\ b(y) \leqslant 0 \\ d(x,y) \leqslant 0 \\ \text{s.t.} \quad x = x^{(v)} : \alpha^{(v)} \end{cases} \tag{11-81}$$

求解输配电网优化子问题时，目标函数和运行约束中可再生能源机组投建容量已确定，优化仅与运行层决策变量相关。调用上述异质分解算法进行求解，设定算法收敛条件为前后两次迭代的拉格朗日乘子λ_T差值小于给定阈值ε，其式如(11-82)所示，具体步骤可根据前面介绍的算法并结合输配电网优化子问题 1)和 2)进行求解。第v次迭代的目标函数上边界可根据$F_{\text{up}}^{(v)}=cx^{(v)}+F^*(x^{(v)},y)$进行更新，其中$cx^{(v)}$为本次迭代的最优投资费用；$F^*(x^{(v)},y)$为输配电网最优总运行费用值；$y$ 为输配电网运行层的优化决策变量。$b(y)\leqslant 0$ 表示运行层独立约束条件，该类约束与规划层投资决策变量 x 无关；而 $d(x,y)\leqslant 0$ 表示规划层与运行层的耦合约束条件；$x=x^{(v)}$ 表示规划层传递给运行层的最优规划方案；$\alpha^{(v)}$ 表示下层与规划变量所对应的最优拉格朗日乘子。

$$|\lambda_T^{(k)}-\lambda_T^{(k-1)}|\leqslant \varepsilon \tag{11-82}$$

步骤 3：解的可行性检验。

在完成输配电网子问题求解后，需要检验解的最优性。判断子问题所求得的目标函数上边界 $F_{\text{up}}^{(v)}$ 和规划主问题得出的目标函数下边界 $F_{\text{down}}^{(v)}$ 公差是否小于给定阈值 η 。解的最优性检验条件如下：

$$|F_{\text{up}}^{(v)}-F_{\text{down}}^{(v)}|\leqslant \eta \tag{11-83}$$

若结果满足最优性检验条件，则输出最优规划方案 x^*，无须产生 Benders 割；若最终结果不满足最优性检验条件，则需要由输配电网子问题返回 Benders 割进行修正。由于本文所提模型中可同时考虑切负荷及弃能惩罚，所以优化模型必定有解存在且目标函数有界，只需引入最优割对上层规划问题进行修正。Benders 最优割形式如下：

$$\gamma\geqslant\sum_{s\in S}O_s(y^{(v)})+\sum_{s\in S}\sum_{i\in B^T\cup B^D}\alpha_s(x_i-x_i^{(v)}) \tag{11-84}$$

式中，$\sum_{s}O_s(y^{(v)})$ 为输配电网协同优化总运行费用，可由步骤 2 得到；γ 为一个连续性决策变量，代表运行费用的最小值。

求解添加运行层返回 Benders 割后的规划主问题，更新目标函数下边界值 $F_{\text{down}}^{(v+1)}$ 和迭代次数 $v=v+1$，目标函数下边界值通过 $F_{\text{down}}^{(v+1)}$=$cx^*+\gamma$ 进行更新。

$$\begin{cases}\min\quad cx+\gamma\\ \gamma\geqslant\sum_{s}O_s(y^{(v)})+\sum_{s\in\Omega^S}\sum_{i\in T\cup D}\rho_s(x_i-x_i^{(v)})\\ \text{s.t.}\quad a(x)\geqslant 0\end{cases} \tag{11-85}$$

式中，$a(x)\geqslant 0$ 表示规划主问题约束。

通过反复迭代求解，不断修正目标函数上边界 $F_{\text{up}}^{(v)}$ 和下边界 $F_{\text{down}}^{(v)}$ 直到满足收敛条件。

11.3 算例分析

11.3.1 算例概述

为验证所提出的输配电网最优配比模型的实际应用效果，本节基于青海省实际电网规划数据形成输配电网实际算例系统，电网拓扑结构如图 11-2 所示。该电网结构包含 110kV、330kV 及 750kV 三个电压等级，合计 293 个节点，其中 750kV 节点 12 个，330kV 节点 95 个，110kV 节点 186 个；总线路数为 441 条，其中 29

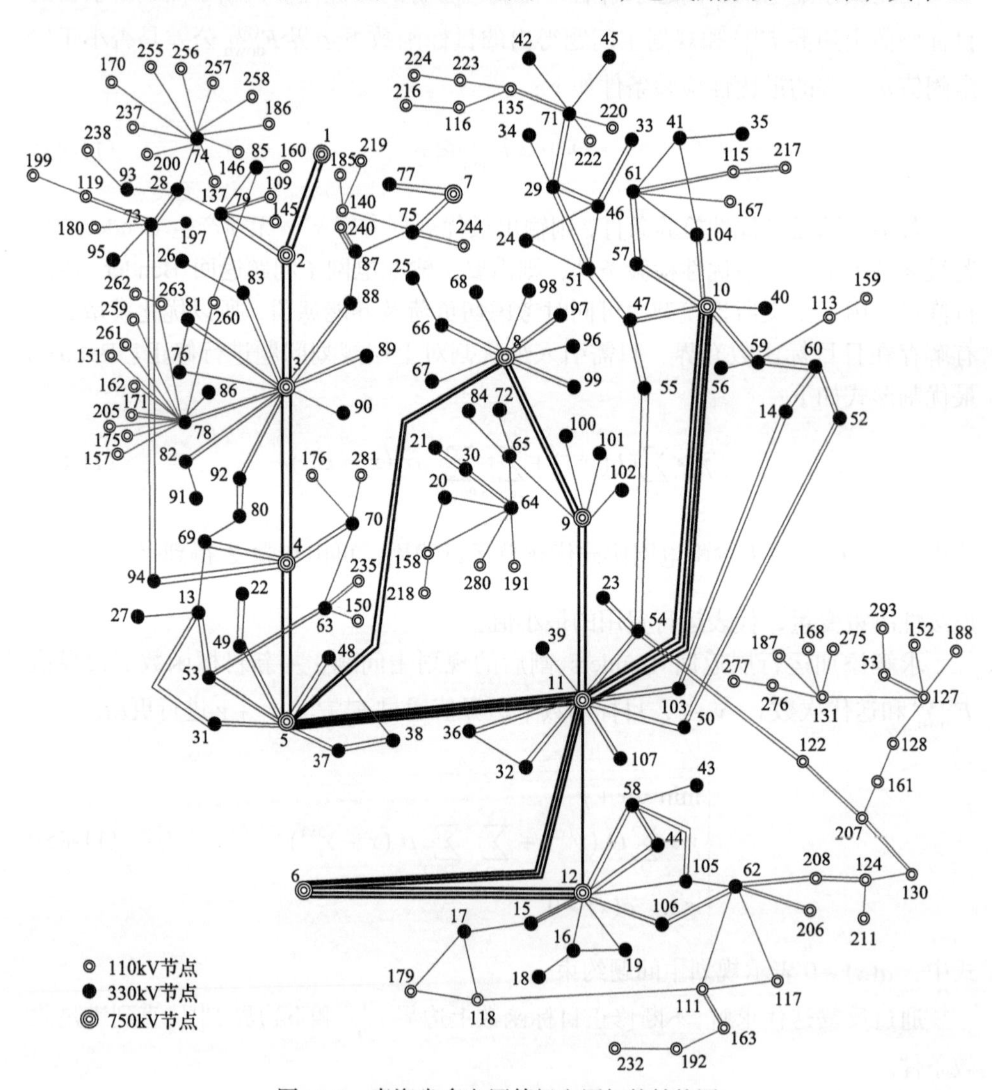

图 11-2　青海省多电压等级电网拓扑结构图

条 750kV 线路，179 条 330kV 线路，233 条 110kV 线路。该算例系统电源总装机容量为 78488MW，最高负荷 32419MW，水电装机 12748MW，火电装机 23650MW，光伏装机 30410MW，风电装机 11680MW，各电压等级电源分布情况如表 11-1 所示。表中风电出力、光伏出力与负荷的时序数据都来自西北算例系统，在实际优化分配中考虑了 4 个典型日，每个典型日内包含 24 小时的时序场景，该时序场景可通过 11.1.3 节中的谱聚类方法得到。根据《风电发展“十三五”规划》和《光伏发展“十三五”规划》中对风电机组和光伏机组的发展趋势预估，可得到 2020 年二者单位容量投资成本分别为 7000 元/kW 以及 5700 元/kW 左右。

表 11-1　算例系统电源分布情况

电源装机/MW	电压等级/kV			
	110	330	750	合计
水电装机	1396	7152	4200	12748
火电装机	1030	2620	20000	23650
光伏装机	13159	2891	14360	30410
风电装机	4900	250	6530	11680
合计	20485	12913	45090	78488

11.3.2　可再生能源容量优化分配效果分析

可再生能源重新分配方案与原有接入方案的对比结果如表 11-2 所示，其中方案 1 基于 11.1.3 节中的可再生能源优化配比模型得到，方案 2 按原有分配方案接入并进行 4 个典型日运行模拟的有关结果。方案 1 的详细电源分配情况如表 11-2 所示，分电压等级统计情况如图 11-3 所示，其中运行成本、切负荷量、风光利用小时数、可再生能源发电量占比等结果由输配协同优化运行程序在相同的场景下统一计算得到，投资成本与运行成本均已化为等年值。

表 11-2　方案 1 可再生能源容量优化分配结果

节点号	电压等级/kV	机组类型	投建容量/MW	节点号	电压等级/kV	机组类型	投建容量/MW
3	750	光伏	6108	291	110	光伏	663
8	750	光伏	4960	293	110	光伏	574
86	330	光伏	648	2	750	风电	3145
198	110	光伏	1307	70	330	风电	1379
201	110	光伏	122	73	330	风电	1188
202	110	光伏	1269	77	330	风电	1166

续表

节点号	电压等级/kV	机组类型	投建容量/MW	节点号	电压等级/kV	机组类型	投建容量/MW
260	110	光伏	1019	243	110	风电	1695
264	110	光伏	759	244	110	风电	1737
265	110	光伏	1128	245	110	风电	29
273	110	光伏	1069	252	110	风电	668
283	110	光伏	624	254	110	风电	668
287	110	光伏	761				

表 11-3　可再生能源容量分配结果对比

比较内容	方案 1	方案 2
风机分配总容量/MW	11680	11680
光伏分配总容量/MW	21701	30410
年投资成本/亿元	164.4	204.1
年运行成本/亿元	392.6	387.9
总成本/亿元	557	592
切负荷量/(GW·h)	0	0
弃能电量/(GW·h)	0	4501
风电利用小时数/h	2299.5	2283.8
光伏利用小时数/h	1800.3	1658.4
可再生能源发电量占比/%	30.25	35.3
可再生能源容量优化配比/%	1.25	1.33

由表 11-3 可知，方案 1 的年投资成本为 164.4 亿元，年运行成本为 392.6 亿元；方案 2 的年投资成本为 204.1 亿元，年运行成本为 387.9 亿元。可以发现，相比于方案 2，方案 1 的投资成本减少 39.7 亿元，虽然方案 1 运行成本比方案 2 增加 4.7 亿元，但总成本方面，方案 1 比方案 2 减少 35 亿元，约占方案 1 总成本的 6.3%，经济优势较为明显。同时，方案 1 与方案 2 风电投建容量均达到上限值 11680MW，但方案 1 光伏投建总容量明显小于方案 2，减少容量达到 8701MW。此外，由于电源总容量充足，两方案均未出现切负荷现象，且可再生能源发电量占比分别达到 30.25%和 35.3%，均达到高比例可再生能源接入的条件。但对于方案 2 在所考虑的典型日中需弃能 4501GW·h，而方案 1 则可以完全避免弃能现象的发生。该差异也可从风光利用小时数的差别中看出，方案 1 比方案 2 风电和光伏利用小时数分别提高 15.7h 与 141.9h。

由表 11-2 和表 11-4 可知，方案 1 优化分配后的光伏机组和风电机组最大容量均通过汇集接入 750kV 电压等级，光伏接入节点 3，容量达 6108MW，风电接入节点 2，容量达 3145MW，这两个节点在原分配方案中也分别为光伏和风电最大容量接入点，说明方案 1 与方案 2 一定程度上具有分配一致性。但不同的是，方案 1 分配后的可再生能源接入比方案 2 更为集中，方案 1 规划后存在可再生能源投建的节点为 23 个，方案 2 则为 81 个，方案 1 较方案 2 减少可再生能源投建节点数达到 58 个。

表 11-4　方案 2 可再生能源容量优化分配结果

节点号	电压等级/kV	机组类型	投建容量/MW	节点号	电压等级/kV	机组类型	投建容量/MW
1	750	风电	1850	205	110	光伏	40
2	750	风电	4680	237	110	光伏	110
3	750	光伏	5000	238	110	光伏	270
4	750	光伏	4680	239	110	光伏	135
5	750	光伏	4680	240	110	光伏	810
25	330	光伏	700	241	110	光伏	135
26	330	光伏	510	242	110	光伏	135
27	330	光伏	920	243	110	风电	100
62	330	光伏	50	244	110	风电	300
70	330	风电	50	245	110	风电	400
73	330	风电	100	246	110	风电	900
74	330	光伏	320	247	110	风电	500
77	330	风电	100	248	110	风电	400
83	330	光伏	350	249	110	风电	400
86	330	光伏	41	250	110	风电	400
197	110	光伏	49.5	251	110	风电	100
198	110	光伏	50	252	110	风电	400
199	110	光伏	10	253	110	风电	200
200	110	光伏	20	254	110	风电	800
201	110	光伏	20	255	110	光伏	20
202	110	光伏	200	256	110	光伏	50
203	110	光伏	100	257	110	光伏	50
204	110	光伏	50	258	110	光伏	40

续表

节点号	电压等级/kV	机组类型	投建容量/MW	节点号	电压等级/kV	机组类型	投建容量/MW
259	110	光伏	90	277	110	光伏	20
260	110	光伏	40	278	110	光伏	180
261	110	光伏	40	279	110	光伏	10
262	110	光伏	60	280	110	光伏	20
263	110	光伏	90	281	110	光伏	120
264	110	光伏	60	282	110	光伏	2300
265	110	光伏	200	283	110	光伏	1900
266	110	光伏	90	284	110	光伏	1200
267	110	光伏	100	285	110	光伏	800
268	110	光伏	100	286	110	光伏	500
269	110	光伏	100	287	110	光伏	700
270	110	光伏	90	288	110	光伏	200
271	110	光伏	100	289	110	光伏	100
272	110	光伏	100	290	110	光伏	300
273	110	光伏	120	291	110	光伏	200
274	110	光伏	200	292	110	光伏	500
275	110	光伏	10	293	110	光伏	200
276	110	光伏	25	255	110	光伏	20

由图 11-3 可知，在方案 1 中，风电的主要接入电压等级为 110kV，即以分散式接入为主，而在方案 2 中风电主要接入 750kV，即以集中式接入为主，说明通过本节所提优化分配模型改变了风电的接入形态，提高了风电利用效率。在重新优化分配后，输配电网优化配比从 1.33 下降到 1.25，说明可再生能源分配容量由集中式接入向分布式接入转移。

总体来看，利用本章所提可再生能源优化配比模型后有如下结果。①可再生能源在输配电网协同接入方案的经济优势明显，投资成本和总成本均有所下降，其中投资成本减小 24.1%，总成本减少 6.3%。②协同接入方案可再生能源利用率优势明显，风光利用小时数均有所提升，其中光伏提升效果显著，该方案可预防弃能现象的发生。③通过优化分配选择合适的可再生能源接入形态具有实际意义，对于该算例系统，集中式可再生能源机组将优于分布式机组。

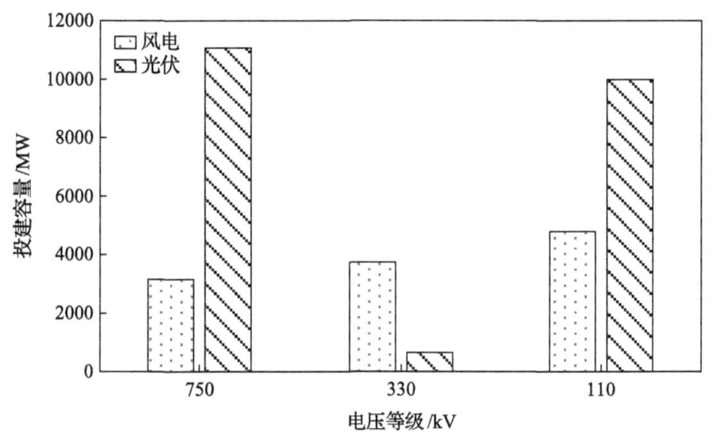

图 11-3　方案 1 中可再生能源分电压等级统计

配电网中接入的大量可再生能源会向输电网返送功率。以规划方案 1 为参考，图 11-4 展示了该算例系统的输配边界潮流反转次数。统计范围为所考虑的典型日，横坐标为一天内某条线路潮流反转的次数，纵坐标为该反转次数下的线路占比。从图中可以发现，约 46%的线路会发生潮流反转，次数呈现奇偶差异性，即发生偶数次潮流反转的线路数量要大于发生奇数次潮流反转的线路数量。这表明在某一天内输配边界处的线路潮流发生反转后，大概率会再次变回原方向。

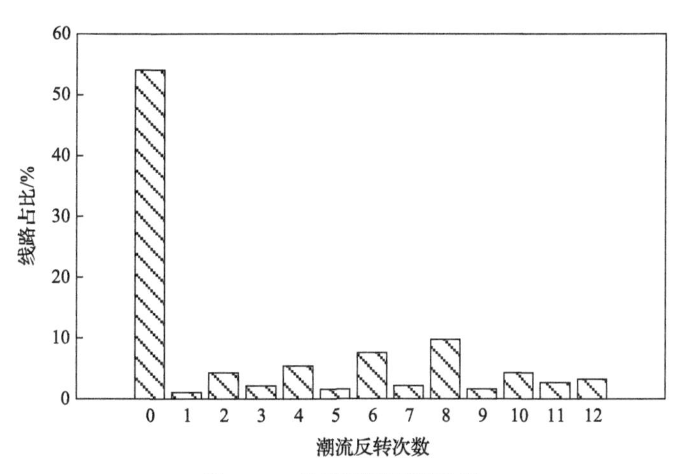

图 11-4　输配潮流反转次数

图 11-5 展示了输配电网边界处线路潮流反转时间，该反转时间统计了所考虑的典型日中每条线路的潮流返送时间。从图中可以发现，约 44.5%的线路反转时间为 0h，即始终保持由输电网向配电网输送功率；约 9.5%的线路反转时间为 24h，即始终保持由配电网向输电网返送功率，两者之和约为 54%，恰好与图 11-4 中反转次数为 0 次的线路对应。剩余 46%线路的潮流反转时间分布在 1～23h。

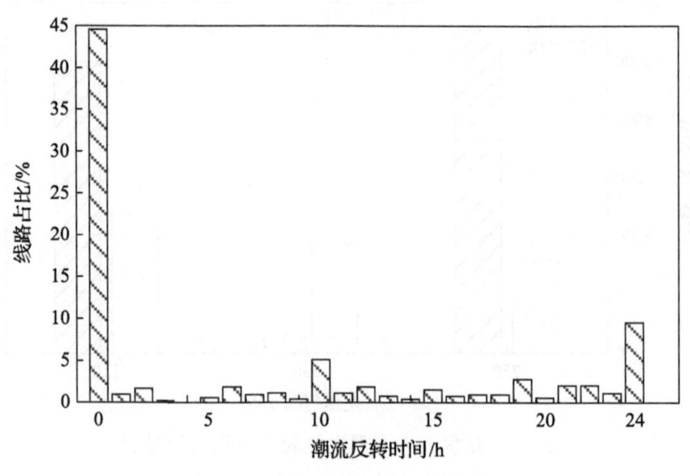

图 11-5　输配电网潮流反转时间

11.3.3　输配电网协同优化分配效果分析

由 11.1.3 节分析可知，高比例可再生能源并网后，输配潮流呈现双向特征，配电网对于输电网而言不再是单一的负荷节点，可能出现潮流返送的情况。传统可再生能源容量分配方法没有考虑输配电网协同，忽视了输配潮流双向化这一特征，因而无法获得最优分配方案而导致其实际运行效果较差。为探究潮流双向化特点对可再生能源容量优化分配结果的影响，在此对两个算例进行对比分析，分配结果如表 11-5 所示。其中，边界线路指 330kV 节点与 110kV 节点之间的连接线路，双向潮流指输配边界线路考虑了配电网返送潮流，即潮流方向是双向的，而单向潮流指输配边界线路只考虑输电网向配电网传送功率，不考虑配电网返送潮流，即潮流方向是单向的。双向潮流情况下可再生能源分配方案与表 11-2 相同，单向潮流下的可再生能源分配方案如表 11-6 所示。

表 11-5　不同输配潮流特征下的可再生能源分配方案

方案	双向潮流分配方案	单向潮流分配方案
风机分配总容量/MW	11680	11680
光伏分配总容量/MW	21709	24614
年投资成本/亿元	164.4	177.7
年运行成本/亿元	392.6	386.9
总成本/亿元	557.0	564.6

续表

方案	双向潮流分配方案	单向潮流分配方案
切负荷量/(GW·h)	0	0
切负荷量占比/%	0	0
弃能电量/(GW·h)	0	1339
弃能电量占比/%	0	2.07
风电利用小时数/h	2299.5	2209.7
光伏利用小时数/h	1800.3	1783.1
可再生能源发电量占比/%	30.2	32.1
可再生能源容量优化配比/%	1.25	9.53

表 11-6　单向潮流下可再生能源容量优化分配结果

节点名称	电压等级/kV	机组类型	投建容量/MW	节点名称	电压等级/kV	机组类型	投建容量/MW
柴达木	750	光伏	1580	蓓卓	110	光伏	37
海西	750	光伏	611	泰华	110	光伏	37
羚羊	750	光伏	4704	汉融	110	光伏	37
塔拉	750	光伏	6475	汉能	110	光伏	37
黄河	330	光伏	1370	世恒	110	光伏	37
黄一	330	光伏	1498	锦普	110	光伏	37
柏树	330	光伏	1814	际欧	110	光伏	37
格尔	330	光伏	1697	华诚	110	光伏	37
兴明	330	光伏	1574	勘博	110	光伏	73
努尔	110	光伏	39	和萌	110	光伏	326
黄乌	110	光伏	60	昌能	110	光伏	37
华炜	110	光伏	77	南汇	110	光伏	37
华电	110	光伏	37	聚光	110	光伏	37
昱辉	110	光伏	1202	兴光	110	光伏	37
汇南	110	光伏	37	盐湖光	110	光伏	45
中利	110	光伏	37	湟源光	110	光伏	37
光科	110	光伏	37	鲁能光	110	光伏	57
唐际	110	光伏	37	鱼卡	750	风电	7502

续表

节点名称	电压等级/kV	机组类型	投建容量/MW	节点名称	电压等级/kV	机组类型	投建容量/MW
蓄热	110	光伏	39	圣湖	330	风电	1800
格热	110	光伏	58	花土	330	风电	1220
乌热	110	光伏	37	那林风	110	风电	54
思热	110	光伏	145	聚风	110	风电	201
鲁热	110	光伏	58	诺风	110	风电	154
百德	110	光伏	37	宗风	110	风电	305
北控	110	光伏	37	鲁风	110	风电	233
唐东	110	光伏	37	圣风	110	风电	49
力腾	110	光伏	75	茶卡风	110	风电	52
日芯	110	光伏	37	乌风	110	风电	53
博容	110	光伏	177	汇风	110	风电	52

由表 11-5 可知，考虑双向潮流时年投资成本为 164.4 亿元，年运行成本为 392.6 亿元，而考虑单向潮流时年投资成本为 177.7 亿元，年运行成本为 386.9 亿元。可以发现，虽然年运行成本有所提高，但是考虑双向潮流时可分别节约年投资成本 13.3 亿元和总成本 7.6 亿元，总成本下降幅度约 1.4%，说明考虑双向潮流时具有一定经济性优势。此外，考虑双向潮流时可再生能源利用率有所提升，风电和光伏利用小时数分别提高约 89h 和 17h；考虑双向潮流还可以完全避免弃能现象的发生，而只考虑单向潮流时将出现 1339GW·h 弃能电量，约占可再生能源总发电量的 2.07%。以上现象主要是由于配电网在可再生能源机组发电量大而负荷较少时，通过返送潮流可以促进分布式可再生能源的消纳，从而提高可再生能源利用率。同时，相比于双向潮流下的最优容量配比 1.25，单向潮流下扩大到 9.53，可再生能源接入形态明显由分布式向集中式进行转移，这是由于单向潮流情况下无法返送潮流进行消纳，因此更多集中式机组被投建以满足负荷需求，可再生能源接入形态随之发生改变。

图 11-6 和图 11-7 分别为双向潮流与单向潮流情况下边界线路的年传输电量，其中年传输电量为正值表示该线路净传输电量整体表现为输电网向配电网，负值则表现为配电网向输电网。由图 11-6 可知，双向潮流下将出现 38 条返送潮流边界线路(配电网向输电网传输电量)，线路最大净返送电量为 3337GW·h，总净返送电量达到 30594GW·h，占总可再生能源发电量的 46.3%，分布式电源返送消纳效果显著；相较之下，在单向潮流约束下，多条线路净传输电量较小，这些线路主要为分布式可再生能源机组送出线路，单向潮流约束下无法返送潮流进行消纳

故只能采取弃能操作，表现为边界线路传输电量有所减少。

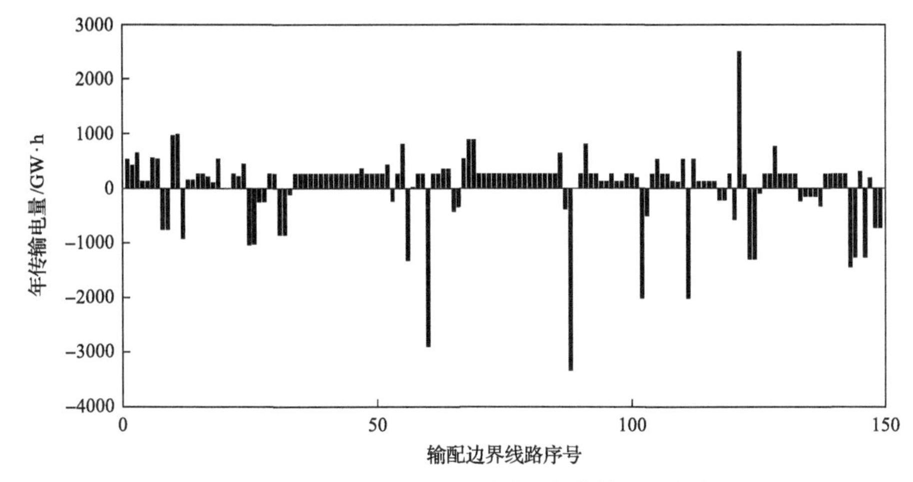

图 11-6　双向潮流下边界线路的年传输电量统计

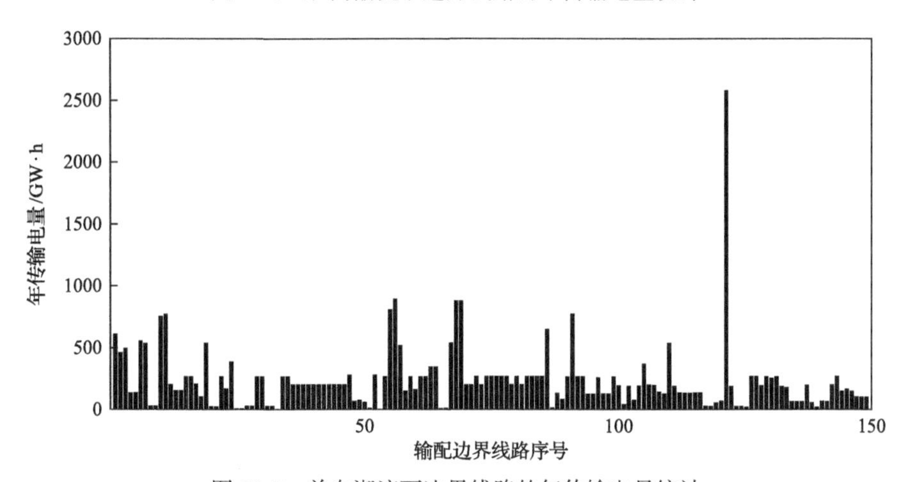

图 11-7　单向潮流下边界线路的年传输电量统计

本章在传统可再生能源容量分配模型基础上，建立高比例可再生能源并网与输配电网协同背景下的可再生能源优化配比模型，该模型充分利用输配双向潮流，且可实现可再生能源在输配电网间的最优分配。同时，本章提出了一种 Benders 分解框架下的内嵌异质分解算法来有效求解该模型。最后，基于青海省实际电网算例系统，证明了该模型的有效性。通过对比可知，可再生能源在输配电网协同接入下经济优势明显，可再生能源利用率有所提高；考虑双向潮流具有一定经济性优势，风光利用小时数均有所上升；通过优化分配选择合适的可再生能源接入形态具有实际意义，可为实际可再生能源投资决策提供参考。

参考文献

[1] 孙宏斌, 张伯明, 相年德. 发输配全局潮流-第一部分: 数学模型和基本算法[J]. 电网技术, 1998, 22(12): 41-44.

[2] 孙宏斌, 张伯明, 相年德. 发输配全局潮流-第二部分: 收敛性、实用算法和算例[J]. 电网技术, 1999, 23(1): 50-53.

[3] Kargarian A, Fu Y. System of systems based security-constrained unit commitment incorporating active distribution grids[J]. IEEE Transactions on Power Systems, 2014, 29(5): 2489-2498.

[4] Sun H B, Guo Q L, Zhang B M, et al. Master–slave-splitting based distributed global power flow method for integrated transmission and distribution analysis[J]. IEEE Transactions on Smart Grid, 2015, 6(3): 1484-1492.

[5] Li Z S, Guo Q L, Sun H B, et al. A new LMP-Sensitivity-Based heterogeneous decomposition for transmission and distribution coordinated economic dispatch [J]. IEEE Transactions on Smart Grid, 2018, 9(2): 931-941.

[6] 张伯明, 陈寿孙. 高等电力网路分析[M]. 北京: 清华大学出版社, 2017.

[7] 刘盾盾, 程浩忠, 方斯顿, 等. 计及电压与无功功率的直流潮流算法[J]. 电力系统自动化. 2017, 41(8): 58-62.

[8] 王辉, 刘达, 王继龙. 基于谱聚类和优化极端学习机的超短期风速预测[J]. 电网技术, 2015, 39(5): 1307-1314.

[9] 霍芳, 易斌. 经典 Benders 分解算法解析[J]. 科技信息, 2010, 2(30): 141-142.

[10] Taşkin, Zeki Caner. Benders Decomposition[M]. John Wiley & Sons, 2010.

[11] Li Z, Guo Q, Sun H, et al. Coordinated Economic Dispatch of Coupled Transmission and Distribution Systems Using Heterogeneous Decomposition[J]. IEEE Transactions on Power Systems, 2016, 13(6): 4817-4830.

[12] Sun H, Guo Q, Zhang B, et al. Master-Slave-Splitting Based Distributed Global Power Flow Method for Integrated Transmission and Distribution Analysis[J]. IEEE Transactions on Smart Grid, 2015, 6(3): 1484-1492.